核电厂厂址选择
与总图运输设计

武一琦　主编

中国电力出版社

CHINA ELECTRIC POWER PRESS

内 容 提 要

本书系统地介绍了核电厂厂址选择与总图运输设计的基本原则和设计方法，主要内容有核电技术发展概况和主要工艺流程以及国内外核电厂建设情况、厂址选择、总体规划、总平面布置、竖向布置、交通运输、管线综合布置、四通一平、环境与绿化等。

本书突出实用性，较全面地介绍了总图运输专业在核电厂厂址选择与总图运输设计中最常用、最需要的技术知识和技术要领，同时还附有核电厂厂址选择、总体规划、各个功能分区的模块及总平面布置、竖向布置、管线综合布置、四通一平等工程设计实例。本书汇总了大量的常用数据、公式和图表，供总图运输设计人员快速查阅。本书还参考了相关的现行的国家标准和行业标准，给出了总图运输专业应遵循的技术标准。

本书是一部系统地概括核电厂总图运输专业主要设计技术内容的综合性工具书，可供从事核电厂总图运输专业的设计人员和有关工程技术人员、核电投资方、监理人员以及有关的高等院校师生参考。

图书在版编目（CIP）数据

核电厂厂址选择与总图运输设计/武一琦主编．—北京：中国电力出版社，2024.3
ISBN 978-7-5198-8485-7

Ⅰ.①核⋯ Ⅱ.①武⋯ Ⅲ.①核电厂-选址 ②核电厂-总图运输设计 Ⅳ.①TM623.1

中国国家版本馆 CIP 数据核字（2023）第 253524 号

出版发行：中国电力出版社
地　　址：北京市东城区北京站西街 19 号（邮政编码 100005）
网　　址：http://www.cepp.sgcc.com.cn
责任编辑：谭学奇（010-63412218）
责任校对：黄　蓓　朱丽芳　于　维
装帧设计：王红柳
责任印制：吴　迪

印　　刷：三河市万龙印装有限公司
版　　次：2024 年 3 月第一版
印　　次：2024 年 3 月北京第一次印刷
开　　本：787 毫米×1092 毫米　16 开本
印　　张：25.5　插页 2 张
字　　数：621 千字
印　　数：0001—1000 册
定　　价：150.00 元

本书编委会

主　编　武一琦

副主编　杜建军　丛训章

编　委（按姓氏笔画排序）

王　威　巨文飞　付　鹏　吕秀娟

刘　巍　苏　凯　李　友　李　明

杨卫兵　吴　静　吴德成　余胜利

张世浪　陈长智　郑权利　郑振雷

赵建军　夏　锋　崔艳艳　蔡　帅

1984 年，中国第一座自主设计和建造的秦山核电站开工建设。1991 年 12 月 15 日，秦山核电站成功并网发电，结束了中国无核电的历史。历经 50 余年，我国核电从起步，到适度发展，再到积极发展，目前已进入安全高效发展阶段。我国在起步阶段（1970~1993 年）建成秦山核电站；适度发展阶段（1994~2005 年）建成引进法国技术并消化改进的秦山二期核电站；积极发展阶段（2006~2011 年）引进欧美三代核电技术，并在此基础上不断创新，形成了具有自主知识产权的第三代先进压水堆技术；安全高效发展阶段（2011 年至今），吸取福岛核电站事故的经验和教训，中国加强顶层设计，制定了最严格的安全标准，建立健全了国家核应急综合体系。中国核电进入安全高效发展的新阶段。

核电厂的厂址选择是核电厂建设工作中非常重要的一环，是一项政策性和技术性很强的综合性工作，对核电厂的安全、环保、建设、运维及经济性意义重大、影响深远。它不仅关系到核电厂布局的合理性和电厂安全经济运行，而且直接影响核电厂的建设进度和工程投资。核电厂的厂址选择要认真落实科学发展观，贯彻国家对核电工程建设项目的一系列政策，要符合国民经济和社会发展规划、行业规划和国土空间规划，满足地区能源项目合理布局和环境保护以及安全的要求，保护公众利益。

厂址选择和厂区总平面布置是核电厂设计工作的组成部分，是在设计中贯彻国家方针政策的重要环节。总图运输设计是一项综合性的技术工作，需要从全局出发，全面地、辩证地对待各种要求，需与有关设计专业密切配合，共同研讨。总平面布置不仅要重视各个工艺系统的合理性，而且要论证其经济性，要进行多方面的技术经济比较，以选择占地少、投资省、建设速度快、运行费用低和有利生产、方便生活的最合理方案。

核电厂总图运输设计的主要内容有厂址选择、总体规划、厂区总平面布置、厂区竖向布置、管线规划与设计、交通运输、"四通一平"设计和厂区绿化设计等，是核电工业基本建设工作的主要组成部分。尤其在项目招标与投标过程中，总图运输设计专业所占的权重更显突出。

本书内容丰富，全面翔实，图文并茂，全面、系统地体现核电厂厂址选择和厂区总平面布置领域的设计经验和技术成果，并对大量工程案例进行了深入浅出的分析，易于读者对重点、难点的理解和掌握，代表了核电行业先进水平和发展方向，是对中国核电厂建设过程中总图运输专业几十年来设计经验的全面总结，它将填补核电厂总图运输设计专业设计指导内容方面的空白，将作为核电厂总图运输专业人员非常重要的设计手册和参考教材，并成为从业人员的良师益友。

希望《核电厂厂址选择与总图运输设计》一书的出版，能够对核电厂总图运输设计起到重要指导作用，能够作为从事核电厂总图运输设计专业人员和有关工程技术人员理想的工具书，能够为从事核电厂总图运输设计专业人员的培训工作提供支持，为促进核电厂总图运输设计专业的发展和进步，为核电厂在前期论证工作的厂址选择和实施阶段的厂区总平面布置设计优化等方面发挥重要的作用，为我国核电行业的发展做出贡献。

中国工程院院士　叶奇蓁

2023 年 11 月

核电厂总图运输设计的主要内容有厂址选择、总体规划、总平面布置、竖向布置、交通运输、管线综合布置、四通一平、环境与绿化等，是一项政策性和技术性很强的综合性工作，是核电工程基本建设工作的重要组成部分。核电厂选择的厂址是否适宜和较优、厂区总平面与竖向布置是否合理、交通运输是否短捷、管线规划是否顺畅，对基建投资、建设速度、运行的经济性和安全性、环境保护以及电厂的扩建前景都有决定性的影响。实践证明，凡是重视前期工作，厂址选得好，总平面布置工艺系统合理、布置紧凑的，不仅有利于工程建设的实施，而且可以降低工程投资，获得较大的经济效益。无数经验和教训说明，厂址选择中遗留的先天性问题，后天是很难克服和改正的，因此要完成好核电厂的基本建设任务，就必须按照基本建设程序，扎扎实实地做好前期论证工作，择优选择厂址，进行厂区总平面布置的多方案比较和优化设计。

前言

本书是在参考和借鉴《火力发电厂厂址选择与总图运输设计》（2006版）和《火力发电厂总图运输设计》（2019版）基础上，按照《核电厂总平面及运输设计规范》（GB/T 50294—2014）中涉及总图运输设计专业的相关内容规定，结合了我国改革开放以来，尤其是近十几年来，学习先进技术，强化创新意识，提高核电厂总平面布置设计水平的成果，是对目前我国已建和在建的具有代表性的第三代核电"华龙一号"（中国自主研发）、"国和一号"（中国自主研发）、EPR（引进法国技术）、AES-2006（引进俄罗斯技术）、AP1000（引进美国技术）五种机型的厂区总平面布置及各功能分区平面布置的实际工程进行的归纳和总结，体现了我国核电厂各工艺系统，以及各功能分区平面布置的特点，客观反映了我国核电厂总图运输设计中的优化设计成果以及存在的问题，并给予科学、合理的评价。

本书系统地介绍了核电厂总图运输设计的基本原则和设计内容，涵盖了核电厂厂址选择、总体规划、厂区总平面布置、竖向布置、管线规划与设计、交通运输、"四通一平"设计、绿化设计等主要工作内容、设计要点及深度等，以突出总图运输设计要求为主，辅以简明、扼要、通俗、易懂的工艺系统流程说明，同时还附有核电厂各个功能分区的模块及总平面布置的设计实例，汇总了大量的常用数据、公式和图表，供总图运输设计人员快速查阅，将对核电厂总图运输设计起到非常重要的指导和借鉴作用，是从事核电厂总图运输专业的设计人员、有关工程技术人员、投资方、监理人员以及高等院校相关专业师生理想的工具书。

本书共分九篇，由武一琦任主编，杜建军、丛训章任副主编。

第一篇　综述由郑权利、崔艳艳、李友编写；

第二篇　厂址选择由吴德成编写；

第三篇　总体规划由崔艳艳、蔡帅、吴静、杨卫兵、张世浪、吕秀娟编写；

第四篇　厂区总平面布置由夏锋、赵建军、巨文飞、吕秀娟、王威、吴静、陈长智、刘巍编写；

第五篇　厂区竖向布置由陈长智、余胜利、付鹏、王威、杨卫兵、巨文飞编写；

第六篇　厂区管线规划与设计由付鹏、吕秀娟、刘巍、杨卫兵、王威、陈长智、郑振雷编写；

第七篇　交通运输由郑权利、陈长智、张世浪、郑振雷、付鹏、李明、吕秀娟、巨文飞编写；

第八篇　"四通一平"设计由李明、杨卫兵、夏锋、陈长智、巨文飞编写；

第九篇　厂区绿化设计由苏凯、付鹏、夏锋编写。

全书由武一琦、杜建军、丛训章统稿、审核。

前言

  本书的编写工作始于2021年7月，历时近两年半，编者在对我国几十余座具有代表性核电厂进行归纳总结的基础上，完成初稿、修改稿，并按审核意见进行了修改和完善。编者都是全国各核电设计院与电力设计院的中青年技术骨干和专家，他们既要克服新冠病毒疫情带来的影响，又要完成日常繁忙的生产任务，同时还要利用业余时间完成写作。本书中不仅纳入了他们多年来积累的实践经验，而且也体现了他们的奉献精神。本书在整个编写过程中，得到了深圳中广核工程设计有限公司雷达副院长的热忱关注和大力支持，在此表示深深的谢意！

  由于编者水平所限，疏误与不足之处在所难免，恳请各位读者批评指正。

《核电厂厂址选择与总图运输设计》编委会

2023年11月

目录

第七篇　交通运输

第八篇　"四通一平"设计

第九篇　厂区绿化设计

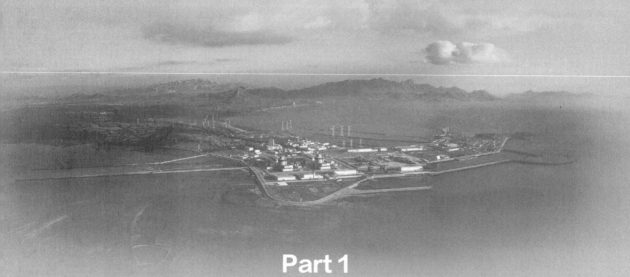

Part 1

第一篇　综述

　　核电厂综述主要介绍了核电技术发展概况、不同堆型的核电厂主要工艺流程、国内外核电厂建设情况等，也对核电厂总图运输设计的主要工作内容进行了简要介绍，包括总图运输设计范围、设计主要内容、与相关专业配合及协调工作等。使读者对核电厂及核电厂总图运输设计有总体性、概略性的了解。

第一章
核电技术发展概况

自人类和平利用核能以来，核电技术经过了多年发展和迭代，发电功率和经济性已经有了长足进步，形成了多种核电堆型。不同反应堆原理和结构虽然有差异，但通常由燃料、慢化剂、冷却剂、控制材料、结构材料、反射材料、反应堆容器和屏蔽材料组成。

第一节　概　　述

自 1951 年美国实验增殖堆首次利用核能发电以来，核电技术至今已有 70 年的发展历史。核能发电就是利用反应堆中核反应所释放的热能进行发电，核反应分为裂变和聚变：核裂变是指较重的原子核在热中子的撞击下分裂为两个或多个较轻的原子核，并释放出 2～3 个自由中子和巨大能量的核反应。迄今为止，所有核能发电都是利用裂变反应释放的能量，它与火力发电十分相似，最主要的区别在于以核反应堆和蒸汽发生器代替了火力发电的锅炉系统，以原子核裂变能代替矿物燃料的化学能。核聚变是指较轻的原子核结合形成较重原子核并释放出巨大能量的核反应，如果能成功做到实用化，海水中的重氢就可以作为燃料加以利用，人类的能源问题将会一劳永逸地得到解决，所以各国都在专心致志地加以研究，目前还处于研究阶段。

第二节　核电技术的发展

截至目前，国际上对核电技术并没有明确的分代标准，按照惯例系根据反应堆发展历程分为四代：

第一代核电厂：20 世纪 50～60 年代中期由美国、苏联、加拿大、英国等国家基于军用核反应堆技术研发的原型堆，例如，1954 年苏联在莫斯科附近奥布宁斯克建成第一座压力管式石墨水冷堆核电厂，机组电功率为 5MWe；1956 年英国建成第一座产钚、发电两用的石墨气冷堆核电厂——卡德霍尔核电厂，机组电功率为 92MWe；1957 年美国建成第一座压水堆核电厂——希平港核电厂，机组电功率为 90MWe；1960 年美国建成第一座商用沸水堆核电厂——德累斯顿核电厂，机组电功率为 200MWe；1966 年加拿大建成第一座重水堆示范核电厂——道格拉斯角核电厂，机组电功率 200MW。

第二代核电厂：从 20 世纪 60 年代中期到 90 年代末，在实验堆和原型堆的基础上研发出技术上更加成熟、容量可达千兆瓦级的商业化、标准化的反应堆，主要包括压水堆、沸水堆、重水堆（CANDU）、气冷堆以及压力管式石墨水冷堆。二代堆技术证明了发展核电经济上的可行性，特别是第一次石油危机以后，二代堆核电厂进入高速发展期。1979 年美国三哩岛核电站事故和 1986 年苏联切尔诺贝利核电站事故后，引发了公众对核电安全性的思考，并认识到二代堆在设计上存在的缺陷，特别是石墨水冷堆后续不再建设。同时核事故也催生了第二代改进型核电站，安全性能得到显著提升，我国运行的核电站大多为第二代改进型。2011 年日本福岛核事故后，各国均开始谨慎地选择更安全的技术路线，我国也提高准入门槛，2012 年通过的《核电中长期发展规划（2011～2020 年）》明确，按照全球最高安全要求新建核电项目，新建核电机组必须符合三代安全标准。

第三代核电厂：第三代核电厂是指 21 世纪初开始建造、满足《电力公司要求文件》（URD）或《欧洲电力公司要求文件》（EUR）的先进具备严重事故预防和缓解措施的先进压水堆，主要特点包括采用了固有安全性的理念，按自然规律由重力、自然循环和储能等来驱动的安全系统。第三代核电厂基本要求包括堆芯损坏频率小于 10^{-5} 堆·年、机组额定电功率大于 1000MWe、设计寿命 60 年、换料周期 18～24 月等。常见代表堆型包括美国的 AP1000、法国的 EPR、韩国的 APR1400、日本的 ABWR、加拿大的先进 CANDU 型重水堆（ACR），以及中国的华龙一号等。

第四代核电厂：第四代核电厂是面向未来的核能系统，在反应堆的安全性和燃料循环方面都有了重大的革新。第四代核能系统具有挑战性的技术目标表现为四个方面：①可持续发展，从长远看可以节约铀资源同时产生的核废物量最小化；②安全可靠，提高核电厂的固有安全性，最终目标是排除疏散核电厂外部人员的必要性；③经济性良好，降低投资费用与运行费用，提高发电效率和可利用率；④加强防扩散和实物保护能力。2002 年 10 月 NERAC（核能研究顾问委员会）和 GIF（第四代反应堆国际论坛）共同选定了下列六种第四代核能系统进行开发，分别是：气冷快中子反应堆系统（GFR）、铅冷快中子反应堆系统（LFR）、熔盐反应堆系统（MSR）、钠冷快中子反应堆系统（SFR）、超临界水冷反应堆系统（SCWR）、超高温反应堆系统（VHTR），六种系统中有 4 种是快中子反应堆，5 种采取的是闭式燃料循环，并对乏燃料中所含全部锕系元素进行整体再循环。

第三节　反应堆分类

反应堆分类标准不统一，形式多种多样：根据引发裂变的中子能谱的能量可分为热中子堆和快中子反应堆；按照慢化剂材料可分为轻水堆、重水堆、石墨堆等；按照冷却剂材料可分为水冷堆、气冷堆、液态金属冷却堆等；按反应堆用途可分为生产堆、研究堆、动力堆、供热堆等（见表 1-1）。

表 1-1　　　　　　　　　　　　　　　　反应堆的种类

	堆型	简称	燃料	慢化剂	冷却剂	备注
热中子堆	压水堆	PWR	浓缩铀	水	水	轻水堆
	沸水堆	BWR	浓缩铀	水	水	
	超临界水冷堆	SCWR	浓缩铀	水、重水	水	
	重水堆	PHWR	天然铀	重水	重水	重水堆
	气冷堆	GCR	天然金属铀	石墨	二氧化碳	石墨堆
	改进型气冷堆	AGR	低浓缩铀	石墨	二氧化碳	
	高温气冷堆	HTGR	浓缩铀	石墨	氦气	
	超高温气冷堆	VHTR	Triso 燃料	石墨	氦气	
	熔盐堆	MSR	熔盐混合材料	石墨	熔盐混合材料	

续表

堆型		简称	燃料	慢化剂	冷却剂	备注
快中子堆	钠冷快堆	SFR	MOX 燃料	—	液态金属钠	快堆
	气冷快堆	GFR	暂无资料	—	氦气	
	铅冷快堆	LFR	MOX 燃料	—	铅、铅铋合金	

注 1. Triso 燃料一般是由燃料核芯、疏松热解碳层、内高密度热解碳层、碳化硅层、外高密度热解碳层组成的球形核燃料。

2. 熔盐混合材料是将核燃料混合在熔融氟盐冷却剂中形成诸如四氟化铀化合物，既作为燃料也作为冷却剂。

3. MOX 燃料是钚铀氧化物混合燃料，由二氧化铀和二氧化钚构成。

第四节　反应堆组成

反应堆通常由燃料、慢化剂、冷却剂、控制材料、结构材料、反射材料、反应堆容器和屏蔽材料组成。

1. 燃料

核电厂的燃料主要是铀-235 和钚-239，核燃料在反应堆中燃烧时产生的能量远大于化石燃料，1kg 铀-235 完全裂变时产生的能量约相当于 2500t 煤。为了维持核裂变反应，必须把超过一定量的核燃料装入反应堆，通常一次装入可用几年的核燃料，并且定期检查替换其中部分燃料，不需要像火力发电那样不间断的提供燃料。

2. 慢化剂

反应堆慢化剂用来将裂变时产生的、具有很大能量的快中子慢化成为容易被原子核俘获引发裂变反应的热中子。常见的慢化剂有轻水、重水、石墨、铍、有机材料等。快中子反应堆不使用慢化剂，而让快中子保持原有动能去引发新的裂变，使中子大量产生，过剩的中子由铀-238 吸收，从而形成新的裂变核燃料钚-239，释放能量的过程中同时使得易裂变材料实现增殖。

3. 冷却剂

冷却剂是将反应堆内产生的热量运载到堆外的介质，冷却剂要求吸收中子少、载热性能好、感生放射性少、与接触到的核材料不发生反应等，常见的冷却剂包括轻水、重水、二氧化碳、氦气，除上述材料外，快中子反应堆通常使用中子慢化效应小、散热性能优良的液态金属钠、液态钠-钾、液态铅-铋做等冷却剂。

4. 控制材料

核电厂把数年用的材料一次性装入反应堆，所以燃料的供给量不能实时调节，只能通过控制裂变反应的反应性来控制功率，具体是通过增加或减少反应堆内引发裂变反应的中子数量来实现，既保证有足够的中子数量维持裂变反应，又保证不会因为反应性过高造成失控。控制材料要使用易于吸收中子的物质，常见的包括镉、硼、铪等。由于控制材料多在高温、高压环境下工作，所以通常以合金或化合物的形式形成控制棒使用。有时候根据堆型和反应性控制要求的不同，也会在冷却剂中加入硼酸等控制材料，通过改变其浓度的方法起到控制反应性的目的。

5. 结构材料

结构材料构成结构部件，用于支撑由燃料棒、慢化剂、冷却剂、控制棒组成的堆芯，常见的结构材料有铝、不锈钢、锆合金等。

6. 反射材料

反射材料是将要泄漏到反应堆外的中子反射回来的材料，增加和维持参与裂变反应的中子数量，减少损失。反射材料可用水、重水、石墨、有机材料、铍等。在快中子反应堆中，为了使从堆芯泄漏出来的中子被再生物质铀-238吸收，堆芯周围还设置了天然铀的增殖层。

7. 反应堆容器

反应堆容器用于容纳堆芯和反射层等，由铝、不锈钢和混凝土等材料制成。动力堆通常采用给整个堆芯加压的形式来提高冷却剂的压力，因此反应堆容器又叫反应堆压力容器。

8. 屏蔽材料

屏蔽分为热屏蔽和生物屏蔽。热屏蔽是由于来自堆芯的快中子辐照和 γ 射线的作用，反应堆容器将被加热，为了降低这种加热，常在容器内侧设置热屏蔽，屏蔽材料一般采用碳化硼铝和铁等；生物屏蔽是为了保护人体不受 γ 射线、中子射线等放射性的危害而设置的屏障，常用材料包括混凝土、水、铁、铅等。

第二章
核电厂主要工艺流程

不同的核电厂可能采用不同类型的反应堆，相应的核电厂的设施组成、系统和设备有差别，但是电力系统构成仍然是汽轮机带动发电机旋转的发电系统，这一点基本相同，甚至与火力发电厂也没有本质差异，以下就通过介绍不同反应堆的情况来描述核电厂主要工艺流程。

第一节　概　述

核电厂设施一般包括核岛（Nuclear Island，简称 NI）、常规岛（Conventional Island，简称 CI）和电厂辅助设施（Balance of Plant，简称 BOP），一座核岛和它带动的常规岛及相应的辅助设备成为一个机组（Unit）。

核岛是核蒸汽生产的系统、设备和厂房的总称，包括核蒸汽供应系统、核辅助系统、专设安全设施以及其他核岛的配套设施。核蒸汽供应系统主要包括核反应堆本体和冷却剂循环系统，核反应堆内装载有进行核裂变链式反应的核燃料，核反应所产生的热量由反应堆冷却剂带走，直接或间接传递到常规岛。

常规岛是将核蒸汽转换为电能的系统、设备和厂房的总称。在具有两个以上回路的核电厂中，将蒸汽循环系统称为二回路系统，它包括汽轮发电机组、蒸汽系统、凝结水及给水系统、发电变电系统以及循环冷却水系统等。二回路中蒸汽发生器的给水吸收了反应堆冷却剂系统传来的热量，变成高压蒸汽，然后推动汽轮机带动发电机发电。乏汽在冷凝器内冷却而凝结成水，再重新返回蒸汽发生器，再变成高压蒸汽，在闭合回路中循环往复。

电厂辅助设施是支持核电厂运行的设施，包括输配电装置、水生产制备设施、机加工及检修厂房、仓库、气体制备设施、废物处理和贮存设施、实物保护设施、环境监测设施等。

第二节　主要工艺流程

一、压水堆

压水堆最初是美国西屋公司为核潜艇研制的，最早用它作为陆地动力堆的是美国希平港核电厂，是世界上建设和运行数量最多的反应堆。压水堆使用轻水（普通水）作为冷却剂和慢化剂，通过加压的方式使堆芯被高温加热的水不会呈现沸腾现象。运行压力约为 15.5MPa，蒸汽压力约为 6～7MPa，最大热功率约 4500MW，最大电功率约 1600MWe，采用浓缩铀为燃料。

压水堆核电厂有三个独立的冷却系统，其中一次冷却系统，又称反应堆冷却剂系统或一回路主系统，导出反应堆中核裂变所产生的热量带到蒸汽发生器中；二次冷却剂循环系统（或称二回路系统）在蒸汽发生器中与一回路交换热量产生蒸汽，将蒸汽送到汽轮机驱动汽轮发电机发电；汽轮机排出的余汽经凝汽器由第三个冷却系统（或称循环冷却水系统）带走（见图2-1）。由于一回路和二回路冷却剂是分开的，只在蒸汽发生器中交换热量，所以在正常运行时一回路含有的放射性物质不会转移到二回路中，这是压水堆的一大优点。

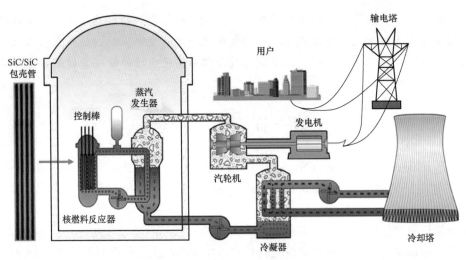

图 2-1　压水堆工艺系统流程

二、沸水堆

沸水堆最初由美国通用电气公司设计，最早的商用沸水堆核电厂是美国加利福尼亚州，反应堆系统经历了从 BWR-1 到 BWR-6 的不同发展阶段。沸水堆是在压水堆的基础上演化而来，采用轻水（普通水）作为冷却剂和慢化剂，运行压力约为 7MPa，蒸汽压力约为 6.7MPa，最大热功率约 3926MW，最大电功率约 1356MWe，采用浓缩铀为燃料。

沸水堆冷却剂在堆内沸腾直接产生饱和蒸汽并进入蒸汽循环系统。早期的沸水堆蒸汽循环有直接进入汽轮机的直接循环、通过蒸汽发生器进行热量交换的间接循环以及介于两种循环之间的双重循环三种；从冷却剂流入堆芯的方式上又分为自然对流式和强制循环式（见图2-2）。出于经济性的考虑，沸水堆后续发展逐渐走上了采用直接循环＋功率密度高的强制循环的形式。与压水堆相比，沸水堆最大的特点是减少了一个回路，蒸汽直接送到汽轮机驱动汽轮发电机发电，减少了大量的回路设备从而降低建造费用，但同时带来了放射性物质会进入到汽轮机厂房的缺点，需要对其采取必要的辐射防护措施。2011 年日本福岛第一核电厂发生 7 级核事故，造成大量放射性物质外泄，涉事机组均为直接循环沸水堆机组。

三、重水堆

重水堆原理与轻水堆相似，不同之处在于慢化剂是重水。目前比较可靠的重水堆是加拿大 CANDU-6 型重水堆，运行压力约 11MPa，蒸汽压力约 4.5MPa，最大热功率约

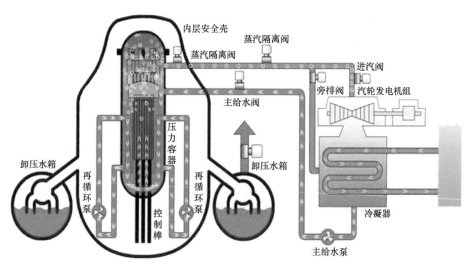

图 2-2　沸水堆工艺系统流程

2158MW，最大电功率 728MWe。由于重水的慢化性能好，中子利用率高，故重水堆可直接利用天然铀或低浓缩的金属铀作燃料，并可以不停堆换料。

CANDU-6 的反应堆冷却剂回路由两个环路组成，每个环路设置蒸汽发生器、主循环重水泵、反应堆进口集管、反应堆出口集管各两套。重水冷却剂流经蒸汽发生器 U 型管的管侧，将从堆芯带出的热量，加热蒸汽发生器二次侧（壳侧）的轻水，使其变成蒸汽。经主蒸汽管道汇集后，送往汽轮机厂房驱动汽轮发电机组发电（见图 2-3）。CANDU-6 反应堆体积大、重水昂贵，所以建设费用高昂，运行费用也高，限制了这种堆型的发展。

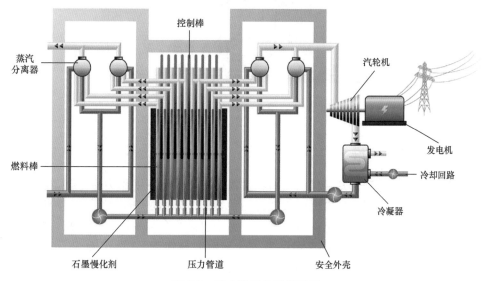

图 2-3　重水堆工艺系统流程

四、石墨水冷堆

石墨水冷堆核电厂是在军用石墨水冷产钚堆的基础上发展起来的，苏联奥布宁斯克核电厂是第一座压力管式石墨水冷堆核电厂，后续又相继建设了 20 余座同类堆型、不同功率的核电厂。石墨水冷堆堆芯由正方柱形石墨块堆砌而成，采用石墨为慢化剂、水为冷却剂，一般以天然铀金属元件为燃料。蒸汽压力约 7MPa，最大热功率约 4000MW，最大电功率 1380MWe。

　　石墨水冷反应堆冷却剂系统由两个环路组成，每个环路有 2 台卧式汽水分离器和 4 台主冷却剂泵（三用一备），冷却剂从堆芯下部工艺管道进入，被燃料组件加热至饱和温度，部分沸腾产生蒸汽，汽水混合物通过出水总装管流向汽水分离器；汽水分离后的蒸汽送往汽轮机厂房驱动汽轮发电机组发电，做功后冷凝成水通过水泵回到汽水分离器，与分离后的水混合后，由主冷却剂泵经压力总管和下分组集流管送回堆芯下部各工艺管道（见图 2-4）。这种堆型设计缺陷主要有反应堆不具备自稳性、没有安全壳屏障、运行比较复杂等。1986 年切尔诺贝利核事故以后这种堆型不再建设，已建成核电厂也逐步关闭和改造。

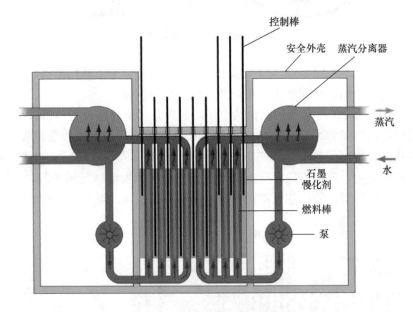

图 2-4　石墨水冷堆工艺系统流程

五、气冷堆/高温气冷堆

　　气冷反应堆的设计和开发最早在英国和法国，一般使用石墨作为慢化剂，使用二氧化碳、氦气等气体为冷却剂。气冷反应堆共有两种类型，分别是美诺克斯型气冷堆和改进型气冷堆，区别在于使用的燃料组件材料不同。由于建设投资和发电成本过高，与更经济的堆型——特别是轻水堆相比，缺乏竞争力，两种堆型分别于 20 世纪 60、70 年代停止建设，转而研发高温气冷堆，以标准化、模块化为目标，使其具有高度固有安全性，并逐步发展成商业堆。从结构形式上，高温气冷堆目前可分为球床型和棱柱型两类。

　　（1）球床型，采用石墨为慢化剂、氦气为冷却剂，使用包含低浓缩铀的球形元件为燃料。冷却剂压力 6MPa，蒸汽压力约 17～19MPa，最大热功率约 200MW，最大电功率 78MWe。堆芯由燃料元件和石墨反射层组成，反应堆和蒸汽发生器分别布置在各自的钢制压力容器内，在反应堆的蒸汽发生器之间由同轴管线相连接，内部流通高温气体，外部流通低温气体。直径为 60mm 的球形燃料元件由堆顶连续装入堆芯，同时从堆芯底部卸料管连续卸出乏燃料元件。堆芯内装有约 36 万个球形燃料元件，每个燃料元件在堆内平均循环 15 次。

（2）棱柱型，采用石墨为慢化剂、氦气为冷却剂，使用包含浓缩铀的六角形棱柱形元件为燃料。冷却剂压力约 6MPa，蒸汽压力约 17MPa，最大热功率约 350MW，最大电功率 134MWe。堆芯由燃料元件和石墨反射层组成。每个燃料元件有 210 个燃料孔道，装填直径 12.7mm、长 75mm 的燃料柱棒，以及 102 个直径 15.9mm 的氦气冷却剂孔道。石墨燃料元件采用停堆换料，一次通过，不循环。

常规岛的设置受循环类型影响：采用蒸汽循环方式时，机组采用与常规火电站相同的亚临界或超临界蒸汽发电机组；采用气体循环时，直接由与反应堆相连的（或通过中间换热器相连的）气体汽轮机机组输出电力（见图 2-5）。

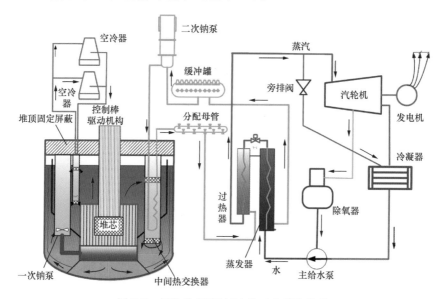

图 2-5　气冷堆/高温气冷堆工艺系统流程

六、快中子反应堆中间热交换器

快中子反应堆是指以平均中子能量 0.08~0.1MWe 兆电子伏的快中子引起裂变链式反应的反应堆，简称快堆。冷快中子反应堆有池式及回路式两种，目前建得最多的是池式钠冷快中子反应堆核电厂。以 BN-600 为例，反应堆采用燃料氧化铀和混合铀钚氧化物为燃料，使用液态金属钠为冷却剂，冷却剂压力约 0.1~0.3MPa，蒸汽压力约 14.2MPa，最大热功率 1470MW，最大电功率 600MWe。

快堆核电厂目前都采用三回路布置：一回路布置在主容器内，包括堆芯、主泵、中间热交换器等设备，液态金属钠将裂变热带到中间热交换器，传递到二回路；二回路由钠泵、蒸汽发生器、管道组成，将中间热交换器内得到的来自一回路的热量通过钠泵送至蒸汽发生器，传递到三回路；三回路与压水堆无差异，水在蒸汽发生器吸收热量产生蒸汽，送到汽轮机驱动汽轮发电机发电（见图 2-6）。

对比其他堆型，快堆的特点是可以一边消耗铀-235 运行发电，一边产生新的易裂变材料钚-239，而且产出大于消耗，可使铀资源的利用率提高 60～70 倍，同时将长寿命锕系元素"烧掉"，减轻了放射性核废料处置的负担。

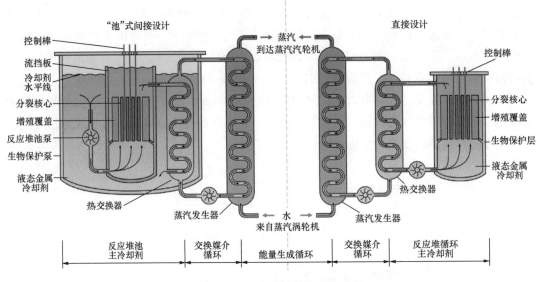

图 2-6　快中子反应堆工艺系统流程

第三章
国内外核电厂建设情况

人类和平利用核能的历程并非一帆风顺，先后经历了验证示范阶段、快速发展阶段、滞缓发展阶段和复苏发展阶段。在这个过程中，世界上主要核能利用国家都形成了符合国情的技术路线。

第一节　概　　述

20世纪50~60年代，美国、英国、苏联等国建设了一批早期原型堆，陆续有38台机组投入运行。80年代石油危机后，核电进入高速发展阶段，特别是轻水堆的经济性彰显之后，全球共有242台核电机组投产运行。经历了1979年美国三哩岛核事故和1986年苏联切尔诺贝利核事故后，引发了公众对核电安全性的思考，抵制情绪也逐渐增加。核电厂增加了提高安全性的措施也使得投资增加、经济性下滑，核电发展速度明显放缓。进入21世纪以后，随着能源日趋紧张、减少碳排放的压力增加，核电再度迎来发展契机。另外，核电技术也有了长足进步，安全性和经济性都有了显著提高，多国开始积极制定新的核电发展规划，其间虽受到2011年日本福岛核事故带来的负面影响，但没有改变整体的积极发展态势。

截至2021年6月，世界范围内运行反应堆共计442座，总容量394 447MWe，其中在建反应堆56座，总容量61 294MWe，分布在32个国家和地区。反应堆以压水堆、沸水堆为主，各种堆型核电机组占核电总机组的份额约为压水堆占67.2%，沸水堆占21.1%，重水堆占6.3%，气冷堆占2.8%，快堆占0.2%，其他堆占2.4%。

第二节　主要国家核电厂建设情况

一、美国

美国的核能开发最初是以核武器、核潜艇等军用为目的，后来军事方面的技术和设施成为核电开发的基础。美国的核电产品经历了一代至三代堆型发展阶段，产品比较成熟，技术水平较高，特别是在三代堆的发展过程中，美国率先于1990制订了先进压水堆的电力公司要求文件，对三代堆开发的影响很大。美国推出的AP1000堆型采取了非能动的安全设计理念，使它成为第三代核电的典型。近年来，美国政府在核电中小型反应堆、先进堆等方面持续给予政策和资金支持，以期保持其在先进核电技术方面的领先地位。截至2021年6月，美国运行机组94台，总装机容量96 553MWe；在建机组2台，装机容量2234MWe。

二、法国

法国核电起步很早，1945 年成立法国原子能委员会，负责原型堆的研发、核电规划及环境安全保护。从 1956 年建成法国第一座核电厂开始，在将近七十年的时间里，法国经历了核电大建设和核电大衰退，如今又因为"碳中和"重新制定发展规划，计划未来大力发展包括核能、可再生能源在内的低碳能源。法国核电起步于石墨气冷堆，20 世纪 70 年代，在气冷堆和压水堆的竞争中，气冷堆安全性和经济性均处于弱势地位，于是技术路线改为发展压水堆，从美国引进技术与消化吸收，于 1985 年研制出了和美国的 AP1000 齐名的先进三代核电机组——EPR。世界第一座 ERR 机组建设在芬兰奥尔基洛托，已于 2018 年底投入商运。近年来，法国非常重视第四代反应堆技术研发，以期掌握先进核电技术抢占市场。截至 2021 年 6 月，法国运行机组 56 台，总装机容量 61 370MWe；在建机组 2 台，装机容量 2234MWe。

三、俄罗斯

俄罗斯也是世界核电发展的先驱，主要发展堆型包括早期的石墨沸水堆，以及后期从军用潜艇动力堆演变来的 VVER 系列压水堆。石墨沸水堆由于在安全理念和装置设计上存在缺陷，切尔诺贝利核事故以后在世界范围内被弃用，目前俄罗斯在国内外建造的主流堆型为 VVER-1200 的 V491 型和 V392M 型，两种堆型都采用了能动和非能动安全系统相结合的办法来满足《欧洲电力公司要求文件》（EUR），均属于第三代反应堆。在第四代反应堆技术方面，俄罗斯也是技术最先进的国家之一，堆型包括已投入商运的钠冷快堆 BN-800 和处于验证阶段的钠冷快堆 BN-1200、中型铅冷快堆 BREST-OD-300。截至 2021 年 6 月，俄罗斯运行机组 38 台，总装机容量 28 578MWe；在建机组 3 台，装机容量 3459MWe。

四、日本

日本是一个资源匮乏的国家，缺少廉价可替代能源，为保障能源和经济安全，核电是最佳选择。日本于 1956 年成立原子能研究所、1961 年组建原子能发电公司，开启核电的研发和建设之路，在 1966 年建成第一个石墨气冷堆核电机组。随着轻水堆技术的发展和成熟，日本在 20 世纪 60 年代后期确定了长期发展轻水堆的技术路线，同时引进了美国的压水堆和沸水堆技术。经过 70～80 年代的核电快速发展，一跃成为核电大国。发展核电的同时不断提升和改进轻水堆技术，日本在 90 年代开发出了符合第三代核电标准的先进轻水堆（ABWR 和 APWR）。福岛事故后，国际社会对日本的核电技术与能力产生怀疑，核电技术出口严重受阻，短期内难以在国际核电市场上再次崛起。截至 2021 年 6 月，日本运行机组 33 台，总装机容量 31 679MWe；在建机组 2 台，装机容量 2653MWe。

五、韩国

韩国发展核电产业可以追溯到 20 世纪 50 年代，1956 年韩国与美国签署了和平利用核能的合作协定，在美国帮助下开展核能应用研究。经过几十年的快速发展，通过技术引进、有效地消化、吸收、再创新，于 2007 年开发出自主品牌 APR1400，成为世界上第三个具备自行研发第三代核电技术的国家，并形成了自己的核电标准体系，变成世界核电行业的后起之秀。但是受到福岛事故和反应堆零部件认证造假事件影响，韩国国内弃核声音逐渐高涨，这种形势可能对韩国核电后续的发展产生较大的影响。截至 2021 年 6 月，韩国运行机组 24 台，总装机容量 23 150MWe；在建机组 4 台，装机容量 5360MWe。

六、中国

我国核电发展起步较晚，但发展速度较快，国家对核电行业的支持政策经历了从"适当发展"到"积极推进发展"再到"安全稳妥发展"的变化，根据《"十四五"规划和 2035 远景目标纲要》，至 2025 年，我国核电运行装机容量达到 7000 万 kW。我国核电发展也是采用了"热中子堆-快中子增殖堆-聚变堆"三步走的方针，目前国内有包括 CNP、M310、CPR1000、EPR、VVER、AP1000、CAP1400、华龙一号、高温堆、重水堆、实验快堆、先进研究堆等在内的各种堆型。我国核电的整体技术水平处于第二代改进型向第三代核电技术过渡阶段，国内核电企业及研究机构在推广我国自主研发的第三代核电技术实现大规模、商业化应用的基础上，也在持续推进快堆及先进模块化小型堆的示范工程建设，并在超高温气冷堆、熔盐堆等新一代先进堆型关键技术设备材料研发方面大力投入。截至 2021 年 12 月 31 日，我国大陆地区共有在建和运行核电机组 71 台，其中运行机组 52 台，装机容量约 53 486MWe；在建机组 19 台，装机容量约 20 990MWe。台湾地区自 1971 年金山核电厂开工建设算起，共计建造了 8 台核电机组，其中压水堆 2 台、沸水堆 6 台。截至目前，有 2 台核电机组（沸水堆）退役，4 台核电机组（2 台沸水堆＋2 台压水堆）在运行，2 台核电机组（沸水堆）建成封存，总装机容量约 7890MWe。

第四章

总图运输设计主要工作内容

本章主要阐述了核电厂从厂址选择、初步可行性研究、可行性研究、初步设计和施工图设计等各阶段总图运输设计专业的范围和一般要求；同时，对核电厂总图运输设计的工作内容进行了说明，提出了总图运输设计的专业接口和相应内容。

第一节 概 述

一、总图运输设计的范围

核电厂属于工业企业的范畴，其所具有的生产特殊性而赋予了某些特殊要求。总图运输设计是核电厂厂址选择和工程设计中非常重要的一项工作。核电厂工艺过程复杂，建（构）筑物组成规模庞大，建设周期长，一些大型设备的制造精度要求高，运输难度大，核电厂又带有特殊的放射性，需要考虑核电厂的应急，如果没有合理的总图运输设计，会使核电厂布置紊乱，不能满足施工建造的要求，导致投资费用增加，甚至会对核电厂的运行带来隐患，不利于安全生产。所以在核电厂厂址选择和工程设计中，必须开展总图运输设计。

按照中华人民共和国住房和城乡建设部、原国家质量监督检验检疫总局发布的《核电厂总平面及运输设计规范》（GB/T 50294—2014）的规定以及《工业企业总平面设计规范》（GB 50187—2012），结合我国核电厂设计的实际做法，核电厂总图运输设计的范围，一般包括下述各项：

（一）厂址选择

核电厂厂址选择是根据国家能源政策、国家核电中长期发展规划，遵循国家核安全法规、导则等，按照国家对核电建设的程序要求开展的。厂址选择应调查研究厂址地区电网结构、电力负荷，厂址条件（地形、地震、地质、水文、气象、交通运输等），厂址环境（人口分布、工农业生产情况及外部人为事件），提出工程建设设想（建设用地、供水、电力出线、交通运输、用地拆迁、防洪排涝、对外协作、施工条件等），并对厂址技术经济进行综合比较，按相对优劣条件进行厂址排序。厂址选择应按满足核电厂规划容量建设所需的要求，确定厂址工程用地范围，包括厂区、电厂外部配套设施和施工生产临建等。

（二）总体规划

核电厂总体规划，应依据厂址规划容量和核电厂生产、施工、生活的要求，结合厂址条件，对厂区、厂外设施、非居住区、施工区、防洪排涝设施、交通运输及相应设施，出线走廊等从近期出发，考虑远期，进行统筹规划。总体规划应与城镇或工业区规划相协调。

按照核电厂应急管理的要求，核电厂总体规划还应考虑应急计划区、规划限制区、非居住区等特殊的辐射防护距离。核电厂交通运输规划是总体规划中的重要内容，应根据当地交通运输现状和发展规划，全面考虑，统筹安排，以满足核电厂生产运行、建设期间的运输和应急计划实施的要求，且应方便经营管理，适当兼顾地方交通运输。交通运输主要包括乏燃料、放射性废物运输，进厂道路和应急道路等。核电厂建设周期较长，核电厂总图运输设计应考虑施工区规划，主要包括施工生产临建场地和施工场地、施工道路等规划。

(三) 厂区总平面布置

核电厂的厂区总平面布置，是在核电厂总体规划的基础上，根据生产、应急、安全、防火、防洪、卫生、噪声、土建施工、设备安装及检修等要求，结合地形、地质、气象、厂内外运输条件、建设顺序等因素进行多方案的技术经济比较后确定。

核电厂的厂区总平面布置一般包括主要生产设施、辅助生产设施、厂前建筑区，以及其他设施的布置。同时，根据核电厂实物保护的要求，核电厂的厂区总平面布置还应进行实物保护设施布置。其中主要生产设施的布置应考虑核岛、常规岛、柴油发电机厂房、屋内外配电装置等；辅助生产设施的布置应考虑辅助核设施（放射性废物处理设施与热检修车间等）、冷却水泵房和相关的取排渠（管）道、冷却塔和循环水补给泵房、化水处理车间、水处理厂、动力和气体供应设施、辅助锅炉房、压缩空气站、制（供）氢站及高（低）压氢气站、非放射性仓库、机电修理设施、厂区应急控制中心等。厂前建筑区包括办公楼、档案馆、餐厅等；其他设施主要包括接待展览中心、培训中心、生活服务设施，生产废水处理站，生活污水处理站；同时，结合核电厂特殊的要求，其他设施还应考虑设置消防站、武警营房、气象站、环境检测实验室等。

(四) 厂区竖向布置

厂区竖向设计是与厂区总平面布置同时进行的，并与厂内外现有和规划的运输线路、周围场地标高相协调。竖向设计方案应根据生产、运输、防洪、排洪、管线敷设及土石方工程等要求，结合地形和工程地质条件进行综合比较后确定。竖向设计包括设计标高的确定、生产联系密切的建（构）筑物的竖向系统设计、土石方工程设计、场地排水等。对核安全重要建（构）筑物的场地设计标高，应高于设计基准洪水位，并考虑相应的波浪影响。核电厂竖向设计方案主要包括平坡式和台阶式，应结合不同的厂址条件开展相应的竖向设计。土石方工程设计应考虑松散系数和土石比等因素，做到挖填平衡，运距最短。

(五) 厂区管线综合布置

厂区管线综合布置应结合规划容量、厂区总平面布置、厂区竖向布置、交通运输以及管线特性、施工维修等基本要求统一规划，使得管线之间、管线与建（构）筑物、道路、铁路之间在平面和竖向布置上协调紧凑、安全合理、厂容美观。管线根据要求可采用地下管线、架空管线等敷设方式。核电厂管线，一般包括电力电缆、电信电缆、热力管道、高（低）压氢气管、氮气管、压缩空气管、硼酸管、放射性废液管、次氯酸钠管、二氧化碳气体管、应急放油管、除盐水管道等各种工艺管廊、循环水管道、厂用水管道（沟）、海水淡化管、工业给水管、加氯系统、生产废水管、消防给水管、生活给水管、生活污水管和雨水管、照明及电信杆柱等。

(六) 绿化布置

核电厂绿化应根据自然条件，厂区各功能区的功能和性质，在总平面布置、竖向布置以及室外管线综合布置时统一考虑。主要包括绿化布置和树种选择。

(七) 交通运输

核电厂的厂内外交通运输应在总平面布置、竖向布置、管线综合时全面考虑、统一安排，合理组织人流、物流，保证核电厂交通情况安全、短捷和畅通。核电厂交通运输方式是要优先考虑采用公路和水路运输，铁路运输宜利用国家和地方的铁路承担运输。水路运输主要包括中转码头的确定和设计、水路运输路径的选择、上岸码头的选择和设计、运输船只的选型、厂内外道路运输设计等。

(八) 主要技术经济指标

为评价厂址及厂区总平面布置的技术经济合理性，在全厂总体规划与厂区平面布置图中应列出主要技术经济指标表。与厂址相关的主要技术经济指标包括规划容量下的工程总用地、厂区工程用地、厂外工程用地、施工区用地、工程总用海面积、土石方工程量、征地边界围栏长度、拆迁量及搬迁人口等；与厂区总平面相关的技术经济指标包括厂区用地、单位容量用地、建（构）筑物用地、露天设备用地、露天堆场用地、建筑系数、道路广场用地、道路广场系数、厂区内场地利用面积、利用系数、厂区绿化用地面积、厂区绿地率、厂区土石方工程量、主要管道（沟）长度、厂区围栏长度等。

二、总图运输设计的一般要求

按照《核电厂总平面及运输设计规范》（GB/T 50294—2014）的要求，核电厂的总图运输设计，要遵循下述一般要求。

(1) 必须遵循国家有关法律、方针、政策和有关技术法规标准，满足生产运行要求，符合布置合理、生产安全、技术先进、社会效益和环境效益好的要求。

(2) 必须贯彻执行"十分珍惜、合理利用土地和切实保护耕地"的基本国策，可利用荒地的、不得占用耕地；可利用劣地的、不得占用好地。核电厂建设用地应正确处理与城乡规划、农业用地的关系，在满足工艺系统布置、施工、运行及维护等要求的前提下，综合考虑土地资源利用、工程投资、环境保护等技术经济条件，充分采用先进工艺和先进技术，因地制宜、合理布置、节约集约用地、提高土地利用率。核电厂用地范围应根据规划容量和本期工程建设的需要确定。厂区用地应统筹规划，宜分期征用，严禁先征等用。

(3) 必须充分了解并密切结合厂址地区的地形、地貌、气象、水文、地震、工程地质和水文地质，以及交通运输、人口社会环境条件、水资源条件、农业、国土空间规划等厂址特征条件。

(4) 核电厂总体规划应满足近、远期规划容量及其配套设施所需用地面积，近期远期结合，从近期出发考虑远期，统筹安排，方便施工，有利扩建。节约用地，合理规划反应堆厂房位置，以先进技术措施最大程度地缩小非居住区边界，并充分利用非居住区用地。按照常年最小风频的下、上侧依次布置现场服务区、配套设施、核电厂厂区。充分利用厂址条件，因地制宜，减少厂区工程量和基建费用。厂外配套设施应根据核电厂规划容量和分期建设的要求合理配置，在符合安全等相关要求的条件下，宜与厂区接近或相对集中。按照核电厂防洪要求，结合地形条件，合理规划防排洪设施。

(5) 必须充分了解并密切结合核电厂工艺流程和运行特性及厂址特征，按照符合防火、防爆、防洪、环保、卫生等要求进行总平面布置。核电厂总平面布置应按生产功能和有无放射性进行分区或相对集中。在满足生产工艺的条件下，宜使联系密切的辅助设施、生产管理设施进行联合，组成联合厂房或多层建筑。建筑物、构筑物的平面位置，要根据地形、地质条件进行布置，反应堆厂房和其他抗震Ⅰ类建筑物、构筑物，应布置在地基岩土性质均匀、地基承载力相适宜的地段。辅助生产和附属建筑及厂前建筑区宜按功能采用联合布置、成组布置和多层建筑。厂区群体建筑的平面布置宜与空间造型相协调，形成和谐优美的工作环境。

（6）厂区总平面布置应满足应急计划对厂区人员的集合场所和撤离路线要求。厂区应有两个不同方向的出入口，其位置应使厂内、外联系方便，可分别作为人流与货流的出入口。核电厂交通运输布置，应使物料流程顺畅短捷，宜做到人、货分流，避免交叉。同时，对放射性物流与非放射性物流考虑分流。在主厂房建筑群周围，应有满足运输、装卸大型设备所需的道路和作业场地。

（7）核电厂厂区竖向布置，应与厂区总平面布置相协调，并与区域总体规划、厂外道路、大件设备码头、厂外排水管网、厂区周围地形等相适应。厂区竖向布置应满足生产、运输与装卸、工程管线、防洪、场地排水以及施工等要求，并结合地形、地质条件确定厂区竖向布置系统和设计标高，使得厂区竖向布置所需的支护构筑物的工程量最少，土石方工程量最小，且填方与挖方接近平衡。在挖、填方量无法达到平衡时，要落实取土或弃土地点。核安全相关建筑物、构筑物的场地设计标高，必须高于设计基准洪水位，滨海厂址应考虑相应的波浪影响。建筑物的室内、外地坪设计标高，应与相互联系密切的车间、仓库之间的运输方式相适应，使进入建筑物的运输线路符合技术条件。

（8）必须对厂区、厂前建筑区、核电厂生活服务设施、交通运输、动力公用设施、防洪排涝及其他有关防护设施、取土和/或弃土场地、环境保护工程和绿化等恢复自然景观的用地规划等同时规划。

（9）必须明确核电厂的总图运输设计工作的内容是从厂址选择开始、到施工图设计完成为止的全过程逐步推进而最终完成的特点，一步一步地做好每一个阶段的多方案技术经济比较和优化论证工作，择优确定总图运输设计方案。

（10）扩建工程的厂区总平面设计，要合理利用现有设施，减少新建行政办公楼及生活服务设施，减少扩建工程施工对生产的影响。

第二节　总图运输设计的主要内容

本节主要概略介绍核电厂各阶段总图运输设计的主要工作内容与目的及设计原则要求，以便设计者了解核电厂总图运输设计的全过程，其具体要求和技术细节，将在以后的篇章内详细介绍。

一、核电厂厂址选择

核电厂厂址选择（以下简称厂址选择或选址），是核电厂建设从初步可行性研究阶段开始到可行性研究阶段结束所必须完成的一项重要的研究任务。核电厂厂址选择阶段的总图运输设计工作是核电厂厂址选择中政策性、技术性和综合性都很强的工作。核电厂总图运输设计，也正是随着厂址选择工作的开始而开始的。厂址选择中的总图运输设计，是联系选址工作中的各专业设计工作的纽带和主导工种，不但要提出和研究各设计工种的设计方案，而且还要综合各工种设计方案进行全厂区总体规划和主厂区总平面布置，评述其在工程技术、安全、环境和经济等方面的可行性，并进而论证所选厂址的可接受性。

按照《核电厂厂址选择基本程序》（NB/T 20293—2014）的规定，核电厂选址工作按照基本建设程序划分为初步可行性研究阶段和可行性研究两个阶段。初步可行性研究阶段包括前期厂址普选，以及针对在厂址普选基础上提出的候选厂址开展的初步可行性调查与评价；可行性研究阶段是对经初步可行性研究审定后的优先候选厂址（推荐厂址）进行更详细的调查与评价，以最终确认厂址。

（1）厂址普选是利用已有资料，通过室内分析和现场踏勘相结合的方法确定可能厂址，并对可能厂址的优劣进行综合比较，筛选出建厂条件较好的候选厂址。

（2）初步可行性研究是对候选厂址，在现有资料以及必要的专题调查基础上初步排除厂址颠覆性因素，对各候选厂址的安全、环境、技术及经济方面的可行性和优劣进行综合比选与评价，筛选出优先候选厂址和备选厂址，并经过审定后提出推荐厂址。

（3）可行性研究阶段是对推荐厂址按照核安全法规、导则及其他相关规范要求，从安全、环境、技术和经济各方面排除厂址颠覆性因素，并进行综合论证，其中包括涉及厂址可接受性和工程设计基准的各项专题调查与评价，以确认厂址的适宜性和确定相关的设计基准。

厂址选择阶段的总图运输设计工作，主要是结合所选厂址的特征和各有关专业的设计方案，从技术、安全、环境影响和经济合理性考虑，进行工程总体规划、厂区总平面布置规划、交通运输、供排水设施、输变电线路等的规划，为选址的各阶段提供厂址筛选及最终确定推荐厂址的依据。厂址查勘和评价两个阶段中要求的总图运输设计的内容、深度和应提供的文件也是不同的。厂址选择工作中总图运输设计的基本任务见表4-1。

二、核电厂总体规划

核电厂的全厂总体规划需根据所选厂址的特征，在保证安全和生产要求的前提下，充分满足工业企业总图运输设计的基本要求，要按照核电厂总图运输设计特点，合理确定主厂区平面布置、厂区划分、建筑物和构筑物的平面布置和间距，厂区内外交通运输系统的合理组织和运输方式，厂区内外水工设施的布置和冷却形式，厂区竖向布置及地上、地下工程管线的布置和间距，施工场地的布置，厂区绿化和主厂区景观及与周围环境的协调等问题。核电厂总体规划时，要特别注意核安全厂房的地基条件和带有放射性的建（构）筑物及管线的布置，并十分注意"三废"的排放、运输和贮存问题。

表 4-1　　　　　　　　　　厂址选择工作中总图运输设计的基本任务

厂址选择阶段	初步可行性研究阶段的总图运输设计			可行性研究阶段的总图运输设计	
	候选厂址	优先候选厂址		推荐厂址	
设计内容	全厂总体规划	全厂总体规划	厂区总平面布置	全厂总体规划	厂区总平面布置
设计工作量	涉及多个可能厂址，基本满足厂址要求的候选厂址	涉及从多个候选厂址中筛选的2个或3个优选厂址	涉及从多个候选厂址中筛选出的2个或3个优选厂址	涉及初步可行性研究中经审查批准的1个推荐厂址	涉及初步可行性研究中经审查批准的1个推荐厂址

厂址选择阶段	初步可行性研究阶段的总图运输设计		可行性研究阶段的总图运输设计
	候选厂址	优先候选厂址	推荐厂址
规划内容	1）主厂区位置； 2）取、排水口位置及干线走向； 3）厂内外交通连接方案及干线走向； 4）输配电干线走向方案； 5）厂前建筑区位置	除了需要进一步改进前一阶段规划的5项内容以外，尚需增加规划以下内容： 1）拟定厂坪标高； 2）拟定非居住区范围； 3）防、排洪设施方位； 4）护坡、挡墙等防护设施方位	在全厂总体规划的基础上，规划下列建筑物的布置： 1）拟定主区主要建设子项； 2）核岛、常规岛位置； 3）辅助系统（BOP）； 4）厂内、外交通连接及主厂区干线方位； 5）与取、排水口连接的干线方位； 6）防排洪及护坡挡墙等防护设施布置的进一步细化； 7）生产管理设施和厂前建筑区、其他设施等位置及布置	根据勘察资料，完善和补充厂址查勘阶段完成的全厂总体规划，基本确定总体规划项目的各项用地位置。确定非居住区的范围，并初步拟定限制发展区的大体边界。拟定征地移民范围	根据气象、水文和水文地质、工程地质等的勘查调查和试验资料，在全厂总体规划的基础上，完善厂址查勘阶段完成的主厂区总平面布置规划
规划目的	为从多个候选厂址中筛选出优选厂址，提供总图运输设计方面的依据	说明备选厂址的可接受性和优选性，并为排列其优劣顺序和评价其技术可行性、安全可靠性、环境相容性和经济合理性提供依据	除进一步证明所选推荐厂址的可接受性和优选性之外，还为场地平整和初步设计提供依据
资料依据	主要为收资和现场踏勘调查资料	主要为现场踏调资料和必要的主要厂址特征的勘察试验资料	主要为符合现行选址法规要求的全面的厂址勘查、试验和调查资料
设计深度	在现有资料基础上所进行的设想性规划	规划方案不一定是最优的，但必须是可行的，并能据此估算与厂址特征有关的工程量及工程投资	规划方案不仅是可行的，而且必须是最优的，还应达到平整场地的土石方开挖设计和计算及与厂址特征有关工程量计算要求
主要文件	全厂总体规划图、厂址普选报告（与总图运输设计相关部分）	厂址地理位置图、全厂总体规划图、主厂区总平面布置规划图和厂址初步可行性研究报告（与总图运输相关部分）	厂址地理位置图、全厂总体规划图、主厂区总平面布置规划图和厂内外交通连接及主厂区道路干线规划图、施工场地规划图、场地平整及土石方开挖规划图和征地移民范围、数量、水土保持及绿化方案图、代表性地形设计剖面，主厂区景观规划图及厂址安全分析、环境影响、职业安全卫生分析等专题报告和工程可行性研究报告（与总图运输设计相关部分）

在满足国家用地、用海等政策的前提下，结合厂址的环境条件，按照厂址所在区域的各类规划要求，从近期出发，考虑远期，开展核电厂总体规划，主要包括厂区场地、循环水取排水、交通运输、厂址防排洪、出线走廊、施工临建区、厂外其他设施等规划，做到核电厂总体规划与周围环境的和谐、统一。核电厂的总体规划，要贯彻节约集约用地的原则，宜采用先进节地技术和工艺，严格控制厂区用地（包括生产区和厂前建筑区）、厂外设施以及施工区用地。

全厂总体规划，是核电厂建设的控制性规划，是内容更为丰富的总图运输设计的基本文件，是以总图运输设计专业为主导、由各设计专业工种共同完成的。核电项目的全厂总体规划贯穿于前期选址（包含初步可行性研究、可行性研究）和初步设计阶段，要遵循中华人民共和国国家标准《核电厂总平面及运输设计规范》（GB/T 50294—2014）、《工业企业总平面设计规范》（GB 50187—2012）、以及国家能源局标准《核电厂初步可行性研究报告内容深度规定》（NB/T 20033—2010）、《核电厂可行性研究报告内容深度规定》（NB/T 20034—2010）和《核电厂初步设计文件内容深度规定》（NB/T 20401—2017）的要求。核电厂全厂总体规划包括以下几方面的内容：

（一）主厂区位置选择

核电厂每一台机组通常由核岛与常规岛组成。根据工艺要求，核岛主要包括反应堆厂房、辅助厂房、附属厂房、放射性废物厂房；常规岛建（构）筑物包括汽机厂房和变压器区域构筑物。2台机组的核岛和常规岛及其密切相关的辅助厂房（如核岛除盐水储存箱、硼酸箱等）有机地组成一个综合体，这个综合体即为主厂房建筑群。

核电厂的主厂房建筑群是整个厂区最核心和最重要的部分，所以主厂房建筑群位置的确定对整个核电厂的总体规划和厂区的总平面布置都是非常关键的。主厂房建筑群位置主要是依据《核电厂厂址选择安全规定》《核电厂设计安全规定》等法规、导则和规范，充分考虑地形特征、地基条件及主厂房与循环水冷却系统、电力出线、公用辅助设施区的工艺联系，是综合生产运行、交通运输和实物保护等多方面因素最终确定的。

（二）交通运输规划

核电厂交通运输规划分为厂内、厂外交通。核电厂对外交通运输包括生产运行期间的日常货物运输、新/乏燃料运输、放射性废物运输，以及施工安装期间的运输等。同时，厂外交通运输要满足应急计划疏散的要求。厂外交通运输方式的选择，要根据地区交通运输现状和总体规划及自然条件等因素，对各种运输方式进行安全技术经济比较后综合确定。

厂内交通运输规划设计中要充分考虑上班流线的便利、人流与含放射性交通流线的分离，以及厂区内消防车道环形通路、消防与实体保卫响应距离等因素。要做到人流、一般物流与放射性物流分开，运输放射性道路与厂区主干道分开。

（三）冷却水供排水系统规划

滨海核电厂址的循环冷却水系统通常采用海水直流循环冷却系统，滨河（湖）核电厂址的循环冷却水系统通常采用带自然通风冷却塔的二次循环冷却系统。

在进行冷却水供排水设施规划时，要考虑取水口与排水口之间有一定距离，尽量避免温排水对取水的影响。滨海厂址要注意循环水泵房区、排水口与主厂区的距离，使循环水管道（沟）尽量短捷、顺畅，以节省造价，尽可能降低管道（沟）的交叉处理难度。滨河

（湖）厂址则要充分考虑大型自然通风冷却塔和机械通风冷却塔位置的合理性，尽可能使循环水管道（沟）尽量短捷，也需避免倒塌对核安全相关物项的影响，还要考虑冷却塔水雾和噪声对厂区其他区域可能产生的影响。

冷却水供排水设施规划作为全厂总体规划的一部分内容，通常是由核电厂水工工艺、水工结构等专业提出初步的供排水方案，包括取排水口位置、取排水方案等设计资料，总图运输专业结合全厂总体规划进行统筹考虑和调整。因此，在开展供排水设施规划时，要与核电厂水工工艺、水工结构等专业进行充分沟通和交流，确保供排水设施的安全可靠、技术可行和经济合理。

（四）淡水供应系统规划

淡水供应系统是指对核电厂运行期间、建造期间的生活用水、生产用水进行规划。结合厂址条件和所在区域的水资源情况，核电厂淡水供应系统设施通常包括原水处理厂、除盐水车间等，在水资源极度匮乏的区域，一般采用海水淡化方式提供运行期间、建造期间生活用水、生产用水。淡水供应系统规划规划应包括淡水水量、淡水水源和供水方案（可能包括取水口、取水管路径等）。

（五）电力系统规划

电力系统规划应包括核电厂接入系统方案、厂用电接线方案、开关站布置等。

（六）施工用地规划

施工用地规划包括施工临建场地的布置、大型设备或者模块等特殊的施工方案、统计计算施工用地指标等。

（七）建设场地平整规划

结合厂区总平面布置方案和厂址设计基准洪水位，确定厂坪设计标高，提出厂区竖向规划设计方案，明确护堤工程（适用于滨海厂址）的设计标准和设计方案，以及阶梯式布置方案的支护结构（包括护坡、挡土墙等）规划设计方案。

（八）其他

在开展全厂总体规划时，还要根据辐射防护等要求，提出核电厂规划限制区、非居住边界等防护距离的设想。

全厂总体规划要确定或基本确定以下方面的技术方案：

（1）规划容量（单机容量及台数）及分期建设安排（基本确定）；

（2）建（构）筑物子项表（基本确定）；

（3）主厂区位置及厂坪设计标高；

（4）厂区开关站及出线走廊的走向和位置；

（5）取排水口位置及输水干线走向与路径；

（6）厂内、外交通运输连接方案及干线方位；

（7）施工、安装场地位置；

（8）场地平整及土石方工程或取土场地位置；

（9）生活区位置及建设规模（基本确定）；

（10）厂区、施工区、非居住区和规划限制区边界（基本确定）；

（11）征地移民范围（基本确定）；

（12）统计、计算厂址技术经济指标。

三、核电厂总平面布置

在核电厂总体规划的基础上，根据生产工艺、运行、建造、应急、安全、防火、防洪、卫生、噪声、设备安装及检修等要求，结合地形、地质、气象、厂内外运输条件、建设顺序等因素，合理划定功能分区，对厂区主要生产设施、辅助生产设施、厂前建筑区和其他设施、实物保护和出入口等进行厂区总平面布置设计，确定建筑物、构筑物和各种设施的平面位置，完成核电厂厂区总平面布置。

在全厂总体规划的基础上，在选定的主厂区范围内，通过必要的方案论证和经济技术比较，予以修改、完善、细化和补充，以完成厂区总平面布置规划。具体工作内容如下：

1. 确定主厂房（核岛、常规岛）的平面布置型式

结合地形、工程地质、环境等条件以及工艺流程等要求，明确核岛、常规岛的平面布置，包括朝向、主厂房之间的建筑布置间距等。

2. 确定厂区的建设子项、名称以及其轮廓尺寸等

根据工艺流程、运行、施工等要求，提出项目的所有建筑物、构筑物，包含子项的名称、轮廓尺寸，形成子项一览表，并按照单机组布置、双机组共用、全厂共用等不同类别对所有建（构）筑物进行划分。

3. 布置主厂区所属的各建（构）筑物的平面位置

根据生产、应急、安全、环境、卫生、土建施工、设备安装及检修等要求，确定各建（构）筑物的位置和建筑间距。

4. 规划厂前建筑区和其他设施的位置

结合厂区功能分区和厂址风玫瑰等条件，明确厂前建筑区的规模和平面位置。并对其他设施，例如水处理等进行规划。

5. 规划场地排水系统

根据厂址防洪安全要求和竖向规划，提出场地排水规划和方案设想，包括排水沟渠设计标准等。

6. 规划厂内、外交通连接出入口及厂区主干线位置

根据厂址运行、施工、安装等要求，规划厂内、外交通设施，包括重件码头位置和吊装、运输方案；规划厂外道路，包括明确设计标准和方案设想；同时结合厂内各建（构）筑物之间的工艺联系，规划厂内主干道、次干道、车间引道等。

7. 规划所需的防护工程（护坡、挡墙、防排洪设施等）

结合厂址条件，对项目所需的防护工程进行规划和布置，包括边坡、挡墙、防排洪设施等，提出这些防护工程的设计标准、平面布置和方案设想。

8. 管线综合设计，布置各主要管线的平面位置，按照施工、运行和安全等要求确定管线的标高

经相关专业提资，汇总收集对核电厂的各类管线信息，包括管径、敷设方式要求等，根据工艺联系、施工、运行、安全等要求，规划各类管线的路径，综合确定各管线的平面位置，并提出管线的竖向设计标高。

9. 拟定控制区、保护区和要害区的边界

根据核电厂实物保护和纵深防御的要求，一般设置控制区、保护区和要害区。结合厂区总平面布置，拟定控制区、保护区和要害区的边界。

10. 景观规划，绿化布置规划

根据核电厂的实际情况，对厂区进行景观规划，结合各功能区的放射性特点和性质，分区域开展绿化规划和布置，提出全厂绿地率。

11. 估算与厂址特征有关的工程量及投资

按照《核电厂总平面及运输设计规范》（GB/T 50294—2014）的要求开展核电厂厂址技术经济指标和厂区总平面技术经济指标的统计和计算，提出相应的工程量，为工程投资提供基础。

四、核电厂竖向设计

厂区竖向设计是厂区总平面设计的重要组成部分，建筑物、构筑物除了采用平面坐标确定其位置外，还必须用标高确定其空间高度，这样才能使建筑物、构筑物和各种交通运输线路等的位置固定。在开展设计时，竖向设计和总平面布置是同步开展的，因此，厂区竖向设计和厂区总平面布置是密切联系而不可分割的。合理的厂区总平面设计不仅取决于厂区总平面布置，而且与厂区竖向设计的关系极大，在进行厂区总平面布置时必须考虑厂区竖向设计的合理。在进行竖向设计时，反过来对厂区总平面布置进行校验，如果两者不协调，还需对厂区总平面布置做必要的调整。

厂区竖向设计的合理与否对节约用地、投资费用、建设进度、安全生产、运营管理等有重大的影响。根据建筑物、构筑物的布置要求和交通运输线路的技术条件，正确地进行竖向设计，充分利用地形，合理改造地形，就可以使山坡地、河滩地成为适宜的建筑场地，不占或少占农田，厂坪设计标高的合理确定，可以减少土石方工程量，确保核电厂的安全运行。如果厂坪设计标高比自然地形的标高过高或过低，都会增加土石方工程量，影响建设进度，增加工程投资。因此，做好厂区竖向设计不仅是经济合理的总平面设计要求，也是经济建设发展的要求。

根据工艺、运输与装卸、施工建造、运行应急、工程管线、防洪、场地排水等要求，结合厂址自然地形和总平面布置，确定厂坪标高，研究比选竖向设计方案，进行厂址和场地防排洪设计，合理地进行竖向设计、土石方工程设计和场地平整设计。竖向设计的具体内容包括：

（1）选择竖向设计的形式和土方平整方式。

（2）结合设计基准洪水位等自然条件，确定厂坪设计标高和开挖标高，计算土石方工程量，力求场地挖填工程量最小，且接近于平衡。

（3）确定建（构）筑物、道路、防排洪设施、管线、管沟、露天堆场、广场等场地的设计标高，并与之相互协调、适应。

（4）确定场地合理的排雨水方式和排水措施，使地面雨水能以短捷路径，迅速排出，使核电厂不受洪水的威胁。

（5）合理布置厂区竖向设计必须考虑工程防护措施（例如边坡、挡土墙等）和排水构筑物（截洪沟、排洪沟等）。

五、核电厂交通运输与道路设计

根据运输物质的不同，核电厂的运输通常包括新燃料、乏燃料、放射性废物、大件设备运输、普通货流、人流等；根据运输时间的不同，核电厂的运输通常包括运行期间的运输、施工建造期间的运输。

核电厂内、外运输要在厂区总平面布置、厂区竖向设计、厂区管线综合时全面考虑，统一安排，合理组织人流、物流，保证核电厂运输安全、短捷、畅通。核电厂内、外交通运输既要满足建造和运行期间重大设备在运输、装卸时对道路设施和作业场地的要求，也要满足应急撤离的要求。

核电厂的道路分为厂外公路和厂内道路。厂外公路要设置不同方向的进厂道路，厂外公路的设计工作通常在"四通一平"设计中完成。厂内道路分为主干道、次干道、支道、车间引道和人行道。根据行驶车辆的不同，道路结构型式分为轻型路和重型路。

核电厂交通运输与道路设计的具体内容包括：

（1）通过调研和收资、分析等方式，论证核电厂内、外部交通运输方式、运输路径和运输方案。采用水路运输方式时，要提出水路运输的船型，水路运输的路径，中转码头的位置、总平面布置方案、结构方案等；采用公路运输时，要提出上岸码头的位置、总平面布置方案和结构方案，码头所配置的装卸设施的方案（可能是固定龙门起重机、桥式起重机、桅杆起重机等），公路运输的车型配置，公路运输的路径，公路运输过程中的排障措施等。

（2）合理地规划、组织核电厂内人流、货流、放射性物质流（包含新燃料、乏燃料、放射性废物等），明确上述交通运输流线。

（3）开展厂内道路设计，提出相应的设计指标，主要包括道路设计标准、道路宽度、标高、转弯半径、纵坡、横坡、横断面结构型式等。

（4）若核电厂采用铁路运输，则应明确接轨点位置，提出铁路运输专用线的平面、纵断面和横断面等。

六、核电厂管线综合设计

核电厂的管线按照专业的不同，大致可分为放射性废液、工艺、水系统、暖通、电气、通信和仪控等。水系统又可分为循环水系统、厂用水系统、海水淡化系统、工业给水系统、除盐水系统、加氯系统、生产废水系统、消防给水系统、生活给水系统、生活污水系统和雨水系统等。工艺管线主要包括高（低）压氢气管、氮气管、压缩空气管、硼酸管、放射性废液管、次氯酸钠管、二氧化碳气体管、应急放油管等。

核电厂室外管线综合设计是根据参与核电厂室外管线设计的各专业提供的管线相关资料，结合核电厂厂区总平面布置、厂区竖向布置和厂区绿化布置等设计，确定各工种管线的走向和位置，并协调管线之间、管线与建（构）筑物、道路、室外设施以及景观设施之间的关系，最终使厂区室外管线及其设施在平面与竖向布置上相互协调、紧凑合理、节约用地，且整洁有序。

厂区管线综合设计的范围主要是建（构）筑物以外，包括位于道路广场及室外场地范围的所有管线，管线一般采用直埋、管沟、廊道、架空等形式进行敷设，用于连通厂区各个建（构）筑物和室外设施，使厂区能够安全、经济、合理运行。

核电厂室外管线综合设计主要包括如下内容：

（1）将厂区室外各专业相关的管线及其设施汇总于核电厂厂区总平面布置图，初步确定各管线平面和竖向的布置；

（2）进行详细的管线相关的碰撞检查工作，对于碰撞冲突点应说明避让调整措施，同时与管线设计各专业进行沟通确认；

（3）标明管线（沟）交叉点的上下标高关系；

（4）标明管线及其设施的平面位置定位信息等。

七、核电厂绿化设计

绿化是保护环境、防止污染和维持自然生态平衡的一项重要措施。在厂区总平面设计中必须把绿化设计作为其中的一个部分。它对改善核电厂环境、美化厂容、增加员工爱厂热情、坚持文明生产起着重要作用，绿化必须根据核电厂的场地条件、自然条件、周围环境，以及厂区各功能区的性质等因素，对厂区整体环境进行规划，通过在总平面布置中留出集中绿地，竖向设计时为坡面的保持和管线综合时为植树留出间距等做出统一的安排，开展绿化布置，明确可以开展绿化的区域，并对不同的区域规划不同的树种。

为了减少放射性废物对环境的影响，有放射性生产设施的区域通常不宜绿化，主要考虑是大量枯枝残叶可能造成潜在的放射性废物给生产管理带来的困难。因此，核电厂行政管理设施区即厂前建筑区和其他员工活动较多的室外场所，例如食堂等是绿化的重点区域。其他对环境洁净要求较高或噪声大的车间、厂房附近可适当绿化，以创造空气洁净的环境和降低噪声强度的影响。例如冷却塔附近可铺草皮，在不妨碍冷却塔的通风，不影响冷却效率的前提下，可种植喜潮湿、耐潮湿的树种；仓库区绿化宜根据贮存物料的性质和运输装卸要求，选种树干直、分枝点高、病虫害少的树种。

八、核电厂四（五）通一平设计

核电厂"四（五）通一平"，顾名思义，就是"场地平整"，"通路"，"通水"，"通电"，"通热"，"通信"。根据核电厂建造施工期间对路、水、电、信、热等不同的需求，结合厂址外部路、水、电、热、信等供应条件，统筹、组织相关专业开展核电厂"四（五）通一平工程设计"，主要包括场地平整、厂外公路、厂内外供水、厂内外供电、厂内外供热、厂内外通信等。具体包括如下：

（一）场地平整设计

场地平整设计包括根据总平面布置、竖向布置，比选确定厂坪标高，提出场地平整的范围和边界，开展土石方工程设计和平衡，提出土石方工程迁移方案，进行取土、弃土设计，完成场地平整工程的临时道路设计。开展挖填方边坡设计和防排洪设计。

（二）厂外公路设计

厂外公路设计是指进厂道路设计。根据核电厂应急管理要求，一般设置两个不同方向的出入口。厂外公路设计通常包括主要进厂道路、次要进厂道路的设计，其中一条进厂道路需要承担应急撤离的功能要求。根据《核电厂总平面及运输设计规范》（GB/T 50294—

2014)，主要进厂道路宜采用二级公路的标准，次要进厂道路宜采用三级公路的标准。

通常厂外公路设计均自地方公路引接至核电厂区，因此，厂外公路设计的技术要求，包括技术标准、功能要求、平面位置、标高、结构设计荷载等技术指标，厂外公路设计一般委托地方有资质的公路设计单位承担，按照核电厂设计单位提出的技术要求和我国有关公路设计的技术规范、标准等开展设计。

（三）厂内、外供水

根据核电厂场地平整、施工建造期间的供水需求，提出施工建造期间的水量，明确是否采用永临结合的原则开展供水设计，即施工建造期间和运行期间统筹一并考虑。明确厂外供水的水源，开展施工供水设施包括泵房、水池、水处理厂等布置、设计。开展施工供水管线路径比选和确定。在明确厂外施工供水方案的基础上，对厂内施工供水进行设计，开展主要供水管网和设施设计。

（四）厂内、外供电

按照施工建造期间的负荷需求，结合厂址外部电力供应条件，确定核电厂施工供电的容量、施工电源方案和施工供电方案，以及施工电源点、电源接入方式、施工电源容量和电压等级等。在确定施工电源方案的基础上，开展厂内施工供电设计，主要包括施工变电站设计、厂内变压器配置、电缆主架构布置等。

（五）厂内、外供热

北方地区的核电厂，在施工建造期间、生产运行期间，需要采暖供热和考虑冬季施工期间的保温要求。供热设计是这些核电厂"四（五）通一平工程设计"中的重要内容。具体可能包括确定施工建造期间的供热需求，明确热容量，结合厂外供热条件比选确定供热设备和方案（例如电锅炉、燃气锅炉等），对厂内供热主管道进行设计。

（六）厂内、外通信

核电厂施工建造周期长，施工建造中需要协调、管理的内容繁杂，需要现场开展必要的通信联系，以便及时沟通、处理施工过程中的各类问题。厂内、外通信包括电话门数配置、有线无线网络电缆管线敷设等。

核电厂四（五）通一平设计是核电项目的一个专项设计内容，通常分为三个阶段开展，即方案设计、初步设计和施工图设计。

九、核电厂施工组织设计

核电厂施工组织设计宜在初步设计阶段启动，一般由核电厂建设单位或者项目总承包单位负责完成。初步设计阶段应编制施工组织大纲，施工图设计阶段应开展施工组织设计工作。结合核电厂建设周期长的特点，按照不同的施工建造模式，开展核电厂施工场地规划、设计，统筹相关单位进行施工组织设计，编制施工控制进度，提出施工方案和施工措施等。具体的施工组织设计内容主要包括：

（1）统筹划分施工场地，包括土建作业与堆放区、安装作业与堆放区、修配加工区、机械动力区、临时仓库区等。

（2）对上述区域内的施工设施、临时设施、工器具堆放等开展平面位置和竖向上的规划、设计和布置，完成施工总平面布置方案。

（3）结合厂区内道路，进行施工区域的交通运输组织，按照"永临结合"的原则确定主干道、次干道和临时道路。

（4）在核电厂四通一平设计的基础上，确定施工供电、供水、供热、供气、通信等方案。结合永久的场地排水，提出施工排水方案。

（5）编制具体的施工方案，包括确定施工周期，编制施工进度计划，对施工人员和大型施工机具等资源进行配置，制定相应的施工措施等。

（6）对核电厂大件设备运输和装卸等施工作业，提出专门的施工方案。

核电厂总平面设计的内容，涉及范围广，考虑的因素多，是一项综合性强的工作，必须与工艺、设备、地质、土建、结构、电气、仪控和其他公用工程（例如给排水、暖通等）等专业密切配合才能做好。核电厂总平面布置设计经过多方案优化，可以为核电厂建设节省费用，可以为核电厂运行创造好的效益。

第三节　总图运输设计的配合与协调工作

核电厂总图运输设计是一项技术性、经济性很强的综合性设计工作。涉及的知识面范围广、接口的专业多，这要求总图运输设计人员综合分析，统筹兼顾，合理安排，开展多方案比较，确定最优方案。

核电厂总图运输设计在不同的设计阶段需要与地震、地质、水文、气象、环境、应急、规划、主（辅）工艺系统、设备、建筑、土建结构、道路、海（水）工、给排水、消防、电气、通信、仪控、实物保护、机务、暖通、技术经济等专业进行迭代和协同、协调。

在核电厂厂址选择过程中，总图运输设计需要结合厂址场地地形、地震地质、水文、气象等自然条件，根据工程方案和主要（辅助）工艺系统的需求，协同建筑、结构、海（水）工、机务、电力等开展厂址总体规划，做好核电厂与外部环境包括城镇规划、海域规划、土地规划、电力规划等条件的和谐、统一。核电厂不同阶段的工程设计中，总图运输设计需要与主要（辅助）工艺系统、建筑、结构、电气、通信、实物保护、给排水、消防、暖通、道路、施工、技术经济等专业进行迭代、协调，确定建设规模，合理规划各建筑物、构筑物的位置，确定厂坪标高，进行厂区总平面布置、厂区竖向设计、厂内道路设计、厂区室外管线综合设计等。

核电厂的设计内容很多，包括核岛、常规岛、BOP等多类，设计过程中需要考虑的因素也比较多，可能包括设备采购、施工建造、调试运行等，为了更好地做好核电厂不同专业之间的设计接口协调工作，很多核电设计单位通过建立接口管理程序即IMP（Interface Management Procedure）、项目接口控制手册即ICM（Interface Control Manual）等多个技术管理工具，以管理、协调设计与设计、设计与采购、设计与施工、调试等各类接口需求以及具体的设计接口活动。总图专业在ICM中需要接口的内容多为设计类接口，有些设计接口来自核岛各子项（系统）、常规岛各子项（系统）、核岛与常规岛、核岛与其他BOP厂房等工艺、建筑、结构、管线以及设备设计等资料，有些接口则来自厂址外部，即厂址自然、环境条件等，例如，厂址地震、地质、水文、气象、交通、人口等外部条件和参数。同时，核电厂总图运输设计中还会碰到比较多需要协调的工作，例如厂址选择与地方特殊发展需求之间的相互协调、厂址总平面布置中近期建设与远期发展的相互协调、核电厂与环境规划的相互协调等关系，因此，作为核电厂总图运输设计人员，需要深入了解、调研分析，不断学习、掌握上述专业的基本知识，熟悉专业之间的接口需求，具备以上专业的接口协调能力，找出不同阶段的主要矛盾和次要矛盾，正确处理这些协调关系，才能做好核电厂总图运输设计工作。

Part 2
第二篇　厂址选择

　　核电厂厂址选择是为核电厂选择合适厂址或优选厂址的过程，需要综合考虑厂址与安全可靠、环境相容、技术可行和经济合理相关的因素，对厂址适宜性及相关设计基准作出评价。

　　核电选址具有常规大型项目选址的基本特点，又具有核安全要求的特殊性，要把核安全作为首要原则，要确保所选核电厂址是安全的和适宜的，同时选定的核电堆型应与厂址的技术参数以及厂址环境相协调。

第五章

厂址选择基本程序和准备工作

本章介绍了核电厂厂址选择的基本程序和选址前需要进行的准备工作。厂址选择一般是按照选址位置由区域普选到具体地点，选址原则是由粗到细的逻辑开展，通常包括提出选址任务、区域分析、图上选点、筛选厂址、适宜性评价、确定厂址等环节。厂址选择的准备工作决定了选址的效率和效果，一般需成立多专业组成的组织机构，明确选址的技术条件和要求，并编制选址工作大纲以指导选址工作。

第一节　厂址选择基本程序

核电厂厂址选择工作必须按照国家基本建设程序进行，遵循安全可靠性、环境相容性、技术可行性和经济合理性的基本评价准则，确保所选定的厂址满足国家相关法规和标准的要求。

核电厂厂址选择需按拟建核电厂的建设目标提出厂址选择任务书。厂址选择任务书包括以下基本内容：建设目的（商业发电或商用兼顾科研示范等）、拟建地区（规定选址的区域范围）、负荷中心（主要是向哪些城镇或地区供电）、建设规模（拟建机组数量及厂址规划容量）、机型选择、建造模式（项目建设管理模式）、建设进度（计划的开工日期与建成时间）、其他有关要求。

核电厂厂址选择的过程包括选址的准备工作、进行区域分析以选择可能地区、图上选点以选择可能厂址、筛选可能厂址以提出候选厂址、比较候选厂址优劣以获得优先候选厂址，以及验证和评价推荐厂址的适宜性，以最终确定厂址。

核电厂厂址选择工作基本程序见图 5-1。

第二节　厂址选择的准备工作

初步可行性研究阶段的厂址准备工作包括组织机构组建、厂址相关资料的收集、编制厂址选择工作大纲和质量保证大纲等工作。厂址选择准备工作程序见图 5-2。

厂址选择准备工作须建立厂址选择组织机构。组织机构由与选址相关的主要专业技术人员组成，通常包括核工程、电力工程、辐射防护、环境工程、总图运输、地震、岩土、水文、气象和技术经济等。组织机构负责人须具有包括选址在内的核电厂建设工程实践经验。

在厂址选择准备工作中，要尽可能地收集与拟选厂址相关的基础资料，并评价其有效性。

在厂址选择工作大纲中要针对厂址特征，在已有资料分析的基础上提出需开展的厂址专题研究与调查，通常包括场地测量、地震、地质、水文、气象、人口与环境和大件运输

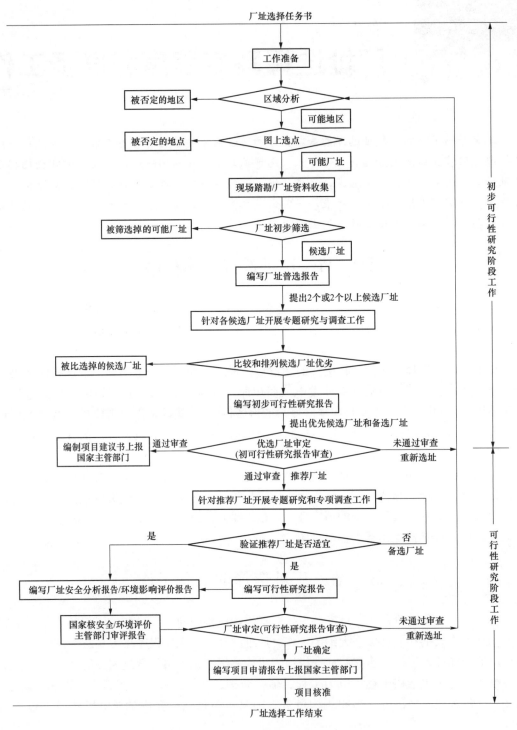

图 5-1　核电厂厂址选择基本程序框图

等专题调查。

在厂址选择工作大纲中要根据管理要求，提出需要获取的支持性或意向性文件，包括

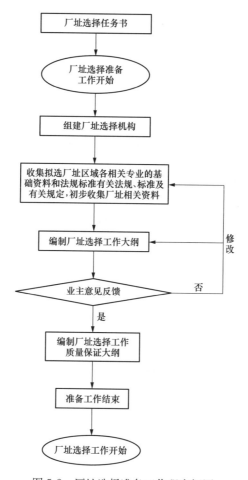

图 5-2 厂址选择准备工作程序框图

电力系统、国土空间总体规划、海洋功能区划、水资源、环境保护、林业、自然保护区、文物古迹、压覆矿产、航道、航线，以及军事设施等。

厂址选择工作中要按照核安全法规的要求，制定厂址选择工作质量保证大纲，并保证有效实施。质量保证大纲覆盖选址过程中的组织机构、计划编制、资格认证、工作控制以及文件编制等，以保证达到工作所要求的质量。

在厂址选择准备工作中需编制厂址选择工作大纲，一般包括以下内容和要求：

（1）工作目的，说明选址目标；

（2）工作依据，包括与选址相关的法规、标准及选址原则；

（3）厂址选择的技术条件与要求；

（4）确定厂址选择工作的技术途径和主要工作内容；

（5）收集拟选址区域各相关专业的基础资料，并根据拟选址区域的特征和已有资料的完善程度确定本阶段需要开展的专题目录清单；

（6）明确选址报告编制的格式与内容以及相应的规范要求；

（7）根据任务书要求，制定厂址选择的工作计划；

（8）明确厂址选择的阶段成果，并提出成果清单；

（9）制定选址工作的质量保证计划，包括组织机构、专题及其接口控制以及文档控制等；

（10）提出需要取得的支持性文件清单。

厂址选择的技术条件与要求包括：

（1）拟建核电厂的建设规划，包括拟建核电厂建设规模、机型和建设进度计划等；

（2）拟建核电厂的地区和厂址选择的范围；

（3）厂址用地规模，依据参考核电厂初估厂址建设用地和施工、安装场地及施工生活临建用地的面积；

（4）参照参考核电站或标准设计，说明适用的厂址条件范围，包括地震动限值、地基承载力、工程水文以及气象条件等；

（5）参照参考核电站或标准设计的主厂房区布置形式，反应堆厂房的轮廓尺寸、±0m以下的埋深、基底最大单位荷重等，绘制出厂房剖面图；

（6）拟采用的循环冷却方式及供水要求，包括直流循环或二次循环，以及在不同循环冷却方式条件下所需的供水量、保证率及其他要求；

（7）淡水供水条件，包括用水量和保证率要求；

（8）输电和对厂外电源的要求：包括输电容量、电压、出线回路数，厂外电源性质、供电容量、供电电压、进线回路数等；

（9）交通运输要求，包括建造期间需要运输的大件设备的名称、数量、轮廓尺寸、重量，以及运行期间新、乏燃料及固体废物的年运输量和可能去向。

第六章

厂址选择的基本原则和要求

厂址选择的基本原则和要求是核电厂址选择重要的工作要求和筛选评价依据，在选址活动中需严格遵守。

第一节　厂址选择的基本原则

核电厂厂址选择需要遵循如下基本原则：

（1）厂址选择要符合国家能源政策、国家核电中长期发展规划和国家核安全规划，按照国家核安全法规标准和核电建设前期工作的规定进行。

（2）厂址选择阶段划分为初步可行性研究阶段和可行性研究阶段开展工作。初步可行性研究工作前期宜开展厂址普选工作，筛选推荐出2个或2个以上可能厂址；初步可行性研究阶段要明确提出优先候选厂址和备选厂址；可行性研究阶段要排除厂址颠覆性因素，研究确定厂址相关设计基准。新建工程、超规划容量（台数、容量）扩建工程均要开展初步可行性研究工作；在原审定规划容量内扩建的工程，可直接开展可行性研究工作。

（3）厂址选择的过程中要考虑与厂址所在区域的城镇或工业发展总体规划、国土空间总体规划、水域环境功能区划之间的相容性，靠近电力负荷中心和水源充足地区，避开能动断层、人口密度高及饮用水水源保护区、自然保护区、风景名胜区等环境敏感区。

（4）厂址选择要调查研究厂址地区电网结构、电力负荷、厂址条件、厂址环境，提出工程建设方案，并对厂址进行技术经济综合比较，按相对优劣条件进行厂址排序。

（5）厂址选择要考虑核电厂设置非居住区和规划限制区的要求，综合评价该范围内的土地利用、人口搬迁，以及厂址环境、交通、地方区域规划和经济发展等方面对厂址优劣条件的影响。

（6）厂址选择时要符合国家有关工程建设土地利用的有关规定，应节约集约用地，充分利用建设用地，宜利用未利用地，不占或少占农用地。

（7）厂址选择要合理规划厂址工程用地，满足核电厂规划容量建设所需的厂区、厂外设施和施工临建设施的用地规模，并符合核电厂工程建设用地指标的有关规定。

（8）厂址用地范围不宜占用铁路、公路、引水和排水干渠、泄洪区、工程管网干线等现有设施，并少拆迁民房，减少人口搬迁。

（9）厂址场地要具备均匀、稳定的地质条件，地基具有足够的承载力。

（10）厂址防洪要考虑核电厂必须抵御的设计基准洪水。

（11）厂址选择时要考虑具有充足、可靠、符合生产和生活需要的水源，并且用水符合当地水资源规划要求。

（12）厂址宜位于附近城镇或居民区常年最小风频的上风侧。

（13）厂址宜位于交通干线附近或引接专用线短捷、经济的地区，或靠近有条件建造大件码头的地区，具备大件运输的条件。

（14）厂址的地形有利于厂房布置、大气弥散、交通联络、场地排水和减少土石方等。

（15）厂址地下水径流途径内不宜存在居民或工业集中取水点。

（16）充分考虑电厂出线条件，并按发电厂接入系统的规划要求，留有足够的出线走廊。

（17）厂址有利于同邻近工业企业和依托城镇在生产、交通运输、动力公用、维修、综合利用、发展循环经济和生活设施等方面的协作。

（18）厂址不宜选在下列地段：

1）主要的农、牧、渔养殖区。

2）饮用水源保护区。

3）有开采价值矿藏的矿床区。

4）历史文物古迹保护区。

5）国家级的风景区及森林和自然保护区。

6）重要军事设施区及周边。

第二节　厂址选择的基本要求

核电厂厂址选择的基本要求如下：

（1）核电厂厂址选择要遵守保护公众和环境免受放射性事故释放所引起的危害，同时对于核设施正常运行状态下的放射性物质释放也应加以考虑。厂址选择中包括下列因素：

1）在特定厂址所在区域内所发生外部事件（包括外部自然事件和外部人为事件）对核电厂的影响。

2）可能影响释放出的放射性物质向人体和环境转移的厂址特征及其环境特征。

3）与实施应急措施的能力及个人和群体风险评价必要性有关的外围地带的人口密度、人口分布及其他特征。

（2）核电厂宜建在人口密度相对较低、距离大城市相对较远的地点，核电厂规划限制区范围内不应有1万人以上的乡镇，厂址半径10km范围内不应有10万人以上的城镇。

（3）厂址不宜选择在可能受洪水（包括降水、高水位、高潮位引起）危害或因挡水构筑物失效而引起的洪水及波浪的危害，以及地震引起海啸或湖涌危害的地区。

（4）厂址应避开可能存在对核电厂安全有潜在影响的能动断层。

（5）厂址不应选在洞穴、岩溶等自然特征和矿井、油井或气井等人为特征的地区，以及有引起地面塌陷、沉降或隆起的地区。

（6）厂址地下材料宜为固结或胶结良好的岩土层。在厂址设计基准地面运动的条件下，安全重要建筑物、构筑物地基不应存在潜在液化可能的土层。

（7）在厂址及其邻近地区，不应存在难以防治的地质灾害。

（8）厂址不宜选择在受热带气旋、严重的龙卷风极端气象影响的地区。

（9）厂址地区的气象条件应有利于气载放射性物质的大气弥散。

（10）厂址应处在下列设施的筛选距离以外：

1）大型危险设施如化学品、炸药生产厂和贮存仓库、炼油厂、油和天然气贮存设施。

2）民用机场、军用机场、空中实弹靶场和空中航线。

3）输送易燃气体或其他危险物质的管线。

4）运载危险物品的运输线路包括水路、陆路和航线。

（11）在厂址选择中，要结合厂址周围的环境特征现状和预期发展，论证实施场外应急计划的可行性。为实施应急措施，厂址应有二个不同方向对外联系的交通路线。

（12）必须确定核设施设计中所考虑的与外部事件有关的危险性。对于某一外部事件（或外部事件的组合），应选择表征其危险性的参数值，以确定核电厂外部事件的设计基准。

（13）厂址选择时要考虑核电厂新燃料、乏燃料及放射性废物的贮存和运输安全。

第七章

厂址选择的主要内容

本章较为详细地介绍了核电厂厂址选择的主要内容，包括阶段划分、主要内容、资料收集、专题研究、适宜性分析与评价、内容深度要求和主要技术经济指标等。

第一节　厂址选择阶段划分

核电厂厂址选择按初步可行性研究和可行性研究两阶段进行。初步可行性研究阶段包括前期厂址普选，以及针对在厂址普选基础上提出的候选厂址开展的初步可行性调查与评价；可行性研究阶段是对经初步可行性研究审定后的优先候选厂址（推荐厂址）进行更详细的调查与评价，以最终经优选确定厂址。

厂址选择各阶段的主要工作内容和要求如下：

（1）厂址普选要利用已有资料，通过室内分析和现场踏勘相结合的方法确定可能厂址，并对可能厂址的优劣进行综合比较，筛选出建厂条件较好的候选厂址。

（2）初步可行性研究要针对候选厂址，在现有资料以及必要的专题调查基础上初步排除厂址颠覆性因素，对各候选厂址的安全、环境、技术及经济方面的可行性和优劣进行综合比选与评价，筛选出优先候选厂址和备选厂址，并经过审定后提出推荐厂址。

（3）可行性研究阶段要对推荐厂址按照核安全法规、导则以及其他相关规范要求，从安全、环境、技术和经济各方面排除厂址颠覆性因素，并进行综合论证，其中包括涉及厂址可接受性和工程设计基准的各项专题调查与评价，以确认厂址的适宜性和确定相关的设计基准。

超厂址规划容量的扩建工程要开展初步可行性研究工作，厂址规划容量内的扩建工程，可直接开展可行性研究工作。

第二节　厂址选择主要内容

本节按厂址普选、初步可行性研究、可行性研究三个阶段，介绍了厂址选择的主要内容。

一、初步可行性研究阶段

初步可行性研究阶段要开展厂址普选工作和初步可行性研究工作，初步可行性研究阶段的工作程序见图 7-1。

（一）厂址普选

1. 区域分析——以查明可能地区

区域分析属于大范围区域筛选，通常利用现有的基础资料分析能够满足区域筛选

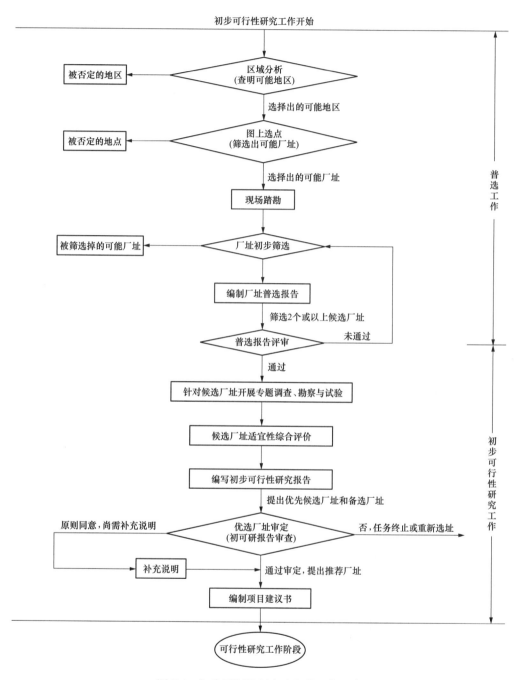

图 7-1 初步可行性研究阶段的工作程序

的要求。在区域分析中，首先应根据厂址选择的技术条件，利用收集到的现有资料，按照选址准则和厂址适宜性综合评价要求，分析出选址区域范围内具备建设核电厂的可能地区，为进一步的选址提供备选区域。对所分析过的地区特征采用表 7-1 列表描述。

表 7-1　　　　　　　　　　　　地区特征描述表

序号	地区特征	地区名称				
		××地区	××地区	××地区	××地区	……n 地区
1	供水水源					
2	电网					
3	运输路线					
4	能动断层					
5	地震					
6	地基条件					
7	火山活动					
8	洪水					
9	罕见气象现象					
10	军事设施					
11	人口分布					
12	区域分析结论					

2. 图上选点——以筛选出可能厂址

图上选点是在区域分析中提出的具备建设核电厂条件的可能地区范围内，通过对选址基本因素的综合分析与平衡，初步提出可能具备建设核电厂条件的厂址。图上圈定出的可能厂址需要结合现场踏勘落实可能性和具体的厂址位置。

图上选点需要考虑的主要因素如下：

（1）安全可靠性因素，包括能动断层分布、地震活动、工程地质条件、火山活动、洪水、气象条件以及外部人为事件等因素。要避开可能具有颠覆性因素的地区，如避开能动断层等，并尽量选择外部事件影响相对低的地区，以降低风险。对于可能存在外部事件风险，但可通过工程措施解决的厂址宜保留，以便后期综合比选、平衡优劣。

（2）环境相容性因素，包括拟选厂址及周围区域的人口分布、水功能与水弥散条件、大气弥散条件、土地利用状况与规划、应急计划实施的相关因素，以及可能涉及社会稳定风险评估的因素等。要特别关注核电厂环境相容性评价中涉及的制约因素，如拟选的核电厂址要与城镇或集中居住的人口中心保持一定距离，要避开饮用水源地、自然生态保护区、风景名胜等环境敏感地区和可能存在压矿的地区，要关注相关环境因素的规划发展情况，以及可能涉及社会稳定风险的因素等。

（3）技术可行性因素，包括厂址安全可靠性和环境相容性所涉及的技术可行性因素，以及用地条件、交通运输、取排水条件以及外部电网条件等。

（4）经济合理性因素，包括安全可靠性、环境相容性和技术可行性的相关技术措施投资等因素，以及拟选厂址距负荷中心的距离、征地与移民搬迁、种植和养殖补偿等因素。应尽量考虑离负荷中心近、征地移民费用低、种植和养殖补偿少的地区。

在图上选点提出可能厂址的分析中，要对每个可能的厂址按照表 7-2 的内容记录建厂条件。

要根据图上选点结果编制出可能厂址地理位置分布图。图纸编制应以正式出版的地图或地形图为底图，图示应包括选址区域范围、城镇、地形、交通、自然保护区、风景名胜等地理信息，并应将资料分析中获得的与选址相关的其他重要信息标示在图上，或者按照不同专业编制系列图件，以便于后续进行现场踏勘核实。编图比例尺可根据需求选择，通常选用比例尺为 1：100 000～1：250 000。

表 7-2　　　　　　　　　　　　厂址建厂条件记录表

序号	建厂条件		厂址名称		
			厂址甲	厂址乙	厂址丙……厂址 n
1	地理位置				
2	地形条件				
3	可用地条件				
4	供水条件	水量保证			
		提水高度			
		输水距离			
5	排水条件	受纳水体类型及功能			
		受纳水体的最枯流量			
6	能动断层	距最近已知断裂距离			
		距最近已知能动断层距离			
7	地震条件	区域范围内的最大历史地震震级			
		最大历史地震距厂址距离			
		地震基本烈度			
		地震动区划图参数			
8	地基条件（可能时给出岩性）				
9	不良地质作用和地质灾害				
10	交通运输条件	公路			
		水路			
		铁路			
11	输变电条件	距负荷中心距离			
		距 500kV 变电站距离			
12	外部事件	距最近机场距离			
		距最近航线距离			
		距危险设施距离			
		距最近军事设施距离			
13	人口分布条件	距百万人口城市距离			
		距 10 万人口城镇距离			
		距万人以上人口乡镇距离			
14	罕见气象现象（热带气旋和龙卷风）				
15	综合判定可否作为可能厂址的结论				

3. 现场踏勘——以查证可能厂址

现场踏勘是对图上选点提出的可能厂址进行现场核实，针对资料分析中的关键环节以及图上选点中涉及的主要因素进行现场查证。

现场踏勘的主要任务包括以下几个方面：

（1）现场核实图上选点的相关信息，要特别关注可能影响厂址可接受性的关键环节，并排除不具备建厂条件的可能厂址。

（2）进一步收集每个可能厂址的现场资料，逐项核实并完善每个可能厂址的建厂条件记录（见表 7-2）中的内容。

（3）编制现场踏勘报告，将收集的现场资料进行系统整理，并基于现场踏勘对各可能厂址的主要特征进行必要的分析和评价，为后续可能厂址的综合比选与排序提供依据。

4. 厂址初步筛选——以选择出候选厂址

根据现有资料分析、图上选点情况以及现场踏勘的查证结果，进一步对图上选点提出的可能厂址进行初步筛选，并进行初步总体规划进一步落实相关的建厂条件。排除不具备建厂条件或可能性相对低的厂址。

核实与整理各可能厂址特征数据，建立可能厂址建厂条件比较表（见表 7-3）。

按照核电厂选址的准则要求，从厂址的安全可靠性、环境相容性、技术可行性和经济合理性诸方面对可能厂址综合分析、比选和排序，提出综合条件相对优越的可能厂址作为候选厂址。提出进入初步可行性研究的候选厂址不宜少于 2 个。

可能厂址的分析评价考虑以下厂址特征及要求：

（1）能动断层：利用各种可能收集到的不同比例尺的区域地质图、构造图、地球物理图和卫星照片，结合地震背景和周边已有的工程地震安全性评价资料，优先选择远离已知能动断层的地区。根据收集到的可用资料，给出所考虑的场地距已知能动断层的距离，判断其位于潜在地表破裂影响范围外时可作为可能厂址。

（2）地震：优先选择位于《中国地震动参数区划图》（GB 18306）所示的地震动峰值加速度低的地区，根据获得的可用地震资料，判断所考虑的场地的设计基准地震动参数（地震烈度或地面运动水平加速度）等于或小于厂址选择技术条件中给出的限值的厂址，可作为可能厂址。

（3）地基条件：优先选择基岩裸露或覆盖层较薄的地区，当判断厂址具备满足核岛等重要建（构）筑物要求的地基条件时，可作为可能厂址。

（4）火山活动：根据收集到的资料，判断不受火山活动影响或受火山影响可能性小且能够实施经济有效的防御措施的厂址，可作为可能厂址。

（5）厂址洪水：优先选择洪水影响小的地区，选址时应优先选择受洪水影响小、防洪条件好、防洪措施易实施的厂址。

（6）罕见气象现象：优先选择受龙卷风、热带气旋等罕见气象现象影响较轻的可能厂址。

（7）距危险设施的距离：在筛选距离范围内（可取 8～10km 作为危险气云源、5～10km 作为爆炸的筛选距离值）存在可能对核电厂安全构成潜在威胁的危险气云源、爆炸源的地区应慎重考虑。

（8）飞机坠毁：厂址应避开密集的航线；对厂址 4km 以内有航线或小型民用机场航道的地区；厂址 10km 范围内有机场（最大的机场除外）的地区；对最大的机场，如果距厂址距离小于 16km 且年预计飞行操作次数大于 $193d^2$，距厂址距离大于 16km 且年预计飞行操作次数大于 $386d^2$，应慎重考虑（d 是以千米为单位的离厂区的距离）。

（9）军事设施：对厂区 30km 半径范围内有重要军事设施或轰炸演习区，以及其他可能影响核电厂安全的军事设施的地区应慎重考虑。

（10）人口分布：优先选择人口密度较低、距离 10 万人口以上的城镇大于 10km、距离 1 万人口以上的乡镇大于 5km、远离大城市的厂址。

（11）与环境相关的其他因素：厂址应尽量满足国家关于自然保护区、饮用水源保护区、风景名胜区、文物古迹、压覆重要矿产资源等的要求，不满足时应慎重考虑。

（12）用地条件：满足核电厂规划容量建设用地规模，优先选择厂址用地性质为山地、荒地地区，初估厂址土石方工程量和挖、填方边坡高度可接受性。

（13）供排水条件：选取水源能够满足核电取水要求的地区，判定冷却水供水水源可靠、且输水距离和提水高度可接受并具有适用于排水受纳水体，可作为可能厂址。

（14）电网条件：优先选择电源接入和输出便捷、核电建成后运营效益好的厂址。

（15）大件运输条件：优先选择厂址外部交通运输条件可满足核电厂超重、超限设备等大件运输便利的地区。

表 7-3　　　　　　　　　　　　可能厂址建厂条件比较表

序号	建厂条件		厂址名称			
			厂址甲	厂址乙	厂址丙	厂址 n
1	地形条件					
2	可用地条件	可用地面积				
		土石方量				
		挖填方最高边坡				
3	交通运输条件	公路				
		水路				
		铁路				
		厂外运输方案				
4	冷却水供水条件	冷却方式（水量保证）				
		取排水方案				
		提水高度				
		输水管线长度				
5	淡水供应条件（滨海厂址）	水源条件				
		输水管线距离				
6	排水条件	受纳水体类型、特征				
		平均流量				
		最枯流量				
7	输变电条件	距负荷中心距离				
		距 500kV 变电站距离				
		出线条件（出线走廊）				

续表

序号	建厂条件		厂址名称			
			厂址甲	厂址乙	厂址丙	厂址 n
8	气象现象	常规气象要素				
		罕见气象现象				
9	能动断层	距最近已知断裂距离				
		距最近已知能动断层距离				
10	地震条件	厂址区域范围最大历史地震震级				
		最大历史地震距厂址距离				
		地震基本烈度				
		地面运动水平加速度				
11	地基条件	地基土类别				
		地基稳定性条件				
12	不良地质作用和地质灾害					
13	外部人为事件	可能有影响的水工构筑物				
		最近的军事设施及特征				
		最近的机场及特征				
		最近的民用飞机航线				
		最近的铁路、公路及航线				
		最近的操作、贮存危险品距离				
14	人口分布条件	厂址距百万人口城市距离、距 10 万人口城镇距离、距万人以上乡镇距离				

（二）初步可行性研究

初步可行性研究阶段要对候选厂址进行专题调查、勘察与试验，以进一步验证候选厂址的适宜性；通过对候选厂址适宜性的综合评价、比选，排列其优劣顺序以获得优先候选厂址。

候选厂址的综合评价应开展的主要工作内容和要求如下：

（1）根据前期厂址普选和专题调查成果进一步分析候选厂址的安全可靠性特征，初步排除可能存在的颠覆性因素，并在综合评价地震、工程地质、洪水、气象和外部人为事件影响的基础上，给出候选厂址安全可靠性的分析结论。

（2）根据前期厂址普选和专题调查成果进一步分析候选厂址的环境相容性特征，说明拟建的核电厂对候选厂址环境影响的可接受性，并在综合评价人口分布、土地利用、大气和水体弥散条件，以及其他自然和社会环境因素的基础上，给出候选厂址环境相容性的分析结论。

（3）评价各候选厂址与厂址安全可靠性、环境相容性相关的技术措施的可行性，以及厂址的用地条件、交通运输、取排水条件，以及外部电网条件等技术可行性因素，并根据已获得的资料进行 1∶10 000～1∶25 000 的全厂总体规划和 1∶5000～1∶10 000 的厂区总平面规划，以对各候选厂址进行相关的技术可行性分析。

（4）评价厂址安全可靠性、环境相容性和技术可行性需要采取工程措施的经济投入，并结合各候选厂址的基本建厂条件和工程投资进行相关经济合理性分析，见表7-4、表7-5。

（5）根据对候选厂址的评价和基本建厂条件比较结果，说明各候选厂址的适宜性，推荐出优先候选厂址和备选厂址。

表 7-4　　　　　　　　　　各候选厂址的基本建厂条件比较表

序号	比较内容			甲厂址名称	乙厂址名称	备　注
1	建设用地条件		场地可规划机组数			
		土地利用现状分类	耕地（m²）			
			林地（m²）			
			城镇村及工矿用地（m²）			
			水域及水利设施用地（m²）			
			其他用地（m²）			
		基本农田（m²）				
		用地所需移民（人）				
		填挖方	挖方量（m³）			
			填方量（m³）			
			挖方边坡的最大高度（m）			
			填方边坡的最大高度（m）			
2	输、变电	输电线路长度（km）				
		电网配套设施				
3	冷却水供水	有无工农业和城市争水问题及用水许可				
		取水高度（m）				
		输水管线长度（m）				
		取水岸线稳定性				
4	淡水供水（滨海厂址）	有无工农业和城市争水问题及用水许可				
		输水管线长度（km）				
5	排水条件	受纳水体类型及环境功能区划、水质管理目标				
		受纳水体特征参数（深度、宽度、流速等）				
		受纳水体平均流量、流速				
		受纳水体最枯流量、最低水位				
		距敏感水体（天然渔场、养殖场等）的距离（km）				
6	交通运输	可能的运输方式				
		与交通干线连接长度（m）				
		需新、改建干线长度（m）				
		需新、改建大型设施				
		应急交通条件				

续表

序号	比较内容		甲厂址名称	乙厂址名称	备 注
7	断裂	厂址近区域范围内主要断裂的活动性及是否存在发震构造			
		厂址附近范围内有无能动断层			
8	火山活动	厂址区域范围内有无全新世火山活动			
		距全新世火山活动的最近距离			
9	地震	50年超越概率10%地震动峰值加速度			
		地震基本烈度			
		估算的SL-2级地震动高值			
10	岩土工程条件	地质构造			
		不良地质作用与地质灾害			
		核岛地基岩土体特征			
		地下水			
		边坡稳定性			
11	气象	大气弥散条件			
		龙卷风			
		热带气旋（台风）			
12	防洪条件	历史高水位（高潮位）			
		设计基准洪水位			
		暴雨强度			
13	外部人为事件	距最近大型危险设施的距离（km）			
		距最近机场及航线的距离（km）			
		距最近重要军事设施的距离（km）			
		距交通运输干线距离（km）			
14	人口分布	估计的人口密度（人/km²）			
		距万人以上乡镇距离（km）			
		距10万人以上城镇距离（km）			
		距50万人以上城市距离（km）			
		距百万人以上大城市距离（km）			
15	水源利用	距地面水下游最近集中取水口的距离（km）			
16	土地利用	有无利用规划			
		距最近生态保护区的距离（km）			
		距最近农场和/或牧场的距离（km）			
17	人因条件	当地政府的倾向意见			
		业主的倾向意见			

注 应采用数据或简明结论填入，也可不限于上述表列比较内容增减。

表 7-5	各候选厂址与厂址特征有关的工程投资估算比较表			（万元）
序号	比较内容	甲厂址名称	乙厂址名称	备注
1	场地平整土石方工程投资			
2	征地费用（含赔偿费）			
3	移民费用（含其他搬迁费）			
4	取水、输水工程费			
5	排水工程费			
6	厂外交通干线连接的工程投资			
7	地基处理费（必要时）			
8	防洪工程费用			
9	挡墙、护坡等防护设施投资			
10	大件码头及大件运输相关措施费（必要时）			
	上述各项总计			

厂址普选阶段要编制厂址普选报告，初步可行性研究阶段要编写初步可行性研究报告；厂址普选报告和初步可行性研究报告的内容深度均应符合《核电厂初步可行性研究报告内容深度规定》（NB/T 20033）的相关要求。

二、可行性研究阶段

可行性研究阶段的主要工作内容和要求如下：

（1）专题调查和勘查试验。

（2）评价厂址适宜性，确定与厂址有关的设计基准。

（3）对推荐厂址的适宜性进行全面评价，以证实推荐厂址的适宜性和优选性。

可行性研究阶段应编制可行性研究报告、厂址安全分析报告和申请审批厂址阶段环境影响评价报告，可行性研究报告内容深度应符合《核电厂可行性研究报告内容深度规定》（NB/T 20034）的相关要求；厂址安全分析报告内容深度应符合《核电厂可行性研究阶段厂址安全分析报告的格式和内容》（HAF J0067）的相关要求；申请审批厂址阶段环境影响评价报告内容深度应符合《核电厂环境影响报告书的内容和格式》（NEPA-RG1）的相关要求。

可行性研究阶段的工作程序按图 7-2 所示进行。

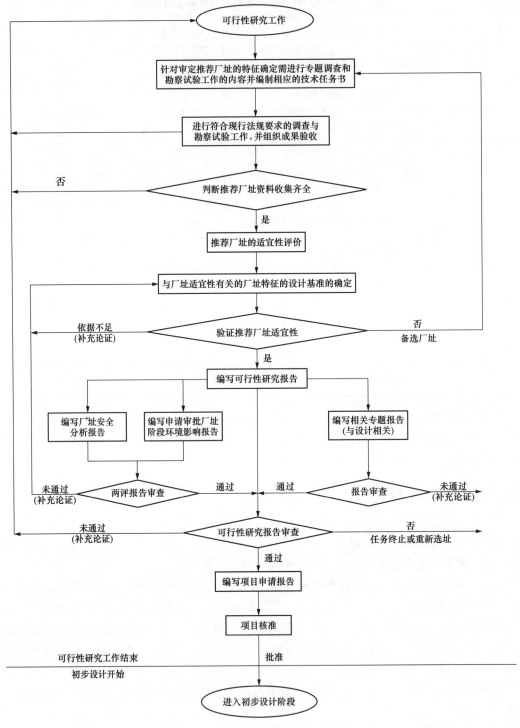

图 7-2　可行性研究阶段的工作程序

第三节　基础资料收集

在厂址选择工作中，应尽可能地收集与拟选厂址相关的基础资料，并评价其有效性。与选址相关的基础资料主要包括：

（1）地图和（或）行政区划图。

（2）地形图。

（3）流域水系图、流域内的陆域和海洋水文资料及水利工程资料。

（4）交通运输资料（厂址区域范围现有的和规划的公路、铁路、航运条件）。

（5）电网资料（现有和规划）。

（6）区域地质图、地质构造图、水文地质及工程地质图等相关资料。

（7）区域深部资料，包括地壳厚度、地球物理场以及已有工程勘察及石油勘探等资料。

（8）卫星影像。

（9）区域地震震中分布图和地震动参数区划图。

（10）气象资料，包括反映区域气候特征和局地气象条件的资料以及区域范围内气象台站分布资料。

（11）厂址及区域范围内的人口分布资料，包括常住人口、流动人口和规划人口；工业及城镇现状和规划、社会及自然环境相关资料，包括工业及城镇现状与规划、土地利用现状和规划、矿产资源分布和开发利用、文化古迹、自然保护区和风景名胜区以及自然生态等资料。

（12）水资源利用相关资料，包括饮用水自然保护区、水功能区划与水体环境功能区划等。

（13）建设施工方面的相关资料，包括地方建材、水电设施分布条件等。

（14）其他可能相关的资料。

第四节　专　题　研　究

专题研究是厂址选择过程中比较重要的工作，一般由业主或设计院委托其他单位开展，其成果是厂址分析评价和技术方案编制的重要依据。本节介绍了初步可行性研究阶段和可行性研究阶段专题研究开展的原则和一般需开展的专题。

一、初步可行性研究阶段

初步可行性研究工作中应对厂址普选筛选出的2个或2个以上候选厂址的重要厂址特征进行必要的专题调查、勘查与试验。

确定候选厂址专题调查、勘察与试验的主要工作内容和深度遵循以下原则：

（1）调查工作应达到对候选厂址安全可靠性、环境相容性、技术可行性与经济合理性进行综合评价，并选择出优先候选厂址的目的。

（2）以踏勘、调研、资料收集等途径为主，对可能影响厂址可接受性的关键因素进行必要的专题调查、勘察与试验工作。

（3）调查工作的内容、范围、深度、评价的程序、准则以及调查报告的编写，均应按照现行法规规定进行厂址比选并推荐优先候选厂址的要求进行。

初步可行性研究阶段一般开展的专题研究包括：人口、环境调查，区域气候和常规气象调查，区域、近区域、厂址附近范围和厂址区的关键地质与地震问题初步评价，岩土工程勘察，工程水文和取排水条件分析，大件设备运输专题论证，1：5000 陆域地形测量，淡水资源调查。

根据候选厂址条件，认为可能存在的某个可能影响厂址的可接受性的某些厂址特征，应进行必要的专题调查、勘查与试验工作。

在厂址选择的过程中进行的专题调查、勘察及试验成果均应有相应的质量保证措施。

二、可行性研究阶段

在可行性研究阶段进行的厂址评价工作中，确定推荐厂址专题调查和试验的主要工作内容和深度遵循以下原则：

（1）调查工作应达到确认推荐厂址并能合理评价所推荐厂址的安全可靠性、环境相容性、技术可行性与经济合理性的目的。

（2）调查工作的内容、范围、深度、评价的程序、准则以及调查报告的编写，均应按照现行法规规定的最终评价推荐厂址适宜性的要求，并结合推荐厂址的特征有针对性地进行。

（3）调查工作量的确定，应在初步可行性研究工作的基础上，在充分收集、整理和研究已有资料的条件下，针对推荐厂址的厂址特征编写。

（4）与评价厂址可接受性无直接关系的厂址特征调查（如厂址大气扩散试验研究），可不要求在可行性研究阶段完成。

（5）调查专题不应分解过细，以免出现重复工作和接口过多等弊端。

可行性研究阶段一般开展的专题研究包括：工程水文调查与分析，取排水方案的试验研究，淡水供水条件调查及水资源论证，气象调查与观测，地震安全性评价，岩土工程勘察，水文地质调查，陆域和水域的地形测量，陆域、海域环境及生态调查，外部人为事件调查，电磁辐射和放射性本底调查，大件设备运输调查。

分析推荐厂址条件，判断除以上厂址特征外，是否存在可能影响厂址可接受性的其他厂址特征（如地质灾害评估、压覆矿产评估、文物调查评估等），对这些厂址特征也应进行必要的专题调查、勘查与试验工作。

在厂址选择的全过程中所进行的所有厂址特征的专题调查、勘察及试验成果均应组织专家评审及验收。对专题调查、勘察及试验成果的评审和（或）验收，遵循下述基本要求：

（1）满足各项调查、勘查及试验工作内容和要求。

（2）对评价厂址可接受性和确定有关设计基准所采用的程序、方法、计算模式以及评价结论应符合现行有关法规的规定。

第五节 厂址适宜性分析与评价

本节按安全可靠性、环境相容性、技术可行性、经济合理性四类因素，分别给出了厂址适宜性分析与评价要求。

一、初步可行性研究阶段

（一）与安全可靠性有关的厂址特征

与厂址安全可靠性有关的厂址特征主要为外部事件，主要包括以下内容和要求：

（1）能动断层：区域分析时优先选择远离区域性活动构造的地区。选址时要避开能动断层并保持足够的安全距离。

（2）地震活动：区域分析时优先选择地震活动性低的地区。选址时优先选用地震影响较小的候选厂址。

（3）地基条件：优先选择工程地质条件良好的地区。选址时要尽可能选在地基均匀、稳定、无不良地质现象或者是采取简单工程措施可处理的地区作为厂址。

（4）边坡稳定性：如果所选厂址存有可能影响安全的高边坡（天然边坡或人工边坡），而且采用工程措施以后还可能不稳定时，则应认为该厂址是不可接受的。

（5）火山活动：区域分析时优先选择不受火山活动影响的地区。选址时优先选择不受火山活动影响或受火山影响可能性小的厂址。

（6）洪水：区域分析时优先选择洪水影响小的地区。选址时优先选择受洪水影响小、防洪条件好、防洪措施易实施的厂址。

（7）气象灾害：区域分析时优先选择气象灾害影响小、发生频率低的地区。对一些极端气象现象（例如热带气旋、龙卷风）及其伴生的风暴潮、降雨和飞射物等应重点关注，选址时优先选择受气象灾害影响小的厂址。

（8）外部人为事件：区域分析时选择外部人为事件风险小的地区。选址时应避开可能产生爆炸、火灾、毒气等危害的石油化工设施（化工厂、储罐、管道等），危险品贮存设施，大型机场附近，以及军事训练区等，并与上述危险设施保持一定的安全距离；优先选择外部人为事件影响小、采取措施易解决的厂址。

（二）与环境相容性有关的厂址特征

与环境相容性有关的厂址特征主要包括以下内容和要求：

（1）人口分布：区域分析时优先选择人口密度较低的地区。选址时应尽量避开集中居住的人口中心区（例如大、中城市与乡镇），优先选择位于低人口密度、远离人口中心的厂址。

（2）水功能：区域分析时应尽量避开有广阔而重要的、为公众所用或计划将来供公众使用的地下或地表饮用水水源的地区。选址时优先选择那些远离饮用水源和水环境保护区，并符合邻近水体水功能要求、在事故状态下污染影响尽可能低的厂址。

（3）水弥散：区域分析时应考虑水体的扩散条件。选址时优先选择流出物排放弥散条件好、能够充分满足稀释要求的厂址。

（4）大气弥散：区域分析时应充分考虑大气弥散条件，避开可能长期出现不利的大气弥散特征的地区。选址时优先选择大气弥散条件好、对公众影响小的厂址。

（5）土地利用：区域分析时应考虑区域内的土地利用情况，并考虑未来的可能发展和区域规划情况。选址时应与城镇、经济开发区以及大型工业设施保持适当距离，避开可能存在压矿的地区，并尽量不占用基本农田。

（6）自然生态与环境：区域分析时应考虑区域内的自然生态与环境状况。选址时应避开自然生态保护区、野生动植物保护区、风景名胜区、旅游区等环境敏感区。

（7）应急计划：区域分析时应考虑实施应急计划的可行性，并应与城镇和工业中心保持一定的距离。选址时应结合拟选厂址周围的环境特征现状和预期发展，综合考虑人口分布、地理条件、交通通信等可能影响应急计划实施的因素，优先选择应急计划实施条件好的厂址。

（8）公众参与：考虑社会公众对所选厂址的认可程度。

（9）社会稳定风险：考虑厂址对所在地区的社会影响、与当地社会环境的相互适应性，以及可能涉及的社会风险。

（三）与技术可行性有关的厂址特征

与技术可行性有关的厂址特征评价应包括厂址安全可靠性和环境相容性需要采取工程措施的技术可行性，以及下述与非核安全相关的厂址特征：

（1）用地条件：厂址用地条件应满足拟建核电厂规划容量的建设用地（包括厂区、厂外设施和施工用地等）规模要求，并优先选择厂址土石方工程量小且挖填平衡的厂址。

（2）取排水条件：选址中应考虑核电厂冷却用水水源输送的技术可行性和施工用水及淡水的供应保障率；应优先选取循环冷却水取排水条件好、施工用水及淡水水源获取便捷保障率高的厂址；应考虑厂址所在地区工农业水源的分配问题。

（3）电网条件：所选厂址应充分考虑拟建核电厂电力系统接入与输出的技术可行性，要保证核电厂与所连接的电网具有必要的相容性，以及在各种运行状态下能维持电网与核电机组的运行稳定性（电网能为核电厂提供正常运行和安全所需的厂外电源，如启动、检修、备用电源等），同时厂址地区还应具有足够的输电线路出线走廊空间。

（4）交通运输：所选厂址地区的运输线路应适于向厂区运输超重、超限的设备。应研究现有和规划的公路、水路、铁路是否适应从预计的制造厂或换泊港（专用码头）运送设备至核电厂、运出乏燃料和固体废物及应急撤离的交通运输要求。

（四）与经济合理性有关的厂址特征

与经济合理性有关的厂址特征，应包括为实现厂址安全可靠性、环境相容性和技术可行性需要采取工程措施的经济投入，以及下述厂址特征：

（1）负荷中心距厂址的距离以及电网接入与未来输电线路是否便捷，直接影响核电厂建设投资成本，以及电厂建成后运营的经济效益。优先选择拟建核电厂电力系统接入和输出便捷、核电建成后运营效益好的厂址。

（2）拟选厂址区征地、移民搬迁、种植和养殖赔偿等因素需要付出的费用，优先选择征地费用低、移民少、种植与养殖业欠发达的厂址，以降低投资并避免纠纷。

（3）考虑厂址土石方挖填方工程量、弃土以及进厂道路建设等工程费用因素。

二、可行性研究阶段

（一）对外部事件设计基准的安全可靠性分析评价

对外部事件设计基准的安全可靠性分析评价的主要内容和要求如下：

（1）洪水：评价厂址所在区域因降水、高水位（潮位）、风暴引起的增水及上游挡水构筑物破坏引起的并影响核电厂安全的洪水泛滥的可能性。必要时应收集并鉴别包括水文和气象历史数据资料在内的全部有关数据资料，建立合适的水文和气象模型，并根据此模型确定设计基准洪水，设计基准洪水位确定时需同时考虑海平面异常的影响。

（2）海啸或湖涌：评价厂址所在区域是否存在影响核电厂安全的海啸或湖涌的可能性。收集厂址所在的沿岸区域产生海啸或湖涌的历史资料，并且鉴别其可靠性及其与厂址的关系，以确定海啸或湖涌的设计基准。

（3）影响堆芯长期排热的厂址参数：在进行堆芯长期排热的设计时，应考虑空气温度与湿度，最终热阱水温，与安全有关的冷却水源的可用流量、最低水位及最低水位的持续时间，并应考虑挡水构筑物失效的可能性。

（4）能动断层：对于厂址附近范围内的断层，应首先鉴定其活动性，然后分析其是否具有在地表或近地表产生明显错动的可能性，并分析其与近区域、区域范围内的发震断层是否具有构造上的联系。对于鉴定出的能动断层，应根据其展布范围、产状、性质、潜在位错量及其到厂址的距离等特征综合评价其潜在地表破裂影响。当厂址位于潜在地表破裂影响范围内时，应认为该厂址是不适宜的。

（5）边坡稳定性：评价厂址及其邻近地区存在影响核电厂安全的不稳定边坡或滑坡的可能性。对于核安全相关边坡，在进行边坡稳定性计算分析时，应考虑设计基准地震事件的组合作用。

（6）地面塌陷、沉降或隆起：调查厂址地区是否存在洞穴、岩溶等自然特征和水井、矿井、油井或气井等人为特征，以评价地面塌陷、沉降或隆起的可能性。如果厂址区存在着影响核电厂安全的地面塌陷、沉降或隆起的可能性时，除非能采取切实可行的工程措施，否则应认为该厂址是不合适的。

（7）地震：根据厂址所在区域地震活动、地球动力学和地震构造特征，建立区域地震构造模型，并确定适合厂址所在区域的地震动衰减关系，分别采用确定性方法和概率法对厂址地震危险性进行评价。厂址设计基准地震动参数（包括基岩峰值加速度值和加速度反应谱）应在厂址特定地震动参数基础上，考虑工程设计需要综合确定。

（8）地震液化：对存在饱和砂土或粉土的地基，应进行地震液化可能性判别。核安全相关物项的地基液化判别应采用厂址设计基准地震动要素。

（9）地基岩土体特性：调查地基的岩土工程特征，并提供反映厂址地基特征的工程地质剖面图和各主要岩土层的物理力学性质参数。应评价地基在静态和地震荷载下的承载力、变形和稳定性。

（10）龙卷风：依据厂址区域详细的历史和仪器记录资料，评价有关区域范围内发生龙卷风的可能性；应确定与龙卷风有关的各种危险性，并用如旋转风速、平移风速、最大旋转风速半径、压差和压力变化率等参数来表示；在龙卷风危险性评价中，应考虑可能和龙卷风相关的飞射物。

（11）热带气旋：评价厂址所在区域内热带气旋的可能性。如果评价表明，厂址所在区域内存在热带气旋的证据或有热带气旋的可能性，则应收集相关资料；应根据可用资料和适当的物理模型确定与厂址有关的各种热带气旋危险性。热带气旋的这些危害包括诸如极端风速、压力和降雨量等。

（12）其他重要自然现象：收集和评价对核电厂安全可能产生有害影响的其他有关现象的历史资料，例如火山作用、沙暴、暴雨、泥石流、雪、冰、冰雹、过冷水表面冻结等。如果确认存在上述可能性，则应评价其危险性。

（13）飞机坠毁：评价飞机坠毁的可能性，并在评价时尽可能地考虑未来空中运输和飞机的特性。如果评价表明，存在能够影响核电厂安全的飞机坠毁的可能性，则应进行危险性评价。考虑与飞机坠毁有关的危险性时，应包括撞击、着火和爆炸。如果评价表明这种危险性是不可接受的，并且又无切实可行的解决措施，则应认为该厂址是不适宜的。

（14）化学品爆炸：查明厂址所在区域内是否存在可能导致爆炸的或可能导致爆燃和（或）爆炸气团的化学品的装卸、加工、运输和贮存等活动，如存在化学品应进行危险性评价。与化学品爆炸有关的危险性，应在考虑距离效应后，以超压和毒性（如可用）来表示。如果评价表明这种危险性是不可接受的，而且又无切实可行的解决措施，则应认为该厂址是不适宜的。

（15）其他重要人为事件：调查厂址所在区域的设施（含厂址边界范围内的设施），包括导致窒息、有毒、具腐蚀性或放射性材料的贮存、加工、运输和其他相关设施，以防这些设施在正常或事故工况下造成的释放危及核电厂安全。该项调查还应包括可能产生任何类型飞射物而影响核电厂安全的设施。电磁干扰、入地涡电流以及碎屑堵塞取排水口等可能的影响也应进行评价。如果这些现象能产生不可接受的危害，并且又无切实可行的解决措施，则应认为该厂址是不适宜的。

（二）对产生环境影响的厂址特征的环境相容性分析评价

对产生环境产生影响的厂址特征的环境相容性分析评价的内容和要求如下：

（1）大气弥散：阐述厂址所在区域的气象特征，包括基本气象参数、区域地形地貌和气象现象的描述，如风速和风向、气温、降水量、湿度、大气稳定度参数和持续逆温等。应制定气象观测计划，并且在厂址或厂址附近适当的标高与位置上，使用能够观测和记录主要气象参数的仪器完成观测。应收集至少一整年的代表性气象站或现场观测数据。应基于区域调查所获得的资料，采用适宜的模型来评价放射性物质释放的大气弥散。这些模型应包括所有可能影响大气弥散的重要的厂址和区域地形特征，以及核电厂的特征。

（2）地表水弥散：描述厂址所在区域的地表水水文特征，包括天然水体和人工水体的主要特征、主要挡水构筑物、取水口的位置以及区域内水资源利用的资料。应制定地表水水文调查和测验计划，以确定必要范围内的水体稀释和弥散特征，以及放射性核素在水域中的迁移机制与照射途径。应采用所收集的资料和数据，用适宜的模型评价地表水污染对公众的潜在影响。

（3）地下水弥散：描述厂址所在区域的水文地质特征，包括透水构造的主要特征、与地表水的相互作用以及该区域内地下水利用的资料；应进行水文地质调查，以便评价放射性核素扩散至周边环境的可能性。

（4）人口分布：收集厂址区域（80km）范围现有的和预期的人口分布资料（包括该范围内的常住人口和可能的暂住人口），并且在核电厂寿期内持续收集。应特别关注与核动力厂紧邻的区域（规划限制区）的人口分布、区域范围内的人口密集区和人口中心，以及常驻公共机构如学校、医院和监狱等。分析人口数据，并按照离核动力厂的距离和方位给出人口分布，以判断拟建核电厂对厂址区域的影响及制定并执行应急计划的可能。

（5）厂址所在区域内土地和水体的利用：为了评价核电厂对区域的潜在影响，特别是为制定应急计划，应说明厂址所在区域内的土地和水体利用情况，该项调查应覆盖可能被人利用或在食物链中可能用作生物栖息地的土地和水体。应说明厂址区域与环境及人类活动相关的生物资源状况，包括农牧业资源、林业资源以及自然资源开发情况。应说明厂址区域及其相关区域水产资源和生态系统状况。

（6）公众参与：说明在环境影响评价过程中开展公众参与活动的情况，包括公众参与方式、活动内容、调查结果等。说明厂址周围地区公众对核电厂建设的主要意见与分析评价。

（7）社会稳定风险分析：依据国家相关法律法规、政策、规章，开展核电建设社会稳定风险分析，风险预防和化解工作。

（三）与厂址特征有关的技术可行性分析评价

对推荐厂址的技术可行性分析，应包括厂址安全可靠性和环境相容性需要采取工程措施的技术可行性，以及与非核安全相关的厂址特征，如厂址场地条件、交通运输、供水条件及输电电网等。具体内容和要求如下：

（1）建设用地条件分析评价：依据参考电厂装机规模和用地面积，评价厂址可用地范围、面积的适宜性和土地利用的合理性。工程用地规模应满足《电力工程项目建设用地指标（火电厂、核电厂、变电站和换流站）》的相关要求。

（2）厂坪设计标高合理性分析评价：根据工程水文调查确定的厂址设计基准洪水位和其他外部事件的影响，结合厂址地形、地貌特征及地基条件等的分析，考虑场地土石方工程量的最小化及冷却水取水水头等因素，评价厂坪设计标高确定的合理性。

（3）场地土石方工程分析评价：评价厂址场地土石方工程量挖、填平衡的合理性，对场地土石方工程的综合平衡进行分析，说明降低工程土石方工程量的措施及效果。如果厂址土石方工程量较大且不能平衡，应选择并落实合适的弃（取）土场地。

（4）防护工程分析评价：根据厂址条件，按照现行的核安全法规及导则要求，判断厂址是否需设置防护工程，并评价防护工程的技术可行性。

（5）施工条件分析评价：施工条件包括施工场地、施工运输线路、施工供电、施工通信、施工供水、施工供气及外部供应条件等。应根据厂址附近社会配套条件，对施工期间各施工条件的建设提出规模需求、建设方案和建设进度要求，并应评价厂外公用供应条件及社会协作条件的能力。

（6）交通运输条件分析评价：根据厂址交通运输和大件设备运输的专题调查研究分析，评价核电厂对外交通运输方案在满足施工安装（大件设备运输）、生产运行、应急撤离等交通运输要求方面是可行的。

（7）评价核电厂淡水水源保证率和管道输水的技术可行性。

（8）输电电网分析评价：依据输电规划和工程接入系统方案，提出厂、网的连接点及输、变电配套工程的内容、工程量；评价核电厂出线走廊与地方城镇规划的关系。

（四）与厂址特征有关的经济合理性分析评价

与经济合理性有关的厂址特征，应包括为实现厂址安全可靠性、环境相容性、技术可行性需要采取的工程技术方案以及仅和经济合理性相关厂址特征的经济投入，应进行利益代价的分析与平衡。仅和经济合理性相关厂址特征包括如征地、移民搬迁、种植、养殖赔偿、距负荷中心距离及土石方工程量等。

在推荐厂址适宜性评价中，应对该推荐厂址的工程方案进行与厂址特征有关的工程投资估算并分析其合理性。

第六节   总图运输专业内容深度要求

本节介绍了初步可行性研究报告和可行性研究报告总图运输专业主要工作内容和深度要求，是报告编制和审查工作的重要依据之一。

一、初步可行性研究报告

（一）厂址条件

（1）叙述各候选厂址地理位置（所在的市、县）、地形地貌特征等；给出厂址地理位置图，应有反映厂址原始地貌和特点的必要的插图资料。

（2）叙述各候选厂址区域的城镇分布、交通情况、厂址与名胜古迹、文物保护单位、自然保护区、开发区、大中型企业、矿产资源等的关系及相互影响。

（3）初步落实各候选厂址场地自然地面标高（高程系统），设计基准洪水位，整平标高，土石方挖填方量，可利用场地面积，厂址区占用土地类别（农用地、建设用地、未利用地），厂址围填海面积（滨海、含潮汐河口地区厂址）及非居住区范围内人口迁移和厂址区其他拆迁量（包括海洋开发产业补偿量）等。结合土地利用规划，说明厂址用地的合理性和需要协调解决的问题。

（4）搜集厂址所在区域经批准的城乡总体规划（或乡镇体系规划）、土地利用总体规划、海洋经济发展规划；拟建或规划建设的其他工业项目、公路、铁路、港口码头等，分析论证与核电厂厂址位置的协调性和存在的问题，对存在的问题应拟定可行的解决方案。

（5）超规划容量扩建时，应说明与老厂之间的关系，老厂土地及建筑等条件的利用、新征地及拆迁等情况。

（6）调查、踏勘落实各候选厂址地区的公路（技术等级）、铁路、水路（航道等级）及港口、航空等交通运输的现状及发展规划；提出各候选厂址的进厂道路、施工道路、应急道路的建设条件。

（7）结合厂址所在区域交通现状和发展规划，初步落实各候选厂址核电机组超级超限大件设备的运输方式及可能路径，运输里程和承运能力；调查落实厂址附近大件设备码头的建设条件或厂址所在区域可使用的大件设备码头条件。当大件设备运输条件复杂时，初步可行性研究阶段应进行论证，编写大件设备运输专题论证报告。超规划容量扩建时，应说明利用原有道路和大件设备码头的情况。

（二）工程方案设想

（1）结合国家核电中长期发展规划，分析厂址条件、区域环境条件、主机设备的预期生产制造能力、市场需求、电网对机组的要求等因素，论述本期工程的合理建设规模，提出后续工程建设的设想。

（2）根据各候选厂址的场地、交通运输、地质地震、水文水工、气象等条件并结合当地城镇发展规划等，分别提出初步的厂址总体规划方案；结合厂址地区城镇情况，提出核电厂建设和运营期间人员日常生活、工作场所和条件的初步安排设想；分析说明核电厂所在区域城镇、工业园、休闲度假村、工矿企业规模等现状及规划与厂址总体规划上的协调性，当存在问题时，应研究提出协调解决的方案。

（3）根据非居住区范围和全厂总体规划方案，给出厂址范围内人口搬迁量，提出初步的搬迁安置方案设想。

（4）应规划厂区、海工设施区、其他设施区及施工临建区等，给出用地分区和类别等内容；当厂址土石方挖、填方量不能平衡时，应提出取土（石）或余方量消纳的方案设想。

（5）全厂总体规划设计应给出厂址技术指标，一般应包括全厂用地、厂区用地、厂外用地、施工用地、工程用海（涉海厂址）及其他用地面积，厂址土石方挖、填方量，厂外道路长度和厂外供排水管线长度等。

（6）超规划容量扩建时，应说明老厂总体规划情况，扩建部分与老厂的关系。

（7）遵循总平面及竖向布置的基本原则以及核安全法规和导则的有关要求，结合厂址条件进行厂区总平面规划，对厂前建筑区、施工场地等与厂区总平面布置直接相关的附属项目一并提出布置规划；给出核电厂的工程项目构成，给出主要建（构）筑物表和厂区主要技术指标表。

（8）结合厂址防洪方案和厂区地势情况，拟定厂坪标高和竖向布置规划。同一厂址给出多个总平面及竖向布置方案时，应说明各自的特点，并提出推荐意见。当工程措施难以实现厂区土石方平衡时，应初步落实土石方来源，或初步落实合适的弃土场地。

（9）超规划容量扩建时，应说明老厂总平面布置情况，扩建部分与老厂的关系以及需解决的问题。

（10）厂区总平面及竖向规划布置设计应给出厂区技术指标，一般应包括厂区用地（本期及规划），含主厂房区、厂前建筑区、辅助附属生产区，其他区域用地数量和厂区填海（涉海厂址）数量；厂区土石方挖、填方量等。

（11）根据厂址陆域汇水面积、暴雨强度、厂区规划和厂坪标高，提出厂区防排洪规划，当厂区紧临海（水）域时，应提出防洪堤或护岸规划，参与厂址比选。

候选厂址总体规划、厂区总平面规划程序和内容示意见图7-3。

二、可行性研究报告

（一）厂址条件

（1）叙述选址工作的过程和确定优先候选厂址的经过、理由。初步可行性研究报告审查的意见和结论。对于扩建工程，应说明建设场地情况及与老厂的相互关系。

（2）说明厂址地理位置（所在市、县）。厂址区域地形、地貌，自然地面标高（高程系统）。厂址区域及附近的山川、湖泊或濒临的大海及其主要特征以及与厂址的相互关系。

（3）说明厂址区与经上级主管部门批复的城乡（镇）国土空间总体规划的关系。分析与城乡（镇）国土空间总体规划的协调性和相容性。落实厂址所在区域现有及规划的大中型工矿企业、城镇（居民区）、自然保护区、文物保护单位、名胜古迹、开发区、交通设施及重要矿产资源的关系及相互影响。

（4）给出厂址区占用土地的类别（农用地、建设用地、未利用地）和数量，尤其是占

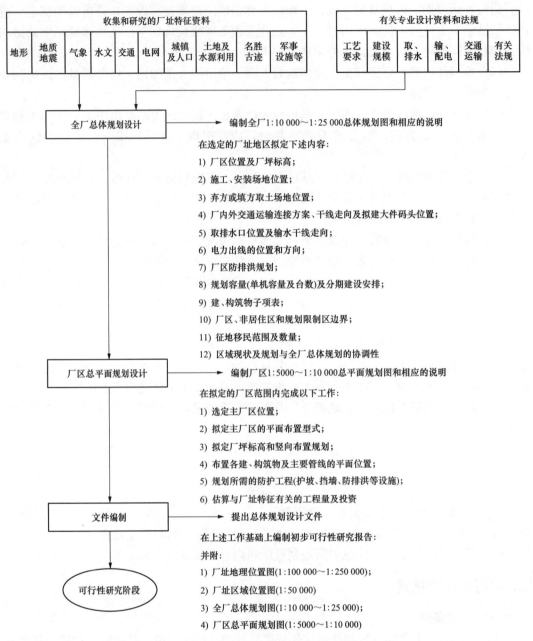

图 7-3 候选厂址总体规划设计程序和内容示意图

用农用地中基本农田的数量。对于滨海（含潮汐河口地区）厂址，应说明海域使用情况，包括工程用海和填海数量等。

（5）确定非居住区范围内居民搬迁的数量，厂址区范围内其他设施的拆迁量等。

（6）根据厂址地区的公路（技术等级）、铁路、水路（航道等级）交通现状和发展规划，说明厂址交通条件和可行性（包括长度和技术等级）。提出核电机组超级超限大件设备的运输重量、数量和尺寸，并委托有资质的单位编制大件设备运输可行性研究专题报告，确定大件运输方式（水路、公路）及运输路径（运输里程）；当采用水路、公路联合运输时，应明确中转方案，必要时提出不同方案的比选论证。

（二）工程技术方案

（1）按推荐的厂区总平面布置方案进行全厂总体规划。

（2）应说明厂址与邻近城镇、工矿企业的关系，与城乡总体规划的协调性。

（3）说明厂址的规划容量及分期建设的安排，扩建工程说明与老厂的衔接关系；本期工程建设规模和项目组成。

（4）结合厂址条件，说明厂区位置和方位，主厂房地基的适宜性，厂坪设计标高的确定，取排水建（构）筑物及水管线，水域和岸线、码头的布置，出线方向及出线走廊、进厂道路、施工道路及应急公路、全厂防排洪设施等的规划布置及与厂区的关系。

（5）说明施工区（包括施工生活区）、倒班宿舍、气象站、警卫营房、消防站等附属设施的规划布置及与厂区的关系。

（6）说明厂址工程场地平整初步方案，提出全厂土石方挖填量，说明降低工程土、石方量的措施及效果。如果土石方量不能平衡，应选择并落实合适的弃（取）土场地。说明人工边坡稳定性评价和防护处理。

（7）说明土地使用情况及拆迁量，包括土地性质、全厂用地范围及数量。

（8）对于滨海（含潮汐河口地区）厂址，应说明工程用海情况，包括用海内容、用海类型、用海方式、用海面积等，给出工程用海的主要工程量。

（9）计算给出厂址主要技术指标。

（10）说明厂区总平面布置设计的原则，论述厂区总平面布置的难点和影响厂区总平面布置合理性的关键问题。

（11）应提出两个或以上同等深度且有代表性的厂区总平面布置方案，进行技术经济综合比较，提出各方案技术经济比较汇总表。厂区总平面布置方案应说明布置格局、功能分区、主厂房位置和方位、供排水设施、主要电气设施、"三废"处理设施、厂区主要出入口位置选择、厂前建筑区的规划布置安排；说明扩建及施工条件、厂区内外设施（如道路、管线）协调配合；说明总平面用地及拆迁情况，扩建电厂应说明老厂建（构）筑物利用及拆迁情况。

（12）按工艺流程顺捷、功能分区明确合理，布置紧凑、节约用地、有利生产、方便生活、因地制宜的原则，简述各方案的特点和优缺点，提出厂区总平面布置的推荐意见。

（13）说明厂区竖向设计的原则，结合厂址区地形、地貌，因地制宜地优化选择厂区竖向布置方式。

（14）结合厂址区设计基准洪水位和工程地质条件，平衡厂区土石方挖、填量，合理选择厂区设计标高。必要时应提出厂区设计标高专题论证报告，经济合理地确定厂区设计标高。

（15）应说明降低工程土、石方量的措施及效果。如土石方量不能平衡，应选择并落实合适的弃（取）土场地。

（16）选择主厂房区、主要建（构）筑物区的场地竖向布置方案，确定主要建筑物设计标高。

（17）按工程水文条件，结合厂区地坪标高和周围的地形条件，提出厂区防、排洪规划和厂区场地排水方案。

（18）提出厂区道路布置原则和方案。

（19）应提出厂区主要管沟的布置原则，提出厂区综合管沟，取、排水管沟和配电装置电缆或架空进线的规划布置方案及其他管线的布置方案。

（20）与厂区总平面布置方案对应，分别计算给出厂区主要技术指标。

（21）应说明厂区总平面布置所采取的节约用地措施及所取得的效果，按工程分期列出用地面积和组成，并与《电力工程项目建设用地指标（火电厂、核电厂、变电站和换流站）》进行对比。

第七节　主要技术经济指标

全厂总体规划与厂区总平面设计中应列出主要技术经济指标表。当核电厂分期建设时，应在技术经济指标表中分别列出本期工程与规划容量的技术经济指标值。厂址技术经济指标包括表 7-6 所列项目内容。厂区总平面布置主要技术经济指标包括表 7-7 所列项目内容。

初步可行性研究阶段根据规划深度可适当简化技术经济指标表。

表 7-6　　　　　　　　　　　　　　厂址技术经济指标

编号	内容				单位	数量	备注
1	工程总用地				hm²		陆域 海域
	（1）厂区工程用地				hm²		
	其中	生产区			hm²		
		厂前建筑区			hm²		
	（2）厂外工程总用地				hm²		
	其中	其他设施区	现场服务区		hm²		
			运行安全技术支持中心		hm²		
			应急指挥中心		hm²		
			武警营房		hm²		
			消防站		hm²		
			厂前停车场		hm²		
			淡水厂（生产、生活、消防用水处理厂）		hm²		
			气象站		hm²		
			环境监测站		hm²		
		施工力能区	施工供水站		hm²		
			施工变电站		hm²		
			施工供热（气）站		hm²		
		交通运输设施	主要进厂道路		hm²		道路长度　km
			次要进厂道路		hm²		道路长度　km
			大件码头		hm²		码头　　t 级
			铁路专用线		hm²		线路长度　km

编号	内容			单位	数量	备注
1	其中	取、排水设施	取水口	hm²		
			排水口	hm²		
			厂外取水管线	hm²		
			厂外排水管线	hm²		
			专用水源地（库）	hm²		
		防、排洪设施		hm²		
		弃、取土场		hm²		
		其他		hm²		
	（3）施工区用地			hm²		
	其中	施工生产区		hm²		
		施工生活区		hm²		
2	工程用海总面积（涉海工程）			hm²		
	其中	工程填海		hm²		
		取、排水构筑物		hm²		
		温排水排放用海		hm²		
		大件码头（包括港池）		hm²		
		其他		hm²		
3	其中	土石方工程总量	挖方（实方）	万 m³		
			填方	万 m³		
			余方	万 m³		
		厂区	挖方（实方）	万 m³		
			填方	万 m³		
			余方	万 m³		
		其他设施区	挖方（实方）	万 m³		
			填方	万 m³		
			余方	万 m³		
		施工力能区	挖方（实方）	万 m³		
			填方	万 m³		
			余方	万 m³		
		厂外道路	挖方（实方）	万 m³		
			填方	万 m³		
			余方	万 m³		
		施工区	挖方（实方）	万 m³		
			填方	万 m³		
			余方	万 m³		
4	征地边界围栏长度			m		

续表

编号	内容	单位	数量	备注
5	拆迁量	m²		
6	搬迁人口	人		
7	其他			

注　1. 现场服务区主要包括值班公寓、综合服务楼及其他必要的基层服务网点。

　　2. 运行安全技术支持中心包括培训中心、大修技术支持和宣传展览中心。

　　3. 其他用地包括厂外必需的边坡、挡土墙、填海三角地及陆域护岸。

表 7-7　　　　　　　　　　　厂区总平面布置技术经济指标

编号	内容		单位	数量	备注
1	厂区用地	规划容量	hm²		
		本期工程	hm²		
2	单位容量用地	规划容量	m²/kW		
		本期工程	m²/kW		
3	建筑物、构筑物用地		m²		
4	露天设备用地		m²		
5	露天堆场用地		m²		
6	建筑系数		%		
7	道路广场用地		m²		
	其中	重型道路用地	m²		
		轻型道路用地	m²		
8	道路广场系数		%		
9	厂区内场地利用面积		m²		
10	利用系数		%		
11	厂区绿化用地面积		m²		
12	厂区绿地率		%		
13	厂区土石方工程量	挖方	万 m³		
		填方	万 m³		
		余方	万 m³		
14	主要管道（沟）长度	循环冷却水供排水管道 / 供水管道	m		
		循环冷却水供排水管道 / 排水管道	m		
		安全厂用水廊道 / 进水廊道	m		
		安全厂用水廊道 / 排水廊道	m		
		放射性废液排放管沟	m		
		电气廊道 / 500kV	m		
		电气廊道 / 220kV	m		
		综合技术廊道	m		

编号	内容		单位	数量	备注
15	厂区围栏长度	控制区围栏	m		
		保护区围栏	m		
		要害区围栏	m		
16	其他				

核电厂厂区用地面积及单位容量用地面积应符合《电力工程项目建设用地指标（火电厂、核电厂、变电站和换流站)》核电厂厂区建设用地指标的规定。

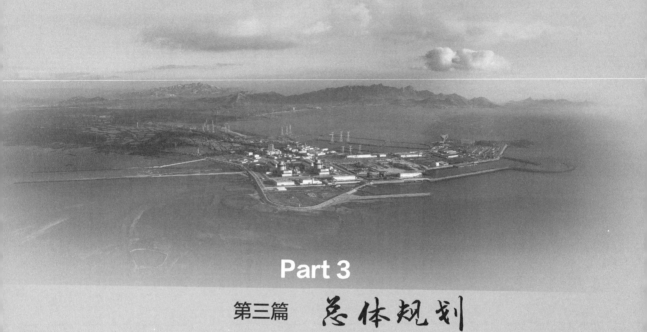

Part 3
第三篇　总体规划

　　核电厂总体规划是依据厂址条件、规划容量以及核电厂生产、施工等要求，根据核电厂非居住区、规划限制区的防护距离、电力出线规划、交通运输规划、循环水取排水规划、厂址防排洪规划、补给水源规划等建厂外部条件，对核电厂厂区的总体布置格局包括生产设施区（厂区和辅助生产区）和厂前区（办公设施及配套设施）、施工临建场地、防洪排涝设施、护坡、挡墙、挖填方及弃（取）土场地以及近、远期用地等进行的统筹规划。

第八章
总体规划的目标、作用与重要性

一、总体规划的目标

全厂总体规划，是体现核电厂建设方针、内容更为丰富的总图运输设计的基本文件，是以总图运输专业为主导、由各相关设计专业通过必要的方案比较和技术论证，拟定可以有效地实现的工程技术方案，并以控制性规划将其表征在 1：10 000～1：25 000 的实测地形图上，同时对拟定的各工程技术方案的优选性，予以论证和说明。

核电厂总体规划贯穿于各个设计阶段，包括初步可行性研究、可行性研究、初步设计。每个设计阶段，核电厂总体规划的内容、深度均有一定的差异。

厂址总体规划的设计内容主要包括厂区设施规划和厂外设施规划，涵盖厂区总平面布置、核辅助设施、其他辅助设施、厂前办公及配套设施、供排水设施、输变电设施、交通设施、施工临建设施、厂区竖向布置和编制主要技术指标等各个方面。

初步可行性阶段和可行性研究阶段的厂址总体规划设计内容和深度要求如表 8-1 所示。

表 8-1　　　　　　　　　　厂址总体规划设计内容、目标和深度要求

阶段划分	主要设计内容	设计深度要求	设计目的
初步可行性研究阶段（即针对不少于 2 个以上的候选厂址的设计）	主要设计任务是进行全厂总体规划、厂区总平面布置和交通运输组织。根据工程要求和至少 2 个候选厂址的条件，同等深度地完成以下工作： 1）初步拟定核电厂的子项组成〔建（构）筑物子项表、代码及轮廓尺寸〕。 2）规划厂区布置格局和施工场地的位置；厂外道路连接方案设想；取排水口位置和供排水设施初步设想；出线走廊的走向及连接电网方案，提出拆迁工程量。 3）开展厂区总平面规划和竖向布置，对厂区内各生产设施提出设想性的统筹安排和布置，提出初步的场地设计标高、土石方量、防排洪规划。 4）估算与厂址规划有关的工程量	根据各候选厂址的场地、交通运输、地质地震、水文、水工、气象等自然条件并结合当地城镇发展规划等，分别提出初步的厂址总体规划方案；分析说明核电厂所在区域城镇、工业园、休闲度假村、工矿企业规模等现状及规划与厂址总体规划上的协调性，当存在问题时，要研究提出协调解决方案	主要是评价候选厂址的适应性，并筛选出优先候选厂址，为编制初步可行性研究报告和项目建议书提供专业支持

阶段划分	主要设计内容	设计深度要求	设计目的
可行性研究阶段（即针对经过初可研报告审查批准的1个优先候选厂址的设计）	主要设计任务是在专题研究的基础上，通过多方案比较完成全厂总体规划、厂区总平面布置、竖向布置和主要管线综合规划。主要包括： 1）确定厂外道路连接方案，与区域电网连接方案，取、排水口位置及方案。 2）确定厂区和施工场地的位置，并规划厂区各建（构）筑物的平面位置。 3）拟定厂址设计标高；完成土石方工程平衡设计；开展防排洪设施及护坡、挡墙等设计。 4）初步征地、移民规划。 5）计算主要技术指标，计算与厂址特征有关的工程量	按照本阶段推荐的厂区总平面布置方案进行全厂总体规划。 要说明厂址与邻近城镇、工矿企业的关系，与城乡（镇）国土空间总体规划的协调性。 结合厂址条件，说明厂区位置和方位，取排水建（构）筑物及管线，水域和岸线、码头的布置，出线方向及出线走廊、进厂道路、施工道路及应急道路、全厂防排洪设施等的规划布置及与厂区的关系。 说明施工区（包括施工生活区）、倒班宿舍、气象站、警卫营房、消防站等附属设施的规划布置及与厂区的关系。 说明工程分期建设的规划安排，扩建工程要说明与老厂的衔接关系。 说明土地使用情况，包括土地性质、全厂用地范围及数量。提出全厂土石方挖填量及拆迁量，计算给出厂址主要技术指标。 对于滨海（含潮汐河口地区）厂址，要说明工程用海情况，包括用海内容、用海类型、用海方式、用海面积等，给出工程用海的主要工程量	提出推荐厂址在满足安全可行、环境适应、技术经济合理等要求前提下的最优全厂总体规划和厂区总平面布置图，初步确定厂址规划相关的设计基准。 配合编制厂址安全评价报告、环境影响报告书、可行性研究报告和项目申请报告等

二、总体规划的作用与重要性

厂址选择与总体规划是一项以总体最优为目标的系统工程，是经济效益、社会效益和环境效益的综合体现，与国家利益、地方利益、企业利益和个人利益密切相关。总体规划做得好，工作做得深透，各方面考虑周到，权衡利弊得当，电厂的建设就会达到投资省、建设快、运行费用低、收效快的效果。反之，如果总体规划考虑不周到，或者疏忽了一些重要因素，轻则造成布置不合理，施工、生产、生活不方便，重则造成工程投资的加大、运行成本的增加，严重影响生产和今后的发展，甚至造成无法挽回的损失。

第九章
总体规划设计

核电厂总体规划设计就是要在确定规划设计原则的基础上，根据建厂外部条件，与有关专业进行协调配合，按照适当的步骤开展核电厂防护距离、厂区规划、循环水取排水规划、电力出线规划、交通运输规划、厂址防排洪及边坡防护规划、施工临建区规划等内容。

第一节　总体规划设计的原则

总体规划需根据厂址的自然条件特征和周边环境条件，在保证安全和生产要求的前提下，不仅要充分考虑工业企业总图运输设计的基本要求，还要特别遵循核安全的要求，以保证核设施地基稳定以及防洪安全为首要目标，综合考虑厂区平面布置、厂区功能划分、建（构）筑物的平面布置和间距，厂区内外运输系统的合理组织和运输方式，厂区内外水工设施的布置和冷却形式，厂区竖向布置及地上、地下工程管线的布置和间距，施工场地的布置，以及周围环境相协调等问题。核电厂厂区总平面布置时，要特别注意带有放射性的建（构）筑物及管线的布置，以及放射性"三废"的排放、运输和贮存问题。

厂区总平面布置要密切结合所选厂址的特征和拟建核电厂的特性，充分满足核电厂建造、运行、事故应急乃至退役等阶段在安全、环境、技术和经济等方面的基本要求。

全厂总体规划的重点，是在落实与厂址特征有关的外部条件和设计基准的基础上，规划全厂的总体布置、交通运输组织、取排水和输配电等。要遵循的原则主要包括：

（1）要满足规划容量和分期建设的要求。结合厂址的工程地质、地形、地貌、气象、水文、工程地质、取排水口位置及相关设施、厂内外交通连接方案，规划并提出厂区（尤其是主厂房区）、土石方弃土场地和施工用地的边界及分期建设的方案，并初步确定非居住区和限制发展区的大体边界。

（2）要满足循环冷却水、厂用水及淡水（适用于滨海厂址）的不间断连续供水的取水和排水要求。根据厂址的水源（直流供水冷却或冷却塔循环供水冷却）、水质和取排水区域的地形、水文、工程地质及航运等条件，充分考虑机组温排水、岸滩稳定、泥沙淤积和排水对取水的影响等多方面因素，尽量缩短供排水管线（沟），拟定取、排水口和水处理设施的位置、取排水管（沟）的走向。

（3）根据电力系统确定的联网方案，满足高压输电线进、出线位置和走向顺畅的要求。电力开关站要尽量靠近汽轮发电机厂房侧布置，同时要便于输电线的进出，并为采用架空线创造条件。高压输电线要有足够的出线走廊，避免迂回交叉，不跨越村庄、工厂、车站、码头等永久性建筑物。

（4）满足核电厂建造、运行和应急撤离时的交通运输要求。根据厂址的交通运输现状和规划条件，初步确定厂、内外交通运输连接方案。大件设备、大型模块和新、乏燃料运输，若采用水运，其水运码头要尽量靠近厂区；若用公路或铁路运输，进厂线路要从最近干线引入，必要时还要设置中转站。为满足事故应急的要求，一般需要考虑厂内、外的交通连接有构成环行通道的可能（即给后续的设计留有这种余地）。

（5）核电厂总体规划要与所在区域的城镇或工业区总体规划相协调。

进行核电厂全厂总体规划时，除满足上述原则外，还要考虑以下规划原则：

（1）一般情况下，要根据厂址的特征和当地的电力发展规划，拟定该厂址的可合理达到的规划容量，首期建设的机组数及分期建设的设想规划。如果针对具有分期建设核电厂的厂址，进行全厂总体规划时，则要考虑其分期建设的特点与要求。

（2）因地制宜地结合厂址周围的村庄分布、生态环境、地形、地貌、工程地质与水文地质、水文和气象等特征，满足厂区位置选择、取排水、输电和配电、厂外道路等要求，并通过各方案技术经济比较后选择最优方案。

（3）有利于保证核电厂在正常运行和事故状态下，核电厂厂区人员及厂址附近居民免遭放射性危害；并有利于防止和/或减轻放射性物质对周围环境的影响。

（4）要了解岩土勘查资料，与土建专业密切配合，以满足主生产厂区各建（构）筑物地基和斜坡稳定性要求、保证生产工艺要求的进出堆燃料元件运输和贮存、供水和排水、输电和配电等的生产工艺流程通畅、便捷和连续性考虑，选定主厂房区的位置。

（5）合理规划功能分区。根据工艺生产、卫生防护等要求，合理布置放射性厂房区和非放射性厂房区的位置，并有明确的边界，有单独的出入口出入放射性厂房区。出入口设警卫、放射性检查等设施，以保障人员安全和防止放射性污染的扩散。

（6）拟定非居住区边界，并确定征地、移民范围。

（7）与水工专业密切配合，根据核电厂冷却方式以及循环冷却水和厂用水取排水方式及取水区域的自然条件，合理选定取水口和排水口位置，并规划取、排水管线线路。

（8）根据拟定的常规岛布置位置，合理配置主变压器、开关站的布置，以保证其具有便捷的出线走廊。

（9）根据当地交通运输现状和交通规划，合理选择运输方式，以满足核电厂施工及运行时的各种运输要求，并在事故应急状态下，保证厂内外交通运输畅通，便于应急撤离。

（10）要做到节约集约用地，不占用农田；同时，要减少土石方工程量，以减少投资和土石方外弃。

第二节　总体规划设计内容

核电厂总体规划设计的内容主要是合理设置应急计划区、规划限制区和非居住区；开展主厂房区、供排水设施、电气设施，以及其他辅助设施等厂区规划；结合厂址条件确定循环冷却方式、电力出线方案、厂外道路引接方案、防洪要求以及施工组织设计等，进行厂区外部循环水取排水规划、交通运输规划、厂址防排洪及边坡防护规划、电力出线走廊规划和施工临建区规划，确定厂坪设计标高，开展竖向规划设计。

一、防护距离

（一）防护距离设置的原则

根据国家及行业的相关规定，结合工程的具体条件，设置各项防护距离，包括应急计划区的设置、规划限制区的设置、非居住区的设置，以及其他防护距离的设置。

对于多堆厂址，要确定一个统一的应急计划区、规划限制区和非居住区边界，其范围要包含各机组所确定边界的包络线。

目前国家标准《核电厂环境辐射防护规定》（GB 6249）对规划限制区半径和非居住区半径的数值范围，仅适用于采用轻水堆（包括压水堆和沸水堆）或重水堆发电的陆上固定式核设施，其他堆型的核电厂可参照执行。

其他防护距离（如放射性物质、高压输电线路、厂外危险源、有毒有害物质、高边坡、冷却塔等的防护）必须符合国家现行相关标准的规定。

（二）应急计划区、规划限制区和非居住区

1. 应急计划区

应急计划区是为在核电厂发生事故时能及时有效地采取保护公众的防护行动，事先在核电厂周围建立的、制定了应急计划并做好应急准备的区域。

确定应急计划区的实际边界位置时，除要遵循相关安全准则以及区域范围要求之外，还要考虑核电厂厂址周围的具体环境特征（包括地形地貌、行政区划边界、人口分布、交通条件和通信条件等），社会经济状况和公众心理等因素，使得最终划定的应急计划区的实际边界（不一定是圆形）符合实际，便于进行应急准备和应急响应。

2. 规划限制区

规划限制区的设置根据相关规定，是以核电厂各反应堆为中心、半径不小于 5km 的范围。规划限制区范围由省级人民政府确认，其范围内要控制人口的机械增长，对该区域内的新建和扩建的项目要加以引导或限制，以考虑事故应急状态下采取适当防护措施的可能性。

3. 非居住区

非居住区的设置根据相关规定，结合厂址的气象条件等进行计算，得出核电厂各反应堆在各方向的距离（非居住区边界离反应堆的距离不得小于 500m，不足 500m 时以 500m 为准），形成以各反应堆为中心、一定距离为半径的非居住区范围。在非居住区范围内，不得有常住人口居住，由核电厂的运营单位对这一区域行使有效的控制。

不要求非居住区是圆形，可以根据厂址的地形、地貌、气象、交通等具体条件确定。

（三）其他防护要求

1. 厂址选择要求

（1）核电厂厂址选择必须考虑与厂址所在区域的城市或工业发展规划、土地利用规划、水域环境功能区划之间的相容性，尤其要避开饮用水水源保护区、自然保护区、风景名胜区等环境敏感区。

（2）核电厂要尽量建在人口密度相对较低、离大城市相对较远的地点。规划限制区范围内不要有 1 万人以上的乡镇，厂址半径 10km 范围内不要有 10 万人以上的城镇。

（3）对于多堆厂址，要综合考虑各反应堆的特点，确定非居住区和规划限制区边界。

（4）在发生选址假想事故时，考虑保守的大气弥散条件，非居住区边界上的任何个人在事故发生后的任意 2h 内通过烟云浸没外照射和吸入内照射途径所接受的有效剂量不得大于 0.25Sv；规划限制区边界上的任何个人在事故的整个持续期间内（可取 30 天）通过

上述两条照射途径所接受的有效剂量不得大于 0.25Sv。在事故的整个持续期间内，厂址半径 80km 范围内公众群体通过上述两条照射途径接受的集体有效剂量要小于 2×10^4 人·Sv。

2. 运行状态下的剂量约束值和排放控制值

(1) 任何厂址的所有核反应堆向环境释放的放射性物质对公众中任何个人造成的有效剂量，每年必须小于 0.25mSv 的剂量约束值。核电厂营运单位要根据经审管部门批准的剂量约束值，分别确定气载放射性流出物和液态放射性流出物的剂量管理目标值。

(2) 核电厂必须按每堆实施放射性流出物年排放总量的控制，对于 3000MW 热功率的反应堆，其控制值见表 9-1 和表 9-2。

表 9-1　　　　　　　　　　　　气载放射性流出物控制值

	轻水堆	重水堆
惰性气体	6×10^{14} Bq/a	
碘	2×10^{10} Bq/a	
粒子（半衰期≥8d）	5×10^{10} Bq/a	
碳-14	7×10^{11} Bq/a	1.6×10^{12} Bq/a
氚	1.5×10^{13} Bq/a	4.5×10^{14} Bq/a

表 9-2　　　　　　　　　　　　液态放射性流出物控制值

	轻水堆	重水堆
氚	7.5×10^{13} Bq/a	3.5×10^{14} Bq/a
碳-14	1.57×10^{11} Bq/a	2×10^{11} Bq/a（除氚外）
其他核素	5.0×10^{10} Bq/a	

(3) 对于热功率大于或小于 3000MW 的反应堆，要根据其功率按照作适当调整。

(4) 对于同一堆型的多堆厂址，所有机组的年总排放量要控制在上述表格规定值的 4 倍以内。对于不同堆型的多堆厂址，所有机组的年总排放量控制值则由审管部门批准。

(5) 核电厂放射性排放量设计目标值不超过上述（2）、（3）和（4）条确定的年排放量控制值。营运单位要针对核电厂厂址的环境特征及放射性废物处理工艺技术水平，遵循可合理达到的尽量低的原则，向审管部门定期申请或复核（首次装料前提出申请，以后每隔 5 年复核一次）放射性流出物排放量。申请的放射性流出物排放量不得高于放射性排放量设计目标值，并经审管部门批准后实施。

(6) 核电厂的年排放总量要按季度和月控制，每个季度的排放总量不要超过所批准的年排放总量的二分之一，每个月的排放总量不要超过所批准的年排放总量的五分之一。若超过，则必须迅速查明原因，采取有效措施。

(7) 核电厂液态放射性流出物必须采用槽式排放方式，液态放射性流出物排放要实施放射性浓度控制，且浓度控制值要根据最佳可行技术，结合厂址条件和运行经验反馈进行优化，并报审管部门批准。

(8) 对于滨海厂址，槽式排放出口处的放射性流出物中除氚和碳-14 外其他放射性核素浓度不要超过 1000Bq/L；对于内陆厂址，槽式排放出口处的放射性流出物中除氚和碳-14 外其他放射性核素浓度不要超过 100Bq/L，并保证排放口下游 1km 处受纳水体中总 β 放射性不超过 1Bq/L，氚浓度不超过 100Bq/L。如果浓度超过上述规定，营运单位在排放前必须得到审管部门的批准。

3. 事故工况下的辐射防护要求

（1）按可能导致环境危害程度和发生概率的大小，可将核电厂事故工况分为设计基准事故（包括稀有事故和极限事故）和严重事故。

（2）核电厂事故工况的环境影响评价可采用设计基准事故，在设计中要采取针对性措施，使设计基准事故的潜在照射后果符合下列要求：

在发生一次稀有事故时，非居住区边界上公众在事故后 2h 内以及规划限制区外边界上公众在整个事故持续时间内可能受到的有效剂量要控制在 5mSv 以下，甲状腺当量剂量要控制在 50mSv 以下。

在发生一次极限事故时，非居住区边界上公众在事故后 2h 内以及规划限制区外边界上公众在整个事故持续时间内可能受到的有效剂量要控制在 0.1Sv 以下，甲状腺当量剂量要控制在 1Sv 以下。

（3）根据国家相关法规要求，核电厂及有关部门要制订相应的场内外应急计划，做好应急准备。确定应急计划区范围时要考虑严重事故产生的后果，并防止确定性效要的发生。

二、厂区规划

（一）主厂房区规划

1. 规划原则

核电厂每一台机组由核岛与常规岛组成。根据工艺要求，核岛建（构）筑物主要包括：反应堆厂房、辅助厂房、附属厂房、放射性废物厂房等；常规岛建（构）筑物包括：汽机厂房和变压器区域构筑物。1 台机组的核岛和常规岛组成一个综合体，核电厂一般按照每期工程建设 2 台机组（一般情况），2 台机组的核岛、常规岛及其密切相关的辅助厂房（如核岛除盐水储存箱、硼酸箱等）组成主厂房建筑群。

核电厂的主厂房建筑群是整个厂区最核心和最重要的部分，所以主厂房建筑群位置的确定对整个核电厂的总体规划和厂区的总平面布置都是非常关键的。主厂房建筑群位置主要是依据《核电厂厂址选择安全规定》《核电厂设计安全规定》等法规、导则和规范，充分考虑地形特征、地基条件及主厂房与循环水冷却系统、电力出线、BOP 设施区的工艺联系，并综合生产运行、交通运输和实物保护等多方面因素最终确定。

2. 规划要求

开展核电厂主厂房区规划，需通过收集、分析相关资料，初步明确如下内容作为基础：

（1）分析地质地震资料，关注厂区范围内是否有构造破碎带、小断层等。

（2）关注厂区范围内是否有需要保护的文物和矿产资源等。

（3）通过岩土工程勘察和地质灾害分析资料，给出厂区范围内的主厂房地基岩性及其主要力学性质指标（例如剪切波速、弹性模量等）；厂区范围内的主要地质灾害，例如冲沟、崩塌等。

（4）根据岩土工程勘察和地质灾害分析资料，明确可用于布置主厂房区（包含核岛和常规岛）的主要地质岩性的风化界线，例如微风化和中风化的地基可满足主厂房采用天然地基的要求，或者只有微风化的地基可满足主厂房采用天然地基的要求，或者微风化、中风化和强风化的地基均可满足主厂房采用天然地基等要求。

（5）通过工程水文专题分析，明确厂址的设计基准洪水位，设计基准低水位，确定厂坪设计标高；通过淡水资源专题报告或陆域水文分析结论，确定厂址淡水水源和供水路径。

（6）通过厂址气象资料专题结论，明确厂址全年盛行主导风向、夏季主导风向、冬季主导风向和厂址风玫瑰图。

（7）通过厂址周围交通资料和环境专题结论，明确厂址外部现有和规划的交通条件，包括公路、铁路、水路等；明确厂址附近的主要村庄和人口分布，厂区周围的主要环境敏感点分布等信息。

（8）明确厂址外部的电力送出方向。

3. 规划内容

主厂房区规划通常有两种型式，即并列布置和顺列布置。并列布置是指多台核电机组并行布置，顺列布置则是指多台机组类似"葫芦串"的布置（见图9-1和图9-2）。原则上主厂房区这两种布置型式均是可行的，因此，在主厂房规划时需充分考虑这两种布置形式的优缺点，经过安全、环境、技术、经济等多种因素及结合地质条件、可利用场地等自然条件的综合比较，最终推荐主厂房的布置格局。

核岛厂房的布置形式（并列和顺列）要结合厂区岩土勘察报告中的地质条件、地基资料和工程取、排水方案（可行性研究阶段要开展取排水工程可行性研究），以及人口分布等环境资料综合确定。首先，需要通过综合工程地质图和柱状图等了解核电厂整体的工程地质情况，包括厂区的地层岩性及其分布等。其次，在明确可用于布置主厂房区（包含核岛和常规岛）的主要地质岩性的风化界线的基础上，结合不同标高（例如厂坪标高、核岛基底标高和常规岛基底标高等）的切面图和地形资料规划可用于主厂房区布置的范围。在主厂房区规划过程中，可结合厂区的勘探点进行主厂房位置的优化，例如，可通过查看某个或某些勘探点柱状图和钻孔断面图调整个别主厂房区的位置。

主厂房布置形式一般采取常规岛朝向开关站和循环水泵房，以便力求短捷的电力出线廊道和循环水管道。

在主厂房规划的过程中，布置形式和核岛、常规岛朝向的选取也可能会影响核电厂的拆迁人口，因此，厂址附近人口分布也是布置型式（并列和顺列）和核岛、常规岛朝向确定的一个重要因素。

主厂房机组固定端的确定是核电厂在总体规划时考虑扩建方向的重要因素。

（二）供排水设施规划

1. 规划原则

（1）取排水建筑物布置要根据海洋水文或滨河水文的专题报告，充分考虑厂址附近滨海、滨河水文和岸线条件以及核电厂总体规划，合理选择建筑物的形式和位置，力求供、排水管短捷，并符合安全、运行、施工、扩建和环保等要求。

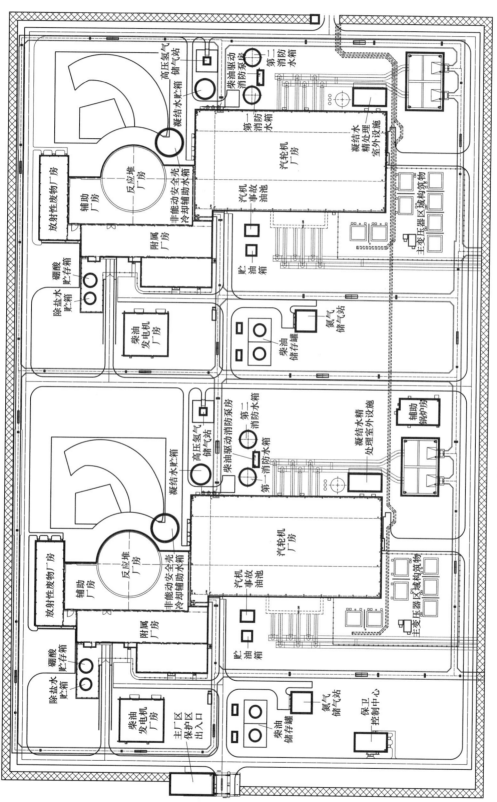

图 9-1　主厂房区并列布置

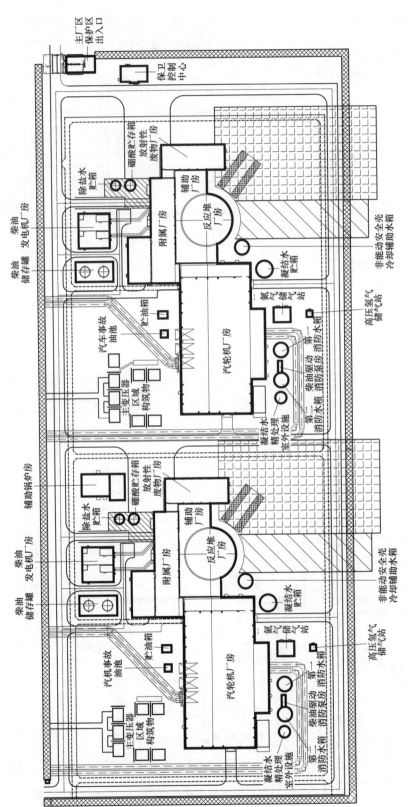

图 9-2 主厂房区顺列布置

（2）滨河厂址排水口设置要远离上/下游其他居民用水取水口。

（3）滨海厂址从尽可能减少对海洋环境影响，规范和加强生态用海的角度出发，优化取排水方案构筑物的布置，并遵循以下原则：

1）滨海厂址一般采取近岸取水、离岸远距离排水；海岛厂址可近取、也可近排，可行性研究阶段，取、排水口之间的距离需要通过数模确定。

2）不占或少占自然岸线，岸线利用方式要符合主管部门管控要求。

3）严格控制围填海面积，并尽可能减小项目总用海面积。

4）项目用海方式要满足主管部门管控要求。

5）确保厂址附近海域的生态保护红线不受核电厂建设和运行的影响。

6）取水口设置拦污设施，确保冷源安全。

（4）核电厂的排水设计要考虑雨、污水分流，排放口的设置要综合考虑受纳水体的功能、环境容量及敏感物种和水域生态系统的影响。

（5）冷却塔在厂区总平面规划中的位置要符合下列规定：

1）要充分利用地形，选择地质条件较好和均匀的场地。

2）要靠近汽机房和循环水泵房，使三者之间的供、排水管短捷。

3）冷却塔不要布置在扩建端。

4）要避免周围高挡墙、高护坡、建（构）筑物、热源和树木等对冷却塔通风的影响，同时，要防止冷却塔飘滴、噪声等对周围建筑和环境的影响。

5）冷却塔要布置在配电装置的冬季最小风频的上风侧。

6）冷却塔之间以及塔与其他建筑物之间的距离除要满足冷却塔的通风要求外，还要满足施工和检修要求，冷却塔周边要设有检修场地。

7）冷却塔与核安全相关厂房要保持一定的安全距离，并要分析冷却塔倒塌的可能影响。

8）多座自然通风冷却塔集中布置时，不要采用梅花形、菱形和三角形布置形式。

（6）汽机房前的进、排水管沟走廊的布置要按规划容量管沟的数目和断面确定，并要考虑与其他管、沟和基础之间的相互影响。

（7）施工期给水（淡水）规划要遵循以下原则：

1）核电厂施工用水供水水源可利用核电厂运行的永久水源，采用永临结合的方式提供施工期用水，但要首先保证施工期间核电厂已运行机组满负荷运行所需的水量。

2）以地表水为核电厂给水水源时，取水量要符合流域水资源开发利用规划的规定，供水保证率不低于90%。

（8）运营期给水（淡水）规划要遵循以下原则：

1）核电厂给水规划的主要内容要包括：预测核电厂用水量，选择给水水源，明确主要给水工程的建设规模。

2）核电厂给水规划中的生活饮用水水质要符合《生活饮用水卫生标准》（GB 5749）的规定，其他类别用水水质要符合工艺系统用水水质要求。

3）核电厂给水工程规划要按一次规划、分期实施的原则进行。

4）以地表水为核电厂给水水源时，取水量要符合流域水资源开发利用规划的规定，供水保证率不低于97%。

5）规划核电厂长距离（10km 以上）输水管道时，输水管道不少于 2 根。

6）核电厂配水管网要布置成环状。

2. 核电厂供排水设施规划（直流）

电厂海水直流供水系统分别向汽轮机冷却水系统、（重要）厂用水系统、辅助冷却水系统、循环水处理系统、循环水过滤系统或海水淡化系统提供海水。

（1）循环水系统组成如下：

1）取水构筑物；

2）循环水泵房，包括循环水泵、鼓型滤网、链网、粗格栅、细格栅及清污机、闸门等；

3）循环水进水管道；

4）凝汽器；

5）循环水排水沟；

6）虹吸井；

7）排水明渠，或暗管及排放口。

主要工艺流程如下：

厂址前沿海域海水→取水口→取水构筑物→循环水泵房进水前池→粗格栅→检修闸门→细格栅→鼓型滤网→循环水泵→循环水进水管→凝汽器/辅助冷却水→循环水排水管→虹吸井→循环水排水沟→排水构筑物→排水口→厂址前沿海域。

（2）循环水泵及过滤设备的选择。

结合冷端优化结果，循环水泵一般采用一机两泵的配置。过滤系统采用的设备包括粗格栅、闸门、细格栅、链网、鼓型滤网（外进内出）。明渠内设置两道永久拦污网，再加一道网兜和两道临时拦污网。

（3）联合泵房布置。

核电厂一般 1 台机组配一座循环水泵房或 2 台机组共设置一座联合泵房。

2 台机组共设置一座联合泵房时，循环水泵和（重要）厂用水泵均布置在联合泵房内。联合泵房包括滤网间和泵房间两部分，其中滤网间布置有闸门、粗格栅及格栅除污机、细格栅、链网、鼓型滤网等；泵房间布置有循环水泵、（重要）厂用水泵等。（重要）厂用水系统 A 系列和 B 系列与循环水系统共用过滤设备。每台机组（重要）厂用水系统的 A、B 系列布置在泵房的两侧，循环水泵布置在泵房的中间位置。滤网间一般采用露天布置。

1）过滤部分。

每台机组循环水以及（重要）厂用水的过滤部分沿进水方向包括：粗格栅、钢闸门、细格栅及清污机、链网、鼓型滤网，以及相应的进水渠道。

2）水泵部分。

每台机组装有下列水泵：

A. 循环水泵 2 台，分别安装在 2 个循环水泵坑内。循环水泵的形式为混凝土蜗壳泵；

B.（重要）厂用水泵 5 台，分别设置在循泵旁边的（重要）厂用水泵坑内；

C. 鼓形滤网单独设滤网冲洗水系统，每台鼓型滤网配置两台反冲洗水泵；

D. 每台链网设一台反冲洗水泵；

E. 电解制氯设备海水取水泵 2 台；

F. 海水淡化取水泵 2 台（与海水淡化设施配置）。

（4）循环水进排水管道。

每台机组共 2 根循环水泵出水管出联合泵房后供水至常规岛厂房。每根循环水压力管至主厂房外分成 3 根钢筋混凝土管，进入主厂房后用钢管接至机组不同壳体的凝汽器。来自不同壳体的凝汽器出口每 3 根排水管在厂房外汇成 1 根排水管道，每台机组共配 2 根循环水排水管道，共壁平行排水至虹吸井，从虹吸井到排水口，采用方形钢筋混凝土排水沟。联合泵房和虹吸井均靠近主厂房布置。

（5）循环水处理系统。

循环水处理系统的功能是对循环水系统及（重要）厂用水系统进行加药处理，以有效地控制海水中微生物的繁殖和生长，从而防止冷却设备产生堵塞和腐蚀，使凝汽器和换热设备有良好的传热性能。循环水处理系统布置在制氯站内，电解设备、整流柜、变压器、酸洗设备等布置在室内，次氯酸钠储罐、酸碱储罐、废水中和设施等布置在室外。制氯站一般靠近联合泵房布置。

（6）虹吸井。

一般 2 台机组设置一座虹吸井，也可每台机组设置 1 座虹吸井，虹吸井靠近布置在汽机厂房一侧。

3. 核电厂重要厂用水（直流）

（重要）厂用水系统是一个开式系统，从大海吸取冷却水，冷却设备冷却水系统的换热器，再将冷却换热器后的热水排至大海，执行其将设备冷却水系统收集的热负荷输送至最终热阱（大海）的安全和运行功能。（重要）厂用水系统由三列（A、B、C）独立的安全系列组成，A、B、C 三个系列的（重要）厂用水泵布置在联合泵房独立泵间内，列与列之间满足实体隔离要求，其中 A、B 系列过滤设备与循环水系统共用，C 系列单独配置板框式旋转滤网。每个系列都从大海吸取海水，经过滤后由该系列的（重要）厂用水泵将海水经（重要）厂用水供水管道分别送往安全厂房，经贝类捕集器过滤后冷却换热器，再经排水管道送往溢流井，经排水构筑物排入大海。通常将厂用水供水和排水管道布置在专用管廊或综合管廊内。我国部分核电机型（如华龙一号等）的重要厂用水供水管道为安全级，设计为抗震 I 级，排水管道为非安全级；部分核电机型（如 CAP1000 等）厂用水供排水管道均为非安全级。

4. 核电厂淡水供应系统

核电厂淡水用水主要有生活用水、生产用水（包含除盐水生产系统补水）、施工用水、消防用水及浇洒道路、场地、绿地用水等。

海水淡化系统的海水取水泵一般布置在联合泵房内，其余设备集中布置在海水淡化厂房。海水淡化厂房一般紧邻除盐水生产车间/除盐水贮存罐，两者为联合建筑。预处理设施、污泥处理设施以及各类水箱、水池等布置在室外，细砂过滤器、反渗透装置、各类水泵等布置在厂房内。

除盐水生产系统的功能是将海水淡化水经化学除盐处理后，向核岛、常规岛和 BOP 的相应回路供应符合质量要求的除盐水。除盐水生产系统的离子交换设备、水泵、酸碱计量设备等均布置在除盐水生产车间内；酸碱储存罐、中和池、水箱等均布置在室外。

除盐水分配系统包括核岛除盐水分配系统和常规岛除盐水分配系统，其功能是将除盐水生产系统生产的 pH＝7 和 pH＝9（加氨调节后）的除盐水通过除盐水箱，经除盐水泵供给核电厂各用户。除盐水分配系统的水箱布置于除盐水贮存区，除盐水泵布置于除盐水生产车间的水泵间内。

结合厂址淡水资源条件，核电厂运行期的生产用水（包含除盐水生产系统补水）一般采用海水淡化供给或水库供给。运行期生活用水和施工生产、生活用水一般由市政水厂或水库供给。

厂区内设置一座综合水泵房将外部来水或海水淡化来水加压供给全厂的生活水管网。淡水水源为水库来水时，厂区需设置淡水处理站；淡水水源为市政管网来水时，厂区需设置储水池等设施。

5. 核电厂雨污水排放

厂区雨水采用独立的排水管网进行有组织排水，采取分区排水、重力自流排放原则。主厂房区和辅助设施区内设计暴雨强度采用千年一遇标准，并按可能最大降水量工况校核。

厂区设置生活污水处理站，处理厂区和厂前区的生活污水。具体处理设备及构筑物为：格栅＋调节池＋厌氧池＋缺氧池＋好氧池＋MBR＋曝气生物滤池＋混凝、沉淀、过滤和消毒。

生活污水处理站出水须达到《城镇污水处理厂主要水污染物排放标准》（DB 33/2169—2018）中新建城镇污水处理厂主要水污染物排放限值要求，处理后的水部分用于厂区绿化及道路浇洒。

（三）电气设施规划

核电厂厂区内的电气设施主要包括配电装置区、常规岛主变压器和施工电源等设施。电气设施规划要在充分考虑厂址规划容量的基础上综合确定。

配电装置区包括主开关站、网控楼和辅助开关站等设施，其主要设施要按照厂址规划容量统一规划、分期建成。

开关站和网控楼要规划在靠近汽机房的厂区边缘处，既有利于向外输电和备用电源进线，又力争使开关站与主变区之间的连线短捷，并为采取架空连线创造条件。

通常主开关站、网控楼和辅助开关站组合在一起布置，主开关站的扩建方向要与主厂房区的扩建方向一致。

主变压器区包括主变压器、厂用变压器和起动备用变压器，在满足防火要求的前提下，它们的布置要紧凑、整齐，并预留检修空间，同时为了使主变压器区与开关站的连线短捷，要将主变压器区布置在汽轮机房端头或靠发电机的某一侧。

施工电源的规划位置要靠近施工电源负荷的中心，施工电源的设备和电缆要永临结合。

（四）其他辅助设施规划

1. 放射性废物处理设施

核电厂除核岛厂房外，其他与放射性有关的废物处理设施、中低放射性废物暂存库、特种汽车库、放射源库、热检修车间或放射性机修车间、放射性化学实验室等要集中布置在放射性三废区（以下简称为三废区）内。

　　核岛厂房产生的放射性固体废物、废液和脏衣服，以及带放射性的设备和仪器，需要通过汽车或管道送至三废区，因此三废区要靠近核岛厂房布置，同时由于带放射性的大设备难以完全屏蔽，运输放射性废物、废液、设备和仪器的线路要尽量与普通货物运输和主要人员交通线路分开。

　　三废区四周要设保护区围墙，它可以单独设置，也可以与主厂房区合建保护区围墙，两种方法各有利弊，规划时要根据厂址条件和总体规划的要求，进行方案比较，并择优选择。

　　放射性废液和固体废物经处理后，装入废物桶储存，废物桶需要在暂存库中暂存5年，最后运至厂外的中低放射性废物永久库作永久贮存。

　　2. 生产性废水处理设施

　　（1）BOP 含油废水。

　　不含放射性的含油废水，汇集到专门的管网内，进入非放射性含油废水处理站，经过贮存、油水分离处理。分离出的油脂收集后装入油桶运送到厂外；分离出的水掺混排入循环水排水系统。

　　处理工艺流程如下：

　　非放射性含油废水→调节池（隔油池）→油水分离器→中间水池→出水排放污油池→外运。

　　（2）常规岛含油废水。

　　含有潜在放射性的污水，不含油部分直接送往废物厂房；含油部分，送往放射性含油废水处理站。

　　处理工艺流程如下：

　　潜在放射性含油废水→调节池（隔油池）→油水分离器→中间水池→废物厂房污油池→外运。

　　（3）化学水处理系统废水处理。

　　化学水处理系统的废水主要包括海水淡化系统、除盐水生产系统、凝结水精处理系统及循环水处理系统所产生的废水。

　　1）海水淡化系统废水处理。

　　海水淡化系统中，混凝沉淀池的泥渣废水排至污泥浓缩池，然后污泥经过脱水后运出厂区；污泥浓缩池排出的清水、V 型砂滤池和细砂过滤器反洗水通过雨水管网排放，海淡一级反渗透浓水经过能量交换后排至循环水系统虹吸井，经循环水排水稀释后排放，海淡二级反渗透浓水回流至细砂过滤器产水箱进行回收再利用。

　　2）除盐水生产系统废水处理。

　　除盐水生产系统的废水主要为除盐设备的树脂再生废水，在除盐水生产区域设置废水池，以收集排出的再生废水，并对再生废水进行酸碱中和处理，经处理合格后的废水通过循环水排水系统掺混排放。

　　除盐水生产系统废水处理流程如下所示：

　　除盐水生产系统树脂再生废水→废水中和池→中和池废水泵→循环水排水系统。

　　（4）凝结水精处理系统再生废水处理。

　　凝结水精处理系统设置废水中和池，有潜在放射性污染的凝结水精处理系统再生废水经酸碱中和处理后排至核电厂槽式排放系统，经监测放射性达标后排放。

凝结水精处理系统再生废水处理流程如下所示：

凝结水精处理系统树脂再生废水→废水中和池→中和池废水泵→核电厂槽式排放系统。

（5）循环水处理系统废水处理。

在制氯站设置废水池，以收集酸洗箱排出的电解装置酸洗废水，并对废水进行酸碱中和处理，经处理合格后的废水通过循环水排水系统掺混排放。

循环水处理系统废水处理流程如下所示：

循环水处理系统电解装置酸洗废水→废水中和池→中和池废水泵→循环水排水系统。

3. 仓储检修设施

仓储检修设施主要包括仓库、综合检修厂房和化学品库等。仓库主要存放日常运行所需的备品备件等材料；化学品库主要存放日常运行所需的少量甲、乙和丙类物品；综合检修厂房主要维修非放射性设备和仪器等。

仓库要靠近检修车间集中布置，为了更方便地为厂区服务，仓库和检修车间要靠近厂区的主出入口。

化学品库要布置在全年最小频率风向的上风侧，并要远离有明火或散发火花的地段，通常将化学品库布置在厂区边缘且不窝风的地段，其泄爆面要朝向厂外或空旷地段。

模拟体厂房是进行检修和操作培训的场所，要优先布置在厂前区，也可与仓库和检修车间比邻布置。

4. 动力辅助设施

动力辅助设施主要包括高压氢气站、制氢站、氢气升压站、氮气站、压缩空气站、辅助锅炉房等，主要为主厂房区对应设备供应相关气体和辅助蒸汽。

高压氢气站不含氢气发生设备，以瓶装或管道供应氢气的建（构）筑物，主要为核岛厂房和汽轮机厂房服务，通常采用单堆布置以缩短管线长度。

制氢站是指采用相关的工艺（如水电解，天然气转化气、甲醇转化气、焦炉煤气、水煤气等为原料气的变压吸附等）制取氢气所需的工艺设施、灌充设施、压缩和储存设施、辅助设施及其建（构）筑物，考虑减少厂区内的危险点，通常为全厂共用。

氢气升压站主要功能是将从制氢站通过管道输送过来的氢气加压灌装，再由车辆运送至高压氢气站储存，通常为全厂共用。

氮气站主要为汽机厂房内的设备供应氮气，通常为单堆布置以缩短管线长度。

考虑到制氢站属易燃易爆设施，要尽量布置在厂区边缘处。其余动力辅助设施可尽量靠近用户布置，考虑兼顾各期工程和缩短管线长度，通常可分机组布置。

压缩空气站主要生产和储存核岛、常规岛使用的压缩空气，并通过厂区管道将压缩空气输送到各用户点。

辅助锅炉房主要在核电厂停堆和启堆期间，为汽轮机厂房、除盐水车间、热水加热系统以及相关辅助设施等提供辅助蒸汽。

5. 核电厂特殊设施

核电厂特殊设施主要指涉及核电厂安全、环境保护、应急等相关要求的设施，如实物保护系统、应急指挥中心、环境监测站、移动泵和移动电源储存间、消防站、警卫营房等。

核电厂实物保护系统一般按照核设施的一级实物保护设置，设有控制区、保护区和要害区，三区呈纵深布局，要害区设置在保护区内，保护区设置在控制区内；各区域均以实体屏障的形式环绕、封闭整个被保护区域，不同区域的屏障须确保独立、完整和可靠；不同区域均设置有出入口，出入口数量须保持在必要的最低限度。

（1）应急指挥中心属于核电厂专设应急响应设施，其主要功能是在核电厂核事故应急响应期间，为应急指挥部人员和国家有关部门指派代表提供工作场所。应急指挥中心的布置需要满足施工核事故应急。

（2）环境监测站属于核电厂气象和环境检测系统的一部分。在核电厂正常运行期间，环境监测站主要对核电厂周围的环境样品进行测量分析，为评价核电厂对环境的影响提供依据；在核电厂事故情况下，可用作对核应急取样样品进行测量分析的实验场所，为核电厂的应急计划提供必要的事故监测手段。

（3）移动泵和移动电源储存间主要为移动电源、移动泵、试验负载等设备提供永久存放场地，并确保在水淹高度高于设计基准洪水位5m时，不会导致移动电源、移动泵等设备不可用，在对应抗震设防烈度的地震工况下保持厂房的结构完整性。

（4）消防站主要是为核电厂正常投入运行时所需的消防保卫工作而设置，一般为核电厂专用。

（5）警卫营房是核电厂在正常投入运行时，为厂区提供警卫工作的武警中队的办公生活驻地。

三、厂坪设计标高的确定

核电厂厂坪设计标高主要由以下三个因素决定：厂址设计基准洪水位；地质条件；循环水泵运行费用；场地开挖土石方工程量。

厂区主厂房的地面标高对核电厂的安全和运营至关重要，与核安全有关的厂房的地面设计标高要高于设计基准洪水位。

根据《滨海核电厂厂址设计基准洪水的确定》（HAD 101/09）中"12 核电厂厂址的防洪问题"之"12.1 防护类型（1）将所有安全重要物项建造在设计基准洪水水位以上，要考虑到风浪影响以及潜冰和杂物堆积作用的影响。必要时，可将核电厂建在足够高的地方，或用提高厂址地面设计标高的总体布局来达到这一要求。"因此设计基准洪水位的确定是确定厂坪设计标高下限的基础。

根据《滨海核电厂厂址设计基准洪水的确定》（HAD 101/09）中"12 核电厂厂址的防洪问题"之"12.1 防护类型（2）建造永久性的外部屏障…"，也可以考虑将厂坪设计标高定在设计基准洪水位之下，但考虑到灾害性气候的出现频率提高、建造永久性外部屏障的投资以及维护成本，一般不考虑采用这种形式。

充分考虑地质条件对厂坪标高的影响。土石方挖填平衡也是确定厂坪设计标高的重要因素，在土石方工程设计中要尽可能做到挖填平衡，这样能减少土石方的倒运，节省工程费用。从减少土石方工程量和缩短工期的角度考虑，提高设计标高，尽量减少土石方工程的开挖量，可以作为确定厂坪设计标高上限的基础。

厂坪设计标高与核电运行成本之间的关系也是要重点考虑的问题。在常规岛厂房采用全地上式布置的情况下，设计标高越低，土石方工程量越大，循环冷却水系统的运行费用越低。反之，设计标高越高，土石方工程量越小，循环冷却水系统的运行费用越高，此时可与水工专业、热机专业共同研究汽机房内的凝汽器单独下沉布置或汽机房整体下沉布置的方式，既可降低循环水运行费用，又可提高主厂房室外地坪标高，减少土石方挖方量。

因此需综合分析以上各种因素，根据既定的厂址条件确定核电厂的厂坪设计标高。

四、循环水取排水规划

（一）循环水取排水的工作内容

目前我国在建（已核准）和在运行的商业核电厂全部分布在沿海地区，属于滨海核电厂，多为一址多堆布置且单机容量较大，均采用海水直流冷却。下文内容主要针对滨海核电厂直流冷却取排水系统进行描述。

核电厂冷却水一般有两种系统：重要厂用水系统和汽机冷却水系统及少量辅助设备冷却用水。汽轮机冷却水系统主要用于常规岛汽轮机凝汽器的冷却用水和少量辅助设备冷却用水。冷却水水量一般按多年平均水温计算，再按每年炎热期3个月频率为10％的多年平均水温进行校核。同时要根据温排水数模考虑取水口受本地区温排水的影响，取水口设计水温要加日平均的温升值。冷却水水量要根据汽轮机背压和厂址条件（水文、气象等资料）进行优化计算来取得。（重要）厂用水系统是完全与核安全相关的系统，在电厂正常运行工况或事故运行工况下，该系统都将导出核岛设备冷却排水系统所传输的热量，并将热量传到最终热阱（海水）中，是核电厂运行的安全屏障。（重要）厂用水水量一般按多年平均的第7天水温计算，（重要）厂用水设计水温同样要加日平均的温升值，也有核电厂这部分水量按循环冷却水量的2％估计。国内、外部分滨海核电厂循环冷却水和（重要）厂用水水量统计见表9-3。

表9-3　　国内、外部分滨海核电厂循环冷却水和（重要）厂用水水量统计表

序号	核电厂名称	堆型	装机容量（MW）	循环冷却水量（m³/s）	（重要）厂用水量（m³/s）
1	浙江秦山核电厂	CNP300	1×310	21.6	0.47
2	浙江秦山第二核电厂一期	CNP650	2×650	38.00×2	0.83×2
3	浙江秦山第二核电厂二期	CNP650	2×650	38.00×2	0.83×2
4	浙江秦山第三核电厂	CANDU-6	2×720	36.14×2	3.00×3
5	浙江三门核电厂	AP1000	2×1250	77.66×2	1.36×2
6	广东大亚湾核电厂	M-310	2×984	44.50×2	1.25×2
7	广东岭澳核电厂一期	M-310	2×990	50.00×2	1.25×2
8	广东岭澳核电厂二期	CPR1000	2×1080	64.00×2	1.25×2
9	广东阳江核电厂	CPR1000	2×1080	61.56×2	1.39×6
10	广东台山核电厂	EPR	2×1750	91.92×2	1.90×3

序号	核电厂名称	堆型	装机容量（MW）	循环冷却水量（m³/s）	（重要）厂用水量 m³/s
11	江苏田湾核电厂一期	VVER-1000	2×1060	48.49×2	1.0×2
12	江苏田湾核电厂二期	VVER-1000	2×1060	49.89×2	1.00×2
13	福建宁德核电厂	CPR1000	2×1080	55.20×2	1.25×2
14	福建福清核电厂	CPR1000	6×1080	55.00×6	1.00×6
15	浙江秦山方家山核电厂	CPR1000	2×1080	52.50×2	0.93×2
16	山东海阳核电厂	AP1000	2×1250	65.00×2	1.36×2
17	广西防城港核电厂	CPR1000	6×1080	61.56×6	1.39×6
18	海南昌江核电厂	CNP650	4×650	40.00×4	1.00×4
19	辽宁红沿河核电厂	CPR1000	4×1080	48.80×4	0.94×2
20	日本 HAMAOKA 核电厂	BWR	Ⅰ期 540 Ⅱ期 840 Ⅲ期 1100	30.00/ 50.00/78.00	2.00/ 4.00/6.00
21	法国 PENNY 核电厂	PWR	2×1300	50.00×2	0.83×2
22	法国 PALUEL 核电厂	PWR	4×1300	44.44×2	0.83×4

核岛重要厂用水系统为核安全三级，属于抗震Ⅰ类建筑，而常规岛循环水冷却系统为非核安全级系统，按照一般常规火电厂标准设计。上述 2 个系统，由于供水对象、功能和安全等级及抗震要求不同，因此设计标准也不同。

常规岛直流冷却系统主要包括：取水设施（取水口、导流渠、引水渠或箱涵），水泵系统（循环水泵房），凝汽器（常规岛里面），排水设施（虹吸井、排水口、排水渠或箱涵）等。

核岛（重要）厂用水系统主要包括：取水设施（取水口、导流渠、引水渠、海水池或箱涵），水泵系统，热交换器，排水设施（排水口、排水渠或箱涵）等。

结合核电厂厂址自然条件，这两个系统有些电厂合起来，有些电厂分开。例如秦山海域厂址，其水中含沙量高达 $6\sim8kg/m^3$，平均为 $2.5kg/m^3$，当常规岛循环水系统停运后且安全用水量很小时，大量泥沙沉积在取水系统和泵房的流道和设备内，就会使重要厂用水丧失最终热阱，直接影响反应堆的安全，所以在取水工程中将两个系统从取水渠、格栅滤网和水泵系统完全分开。

（二）滨海核电厂冷却水取排水规划原则

循环水冷却水取排水布置设计，关系到核电厂常规岛、核岛取水的安全。关注重点是波浪、泥沙、海生物、流冰、漂浮物及油污，最重要的是温排水回流及相邻企业对核电厂取水安全的影响。滨海核电厂循环水取排水口、明渠、箱涵的位置和形式是非常重要的，关系到工程是否合理经济，运行是否安全。在规划设计方案中，既要考虑近期核电厂的布置是否合理，还要考虑远期发展的需要。

1. 取、排水口规划原则

（1）首先，根据专题研究报告中的岸滩稳定性结论，取排水口位置要规划在海床稳定、泥沙冲淤变化较小，取水口地段水质好、水中漂浮物和泥沙较少的地段。切忌在岸边缓流区、死水区及回流区内布置取排水口，避开潮流过急产生严重冲刷的地段。

（2）在可行性研究阶段，取、排水口之间的距离要满足取水温升的要求，要通过温排水数模和物模（必要时）验证确定，排水口2℃温升范围不要影响取水口，避免温升过高影响机组发电效率。国内部分核电厂取水温升值见表9-4。

表9-4　　　　　　　　　　国内部分核电厂取水温升统计表

序号	核电厂名称	装机容量（MW）	平均取水温升（℃）	最大取水温升（℃）
1	阳江核电厂	2×1500	0.8	1.9
2	宁德核电厂	4×1000（CPR）	0.73	1.1
3	岭澳核电厂	2×1000		1.4
4	红沿河核电厂	2×1000	0.6	0.9
		4×1000	1	1.6
		6×1000	1.3	2.1
5	三门核电厂	2×1500	0.65	1.2
		6×1500	1.4	2.1
6	台山核电厂	火电一、二期＋核电一、二期	0.6	1
7	福清核电厂	2×1000	0.7	1
		4×1000	0.9	1.2
		6×1000	1.2	1.6
8	海南昌江核电厂	2×650	0.4	0.7
		4×650	0.8	1

（3）取、排水口位置距离核电厂用水点和排放点要近，取水泵房尽量靠近汽轮机厂房。

（4）取、排水口的位置要具有良好的地质、地形条件，取水构筑物要设在地质构造稳定，承载力高的地基上，不要设在断层、滑坡、冲积层、风化严重和岩溶发育地段，特别是重要厂用水的建（构）筑物，必须满足抗震Ⅰ类的地质条件。

（5）取水口位置必须有保证足够的水深条件。

常规岛循环冷却水设计水位：设计高潮位满足百年一遇高潮位；设计低水位满足百年一遇低潮位。

核岛（重要）厂用水的设计水位：设计高水位满足10％超越天文潮高潮位＋可能最大风暴潮增水；设计低水位满足10％超越天文潮低潮位＋可能最大风暴潮减水＋安全裕度。

（6）取、排水口位置和形式要考虑波浪和潮流的影响，取水口口门朝向要避开强浪向、常浪向和热水回归方向。深海取水时，由于波浪较大，对波浪的破坏力要给予足够的重视。滨海核电厂一般设置有防波堤和码头，可采用港池取水的方式，取水口的朝向要避开最大波浪的方向。同时，要采取工程措施保证取水口不被海生物侵袭，确保冷源安全措施。

（7）取、排水口布置还要考虑施工条件，要求交通运输方便，尽量减少土石方和水下工程量。

（8）在北方地区，取、排水口要考虑冰凌的影响，要重视海域冰凌特有的水文特征。

2. 取水泵房/取水渠（涵）规划原则

（1）取水泵房和泵房外前池的取水渠道，要按照取水工艺确定的取水渠道参数，结合海域环境条件合理规划，要选择地质条件良好地段。取水渠道的掩护可采用双堤式或沿岸单堤式，在满足渠道水流平稳和泵房外前池波浪波动幅度要求的条件下，渠道要顺直。双堤式要考虑距深水区较近的地段；沿岸单堤式要注意波浪和沿岸输沙的影响。

（2）洪水及地表水不要排入取水渠道。沿山坡坡脚布置的取水渠要在山坡坡脚处设置截洪沟，并留有泄洪出口，其位置要充分考虑取水明渠与海域流场、泥沙运动、岸滩的相互影响后，进行合理布置。另外，取水明渠还要设置拦污网，防止海生物侵入堵塞取水明渠。

（3）在岸线开敞、波浪较强，当近岸水深适应或天然掩护条件可以利用时，要采用港池式布置形式。港池布置在满足取水要求的条件下，要将核岛、常规岛的临海护岸掩护在港池范围内。

（4）为满足泵房外前池的波浪波动幅度的要求，防波堤口门要朝向波浪较小的方向，口门宽度要满足取水工艺设计的要求。当大件码头与取水港池合并建设时，口门宽度尚应满足船舶通航的要求。防波堤与口门布置要通过模型试验进行验证和优化。

（5）暗涵选线要选择地基良好地段，其连接的取水口要位于深水区和含沙量较低的水域。取水暗涵或隧洞还需具备检修条件，以便定期维护，去除内壁海生物。

3. 排水设施规划原则

（1）结合海域环境条件和厂区各期工程排出口的位置，要合理规划排水渠及排水口。明渠合排总干渠导流堤要按规划一次建成；各分期排水导流堤、分期排水渠道和总干渠道的疏浚可按规划分期实施，各期排水导流堤长度、走向和口门形式、排出方向要通过模型试验确定。排水明渠与取水明渠位于厂区同侧并相邻时，两渠之间必须采取防渗隔热措施，并合理安排平面、立面的交叉布置。

（2）当海域的深水区距岸较近，且明渠分排或明渠合排的温排水不满足环保要求时，可采用港池式深排方式。

（3）暗涵或隧洞排水及其排水口的布置，要按规划容量的规模和分期建设安排，统筹规划各期排水暗涵、隧洞和排水口的平面布置，要一次规划分期建设。排水暗涵、隧洞的平面布置及排水口位置、水深、排出方向要结合海洋环境条件确定，并通过模型试验进行验证和优化。

（4）各期排水暗涵或隧洞之间的距离要结合地质条件确定，并要避免后期施工对已运行排水设施的影响。

（三）滨海核电厂循环水取排水规划总体要求

（1）循环水取排水规划要以核电厂总体规划为基础，满足取排水工艺、大件运输、厂区防洪、生产、安全等要求，结合当地的海域水文气象、地形地貌、工程地质等自然条件，远近结合，统筹兼顾，进行多方案技术经济比较后确定。

（2）循环水取排水规划要结合当地国土空间规划、近岸海域环境功能区划和海洋功能区划等要求，从核电厂近期建设和长远发展、安全运行、节约用海范围和初期投资发挥经济效益出发，按核电厂规划容量统筹布置，分期建设，达到可持续发展要求。

（3）循环水取排水系统使用海域范围要满足核电厂规划容量和分期建设的要求，要结合取排水建（构）筑物、厂区防护构筑物、大件码头、港池、航道的需要统筹规划，考虑温排水温升对海域环境的影响，依据自然条件等资料，结合温排水模拟成果优化。

（4）循环水取排水规划要贯彻节约用海的原则，布局紧凑合理，要选址在岸滩稳定、沿岸泥沙运动较弱的海域，当地处寒冷地区海域时，要考虑冰封和流冰的影响。

（5）海域部分的取排水建（构）筑物要与相邻的港口航道、锚地、航标保持合理的距离，确保取排水和通航安全，必要时要进行专题论证。

（四）滨海核电厂循环水取排水设施布置形式

1. 取水设施布置形式

滨海核电厂循环水取水布置有多种形式，在工程实践中要结合当地海域的自然条件，因地制宜地进行取水工程的布置。例如，有开敞式取水、取表层水、深浅兼顾同时取等。取水构筑物的布置有的在海岸岸边、港池岸边、码头前沿或者在取水泵房外接引明渠、暗沟、隧洞等。又譬如在海滩平缓、潮差大、近岸有沿岸泥沙运动的海域，则把取水口布置在远离岸线的深水处，用海床敷设暗涵或隧洞与岸边的取水泵房相连，或者用蓄水库的方式半潮取水。这些布置形式随着核电厂规模由小到大，取水流量由小到大的发展过程而改变。核电厂的取水有严格的水面波动要求，那些简单的开敞式、岸边式、码头前沿式已不再出现。所以，目前主要存在三种取水设施平面布置类型并可组合使用，即明渠式、港池式、暗涵或隧洞式，基本涵盖了目前已存在的各种取水方式。

采用明渠式取水的主要有宁德核电厂、福清核电厂、山东石岛湾核电厂、台山核电厂（明渠＋隧洞）、大亚湾核电厂、岭澳核电厂和山东海阳核电厂。

采用港池式取水的主要有广西防城港核电厂和广东阳江核电厂。

采用暗涵、隧洞取水的主要有江苏田湾核电厂（隧洞＋明渠）、辽宁红沿河核电厂（隧洞＋明渠）和三门核电厂（隧洞）。

2. 排水设施布置形式

排水设施平面布置，关系到核电厂排出的热水对其自身取水的影响、对海域环境保护、海洋生物资源的影响，以及构筑物和排出水体对近岸海流、沿岸泥沙运动、船舶航行安全的影响。

因此，排水构筑物的平面布置除要考虑电厂自身取水温升要求外，主要要考虑如何降低或避免对外部环境的影响。排水设施的主要形式有明渠合排、明渠分排、暗涵或隧洞排水、港池式深排四种平面布置形式。

近岸明渠分排的方式，对海域环境、海洋生物有较大的影响，如果深水距岸较近、海流较强、水体热交换较好，在满足环保要求的前提下，可采用近岸明渠分排的布置方式，这样可节省大量投资。随着我国海域环境保护要求越来越严格，一般情况下要采取排出口离岸较远的合排方式或暗涵、隧洞的深排方式。

韩国在 1978～1999 年 21 年间，共投入营运了 14 座机组，都采用近岸明渠分排方式，造成了环境污染。2000 年以后至 2013 年共投入 6 台机组，都已改为暗涵或隧洞的深排方式。

港池式深排方式在解决暗涵隧洞深排造价高方面有可取之处。港池式深排巧妙地利用深水排放、大气热阱和越浪水体掺浪的效果，实现温排水的多种途径扩散，较好地处理了对环境影响问题。

五、交通规划

核电厂交通运输规划主要包括厂内交通规划和厂外交通规划。下文内容仅做概略介绍，详细内容见第七篇交通运输。

(一) 厂内交通规划

厂内交通运输规划设计中要充分考虑上下班流线的短捷、人员交通与货运线路的分开，满足施工、消防、实物保卫和应急撤离等要求，做到人员交通、一般物流与放射性物流分开，此外还要符合以下要求。

(1) 符合物料流程的要求，使厂内各建、构筑物之间物料运输顺直、短捷。

(2) 主厂房建筑群四周要设环形道路，其他区域道路设置也要符合现行《建筑设计防火规范》的有关规定。

(3) 有利于各建筑群的功能分区。

(4) 要使永久性道路与施工用道路相结合。

(5) 符合道路技术条件要求。

(6) 要平行或垂直主要建（构）筑物。

厂内道路通常分为四级，即主干道、次干道、支道和车间引道，同时还要重视人行道的布置。根据设备运输要求，路面结构分为重型路和轻型路两种，运输大件设备和大型模块通过重型路。厂内道路形式一般为城市型道路。

(二) 厂外交通规划

核电厂厂外交通规划由总体设计单位按照电厂规划容量和建设顺序统筹规划，建设单位另行委托的码头、厂外公路等项目由总体设计单位对其标准、布置、衔接等内容进行协调和归口。

核电厂厂外交通规划的主要内容为：根据电厂建设、运营期的人员通勤、货物运输以及应急疏散的要求，进行厂外交通组织、交通方式的选择及相应设施的规划布置。

交通组织大致可以分为人员日常交通、人员应急撤离、常规货物运输、大件设备运输、新燃料运输和乏燃料运输等。其中，人员通勤主要采用公路交通方式；人员应急撤离可根据厂址条件的不同，选择公路、铁路、水路以及航空等方式。常规货物的运输根据产地、尺寸、重量等可采用公路、铁路、水运等运输方式；大件设备的运输可采用自建大件码头或者水路＋公路联运的方式；目前，新燃料和乏燃料主要通过公路运输。

厂外道路的规划布置要充分研究厂址所在区域的公路现状与发展规划，结合总体规划和应急疏散等要求，使道路引接顺畅、短捷，人货分流为原则进行主要和次要进厂道路路径和厂外引接点的规划布置。核电厂的引接道路不要少于两条，且两条线路的夹角不要小于67.5°。通常核电厂设置两条厂外道路，进厂道路是核电厂与外界的主要联系通道，用于电厂日常交通，如普通货运和职工上下班；应急道路（次要进厂道路）主要用于放射性废物运输，在施工期间兼顾作为大件设备和施工运输。当核电厂发生事故时，可通过两条或其中一条道路用于紧急撤离人员。

根据 IAEA《放射性物质安全运输条例》（TS-R-1）和我国《放射性物质安全运输规程》（GB 11806）以及《放射性物品运输安全管理条例》（国务院第 562 号令），凡符合规定要求的乏燃料运输货包，既可通过陆路、水路运输方式进行运输，也可采用多种方式的联运。乏燃料运输规划线路要尽量避免穿越城镇和人口稠密区，尽量不影响繁忙的运输线路，必要时可新设专门的运输道路。目前我国国内已经能自主生产乏燃料运输船，乏燃料运输船需符合国家海事局发布的《乏燃料运输船舶法定检验规则》中的规定。这类运输船具有远超过常规货船的一系列安全特征：双壳体可承受碰撞破坏；增强浮力以防止船舶在极端情况下下沉；双导航、通信、货物监控和冷却系统；卫星导航和跟踪；双引擎和螺旋桨；额外的灭火设备等。

厂外铁路运输规划要根据电厂厂址周边铁路现状、铁路发展规划，初步确定的电厂铁路专用线接轨站位置，厂址周边地形、地貌、地质，结合总平面布置，以顺畅、短捷、安全、经济为原则，规划电厂铁路专用线路径。

厂外水路运输规划要结合规划容量和本期工程，河流开发和海港规划，根据核电厂厂址周边自然条件和总平面布置，从近期出发，兼顾远期，统筹规划。

六、厂址防排洪及边坡规划

（一）厂址防排洪规划

核电厂厂址防洪规划要根据厂址确定的设计基准洪水位，结合厂址地形地质条件、土石方工程量等因素，确定合理的室外场地设计标高，保证厂址防洪安全。

《核安全导则》（HAD 101/09）指出，滨海核电厂的设计基准洪水是一个核电厂要经受的可能最大的洪水，它应是下列多种因素的最不利的组合。

（1）极端洪水事件；

（2）历史最高天文潮；

（3）陆域洪水；

（4）风-浪的影响；

（5）海平面的异常现象。

要结合厂址地形地貌、厂址区域雨量，合理规划场地排水构筑物。场地排水方式一般可分为自然排水、明沟排水和暗管排水。厂区的排水工程按照设计基准洪水位和可能最大降水量工况进行设计，厂址区周边的截排洪设施按照千年一遇标准设计，按照可能最大降水量工况校核。

为使排水设施能尽快将厂址雨洪排向大海，避免暴雨对厂址安全构筑物的影响，在竖向设计中还需考虑将厂区室外地面设计一定的坡度。

（二）厂址边坡规划

根据确定的室外场地设计标高，结合厂址自然地形条件，厂址区周边一般会形成人工边坡，包括挖方边坡和填方边坡。人工边坡的设计一般根据地质勘察成果确定，需考虑合适的放坡坡比以及坡面防护措施。

受自然地形条件限制，可能会出现高边坡的情况。一般情况下，要保证边坡与厂区核安全相关设施的距离大于边坡高度的 1.4 倍；若无法保证该安全距离的要求，则相关边坡要按照安全级边坡进行抗震设计。

七、电力出线走廊规划

核电厂电力出线走廊规划要根据城乡总体规划、电力系统规划、输电线出线方向、电压等级与回路数、厂址附近的地形、地貌和障碍物等条件，按规划容量统一安排，并避免交叉。高压输电线要避开重要设施（一般指学校、医院、军事设施等），当不可避开时，相互间要有足够的防护距离。

20kV 及以上电压等级的屋外配电装置要结合电力系统合理设置，当技术经济比较合理时，可脱离厂区单独布置或与附近地区的枢纽变电站、相邻企业配电装置合并建设。

当核电厂周边有障碍物导致出线走廊受限或出线走廊影响厂区边界时，要在地形图（或规划图、交通图）上合理规划厂址区域出线走廊路径，使其尽量位于开阔处。

八、施工临建区规划

施工临建区的规划主要是在总体规划中，从宏观上完成对于施工临建场地的统筹划分，从场地分配、交通运输组织、大件设备的周转、力能设施的配置等方面进行合理的规划和布置安排，使临时建（构）筑物的布置、设备材料的堆放、大型施工机具的位置、交通运输与力能干线的布置等施工临时设施和建（构）筑物，布置紧凑合理，使用方便。

（一）施工临建区的规划内容

核电厂的施工临建区通常由核岛土建区、核岛安装区、常规岛土建区、常规岛安装区、BOP施工区、混凝土搅拌站、砂石料加工场、仓库区、模块拼装场地、大件设备周转场和施工力能区等功能分区组成。

（二）施工临建区的总体布置原则

（1）总体布局合理，各功能分区的场地分配与施工任务相适应，方便现场施工；

（2）各功能分区的划分要符合施工流程，且使土建、安装等施工单位各专业和各工种之间互不干扰，便于管理；

（3）合理组织交通运输，使施工期间的交通便捷、运输顺畅；

（4）注意近期和远期（本期工程与后期工程）规划相结合、施工顺序（本期工程）前后照应，尽量减少或避免大量临时建（构）筑物的拆迁和场地搬迁；

（5）本着节约资源、集约用地和降本增效的原则，尽量节省用地；

（6）施工临建区的用地要避免占用良田及其他有利用价值的土地，合理利用地形，减少场地平整工程量。施工临建区的用地原则上采用租借方式，待施工结束后，要恢复原貌。

（三）施工临建区的布置要求

（1）为便于组织管理，充分满足施工和场地的要求，本着节约用地的基本原则，施工临建区要在核电厂首期工程建设时统筹规划，以便于各期工程使用。

（2）为了满足施工要求，同时，不影响前期工程的运行，原则上施工临建区要规划在核电厂扩建端一侧。

（3）当施工临建场地位于核电厂扩建端或紧邻核电厂厂区时，其竖向设计要与核电厂厂区统筹规划，统一考虑土石方平衡，并要有良好的排水措施。

（4）施工临建区内需修建通畅的道路网络，满足临建区内材料和设备的运输，并满足消防要求。对外交通运输要充分利用核电厂应急道路，避免穿越已运行的厂区。

（5）施工临建区内要避免建设永久性设施。

（6）各功能分区均要规划适当的用地面积，既满足需要，又避免浪费。

（7）各功能分区的位置要根据施工作业的流程、结合各工程的具体条件，合理进行规划。

（8）密切跟踪、了解与核电工程建设相关的新技术、新方法（如模块化施工、一体化施工等），并应用在施工临建区的规划设计中。目前在部分项目中施工单位进行了建安一体化合作，在节约资源的同时，能够较好地解决项目现场用地资源紧张的问题。

第三节　总体规划设计步骤

核电厂不同设计阶段所开展的总体规划设计，一般遵循以下步骤：

（1）根据确定的厂址范围，收集或包括实测的 1∶10 000、1∶1000 地形资料，利用项目专题研究成果资料——厂址范围内的工程地质、水文地质资料，厂址相关的水文、气象条件，例如常年主导风向、全年最小风频等。根据项目建厂条件，在地形图上选择合适的厂区位置。特别是要根据岩土工程勘察资料确定主厂房区位置，并对建厂的外部条件进行现场查勘、研究和分析。

（2）根据厂址设计基准洪水位、循环水泵运行费用和场地开挖土石方工程量，必要时与水工专业、热机专业密切配合，考虑汽机房内的凝汽器单独下沉式布置或汽机房整体下沉式布置，综合分析确定厂坪设计标高。

（3）根据相关专业提供的工艺、建筑、结构、设备安装、运输等资料，规划核电厂生产设施、辅助设施、厂前行政办公等功能分区的位置，确定总体规划的格局和总平面布置的形式，确定厂区用地边界和范围，估算用地面积。

（4）合理规划厂区主厂房区位置和非居住区等范围，估算搬迁人口数。

（5）根据厂址输电规划、接入系统方案等外部条件，合理规划电力出线走廊、厂内开关站和网控楼等配电设施的布置。

（6）与水工专业密切配合，根据厂区与冷却水源的距离及水环境等周边环境条件，明确机组采用的冷却方式。若采用直流冷却方式，则要结合厂址水文、岸滩稳定和环境等条件（可行性研究阶段根据温排水数模等专题结论），合理规划取、排水口的位置以及相应的取、排水方案，包括取、排水是采用明取、排还是暗取、排，循环水泵房的位置等。若采用二次循环冷却方式，则要合理规划取、排水口位置（可行性研究阶段根据温排水数模等专题结论）以及相应的冷却塔方案，补给水泵房位置和补给水管线路径等。

（7）结合循环冷却方式和温排水方案，合理规划液态流出物排放的方式和初步方案。

（8）根据淡水资源专题论证或对厂址地区地表水条件的分析、研究结论，提出核电厂运行期、建造施工期的淡水水源和初步方案。若淡水水源为地表水，则要合理规划取水口、水泵房的位置及输水管线的路径，以及厂内水处理设施的位置和规模；若采用海水淡化提供淡水，海水淡化的取水要和核电厂冷却水取水统一考虑，并合理规划海水淡化及海水预处理设施等位置和规模。

（9）结合建厂条件合理规划核电厂所需的辅助设施，包括核辅助设施、动力辅助设施、仓储检修设施等位置、建设规模。

（10）合理规划核电厂的厂前行政办公区的位置和规模，运行人员的生活区以及配套的服务设施（例如倒班宿舍等）的位置和规模。

（11）合理规划施工临建设施的规模、位置，包括土建、安装、混凝土搅拌、现场拼装等施工临建设施。

（12）结合厂区自然地形和竖向布置，合理规划厂外截洪（水）沟和排（水）沟的位置、排水方案及厂区护坡。

（13）根据核电厂运行、应急疏散和施工建造等要求，合理规划厂外道路，包括进厂道路和应急道路等路径和连接方案。

（14）开展总体规划相关指标的统计，主要包括工程总用地面积、工程用海面积、土石方工程量、取排水工程量（例如取水明渠防波堤长度、排水导流堤长度、取排水暗涵长度等）、淡水补充水管线长度、征地围栏长度、进厂道路长度、应急道路长度、拆迁人口等。

第十章
总体规划设计工程实例

本章工程实例主要以我国已经建成投运或在建的核电厂工程为例，参照第二章的总体规划设计主要内容进行较为详细的介绍。

一、工程实例一

（一）工程概况

某核电厂位于辽宁省沿海，规划建设六台百万千瓦级压水反应堆核电机组以及配套辅助设施，六台机组统一规划、分期建设，在厂址内自东向西依次布置，其中 1、2 号机组拟建两台 AP1000 机组，3、4 号机组拟建两台俄罗斯 AES-2006（VVER-1200/V491）机组，5、6 号机组拟建机型待定（暂按 VVER 机型规划），厂址总体规划详见图 10-1。

（二）核电厂与附近城镇规划的关系

厂址半径 5km 范围内涉及 7 个行政村的 20 个自然村，没有万人以上的乡镇，核电厂的建设与附近城镇规划没有矛盾。

根据《核电厂环境辐射防护规定》（GB 6249—2011）的相关规定，计算得出半径 500m 处公众在选址假想事故后可能受到的剂量后果可满足剂量验收准则要求，因此本工程陆域及海域的非居住区边界以各反应堆厂房为中心、半径 500m 范围。

对于非居住区范围以内、征地边界以外的土地管理，业主与当地政府已达成协议。根据当地省人民政府的批复文件，规划限制区外边界以反应堆厂房为中心、半径 5km 范围。

（三）厂址总体规划

1. 厂坪设计标高的确定

综合考虑厂址设计基准洪水位、核岛等重要设施地基条件、冷却水扬程、海工设施造价、土石方工程量等因素，确定厂坪设计标高为 9.10m（1985 国家高程基准）。

2. 主厂房位置的确定

六台机组在厂址中部自东向西依次并列布置，均为核岛朝北、常规岛朝南，各机组之间的堆芯间距为：1 号与 2 号——230m，2 号与 3 号——250m，3 号与 4 号——230m，4 号与 5 号——380m，5 号与 6 号——230m。

核岛区基底大部分地段为中等风化、微风化基岩，岩性以整体块状分布的花岗岩为主，地基承载力高，地基岩体完整性好，地基稳定、均匀；小部分地段基底有强风化、全风化或第四系，对强风化、全风化岩体及第四系进行挖除换填或采取其他合适的措施进行处理。

汽轮发电机厂房基底大部分地段为微风化、中等风化和强风化基岩，地基承载力满足上部荷载的需要，地基稳定；小部分地段基底存在全风化、粉质黏土，全风化、粉质黏土地基承载力不满足上部荷载的需要，将采用挖除换填或采取其他合适的措施进行处理。

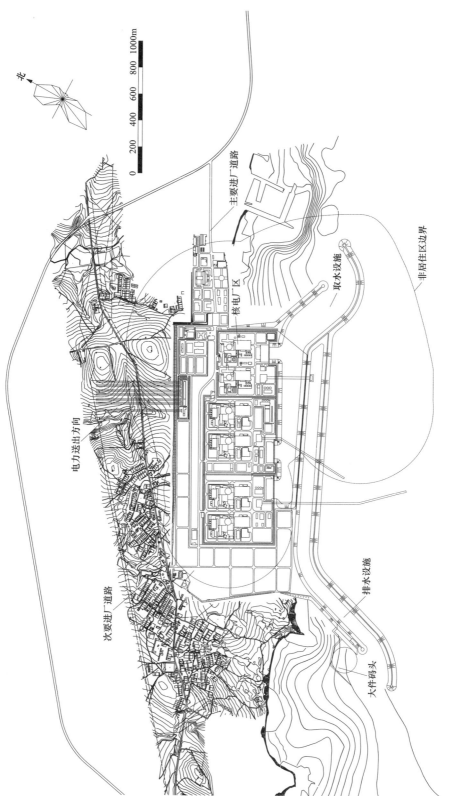

图 10-1　厂址总体规划图（实例一）

3. 取排水设施规划

本工程循环冷却水和重要厂用水取自并排至厂址南侧海域，采用明渠取水、暗涵及明渠排水，东取西排。海域港工设施位于厂址南侧，由取水明渠北导流堤、取水明渠南导流堤、中隔堤和护岸组成。

核电厂建设期间和运行期间的生产、生活给水均采用海水淡化，生活污水经污水处理站处理后回用。

4. 电力出线规划

全厂规划六回出线，采用500kV电压等级向西北方向送出，接入辽西地区变电站，出线走廊宽阔、地形平坦。220kV备用电源全厂规划两回进线。

5. 厂区工程规划

以六台机组主厂房区为中心，周围规划布置各辅助生产设施，包括配电装置区、冷却设施区、放射性辅助生产设施区、非放射性辅助生产设施区、厂前建筑区及其他设施区等，形成核电厂厂区。六台机组厂区东西方向约2800m，南北向约820m，用地面积约137.87hm²（包括全部控制区范围）。

6. 场地平整、边坡及截排洪工程规划

全厂的场地平整工程在一期工程一次完成，厂坪设计标高为9.10m，场地平整标高为8.40m。厂址挖方量约为849.42万m³，填方量约为938.65万m³。

场地平整后，厂址周边形成人工边坡，其中厂址东侧、西侧和北侧为挖方边坡，总长约2480m，最大高差约16m，为非核安全级边坡；厂址西南侧为填方边坡，总长约75m，最大高差约2m。

挖方和填方边坡坡底设置排水沟，挖方边坡坡顶设置截洪沟，汇集的雨水最终排入海域。

7. 施工场地规划

施工场地规划于厂址西南部，包括土建施工场地、安装施工场地、仓库及堆场、混凝土搅拌站及砂石料场等。

施工供电规划一座220kV施工变电站，进线与220kV开关站共用，采用220kV架空线接入；施工供热规划一座施工供热站，布置在厂址东北侧，与公用动力设施相邻；施工期间的生产、生活给水通过海水淡化供给。

施工生活区位于厂址外，由各施工承包商自行解决。

8. 对外交通运输设施规划

对外交通运输考虑建设期间和运行期间的运输需求，厂址规划两条厂外道路（主要进厂道路、次要进厂道路）及一座3000吨级大件码头。主要进厂道路为二级公路，由厂址东侧向东北，接至滨海公路，设计路面宽15m，路基宽18m；次要进厂道路为三级公路，由厂址西侧向西南，接至滨海公路，设计路面宽7m，路基宽10m，该路段结合地方公路进行改建；大件码头位于排水明渠西导流堤的外侧。

二、工程实例二

（一）工程概况

某核电厂位于浙江省沿海，规划建设两台 M310 加改进型核电机组以及配套辅助设施，厂址总体规划详见图 10-2。

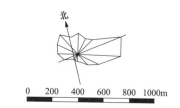

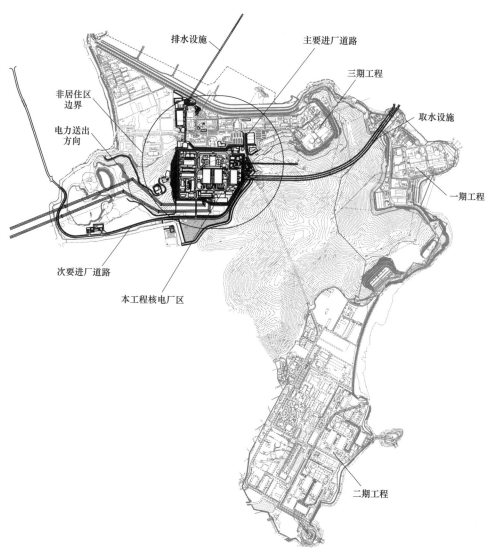

图 10-2　厂址总体规划图（实例二）

（二）核电厂与附近城镇规划的关系

厂址半径 5km 范围涉及 5 个行政村，没有万人以上的乡镇，本工程的建设与附近城镇规划没有矛盾。

根据《核电厂环境辐射防护规定》（GB 6249—2011）的相关规定，计算得出半径 500m 处公众在选址假想事故后可能受到的剂量后果能够满足剂量验收准则要求，因此本工程陆域及海域的非居住区边界以各反应堆厂房为中心、半径 500m 范围。

对于非居住区范围以内、征地边界以外的土地管理，业主与当地政府已达成协议。根据当地省人民政府的批复文件，规划限制区外边界以反应堆厂房为中心、半径 5km 范围。

（三）厂址总体规划

1. 厂坪设计标高的确定

因厂址区域经常受到风暴潮的袭击，远大于海啸和假潮的影响，按照《滨海核电厂厂址设计基准洪水的确定》（HAD 101/09）附录 V 的组合实例，其洪水位采用如下组合：

10% 超越概率天文高潮位	4.54m
可能最大风暴潮增水	5.47m
合计	10.01m

即未考虑风浪活动影响的组合洪水产生的设计基准洪水位为 10.01m，结合厂址的自然条件，并从安全、经济的角度考虑，厂坪设计标高确定为 10.10m。

2. 主厂房位置的确定

主厂房规划布置在厂址中部，核岛朝北、常规岛朝南，核岛和常规岛基础均坐落在微～中风化岩石上，冷却水进出及电力出线便利，厂址南侧的村居均位于非居住区范围以外。

3. 取排水设施规划

本工程循环冷却水和重要厂用水均取自厂址以东约 1km 的海域，通过约 1300m 长的输水隧道将海水引入厂区；温排水通过约 880m 长的排水隧洞向北排入海域。

淡水取水水源利用前期工程取水水源，在本工程厂区以北约 150m 处。

4. 电力出线规划

电力出线由厂区南部的开关站向南接出后，沿河北岸向西，以 500kV 架空线接入电网。

220kV 备用电源由前期项目 220kV 双母线 GIS 引接，采用单回线路，由本工程厂区东侧架空接入辅助开关站。

5. 厂区工程规划

厂区位于核电基地内山麓东部，厂区用地由山体东部开挖，以及周围低洼地回填形成。厂区北侧为前期工程办公区，南侧为本工程电力出线走廊和次要进厂道路，西侧为保留的西部山体，东侧为前期工程进厂道路和排洪沟。厂区用地东西向约 560m，南北向约 400m，用地面积约 21hm²。

6. 场地平整、边坡及截排洪工程规划

根据厂址周围地形条件，进行场地平整工作。场地平整土石方工程量：填方量 66.42

万 m³，挖方量 417.95 万 m³。挖方中除向地方政府提供 150 万 m³ 石方外，其余均填至位于厂区以西约 400m 的弃土场。

场地平整工程结束后，厂区四周均出现人工边坡，其中厂区西侧为挖方边坡，边坡长度约 410m，最大相对高度 51.90m。厂区北侧和南侧为填方边坡，北侧边坡长度约 500m，相对高度 3.50m；南侧边坡长度约 800m，最大相对高度 5.45m。

各边坡坡底均设置排水沟，分别流入厂址附近河流和本工程排水虹吸井。

7. 施工场地规划

根据现场条件，施工场地分散布置在厂区周围，包括厂区西北侧施工承包商部分营地、厂区南侧和西南侧的农田和荒地等。

施工场地规划为露天堆场、仓库区、混凝土搅拌站、石料加工场、木材加工场等。

厂区西侧的采石场将作为本工程建设的弃土场，可容纳土石方约 400 万 m³。

施工供电利用位于厂区以西约 400m 处的现有 35kV 变电站，可满足本工程施工供电的需要；施工供水利用前期工程现有的淡水供应系统。

8. 对外交通运输设施规划

为满足本工程施工和运行期间交通运输需要，厂区对外交通规划两条主要道路—主要进厂道路和次要进厂道路，大件运输利用前期工程已建的 3000 吨级大件码头。

主要进厂道路由前期工程厂区主干道向南接至本工程厂区主要出入口，长度约 200m，再向南与前期工程进厂道路相接，长度约 40m。主要进厂道路采用二级公路标准设计，水泥混凝土路面；设计行车速度 15km/h；路基宽度 16m，路面宽度 9m，两侧各设 2m 宽人行道和 1.5m 宽土路肩；最小转弯半径 20m；最大纵坡 4.0%。

根据核电厂应急计划的要求，本工程设置与主要进厂道路不同方向的次要进厂道路，起点为前期工程隧道北口，跨越排洪沟后，沿本工程厂区南侧（与厂区备用出入口相连）、附近河流北岸东岸，与厂址附近公路相交后，再向北接至附近公路，全长约 2940m。次要进厂道路采用二级公路标准设计（局部路段按三级公路指标控制），水泥混凝土路面；设计行车速度 60km/h；厂内段路基宽度 12m，路面宽度 9m，两侧各设置 1.5m 宽硬路肩，最小转弯半径 30m，最大纵坡 1.4%；厂外段考虑增加部分社会交通。

大件运输利用前期工程已建的 3000 吨级大件码头，码头为预制混凝土桩承台梁钢筋混凝土结构，装备有 400t 桅杆起重机等设备。

三、工程实例三

（一）工程概况

某核电厂位于山东省沿海，规划建设两台 CAP1400 核电机组，以及全部配套辅助设施，一次规划，一次建设。厂区总用地面积 97.67hm²，厂址总体规划详见图 10-3。

（二）厂址总体规划

1. 非居住区和规划限制区规划

根据《核电厂环境辐射防护规定》（GB 6249—2011），非居住区和规划限制区边界的确定考虑了选址假想事故的放射性后果。

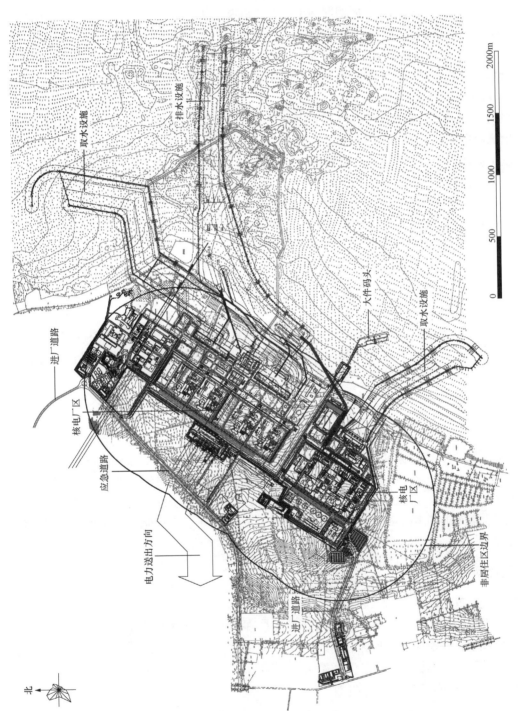

北

图 10-3 厂址总体规划图（实例三）

取水设施
排水设施
大件码头
取水设施
进厂道路
核电厂区
应急道路
电力送出方向
核电厂区
进厂道路
非居住区边界

2000m
1500
1000
500
0

结合本工程厂址的地形、地貌、气象、交通等具体条件，确定本工程非居住区边界离反应堆的距离为 800m。

根据《核电厂环境辐射防护规定》（GB 6249—2011），规划限制区半径不得小于 5km。本工程按 5km 设置。

2. 厂坪设计标高的确定

本工程室外地面设计标高按干厂址考虑。主厂房区的地面标高对核电厂的安全和运营至关重要。如果与核安全有关的厂房的地面标高太低则影响核电厂的安全；相反如果汽轮发电机厂房的地面标高太高则将可能增加核电厂的运行和建造费用。

设计基准洪水位：

根据国家核安全局颁布的安全导则《滨海核电厂厂址设计基准洪水的确定》（HAD 101/09）要求和厂址的设计基本数据，厂坪设计标高考虑如下：

设计基准洪水位		6.87m
＋	安全裕量	3.13m
合计		10.00m

为了应对未来可能更常出现的极端气候，预留更多的安全裕量，同时兼顾土石方平衡，厂区与核安全有关的场地设计标高定为 10.00m（采用 1985 年国家高程基准），其他区域根据实际情况适当降低地面标高。

3. 主厂房位置的确定

每一台机组由核岛与常规岛组成。核岛根据工艺要求主要包括：反应堆厂房、辅助厂房、附属厂房、放射性废物厂房；常规岛包括：汽轮机厂房和变压器区域构筑物。2 台机组的核岛、常规岛及其密切相关的辅助厂房（如核岛除盐水储存箱、硼酸箱等）有机地组成一个综合体，这个综合体即为本期工程的主厂房建筑群。

核电厂的主厂房建筑群是整个厂区最核心和最重要的部分，所以主厂房建筑群位置的确定对整个核电厂的总体规划和厂区的总平面布置都是非常关键的。主厂房建筑群位置主要是依据《核电厂厂址选择安全规定》《核电厂设计安全规定》等法规、导则和规范，充分考虑地形特征、地基条件及主厂房与循环水冷却系统、电力出线、BOP 设施区的工艺联系，并综合生产运行、交通运输、实物保护等多方面因素最终确定的。

主厂房建筑群的布置与取排水方案、开关站工艺布置有紧密联系。根据循环冷却水南取中排的方案设想，取水明渠要布置在厂址区东南侧的海岸边，排水明渠布置在厂区的东北侧的养殖池区域；根据厂址地形及电力出线规划，电力出线则只能由厂址西北侧进出，即开关站要布置在厂区的北侧或西侧。根据工艺流程的要求主厂房建筑群要布置在循环水泵房与开关站之间。

4. 厂外交通规划

本工程的进厂道路接至厂址西侧地方公路，再向西北接至 S201 省道，应急道路考虑与某工程共用，以节约资源。故主厂房区要布置在距离厂区主要出入口较近的位置。

综合上述诸多因素，本工程的主厂房区要布置在某工程厂区西南侧、某村东北侧、养殖场北侧的缓坡上，该处地质和取排水条件良好，同时距厂区主要出入口较近。

5. 取排水工程及海工工程规划

根据厂址水文条件，冷却水系统拟采用海水直流循环供水系统，水源取自黄海。

取排水明渠按全厂址规划容量一次规划。某工程采用明渠在厂址东北面取水，取水口设于约-8.0m等深线处；本工程采用明渠在厂址东南面取水，取水口设于约-8.0m等深线处。全厂址共用一条排水明渠，从养殖池中间穿过，于-10m等深线处排放。南侧取水明渠底标高为-6.0m，断面为梯形。排水明渠底标高为-5.0m，断面为梯形。

本工程2台机组拟建循环水泵房一座。机组冷却水采用一机配三泵的供水方式。每台机组进水管道采用2根现浇钢筋混凝土管，连接循环水泵和凝汽器及虹吸井。排水沟采用双孔钢筋混凝土沟，连接虹吸井和排水口。

6. 厂区雨水排放方案

本工程按照干厂址进行设计。厂址处的设计基准洪水位为6.87m，主厂房区室外地面设计标高为10.00m，高于设计基准洪水位，能确保核电厂防洪安全。

厂区内整平之后的地面坡度约为0.3%，各建（构）筑物旁及各功能区域均设计为有组织的管道排水系统。厂址所在汇水区域内暴雨形成的洪水，可以通过管道、沟渠及排洪沟等迅速排入大海，故不存在雨（洪）水对本工程的威胁。

7. 电力出线规划

本工程2台机组500kV出线4回，分别至昆嵛2回、至栖霞1回、至莱阳1回。厂内设500kV母线，采用双母线接线方式。

8. 厂区工程规划

本工程厂区用地面积共计约97.67hm²（均为陆域征地），主要包括主厂房区用地、循环水泵房区用地、海工工程用地、厂前建筑区用地、仓储及检修设施区用地、BOP区用地、施工场地、边坡用地、厂外配套设施用地、厂外道路用地和其他零星用地等。厂区整体呈西北—东南向布置，西北—东南向长约1350m，西南—东北向长约770m。

9. 厂外其他设施规划

依据现有核电厂运行和施工经验，厂外配套设施主要考虑大修营地、保安楼、警卫营房和消防站。

警卫营房和消防站布置在厂区进厂道路北侧，离厂区距离适中，能及时处理突发情况。大修营地布置在消防站东侧，按照1000人规模规划布置相应的配套设施。

另外，公众展示中心、接待中心、模拟体厂房和模拟机厂房等集中布置在厂外核电科普教育培训基地。该基地靠近908省道，交通便利，距离本工程厂区约9.5km。

10. 边坡及截排洪工程规划

（1）边坡工程。

场地开挖到设计标高后，场地西北侧及东北侧存在人工开挖边坡，场地西侧和南侧会形成人工回填边坡。由于厂区竖向设计采用台阶式布置，厂区内主厂房西北侧形成一段人工开挖边坡。

为了防止降雨对边坡坡面的冲刷，对人工开挖边坡坡面须进行一定的防护处理。考虑边坡的稳定性及环境的美观，设一级边坡的坡面均采用浆砌片石护坡；设二级边坡处，下面一级边坡坡面采用浆砌片石护坡，上面一级边坡坡面采用浆砌片石隔栅护坡，隔栅之间培土种植草皮。

（2）截排洪工程。

由于本工程的西北侧高于厂址标高，在其汇水面积内降雨形成的洪水将直接威胁厂址安全，因此场地平整阶段的排水标准直接按厂址永久性排水标准选取，截洪沟的设计按照1000年一遇设计，并用可能最大降水量工况校核；其余场地平整阶段按照50年一遇排水标准。

平整后厂址内10m标高场地的雨水可以依靠地面坡度自然排水，最终排入大海，无须设置雨水排水设施。

11．对外交通运输设施规划

（1）大件设备的运输。

根据厂址交通运输条件，结合其他沿海核电厂的建设经验，水运是本工程物资、设备运输，尤其是大件、重件运输的首选方案。本工程大件设备要采用水路运输，并在厂址范围内与相邻工程共同建设一座大件码头，大件设备可通过水路运至大件码头接卸上岸，再用大型平板车运至施工现场。

国内制造的设备可通过选用合适船型直航运至电厂大件码头，国外进口大件设备只能采用转驳运输。可选择距离厂址最近、通航条件较好的大型港口，设备装载船（远洋轮）可在转驳港将大件设备转驳到运输驳船上，然后由水路运抵厂区码头。

大件码头拟布置在核电厂东部区域、本工程取水防波堤与排水防波堤之间的水域。大件设备从码头上岸后，通过大型平板车从引堤道路运输至核电厂区，引堤道路全长约200m，路面坡度满足大件设备的运输要求。

（2）生产运行期间的运输。

1）核燃料运输：新燃料组件通过铁路运到核电厂附近的铁路中转站，再由专用燃料运输车运至核电厂的燃料厂房内。

2）乏燃料运输：核电厂乏燃料采用专用的乏燃料运输容器，暂考虑陆路运输方案，将乏燃料用专用汽车运至乏燃料后处理厂。

3）放射性废物运输：核电厂放射性废物经专用厂房处理后，暂存在厂内废物暂存库内，暂存库设计暂存能力为5年。最终中低放射性固体废物用专用车辆运至地区最终放射性废物处置场作最终处置。

（3）厂外道路规划。

1）进厂道路，进厂道路可由厂区西侧厂外地方公路引接，引接段长约1240m。

2）应急道路，应急道路位于厂址北侧，由某相邻工程已建道路引接，引接段长约365m。

12．施工场地规划

施工场地规划包括施工生产临建区和重件道路、大件模块拼装场地。

施工生产临建区主要考虑租用厂区西侧、厂区边界与地方公路之间的场地作为主要的施工生产临建区，核岛土建临建区、核岛安装临建区、常规岛土建临建区、常规岛安装临建区以及BOP施工临建区均布置在该场地内。

重件道路及大件模块施工场地布置在2台机组的西北侧。根据模块化施工的特点，将CV模块拼装场地、CA模块拼装场地及办公辅助设施紧靠重件道路布置，以满足大型模块的拼装和运输要求。

砂石料加工厂、砂石料堆放场、混凝土搅拌站已经建成，布置在本工程厂区北侧的施工力能区内，与某相邻工程共同使用，以节约资源。

施工变电站、施工供水站和施工供热站均布置在本工程厂区北侧的施工力能区内，与某相邻工程共同使用，以节约资源。

四、工程实例四

（一）工程概况

某核电厂位于福建省某沿海，规划建设 6×1000MW 压水堆核电机组，1～4 号机组（CPR1000 机型）已建成投运，本期工程 5、6 号机组采用华龙一号机型（见图 10-4）。

（二）总体规划

1. 分区规划

根据核电厂前期建设及生产运营特点，并结合 1～4 号机组总体规划现状，全厂主要分为核电厂厂区、厂外辅助设施区、现场服务区、施工准备区等。

（1）核电厂厂区。

核电厂厂区是核电厂建设的核心部分，包含有主厂房区（核岛和常规岛）、BOP 区、厂前区等，其他各区均服务于该区。5、6 号机组主厂房区布置在过境岛南侧的跳尾岛。核岛及安全重要建筑物、构筑物布置在满足地基要求、均匀、稳定的天然岩石地基上。汽轮发电机厂房布置在地质均匀、稳定的天然地基。与生产和运行联系密切的大部分新建BOP 设施围绕主厂房区布置，其余 BOP 可根据总平面布置需要布置在一期西部陆域。

（2）厂外辅助设施区。

厂外辅助设施区主要是为电厂服务的相关配套设施，包括环境实验室、应急指挥中心、环境监督站、武警营房、消防站、模拟机培训中心、淡水净水厂、消防训练站、气象站、污水处理站、应急设施存储与燃油补给中心等。

1～4 号机组工程厂外辅助设施大部分按 6 台百万千瓦机组统一规划设计。5、6 号机组新增的厂外辅助设施主要有 5、6 号机组武警营房（预留用地），5、6 号机组安保大楼（预留用地）、大气辐射监测站、模拟机培训中心等。5、6 号机组武警营房（预留用地）、安保大楼（预留用地）布置在一期西部陆域，大气辐射监测站布置在某岛厂区周围，模拟机培训中心布置在厂区北侧的 88m 平台（一期模拟机培训中心北侧）。

（3）现场服务区。

现场服务区的主要功能是满足职工的现场生活和各类活动，主要包括运行宿舍以及食堂、室内活动中心、室外活动设施等公共设施。考虑 1～4 号机组工程总体规划的相容性，5、6 号机组工程现场服务区设施布置在一期生活区以南，长短脚以北，与 1～4 号机组工程宿舍区形成组团，营造优美的生活环境和便利的交通条件，并共用公共配套设施。

（4）施工准备区。

5、6 号机组建设在某岛上，可利用施工场地面积较小，在利用一期施工临建区（约28.48hm²）、施工生活区的基础上，需厂外考虑租用约 28.8hm² 施工临时用地。

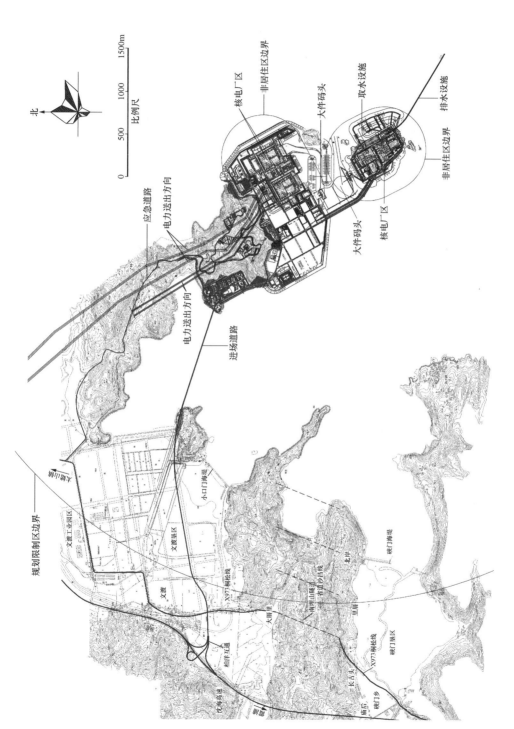

图 10-4 厂址总体规划图（实例四）

2. 专项规划

（1）淡水水源规划。

5、6 号机组施工期的淡水水源继续采自某水库，不足部分由一期工程海水淡化二级余水补充。运行期间生产用水采用海水淡化水，运行及大修人员的生活用水采用某水库水。该水库在满足农田灌溉和保障生态的前提下，年供水能力达 250×10^4 m³ 可以满足全厂生活用水需求。

（2）取排水规划。

本项目 1～4 号机组工程采用"南取东北排、明渠取明渠排"方案。通过对厂址所在区域温排水排放条件、泥沙条件、波浪条件、水深条件、海流条件、地质条件的分析，同时结合温排水数学模型的计算结果以及总体规划方案，5、6 号机组工程取排水方案拟采用"东南侧南向近取、东南远排，明取暗排"方案，取水明渠位于某岛东南角，排水口位于 5、6 号机组厂区东南侧海域。

（3）出线规划。

本项目一期工程已建成 500kV 主开关站，已建成 4 回 500kV 出线，分别至 500kV 棠园变电站 2 回，至 500kV 崇儒变电站 2 回。5、6 号机组暂考虑不新增 500kV 出线，具体以接入系统批复意见为准。

一期工程已建成两回 220kV 辅助电源，第一回引自岚后 220kV 变电站，第二回引自树兜 220kV 变电站，5、6 号机组不新增 220kV 电源进线。

（4）交通规划。

根据核电厂对交通运输的要求和厂址的自然条件，5、6 号机组的交通运输采用以水运和公路联运为主、铁路运输为辅的运输方式。

1）对外交通。

核电厂专用进厂公路、施工进场道路均已建成通车。专用进厂公路为核电厂的主要进厂通道，为二级公路（设计速度 80km/h），路基宽度 12.0m，行车道为 2×3.75m，目前已通车使用；路线起点位于沈海高速福宁段 K50＋380 处，路线自柏洋互通向东设马屿大桥跨过文渡滞洪区至马屿岛，沿备湾特大桥进入核电现场服务区，绕行长短脚山体后接厂区经一路、纬四路交叉口（自柏洋互通至厂区道路交叉口的路线全长 4.9km），沿厂区纬四路向东 830m 进入核电厂区。施工进场道路行车道为 2×3.75m，部分利用已有公路并裁弯取直、拓宽改造为三级公路，运营期间作为永久公路，同时作为厂址的次要进厂道路使用，已经投入使用。

2）大件设备运输。

5、6 号机组规划布置专用重件码头（3000 吨级）布置在厂区北侧，与 1～4 号机组工程已建成的 3000 吨级驳船码头呈南北排列，该位置水深条件比较好，可避开该区域的主浪向，再通过大件运输道路进入厂区的安装场地。

Part 4
第四篇 厂区总平面布置

　　核电厂厂区总平面布置是核电厂设计工作中的重要组成部分。核电厂工程普遍规模巨大、子项繁多，除主要生产设施（如主厂房、配电装置等设施）外，还有大量的辅助生产设施，因此厂区总平面布置必须在确保安全的前提下，使所有子项的功能都能够正常发挥，并尽量减少各项工程量，从而节省工程投资。

第十一章
厂区总平面布置的基本原则

核电厂厂区总平面布置应在确定的厂址和总体规划基础上，根据核安全要求和生产工艺流程需要，结合相关的厂址条件，综合考虑各方面因素，进行多种方案的技术经济比较，并最终确定。厂区总平面布置的基本原则有以下几个方面：

一、总体要求

（1）厂区总平面布置要与工程总体规划相协调，按照规划容量和本期工程建设规模，统一规划、分期建设。

（2）以主厂房为中心、以满足核安全要求及生产工艺流程需要为原则，综合考虑厂址自然条件、厂房及设备特点、施工要求等各方面因素，因地制宜地进行厂区总平面布置。

（3）建（构）筑物的平面和空间组合应做到分区明确、合理紧凑、造型协调、整体性好、确保安全、便于施工、有利生产、方便生活。

二、确保核安全

（1）核岛、重要厂用水泵房等对地基条件有特殊要求的设施，应布置在满足要求的地基上。

（2）所有核安全相关物项的布置，均应考虑汽轮机飞射物的影响。

三、满足生产工艺流程要求

（1）合理划分功能分区，尤其是放射性与非放射性生产设施的划分，以便于生产和管理。

（2）厂区内主要通道宽度应根据规划容量、工艺布置、竖向布置、防火及卫生、交通运输、室外管线及廊道布置、后期扩建等各方面因素综合考虑确定。

（3）各室外廊道及管线的布置，应尽量短捷、顺畅。

四、满足生产安全要求

（1）对于核电厂生产安全所涉及的各方面因素，如防火、防爆、防噪声、防震动、防辐射、防腐蚀等，各厂房之间均应保证足够的防护距离，确保生产安全。

（2）生产过程中有易燃易爆危险的厂房或储存易燃易爆物品的仓库，宜布置在厂区边缘处。

（3）洁净程度要求较高的厂房、厂前办公及生活服务类设施宜布置在全年最小风频的下侧，有可能散发污染物（如气体、粉尘等）的厂房宜布置在全年最小风频的上侧。

五、满足交通运输需要

（1）厂区道路的布置及各项技术参数（如宽度、坡度、转弯半径等），均应满足生产运输需要。

（2）应使放射性运输与非放射性运输有效分离。

（3）尽量做到行人和车辆分流。

（4）厂区道路除满足生产运输需要外，还应兼顾消防、实物保护巡逻、应急交通等特殊情况的交通运输需要。

六、满足实物保护要求

（1）核电厂按照实物保护一级防护等级，厂区划分为控制区、保护区和要害区，并遵循纵深防御和均衡保护的原则。

（2）实物保护分区的划分应与生产运行功能分区的划分相协调。

（3）实物保护等级相同的设施尽量集中布置。

（4）实物保护围栏的布置应尽量顺直。

七、节约集约用地

（1）在满足安全、防火、卫生、节能、环保、交通、室外廊道和管线敷设、施工、检修、后期发展等各方面要求的前提下，各建（构）筑物之间要尽量紧凑布置，以节约集约用地。

（2）分期建设的工程，应避免不同期工程之间产生不利影响，近期建设用地应尽量集中，远期建设用地应预留在厂区扩建端。

（3）尽量采用联合厂房或多层建筑，既密切生产工艺联系，又减少建构筑物用地面积。

（4）扩建工程应充分利用前期工程已建设施，或在原设施扩建。

八、创造良好环境

（1）充分结合厂址地形、地质、气象、水文等条件进行厂区总平面布置，使厂区与周围环境相协调。

（2）结合核电厂的特点，合理进行厂区绿化与美化。可绿化区域应充分进行绿化；非绿化区域（一般为核电厂保护区范围）内的空地均覆盖碎石。

（3）避免专门设置绿化用地，充分利用边角余地进行绿化。

第十二章

主要生产设施的布置

核电厂主厂房也称"核电机组"，是核电厂中主要的生产设施，此外高压配电装置、主变压器、网络控制楼以及柴油发电机房等设施也是主要生产设施。在核电厂厂区总平面布置中，主厂房的布置对于全厂的整体布局有极大影响。我国的核电事业经过数十年发展，建设了大量第二代核电机组，从21世纪初开始建设第三代核电机组，且技术上日趋成熟。由于第二代核电机组已不再建设，第四代核电机组还远未成熟，因此本章内容只针对第三代核电机组进行介绍。

第一节 主 厂 房 布 置

一、核电厂主厂房的构成

核电厂主厂房通常由核岛和常规岛组成。

核岛是核电厂安全壳内的反应堆及与反应堆有关的各个系统的统称，其主要功能是利用核裂变能产生蒸汽；核岛通常包括反应堆厂房、核辅助厂房、核燃料厂房、电气厂房、应急柴油发电机厂房等厂房及部分露天设备，这些厂房和设备以反应堆厂房为中心，彼此毗邻或靠近布置，组合形成一座建筑群。根据核设施实物保护要求，核岛须按要害区进行保护。

常规岛是核电厂汽轮发电机组及其配套设施和其所在厂房的总称，主要功能是将核岛所产生蒸汽的热能，转换成汽轮机的机械能，再通过发电机转变成电能；常规岛通常以汽轮发电机厂房为中心，包括在其周围与之毗邻或靠近布置的辅助厂房及露天设备。

目前我国已建和在建的第三代核电机型有"华龙一号"（中国自主研发）、"国和一号"（中国自主研发）、AES-2006（引进俄罗斯技术）、EPR（引进法国技术）和AP1000（引进美国技术）等机型，其中"华龙一号"又分为"中核"和"中广核"两种，此外中国在AP1000机型的基础上进行改进，形成了CAP1000机型。这些机型均属于压水反应堆，主厂房均采用一堆配一机的单堆布置形式，核岛和常规岛毗邻或靠近布置。

"华龙一号"机型（中核）为三环路压水反应堆机型，设计寿期60年，额定电功率1198MWe；堆芯采用177组燃料组件，换料周期18个月；安全系统采用能动加非能动设计；反应堆厂房采用双层安全壳设计，可抵御商用大飞机恶意撞击。

"华龙一号"机型（中核）主厂房平面布置见图12-1；核岛外轮廓尺寸为162.95m（核岛消防泵房外墙至SBO柴油发电机厂房外墙）×135.13m（连接厂房外墙至核岛龙门架立柱外侧），核岛中建筑高度最高处为反应堆外层安全壳顶部，高度为+73.38m，反应堆厂房基础埋深−12.00m；汽轮发电机厂房外轮廓尺寸为116.60m×79.13m，常规岛建筑高度最高处为汽轮发电机厂房屋顶，高度为+39.90m。

"华龙一号"机型（中广核）为三环路压水反应堆机型，设计寿期60年，额定电功率约1220MWe；堆芯采用177组燃料组件，换料周期18个月；安全系统采用能动加非能动设计；反应堆厂房采用双层安全壳设计，可抵御商用大飞机撞击。

"华龙一号"机型（中广核）主厂房平面布置见图12-2；核岛外轮廓尺寸为210.6m（柴油机厂房外墙至废物厂房外侧）×137.3m（核岛消防泵房外墙至进出厂房外墙），核岛中建筑高度最高处为反应堆外层安全壳顶部，高度为+63.40m，反应堆厂房基础埋深约−12.00m；汽轮发电机厂房外轮廓尺寸约为110.80m×83.50m，常规岛建筑高度最高处为汽轮发电机厂房屋顶，高度为+46.90m。

"国和一号"机型设计寿期60年，额定电功率1530MWe；堆芯采用193组燃料组件，换料周期18个月；采用非能动的安全系统，操纵员事故后可不干预时间为72h，反应堆厂房采用双层安全壳设计，核电厂能满足商用飞机恶意撞击的分析评估要求。

"国和一号"机型主厂房平面布置见图12-3。核岛外轮廓尺寸约为126.90m（放射性废物厂房外墙至辅助厂房外墙）×120.16m（反应堆厂房外侧至除盐水储存箱场地外侧），核岛建筑高度最高处为反应堆厂房外层安全壳顶部，高度约为+75.95m，反应堆厂房基础埋深−16m；"国和一号"机型要求地基承载力特征值不小于50t/m^2、剪切波速不小于1100m/s；常规岛外轮廓尺寸约为140.10m×72.00m，常规岛建筑高度最高处为汽轮发电机厂房屋顶，高度为+42.30m。

AES-2006（WWER-1200/V-491）机型为四环路压水反应堆机型，设计寿期60年，额定电功率1265MWe；堆芯采用163组燃料组件，换料周期12/18个月；采用完全实体隔离的4系列能动安全系统，并设置了非能动的事故控制措施：蒸汽发生器非能动导热系统、安全壳非能动导热系统；反应堆厂房采用双层安全壳设计，可实现事故后24h无须操纵员干预和外部电源的支持。

AES-2006主厂房平面布置见图12-4。核岛外轮廓尺寸约为174.80m（排风烟囱外侧至运输桥架外侧）×186.40m（控制厂房外墙至应急柴油发电机厂房地下室外墙），核岛建筑高度最高处为反应堆外层安全壳顶部，高度为+70.30m，反应堆厂房基础埋深−10.35m；汽轮发电机厂房外轮廓尺寸约为76.95m×114.80m，常规岛建筑高度最高处为汽轮发电机厂房屋顶，高度为+50.40m。

EPR机型为四环路压水反应堆机型，设计寿期60年，额定电功率约1750MWe；堆芯采用177组燃料组件，换料周期18个月；安全系统以能动方案为主；反应堆厂房采用双层安全壳设计，可抵御商用大飞机撞击。

EPR机型主厂房平面布置见图12-5；核岛外轮廓尺寸为206.55m（柴油机厂房外墙至废物厂房外墙）×132.95m（废物厂房外墙至安全厂房外墙），核岛中建筑高度最高处为反应堆外层安全壳顶部，高度约+62.22m，反应堆厂房基础埋深约−11.80m；汽轮发电机厂房外轮廓尺寸约为113.85m×67.60m，常规岛建筑高度最高处为汽轮发电机厂房屋顶，高度为+49.66m。

AP1000/CAP1000机型设计寿期60年，额定电功率1250MWe；堆芯采用157组燃料组件，换料周期18个月；采用非能动的安全系统，操纵员事故后可不干预时间为72h，反应堆厂房采用双层安全壳设计，核电厂能满足抗商用飞机恶意撞击的分析评估要求。

AP1000/CAP1000机型主厂房平面布置见图12-6。AP1000/CAP1000反应堆厂房核岛外轮廓尺寸约为 115.65m（放射性废物厂房外墙至辅助厂房外墙）×101.10m（反应堆厂房外侧至除盐水储存箱场地外侧），核岛建筑高度最高处为反应堆厂房外层安全壳顶部，高度约为＋70.226m，反应堆厂房基础埋深－12m；CAP1000 机型反应堆厂房要求地基承载力特征值不小于 45t/m²、剪切波速不小于 305m/s；常规岛外轮廓尺寸约为 129.72m×68.83m，常规岛建筑高度最高处为汽轮发电机厂房屋顶，高度为＋39.80m。

二、主厂房布置中需考虑的主要因素

在核电厂总平面布置中，主厂房的布置对于全厂的整体布局有极大影响，需要综合考虑多方面的因素，其中最主要的因素有如下几方面：

（一）布置在满足要求的地基上

主厂房中核岛部分应布置在满足要求的地基上，如有不良地质现象（如破碎带等）应避开，或采取适当的处理措施。核岛应坐落在岩体完整、岩性单一、地基承载力特征值和剪切波速等参数满足要求的天然岩石地基上，非基岩地基在不满足要求时，应采取适当的处理措施。

常规岛虽不涉及核安全，但也是核电厂的重要设施，且体量大、荷载重、投资高，因此应尽量布置在地基条件较好的地段，以减少建造费用。

（二）考虑汽轮机飞射物的影响

汽轮机在高速运转时，叶片有可能发生断裂，产生飞射物，威胁到核岛及其他核安全相关设施的安全。核岛及其他核安全相关设施的布置，均应考虑汽轮机飞射物的影响，以确保核电厂的安全，汽机长轴方向宜与反应堆成径向布置。

对于多台机组的布置，如核岛位于其他机组常规岛汽轮机飞射物影响范围内，应进行安全风险分析。

（三）满足工艺流程要求

主厂房作为核电厂最主要的核心设施，与许多辅助生产设施都有密切的工艺联系，主厂房的布置应使这些工艺联系尽可能短捷、顺畅，尤其是几种最为密切的工艺联系，如主变压器与开关站之间的电缆连接路径、循环冷却水和重要厂用水的进排水路径、液态流出物的输送与排放路径等。

（四）满足施工建设需要

主厂房在建设过程中，许多施工作业（如大型起重机操作等）需要在主厂房周围进行，主厂房的布置应考虑其周围有足够的施工作业场地，以满足工程建设需要。

（五）避免不同期工程之间的相互影响

核电厂一般为分期建设，主厂房的布置应尽量避免不同期工程之间的相互影响。对于首期工程，应统筹规划，充分考虑后期工程建设和运行的需要；对于后期工程，则应确保前期已建工程的安全和正常运行。

（六）避免或尽量减少移民搬迁数量

主厂房中反应堆的位置决定了非居住区边界的位置，因此主厂房的布置应避免将附近民居及其他设施划入非居住区范围内，实在无法避免时，也应尽量减少这些设施（尤其是民居）划入的数量，以节省移民及搬迁费用。

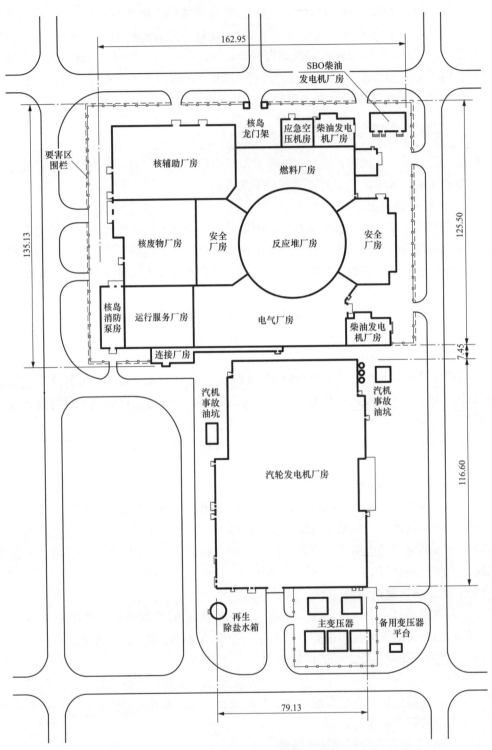

图 12-1 "华龙一号"（中核）主厂房平面布置图（单位：m）

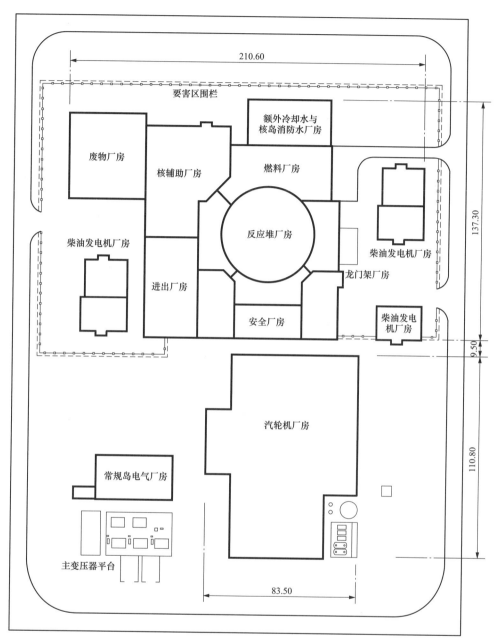

图 12-2 "华龙一号"（中广核）主厂房平面布置图（单位：m）

（七）尽量节省工程建设用地及用海规模

国家对于工程建设用地及用海规模有严格的管理规定，力求节约、集约用地、用海。主厂房的布置在很大程度上决定了核电厂的总体布局，也就决定了工程用地、用海规模，因此主厂房的布置应尽量节省工程建设用地、用海的数量。

三、主厂房的布置型式

多机组核电厂工程的主厂房有多种布置型式，包括并列式布置、顺列式布置和其他布

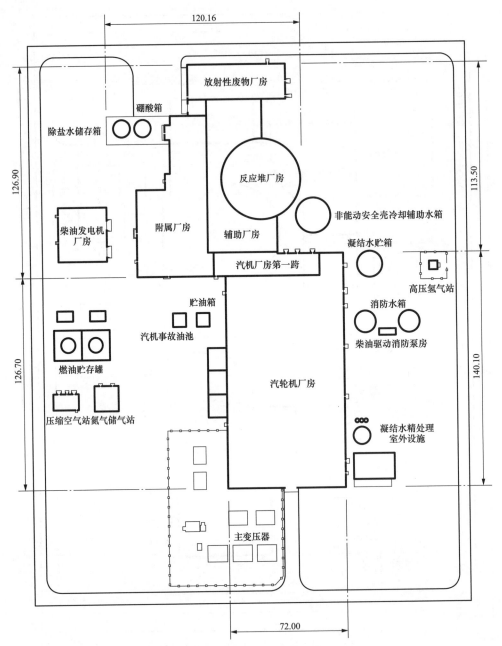

图 12-3 "国和一号"主厂房平面布置图（单位：m）

置型式，厂区总平面布置应根据工程的具体情况，选择适宜的布置型式，同一座核电厂内主厂房亦可以采用多种布置型式。

（一）并列式布置

主厂房并列式布置，是指两座（及以上）主厂房沿短边方向依次平行布置，核岛或常规岛通常朝向同一方向，见图 12-7。目前我国已建和在建的第三代核电工程中，主厂房基本上均采用并列式布置。

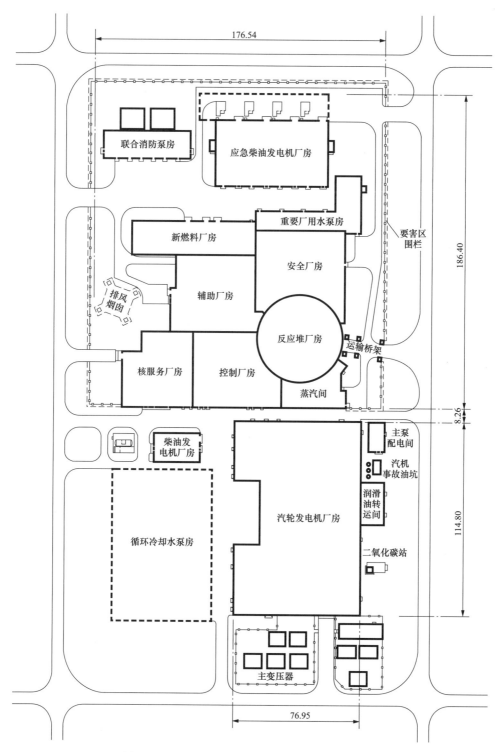

图 12-4　AES-2006 主厂房平面布置图（单位：m）

并列式布置适用于建设场地及主厂房地基所处基岩面范围较为开阔的工程，可使主厂

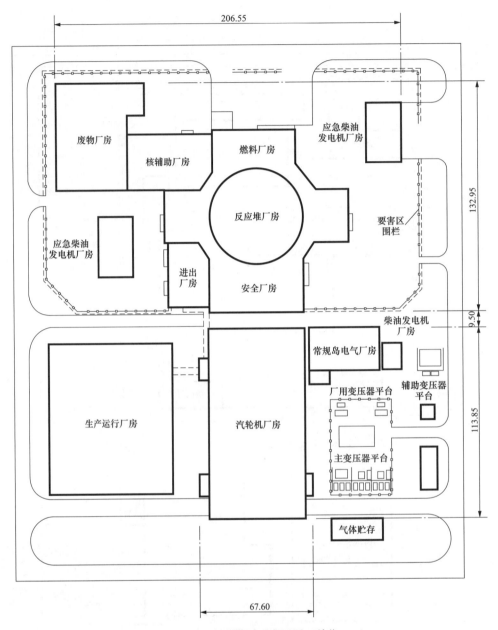

图 12-5　EPR 主厂房平面布置图（单位：m）

房紧凑布置，主变压器与开关站之间的电缆连接路径、循环冷却水和重要厂用水的进排水路径、液态流出物的排放路径等较短，从而使厂区内各设施之间的工艺联系紧密。

采用并列式布置，宜尽量将各主厂房整齐排列，以使厂区道路、围栏、地下廊道及管线的布置短捷、顺畅，厂区用地规整，同时还可根据地形、地貌、地基等条件进行适当调整，包括沿主厂房长边方向的平移、偏转等，见图 12-8；这些调整宜在不同期工程之间进行，同期工程为便于设计及建造，应尽量不做调整。

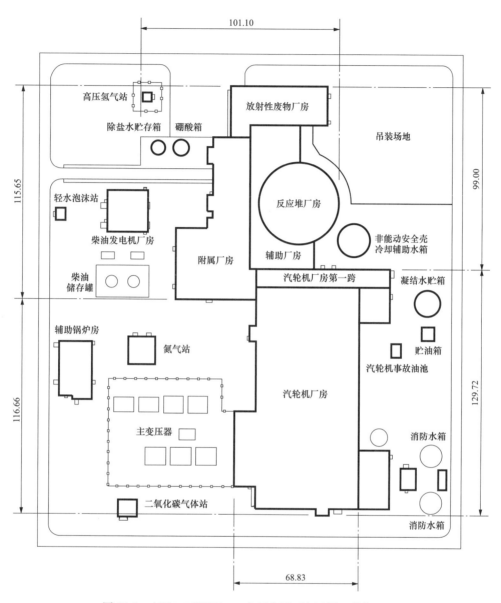

图 12-6　AP1000/CAP1000 主厂房平面布置图（单位：m）

（二）顺列式布置

主厂房顺列式布置，是指两座（及以上）主厂房沿长边方向头（核岛）尾（常规岛）相接、依次布置，见图 12-9。

顺列式布置适用于厂址条件受到限制的工程，例如建设场地或主厂房地基所处基岩面范围较为狭长等情况。

目前我国已建的第三代核电工程中，尚无主厂房采用顺列式布置的先例，但根据多年来国内、外核电界对核电厂总平面布置的研究，顺列式布置是一种合理、可行的布置方式，我国目前已有主厂房采用顺列式布置的核电工程正在建设中。

与并列式布置相同，顺列式布置也宜尽量整齐排列，并可适当进行平移、偏转等调整

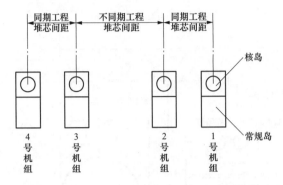

图 12-7　主厂房并列式典型布置示意图

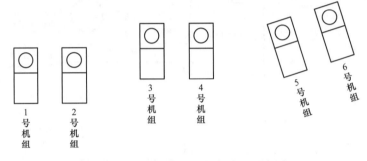

图 12-8　主厂房并列式调整布置示意图

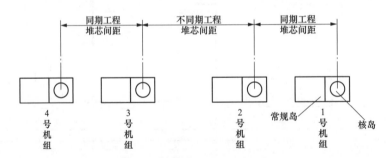

图 12-9　主厂房顺列式典型布置示意图

（宜在不同期工程之间进行调整），见图 12-10。

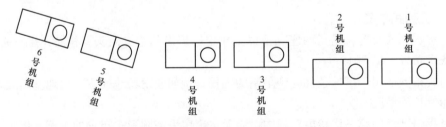

图 12-10　主厂房顺列式调整布置示意图

（三）其他布置方式

主厂房的布置除采用并列式布置和顺列式布置以外，在某些特殊情况下，还可能采用其他一些布置形式，例如当主厂房地基所处基岩面范围较小时，可在顺列式布置的基础上，将两座核岛相邻布置，使两座核岛均可坐落在岩石地基上，见图 12-11；当用地条件受限时，可将两座主厂房呈"T"形布置，见图 12-12，此时需要特别关注汽轮机飞射物对核岛的影响。这些特殊的布置方式，在国内或国外已有一些成功的先例。

图 12-11　主厂房其他方式布置示意图一　　　图 12-12　主厂房其他方式布置示意图二

第二节　配电装置及变压器区布置

核电厂电气主接线应满足安全、可靠、简单清晰、调度灵活、操作检修方便以及方便扩建的要求，电气主接线的接线方式应根据审定的核电厂接入系统设计方案及远期进出线规划综合确定。

由于核电厂采用纵深防御安全理念，为保证反应堆的安全停闭，需要引接厂外备用电源（或叫辅助电源），该电源应由独立于送出系统的 220kV 电源取得。

核电厂厂区内的配电装置主要包括高压配电装置（主开关站和 220kV 备用电源开关站）、网络控制楼、主变压器、高压厂用变压器、启动备用变压器（又叫辅助变压器）和主变压器备用相。

一、高压配电装置区布置

（一）高压配电装置简介

高压配电装置按设备型式不同，一般分为以下三类：

（1）空气绝缘的常规配电装置，简称 AIS，为屋外敞开式布置，一般有双母线布置方案和 3/2 接线布置方案。

（2）母线采用敞开式，其他电气设备以断路器为核心，集隔离开关、接地开关、电流互感器、电压互感器于一体的 SF_6 气体绝缘开关的配电装置，简称 HGIS，为半封闭式布置。

（3）SF_6 气体绝缘金属全封闭配电装置，简称 GIS，为屋内式布置。

这三种方式各有优缺点，GIS 较 AIS 和 HGIS 方案，具有占地少、土方工程量小、运行更安全、可靠性更高、维护工作量小、检修周期长、例行检修更方便、对周围污染环境适应性更好等优点，经济性相对较高，但随着国产化以后，经济性也越来越好。在常规火电厂中，敞开式 AIS 方案和 GIS 方案均被广泛应用。但在我国，由于核电厂对系统安全性要求非常高，且多位于海边，受盐雾、冰冻等影响非常大，所以截至目前，在已建的核电厂中，高压配电装置基本上都是采用 GIS 方案。

核电厂主开关站和 220kV 备用电源开关站宜采用屋内 GIS 方案。

（二）高压配电装置区的平面布置原则

（1）高压配电区的布置宜使进出线方便，并宜与城乡规划相协调，尽量避免线路的相互交叉和跨越永久性建（构）筑物。

（2）宜布置在汽轮发电机厂房一侧，靠近主变压器、进出线方便地段。当技术经济论证合理时，也可布置在离汽轮发电机厂房较远处或厂区围墙外的地区。

（3）宜布置在循环水湿式冷却塔设施冬季盛行风向的上风侧。

（4）宜位于产生有腐蚀性气体及粉尘的建（构）筑物常年最小频率风向的下风侧。

（5）配电装置应结合规划容量，一次规划分期建设，不同电压等级的配电装置都需扩建时，最高一级电压配电装置的扩建方向，宜与主厂房扩建方向一致。

（6）宜设置环形道路或具备回车条件的道路。

（7）网络控制楼宜靠近高压配电装置区布置，并宜与屋内配电装置组成联合建筑。

（8）屋外布置的配电设施周围应设置 1.8m 高围栅，当配电装置区围栅与核电厂厂区周边围墙或围栅合并时，合并处按核电厂厂区周边围墙或围栅的标准（含安全防护的标准等）设置。

（三）高压配电装置主要布置形式

高压配电装置有屋外布置和屋内布置两种方式，采用的方式应根据具体条件确定。

（1）采用屋外布置方式时，不同规模和形式的配电装置平面布置见图 12-13。

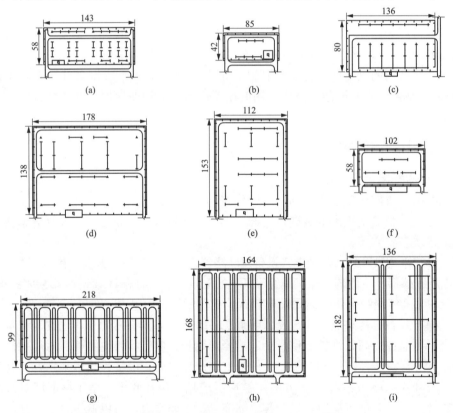

图 12-13　屋外布置配电装置平面布置图（一）（单位：m）

(a) 220kV AIS 双母线；(b) 220kV 屋外 GIS；(c) 330kV AIS 双母线；

(d) 330kV AIS 3/2 接线平环式；(e) 330kV AIS 3/2 接线三列式；(f) 330kV 屋外 GIS；

(g) 500kV AIS 3/2 接线单列式；(h) 500kV AIS 3/2 接线双列式；(i) 500kV AIS 3/2 接线三列式

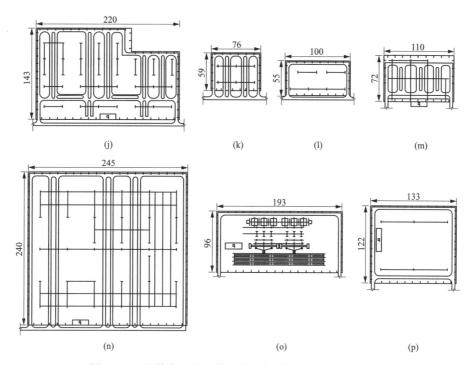

图 12-13　屋外布置配电装置平面布置图（二）（单位：m）

(j) 500kV AIS 3/2 接线平环式；(k) 500kV AIS 3/2 发-变-线接线；(l) 500kV 屋外 GIS 3/2 接线；

(m) 500kV 屋外 HGIS 3/2 接线三列式；(n) 750kV AIS 3/2 接线三列式；

(o) 750kV 屋外 GIS 3/2 接线；(p) 1000kV 屋外 GIS 3/2 接线

（2）在严重污染地区，如附近有大的钢铁厂、冶炼厂、化工厂、水泥厂等散发粉尘和有害气体的地区，土石方工程较大的地形狭窄地区，海滨盐雾腐蚀地区以及高产农田果林地区，可将敞开式设备布置在屋内。为防止污染或减少用地面积，也可采用 GIS 设备，其节约用地的效果则更加显著，且在技术上更为先进。

目前我国沿海核电厂高压配电装置以屋内 GIS 方案为主，具体尺寸跟接入系统方案和规划容量密切相关，现介绍几个核电厂的屋内 GIS 配电装置平面布置尺寸，供参考。

1. 浙江方家山核电工程

项目建设规模：2 台 M310 机组。

220kV GIS：采用单母线方案，两台机组 1 回进线 2 回出线，建筑尺寸为 30m×10m；

500kV GIS：采用 3/2 接线方案，两台机组建筑尺寸为 87m×15m。

2. 福建福清核电厂

项目建设规模：一期 2 台 CPR1000 机组，二期 2 台 CPR1000 机组，三期 2 台华龙一号机组，共计 6 台机组。

220kV GIS：采用双母线方案，一期两台机组 1 回进线 2 回出线，建筑尺寸 24m×15m；规划容量 6 台机组共 2 回进线 4 回出线，建筑尺寸 48.8m×15m。

500kV GIS：采用 3/2 接线方案，6 台机组建筑一次建成，尺寸为 140m×15m。

3. 浙江三门核电厂

项目建设规模：一期 2 台 AP1000 机组，二期 2 台 AP1000 机组，三期 2 台华龙一号机组，共计 6 台机组。

220kV GIS：采用双母线方案，一期 1 回进线 2 回出线＋2 个母线 PT 回路＋1 个母联开关，规划 6 台机组共 2 回进线 6 回出线＋2 个母线 PT 回路＋1 个母联开关，6 台机组建筑一次建成，尺寸为 42m×14m，设备分期建设。

500kV GIS：采用 3/2 接线方案，建筑分两期建设，一期 2 台机组的建筑尺寸为 51m×16m，规划 6 台机组建筑总尺寸为 137m×16m。

4. 福建漳州核电厂

项目建设规模：一期 2 台华龙一号机组，二期 2 台华龙一号机组，三期 2 台华龙一号机组，共计 6 台机组。

220kV GIS：采用双母线方案，2 回进线 6 回出线，6 台机组建筑一次建成，尺寸 45m×15m。

500kV GIS：采用 3/2 接线方案，6 台机组建筑一次建成，尺寸 148m×16m。

二、变压器区布置

核电厂变压器区主要包括主变压器、高压厂用变压器、辅助变压器（即为启动备用变压器）和主变备用相。

（一）变压器简介

主变压器是利用变压器将发电机端的电压升高到输送电压，使相同的输送容量下电流减少、线路损耗小、线路压降小。

1000MW 级及以上核电机组主变压器宜采用单相变压器，两台及以上相同机组宜设一台备用相。对于小于 1000MW 级核电机组，若运输条件不受限制，主变压器优先采用三相变压器。

高压厂用变压器：机组运行时为厂用负荷提供电源的设备，为中型变压器。

辅助变压器：机组启动或者非正常方式运行时，从系统为电厂提供电源的重要设备，为中型变压器。

（二）变压器区布置

核电厂主变压器区（含主变压器和高压厂用变压器，下同）应布置在汽轮发电机厂房外侧。根据周边场地条件以及配电装置的布置位置，主变压器区可选择布置在汽机房短边的端部或长边的 A 列外侧（困难条件下也可布置在另一侧）。

主变压器区在汽轮发电机厂房外可采用并列式、一列式或"L"型布置。并列式为高压厂用变压器与主变压器并列双排布置（见图 12-14，图 12-15），一列式则为并排一字型布置，"L"型则为在汽轮发电机厂房一个角的两侧呈 L 型布置（见图 12-16）。主变压器区并列式布置较为常见，一字型和"L"型布置常用于厂房外场地紧张的情况，其中由于核电汽机厂房端部相对较短，而长边则需要考虑开门等因素，一字型布置应用得较少。

在核电厂内，辅助变压器一般与公用中压配电间布置在一起，单独成区，该区域宜尽量靠近汽轮机厂房布置（见图 12-17）。

主变压器就地检修时，附近应有必要的检修场地。变压器区域周围应设置 1.5m 高围

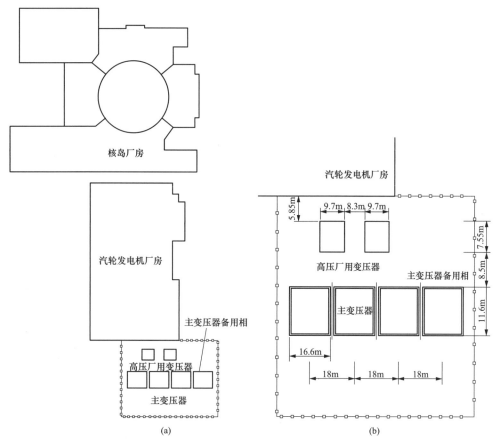

图 12-14　主变压器区域布置在汽轮机厂房短边端部示意图

（a）核岛汽轮机岛主变压器平面布置；（b）主变压器区放大图

栅，当配电装置区围栅与核电厂厂区周边围墙或围栅合并时，合并处按核电厂厂区周边围墙或围栅的标准（含安全防护的标准等）设置。

三、高压配电装置进线方式及与总平面布置的关系

高压配电装置进线方式一般采用架空线、电缆进线或气体绝缘金属封闭输电线路（简称 GIL 管），应根据核电厂厂区总平面布置的需要选取。

（一）各种进线方式的优缺点简介

1. 架空线进线方式

（1）优点：

1）工程投资少：架空线方案主要工程量为线路及杆塔，在三种方式中工程投资最少。

2）运行业绩丰富：我国常规火电厂采用架空线进线的方式居多。

3）设计、制造、施工难度低。

4）施工周期短。

（2）缺点：

1）可靠性低，容易受到雷击、污闪、鸟害、覆冰、外力破坏等影响而造成线路故障。

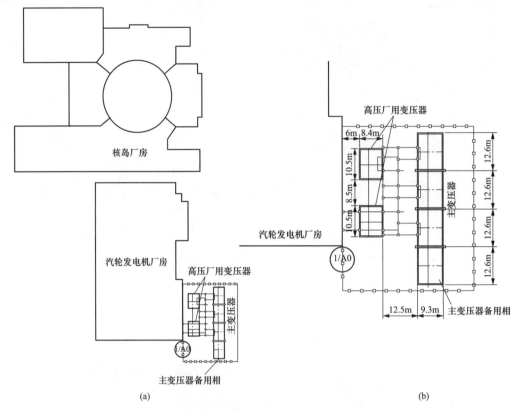

图 12-15　主变压器区域布置在汽轮机厂房长边 A 列外侧示意图
（a）核岛汽轮机岛主变压器平面布置；（b）主变压器区放大图

雷击故障：核电厂多滨海而建，常位于雷区，且地理位置较高，易受雷击；而厂址选择多为丘陵地貌，土壤电阻率一般较高，耐雷水平较低。

污闪故障：滨海核电架空输电线路要长期承受海风、盐雾的影响，易发生闪污造成线路故障。盐雾对杆塔和导线的腐蚀作用，也带来了安全隐患。

鸟类危害：核电厂多位于人烟稀少的地方，鸟类在杆塔上筑巢或站立，容易造成线路故障。

覆冰危害：北方核电厂，冬季气候严寒，架空线路可能会因严重覆冰而造成闪络、断线、倒塔的安全隐患。

外力破坏故障：风荷载、洪水等原因也可能会造成线路故障。

2）对周围建筑布置影响大：架空出线走廊对周围建筑物的布置提出了较高的距离要求。

3）景观效果稍差：架空线和杆塔位于核岛和常规岛区域附近，视觉景观稍差。

2. 电缆进线方式

（1）优点：

1）体积小、安装布置灵活，在场地受限处应用较多。

2）运行业绩丰富。在 GIL 方案提出前，在核电厂厂内线路连接中多以电缆进线的方

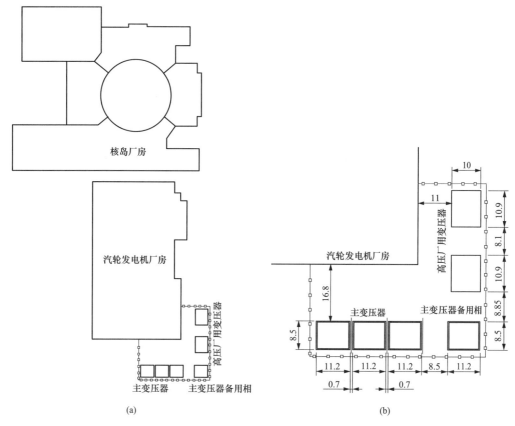

图 12-16　主变压器区域在汽轮机厂房外侧 "L" 型布置示意图（单位：m）

（a）核岛汽轮机岛主变压器平面布置；（b）主变压器区放大图

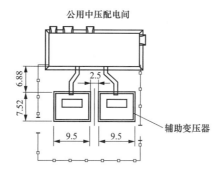

图 12-17　辅助变压器区域及公用中压配电间布置示意图（单位：m）

式为主。

3）不受外部环境的影响。

4）对周围建筑布置和厂区景观基本无影响。

5）设计、制造、施工难度相对较低。

6）施工周期相对较短。

（2）缺点：

电缆进线方式较其他两种形式，工程投资居中。电缆使用寿命、绝缘水平、输电容量、可靠性和检修维护便利性等较 GIL 管稍差。

3. GIL 管进线方式

随着电气设备制造技术的国产化水平越来越高，GIL 以其占地面积小、布置灵活、运行安全可靠、少维护甚至免维护等诸多优点，在我国核电工程的高电压等级的进线线路方案选择中均已得到广泛的应用。

（1）优点：

1）体积小、安装布置灵活。分相式 500kV GIL 的外径仅为 500mm 左右，敷设于地下管廊，从而有效的利用地下空间，节省占地面积。GIL 的布置紧凑，灵活方便，可长距离水平或垂直敷设，并可根据现场情况完成不同的转角设计。

2）绝缘水平高。GIL 采用同轴圆柱的绝缘结构设计，电场分布均匀，绝缘性能优异。SF_6 气体的年泄漏率小于 0.5%，可保证 GIL 在运行过程中始终保持充分的绝缘裕度。

3）输电容量大。GIL 的载流量高，单回输电容量大，与 500kV 的架空输电线路相比，其输电容量有了较大的提升。与架空输电线和电缆相比，GIL 的电阻损耗很小，绝缘介电损耗可忽略不计，可大幅降低运行费用。

4）不受外部环境的影响。500kV GIL 采用全封闭式结构设计，超高压通流导体及绝缘件完全不受外部环境的影响，不存在污闪、冰闪、雷击等问题，并具备抗电气和热老化特性。

5）运行可靠、低电磁辐射。

6）对周围建筑和厂区景观基本无影响。

（2）缺点：GJL 管进线方式

造价高、对地基的不均匀沉降技术要求较高、设计、施工、制造等各个方面均存在着较高的技术要求，工程的设计及施工周期较长。

目前大亚湾、岭澳、红沿河、宁德、阳江、防城港、台山、漳州、三门、福清核电厂新建机组主变压器至高压配电装置的连接，均是采用 GIL 方案，主要的原因一方面是 GIL 有很高的可靠性，另一方面主要是主变压器与高压配电装置的位置不适宜架空线的设置。目前，GIL 在核电厂有非常成熟的运行和使用经验，因此对核电机组建议优先采用 GIL 连接方案，但当条件许可时，比如阳江核电厂，主变压器与高压配电装置的位置合适采用架空线，架空线有着更多的使用和运行经验，在火力发电厂中使用证明是一种非常可靠的方式，因此也可采用架空线方案。

（二）高压配电装置进线方式及与总平面布置的关系

1. 架空线进线方式

架空线进线主要有以下两种方式：

（1）汽轮发电机厂房外侧布置方案。

架空线进线直接从主变压器引接至高压配电装置区，这是比较常见的一种布置方式，其最大的优点是电气接线顺畅，有利于配电装置扩建。

（2）冷却塔外侧布置方案。

冷却塔布置在配电装置和汽轮机厂房之间，变压器和配电装置间通常需要通过铁塔或构架转角连接，同时需要配合预留配电装置远期扩建条件。冷却塔外侧布置的优点是可以缩短循环水管线长度，降低投资。

大型核电厂多为沿海布置，受盐雾、雷击等自然条件的影响较大，且系统运行安全的要求非常高，截至目前架空线进线在大型核电厂中的应用相对较少，还有待于进一步推广。

架空线进线方式可参见《电力工程设计手册·火力发电厂总图运输设计》中的相关内容，不再赘述。

2. 电缆进线方式

这种进线方式在我国常规火电厂中主要应用于场地条件受限，无法架空进线的情况。电缆进线在我国核电厂前期工程中则比较常见，主要考虑节约用地、节省土石方量，同时可减少外部环境的影响，系统运行更安全，采用电缆进线时，配电装置位置布置相对也比较灵活。

3. GIL 管进线方式

随着电气设备制造技术的国产化水平越来越高，GIL 管进线方式在我国核电厂的应用越来越多，采用 GIL 管进线方式时，配电装置位置布置相对比较灵活。但由于 GIL 管廊道对地基的不均匀沉降技术要求较高，所以，在路径规划时，宜优先选择地基条件较好的地段，以节省工程投资。

4. 配电装置布置及进线方式工程实例

（1）工程实例一：

布置分析：实例一核岛厂房为 CPR1000 机型双堆布置，500kV 主开关站和 220kV 备用电源采用屋内 GIS 方案，布置在汽轮机厂房外侧一、二期主厂区中间位置，线路短捷顺畅；变压器区域布置在汽轮机厂房外侧，呈双列式布置，与 500kV 主开关站间，一期采用电缆沟连接方案，二期采用 GIL 管廊道连接方案。220kV 配电装置采用电缆沟连接至厂区的辅助变压器区域（见图 12-18）。

（2）工程实例二：

布置分析：实例二核岛厂房为 AP1000 单堆布置，500kV 主开关站和 220kV 备用电源采用屋内 GIS 方案，布置在汽轮机厂房外侧，靠近固定端，出线顺畅，管廊略长；变压器区域布置在汽轮机厂房侧面，结合进线方向，变压器区域垂直汽轮机厂房呈双列布置，与 500kV 配电装置间采用 GIL 管廊道连接方案。220kV 配电装置采用电缆沟连接至辅助变压器区域（见图 12-19）。

（3）工程实例三：

布置分析：实例三核岛厂房为华龙一号单堆布置，500kV 主开关站采用 GIS 方案，布置在汽轮机厂房外侧，两台机组中间的区域，线路连接顺畅短捷；变压器区域布置在汽轮机厂房东南角，由于南北方向受限，呈 L 型布置，与 500kV 配电装置间采用 GIL 管廊道连接方案。220kV 配电装置采用 GIS 方案，原位于老厂区域，本实例将其调整到了主开关站区域，采用电缆沟连接至辅助变压器区域（见图 12-20）。

（4）工程实例四：

布置分析：实例四为规划的某内陆核电厂的总平面布置方案，尚未实施，仅供参考，核岛厂房为 AP1000 单堆布置，规划采用二次循环一机双塔冷却方案，500kV 配电装置采

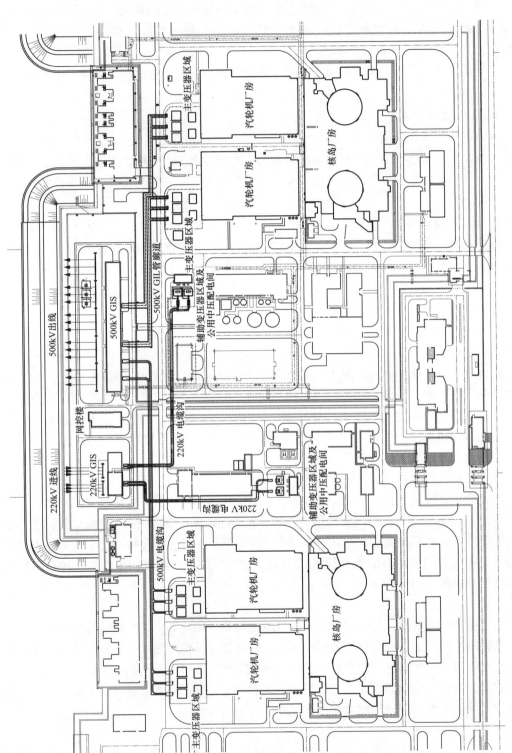

图 12-18 配电装置布置及进线方式（工程实例一）

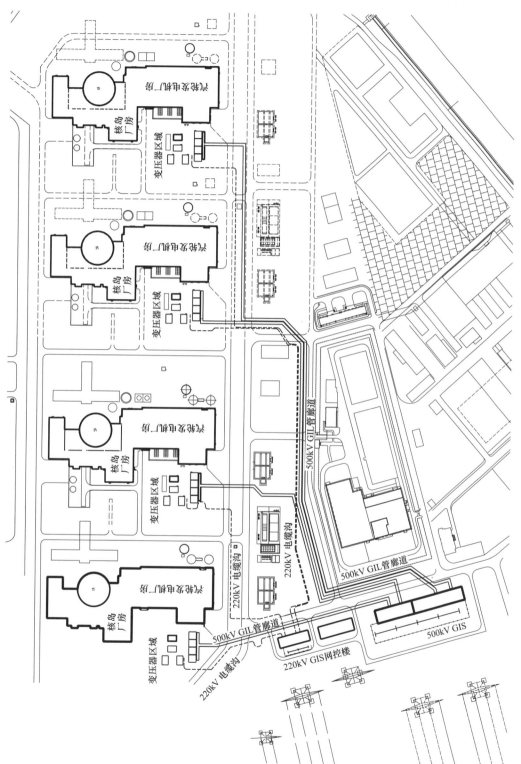

图 12-19　配电装置布置及进线方式（工程实例二）

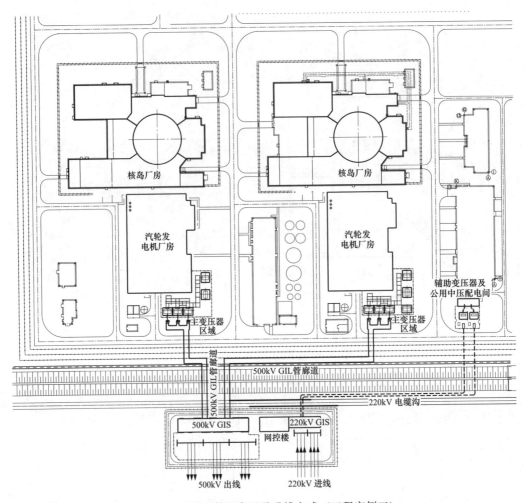

图 12-20　配电装置布置及进线方式（工程实例三）

用屋外 AIS 规划布置在核岛厂房外侧居中的位置，线路略长；变压器区域布置在汽轮机厂房侧面，呈双列布置，与 500kV 配电装置间采用 GIL 管廊道或电缆沟连接方案。220kV 配电装置采用 GIS 方案，采用电缆沟连接至辅助变压器区域（见图 12-21）。

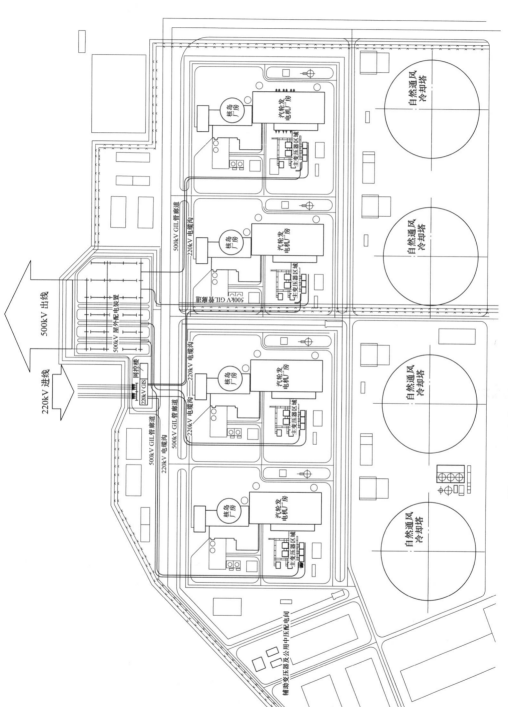

图 12-21 配电装置布置及进线方式（工程实例四）

第十三章
辅助生产设施的布置

核电厂除主要生产设施外，还有大量的辅助生产设施。这些设施的功能、性质、特点和布置要求各不相同，大致可分为冷却设施、放射性辅助生产设施、水生产设施、气体生产设施、维修仓储设施六大类别。这些设施与主厂房有较密切的生产工艺联系，应尽量靠近主厂房并各自相对集中成区布置。

第一节 冷 却 设 施

核电厂的凝汽冷却系统的任务是采用水或空气作为冷却介质，将汽轮机排汽凝结成水。目前冷却设施的配备取决于所采用的供水系统。供水系统根据电厂所在区域的水资源量、水源条件、开发利用程度、可用量等条件，采取不同的冷却方式，如直流供水系统、二次循环（又称再循环）供水系统、混合供水系统（直流＋二次循环）、干式冷却系统（即空冷系统）及干湿式混合系统等几种供水型式，其各种供水型式对厂区总平面布置的要求各不相同，因而对厂区总平面布置的影响也大，需专业间密切配合，相互协作，根据不同供水系统的特点、要求合理规划，达到理想的效果。目前比较常用的还是直流供水、二次循环供水两种主要类型。

一、直流供水系统

直流供水系统就是循环水直接从水源取得，通过凝汽器加热后再直接排到水源中去。直流供水系统在国内外核电厂应用十分广泛，主要应用于江河及沿海，特别是国内目前在运、在建核电厂，均采用直流供水系统。

直流取水形式考虑水源（江河湖海）的流态与修建在水源中的构筑物有着相互作用，互相影响的关系。江河（海）的径流（潮流）变化、河（海）床的演变、冰情、水质、河（海）床地质与地形等因素，对于取水构筑物的正常工作条件及其安全可靠性有着决定性的影响；取水构筑物的设置也经常引起河流（海）自然状态的变化，反过来又影响取水构筑物本身，因此全面考虑取水位置选择、构筑物型式及与厂区总平面布置配合，对于施工和安全运行，具有重要的意义。通常核电厂取水形式有港池＋明渠取水、短明渠＋长隧洞取水、明渠＋防波堤、隧洞＋海水库、取水头等形式。

根据不同核电冷却功能要求不同，取水又分为核安全相关以及与核安全无关两类。包含核岛重要厂用水系统（SEC）冷却的用水与核安全相关，常规岛 BOP 冷却水与核安全无关。

直流排水通常从排水距离（近岸、离岸），排水方式（明排、暗排），排水方向等角度分类拟定排水口。排水口的设置宜离岸设置、宜选择潮流作用强劲、利于温排水稀释扩散的水域排放，排水口不宜贴近潮间带，禁止漫滩排放。

核电厂直流取排水构筑物要考虑水深、水文条件、地质、环境敏感点、安全等因素，往往用地用海面积较大，总平面布置与其相互之间的影响较大，需要重点关注。总体上取排水构筑物规划应符合核电厂总体规划和厂区总平面布置，并作为总平面方案比选的内容之一。同时取排水构筑物的规划条件允许时，宜结合厂区临水护岸对厂区的掩护，以及厂址大件码头的规划与波浪掩护进行统筹规划，以便节省工程量。临海构筑物的平面布置还应避免波浪效能的集中、局部冲刷过大等不利影响。

冷却水泵房宜靠近汽轮发电机厂房以节省费用，当具有安全供水功能时，应按要害区设防。

直流取、排水口之间间距，应根据水文特性并通过水力排放模型试验确定。存在上下游关系时排水口的位置宜选择在取水口的下游以利取水温升控制，且与下游其他集中取水点应保持一定的距离。

核电厂分期建设时，取排水构筑物分期设置宜与电厂总体布置扩建方向保持一致，做到分期建设、分期投入、减少施工与运行之间的交叉干扰。

某核电厂直流取排水布置见图 13-1。

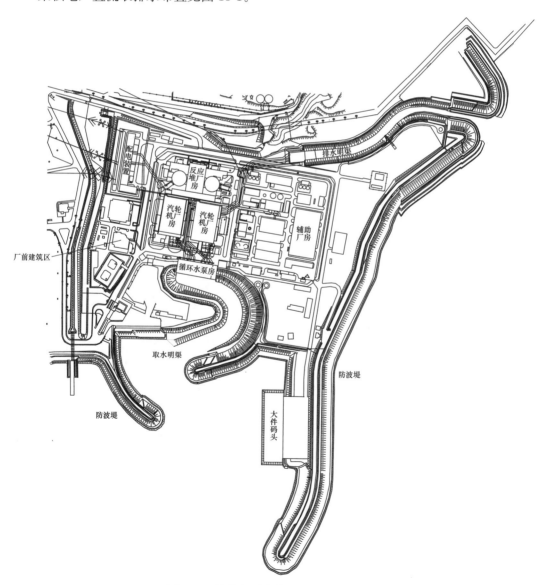

图 13-1　某核电厂直流取排水布置示意图

循环水泵房：主要功能为向汽轮机的凝汽器和辅助冷却水系统提供必需的冷却水量，当也向核岛系统提供冷却水时泵房通常是与核安全相关的物项。根据厂址与技术条件不同，泵房与机组配置对应有单元式布置和联合式布置两种。泵房建筑分为地下和地上两部分，地下部分为钢筋混凝土箱型结构，地上部分为单层厂房，主体结构采用混凝土框排架结构，生产火灾危险性类别为戊类。某项目为联合泵房，厂房尺寸规模长×宽×高约为146m×54m×34m，见图13-2。

制氯站：主要功能是使用电解海水制取的次氯酸钠溶液投加到循环水处理系统中，从而防止海洋生物在循环冷却水系统中的附着和滋长。制氯站一般为单层建筑，生产火灾危险性类别为乙类（或甲类），通常两台机组共用一座制氯站，靠近循环水泵房布置。某项目厂房尺寸规模为建筑面积约820m²，占地面积约869m²，长×宽×高约为38.0m×26.6m×10.6m，见图13-3。

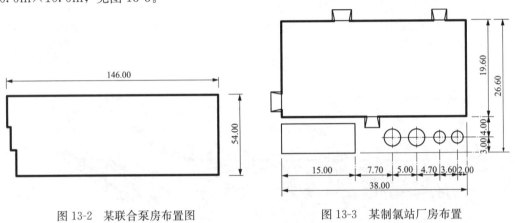

图13-2　某联合泵房布置图　　　　图13-3　某制氯站厂房布置

二、二次循环供水系统

供水水源流量不足，或者由于水源距厂区太远，采用直流供水系统不经济时可采用二次循环供水系统。这种系统，循环水进入凝汽器加热后，再送到冷却塔或冷却池中冷却，冷却后重复进入凝汽器，如此进行再循环。从水源只取得用来补充不能返回的损失水量（包括蒸发损失、风吹损失和排污损失）。二次循环供水系统在国外核电站及国内火电站有广泛的应用，在未来内陆核电站建设应为首选冷却方式。

二次循环供水系统的冷却主体是冷却塔、冷却池等。冷却塔的主要型式有自然通风冷却塔、机械通风冷却塔及机械辅助通风冷却塔等，冷却池的主要冷却方式有自然降温冷却池（占地面积大）、喷水降温冷却池及冷却塔辅助冷却池等。核电厂冷却水量巨大，导致自然通风冷却塔面积和高度均超出以往所有冷却塔，其面积通常大于20 000m²，高度超过200m。冷却塔的循环水流程（以高位收水塔）为：循环水泵出口——凝汽器冷端——冷却塔上部配水管——淋水填料——高位收水装置——循环水泵入口。见图13-4所示。

某项目冷却塔方案拟采用高位收水自然通风海水冷却塔，见图13-5。采用一机一塔配置，冷却塔的淋水面积16 000m²，塔高约212m，零米直径155.83m，循环水供回水管道直径2×DN3300。

机械通风冷却塔在核电厂现阶段通常用于核岛重要厂用水冷却系统（SEC），为核安全级冷却塔，分为鼓风式和抽风式。目前国内核级机械通风冷却塔尚处于研发阶段，尚无设计和

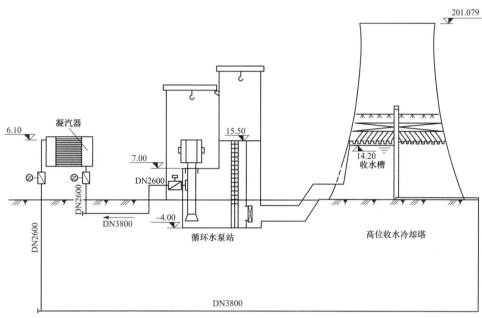

图 13-4　冷却塔循环供水系统示意图（单位：m）

应用范例。国外如法国的西沃（Civaux）核电站，重要厂用水采用鼓风式核级机械通风冷却塔冷却，部分公司（如 HAMON）具备核级机械通风冷却塔的设计及供货能力。

　　冷却塔的布置主要考虑建造和运营的经济性。冷却塔的造价不但应包括冷却塔本体土建及工艺部分造价，还应包括地基处理部分造价，当冷却塔布置在不同地方时，其地基处理费用会相差较大，有时会占到冷却塔本体土建及工艺部分造价总和的 30%～40% 左右或更高，因而其布置位置选择对工程造价起着至关重要的作用。同时由于常规岛冷却用水量大，冷却塔布置在常规岛厂房附近可以较好地减少常规岛循环水管线长度，降低运行费用。

　　冷却水泵房宜靠近冷却塔或汽轮发电机厂房以缩短循环水管长度节省费用，当具有安全供水功能时，应按要害区设防。

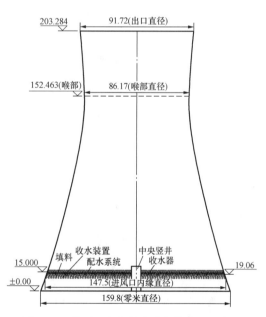

图 13-5　某项目高位收水冷却塔布置示意图
（单位：m）

　　冷却塔布置应符合下列要求：

　　（1）冷却塔应与核安全重要建筑物、构筑物保持一定的安全距离。当净距小于 $1.0H$（H 为冷却塔高度）时，应进行倒塔影响论证。

　　（2）冷却塔与汽轮发电机厂房之间的距离不宜小于 50m。在改、扩建厂及场地困难时可适当缩减，当冷却塔淋水面积小于等于 3000m³ 时，不应小于 24m；当冷却塔淋水面积大于3000m³时，不应小于35m。

（3）自然通风冷却塔与非核安全级机力通风冷却塔之间的距离，当冷却塔淋水面积小于等于3000m³时，不应小于40m；当冷却塔淋水面积大于3000m³时，不应小于50m。

（4）冷却塔宜靠近汽轮发电机厂房，不宜布置在厂区扩建端。

（5）冷却塔不宜布置在室外配电装置和主厂房建筑群冬季盛行风向上风侧。

（6）应考虑冷却塔的漂滴、羽雾和噪声对厂区和电厂周围环境的影响，必要时设专题论证。

（7）冷却塔对距电厂几百米范围内的短期放射性释放具有一定的影响，对于主导风向平行于冷却塔与源（核岛烟囱）的连线的厂址，存在塔运行时塔的气流和放射性污染物流相混合的问题。

（8）单侧进风的机力通风冷却塔进风面宜面向夏季主导风向，双侧进风的机力通风冷却塔进风面宜与夏季主导风向平行，并应控制噪声对周围环境的影响。

（9）核安全级机力通风冷却塔布置，应靠近服务的核岛厂房，以减少安全级廊道的长度。

（10）核安全级机力通风冷却塔布置，应根据其功能需求，满足相应的防爆、抗震、空间隔离等内外部灾害设防要求。

（11）多座大型自然通风冷却塔的布置，宜采用一字形、四方形布置形式，不宜采用梅花形、菱形、三角形布置形式。

（12）冷却塔宜布置在地层均匀、地基承载力较高的地段。

（13）宜避免粉尘影响，以及地形及周边建（构）筑物对冷却塔通风的影响。

图13-6为国内某采用海水二次循环核电项目总平面规划图，项目规划建设6台CAP

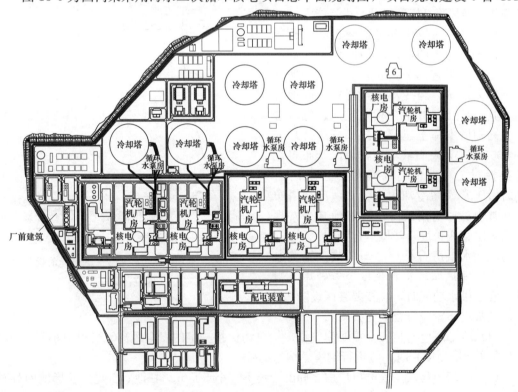

图13-6　国内某二次循环核电项目总平面规划图

系列三代核电机组，总图规划核岛朝向东、常规岛朝向西，每台机组配置1座自然通风海水冷却塔，其中1、2号机组设置1座淋水面积20 000m² 自然通风冷却塔（高位塔），零米直径为174.552m，塔高218.70m，冷却塔区布置在主厂房区的西侧，均尽可能靠近汽机厂房。

第二节　放射性辅助生产设施

核电厂放射性辅助生产设施包括与固态及液态放射性废物处理、贮存相关的建构筑物以及与放射性物品实验、运输、贮存相关的建（构）筑物。

一、主要的放射性辅助生产设施

与固态及液态放射性废物处理、贮存相关的建（构）筑物主要包括放射性固体废物处理辅助厂房、放射性固体废物暂存库、放射性废油暂存库、核岛/常规岛液态流出物排放厂房以及放射性机修及去污车间；与放射性物品实验、运输、贮存相关的建（构）筑物主要包括厂区实验楼、监督性流出物实验室、特种车辆库、放射源库以及新燃料组件运输中转贮存场地。

（1）放射性固体废物处理辅助厂房：主要用于对核电厂运行产生的放射性杂项干废物进行分拣、压实和包装处理。同时还可为固体废物处理系统提供水泥固化所需的干水泥桶和空的金属桶。该厂房接收的各类废物主要为各放射性厂房内被放射性核素污染并且不回收的杂项干废物，如工作服、塑料、小金属物、布、纸、玻璃灯，用塑料袋分类收集后送到分拣工作箱内进行检查分拣。

（2）放射性固体废物暂存库：主要用于贮存核电厂运行中产生并经处理整备后的低、中水平放射性固体废物以及大尺寸轻微污染的废弃设备，并作为蒸汽发生器排污系统废树脂的临时贮存场所。废物贮存期为5年，贮存的低、中放废物最终转运到低、中放固体废物处置场进行处置。库内设有灌浆封盖设备以及放射性监测设备。

（3）放射性废油暂存库：主要用于贮存运行和维修过程中产生的可燃不易爆的放射性废油和废有机溶剂。

（4）核岛/常规岛液态流出物排放厂房：对来自核岛/常规岛的液态流出物进行有控制的槽式排放。取样分析合格的液态流出物送到虹吸井与重要厂用水和循环冷却水混合稀释后排出。当环境排放条件不足或放射性浓度超过排放管理控制限值时，该厂房暂存液态流出物。

（5）放射性机修及去污车间：主要用于核电厂内有关系统产生的放射性沾污设备和部件的清洗去污、维修和存放；压力容器役前检查和在役检查专用设备的校验标定、维护和存放；核岛设备及工具的调试和存放；各类放射性设备或部件使用屏蔽容器装载并通过专用运输车辆运至本厂房。

（6）厂区实验楼：主要用于检测核电厂一、二回路和辅助系统在调试、运行及维修过程中的液体和气体样品，对其化学组成及放射性浓度进行监测；检测核电厂废水和废气排放系统的样品，以确定被排放液体和气体的放射性水平，保证向环境的受控排放；检测核电厂各种油类的品质和运行中油质的变化，确保相关系统设备运行的安全性。

（7）监督性流出物实验室：执行核电厂辐射环境现场液态和气态流出物样品的化学和放射性化学分析，以确定核电厂排放液体和气体的放射性水平，测量结果为当地环保部门监督评价核电厂的流出物排放达标情况提供依据。

（8）特种车辆库：主要用于为运输放射性物品的汽车提供停放、清洗、去污及日常维修的场所。

参考国内某核电项目，特种汽车库内存放车辆信息如表 13-1 所示：

表 13-1　　　　　　　　　　　　特种汽车库车辆信息表

序号	名称	数量	外形尺寸（长×宽×高）	功　能
1	2.5t 抱桶叉车	1	3.5m×1.2m×2.2m	运送 APG 树脂桶、低放 400L 钢桶。能够夹持 200L 和 400L 钢桶
2	5t 叉车	1	5.8m×2m×2.5m	（1）在 QS 和 NX 之间运送水泥干混料料斗； （2）向 QS 运送通风过滤器芯等较低放废物； （3）也可用于运送空金属桶
3	2.5t 废物运输卡车	1	7m×2.0m×2.3m	在 NX 厂房、QS 厂房、QT 库之间运送未处理的杂项干废物和低放废物
4	15t 固化物桶运输卡车	1	8.5m×2.6m×3.0m	（1）从 NX 厂房向 QT 库运送 400L 废物桶（可能带屏蔽容器），带屏蔽容器时一个，不带屏蔽容器时 4～6 个； （2）从 QS 厂房向 QT 运送 400L 废物桶
5	80t 螺栓拉伸机运输车	1	总体尺寸：12.61m×5.5m×2.5m 牵引车尺寸：4.36m×2.0m×2.5m 挂车尺寸：8.25 m×5.5m×1.1m	在电站使用反应堆压力容器整体螺栓拉伸机时，由该运输车将其从放射性机修及去污车间运输到龙门架下。操作完毕后再由运输车辆送回放射性机修及去污车间存放
6	40t 废树脂运输车	1	总体尺寸：15m×2.5m×2.83m 牵引车尺寸：7.16m×2.5m×2.83m 挂车尺寸：7.84m×2.5m×2.8m	用于核辅助厂房向核废物厂房运送废树脂，每年运输次数约 25 次

（9）放射源库：用于存放探伤机以及部分厂区自用的放射源。

（10）新燃料组件运输中转贮存场地：主要用于为运输核电厂新燃料组件的集装箱提供装卸及临时贮存场地。

各放射性设施典型平面图详见图 13-7。

二、放射性辅助生产设施的布置原则

核电厂放射性辅助生产设施主要包括废物处理辅助厂房、核岛及常规岛废液贮存厂房、废物暂存库、放射性机修及去污车间、性能实验室、放射源库以及特种汽车库等，放射性辅助生产设施布置原则如下：

（1）放射性厂房宜相对集中、独立成区布置，且应有对外运输的单独出入口，并应布置在保护区内；

（2）放射性厂房布置应核岛之间的管线和道路连接短捷方便；

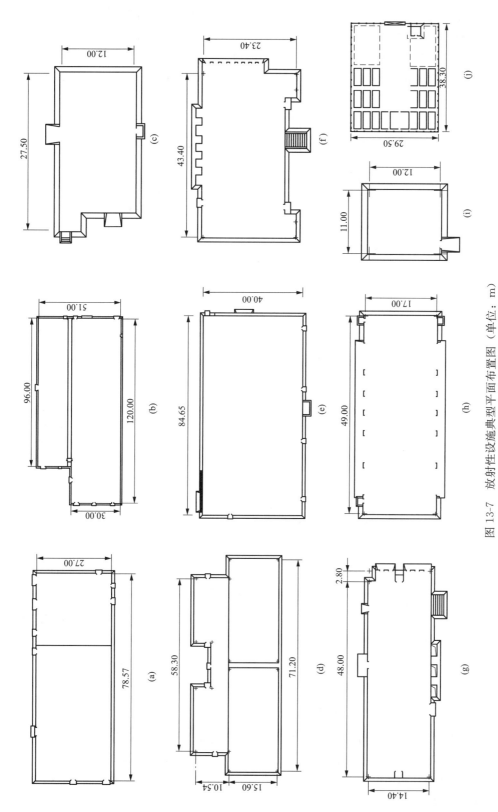

图 13-7　放射性设施典型平面布置图（单位：m）

（a）放射性固体废物处理辅助厂房典型平面图；（b）放射性固体废物暂存库典型平面图；（c）放射性废油暂存库典型平面图；
（d）核岛/常规岛液态流出物厂房典型平面图；（e）放射性机修及去污车间典型平面图；（f）厂区实验楼典型平面图；（g）监督性流出物实验室典型平面图；
（h）特种车辆库典型平面图；（i）放射源库典型平面图；（j）新燃料组件运输中转贮存场地典型平面图

（3）放射性厂房宜布置在厂区一角，且位于常年最小风频的上风向；

（4）与核安全相关的放射性厂房应布置在稳定的、岩土性质均匀的地基上；

（5）放射性厂房宜靠近核岛布置，以便于与核岛的工艺联系；

（6）放射性厂房应布置在厂区人流稀少的位置，同时避免对非放射性运输路线造成影响；

（7）地下设施底面宜高于地下水位，若不能满足时，应设置可靠的防水措施；

（8）厂房放射性物料的运输出入口，宜面向指定运输放射性物料的道路。

三、放射性辅助生产设施工艺流程

放射性辅助生产设施间主要工艺联系主要表现为液态放射性废物的处理与排放以及固态放射性废物的运输。

（一）液态放射性废物的处理与排放路径

液态放射性废物的处理与排放路径见图 13-8。

（二）固态放射性废物的运输流程

如表 13-1 所示，特种汽车库内存放车辆主要承担放射性固体废物处理辅助厂房、放射性固体废物暂存库、放射性机修及去污车间以及核废物厂房之间运输车辆的存放，特种车辆在各厂房间的运输流程如图 13-9 所示。

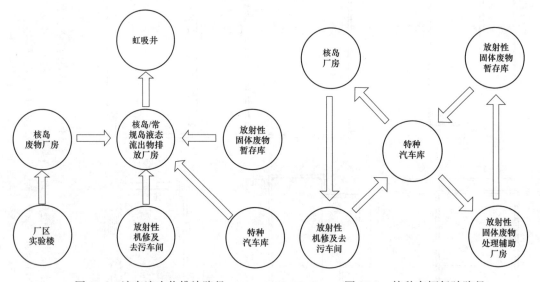

图 13-8　液态流出物排放路径　　　　图 13-9　特种车辆行驶路径

四、放射性辅助生产设施与核岛相对位置关系

从放射性辅助生产设施的布置原则以及放射性废液管沟、废物车辆运输联系等可以看出，放射性辅助生产设施宜紧凑布置在核岛周边。以华龙一号两台共用子项为例，为尽量达到放射性废液管沟及固体废物运输路径短捷顺畅的目的，放射性辅助生产设施宜按照图 13-10 所示布置方式布置在两台机组核岛中间，并靠近虹吸井。

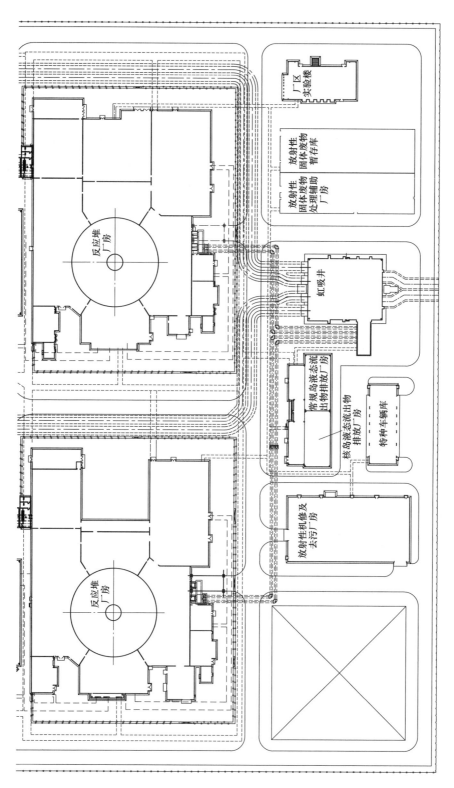

图 13-10　放射性辅助生产设施典型布置示意图

第三节　水生产设施

核电厂中水生产（处理）设施区一般包含海水淡化厂房、除盐水厂房、淡水处理厂等子项。

一、海水淡化厂房

海水淡化厂房的主要功能是将海水进行淡化处理，供核电厂生产或生活使用。

海水淡化厂房宜与化水车间集中布置，应靠近取水水源位置，海水淡化厂房的原水通常由循环水泵房提供，在寒冷地区，有时需要从虹吸井中抽取部分海水，用于提高原水的温度，即提高海水淡化的效率。

对于海边核电厂，有关淡水供应分三种情况：

（1）核电厂建淡水处理厂和海水淡化厂房，水处理厂的原水通常来自附近的水库，主要生产饮用水，海水淡化厂房生产其他淡水。

（2）核电厂只建海水淡化厂房，不建淡水处理厂，由厂外水处理厂向厂内提供自来水，如国核示范工程。

（3）厂外不向核电厂供应自来水或淡水原水，核电厂只能建更大规模和更高水质要求的海水淡化厂房，用于生产饮用水和其他淡水（见图 13-11）。

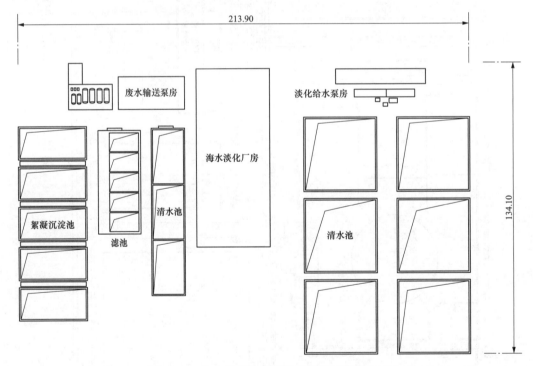

图 13-11　海水淡化典型布置示意图（单位：m）

二、除盐水厂房

除盐水厂房的主要功能是生产除盐水供汽机房、核岛厂房和其他厂房使用。

除盐水厂房布置应靠近汽机房,并应避免卸存酸类、碱类、粉状等物品对附近建、构筑物的污染和腐蚀。

如果不采用海水淡化,除盐水厂房宜与淡水处理厂统一布置,使厂外原水——水处理厂——除盐水厂房——汽机房这一路管线顺捷、不迁回。

如果采用海水淡化作为除盐水厂房的原水,除盐水厂房宜与海水淡化厂统一、集中布置,这样布置可使生产高效、管理方便、管线短捷。

化验室宜布置在振动影响和粉尘污染较小的地段(见图 13-12)。

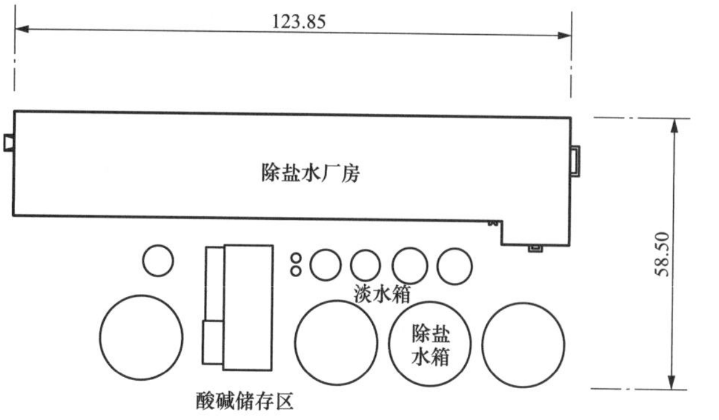

图 13-12　除盐水车间典型布置示意图(单位:m)

三、淡水处理厂

淡水处理厂简称为水处理厂,其主要功能是对淡水进行处理,供电厂生活和生产使用。

水处理厂宜布置在厂区环境较好处,且宜处于厂区常年最小风频下风侧。如果厂区没有合适地段用于布置水处理厂,也可以将其布置于厂外环境较好处,需要加强保护,以防破坏分子投毒等破坏。

水处理厂的位置应尽量使原水和供水(澄清水、生活水)管线短捷、顺畅、不迁回。在确保水处理厂环境较好的前提下,宜与化水车间和海水淡化厂房靠近布置,便于共用化验室,可以提高生产效率、节约投资、方便管理(见图 13-13)。

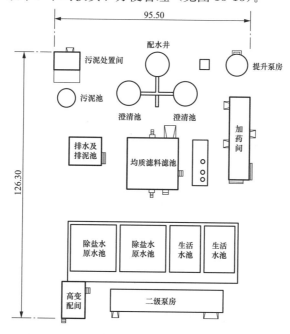

图 13-13　淡水处理厂典型布置示意图(单位:m)

第四节　气体生产设施

核电厂气体生产设施一般包含辅助锅炉房、氮气储气站、二氧化碳储存站、压缩空气站等非危险气体厂房，还包括低压制（储）氢站、氢气升压站和高压氢气站等危险性气体生产和储存设施。

气体生产设施一般根据核电厂工艺要求设置。

气体生产设施的典型平面见图13-14。

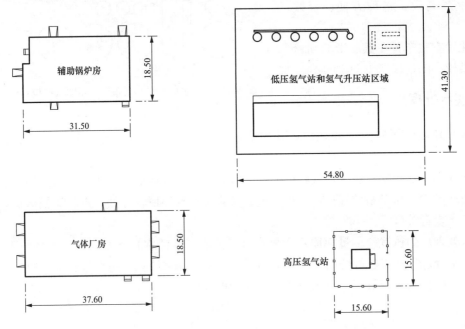

图 13-14　气体生产设施典型平面图（单位：m）

一、辅助锅炉房

辅助锅炉房的主要功能是在电厂调试阶段，向汽轮机厂房提供蒸汽或热水。

辅助锅炉房所需供电电流较大，且须在1号机组调试期间投运，因此辅助锅炉房宜布置在1号机组主厂房区域，靠近主变压器区域，可使供电线路短捷，也便于辅助锅炉房的蒸汽管道与汽轮机厂房的蒸汽管道同路径敷设。

辅助蒸汽管道可沿墙、架空，或在管沟、管廊内敷设。如果采用地下管沟布置，需处理好与其他地下管线、管沟、管廊的位置关系，做好竖向布置。

二、氮气储气站和二氧化碳储存站

氮气储气站的主要功能是储存氮气，储存的氮气主要供应核岛和汽机房，二氧化碳储存站的主要功能是储存二氧化碳，并通过管道向汽机房提供二氧化碳。因此，氮气储气站应靠近核岛和汽机房布置，二氧化碳储存站应靠近汽机房布置。

氮气储气站和二氧化碳储存站宜紧贴布置，并靠近核岛和汽机房的中间区域。

一般核电厂根据堆型不同，氮气储气站和二氧化碳储存站的配置也有所不同，核岛双堆联合布置的厂址一般两台机组共用氮气储气站和二氧化碳储存站；核岛单机组布置的机型，氮气储气站和二氧化碳储存站单机组布置，机组之间不共用。

三、压缩空气站

压缩空气站的主要功能是用于生产和储存核岛和常规岛使用的压缩空气，并通过厂区管道将压缩空气输送到各用气点。

应布置在主要服务对象附近或靠近负荷中心；贮气罐宜布置在压缩空气站室外较阴凉的一面。

压缩空气站产生噪声、振动的设施与装有精密仪表和要求安静的建筑物，应保持防振、防噪声的间距。如果达不到防振、防噪声要求，则应采取工程措施。

四、低压制（储）氢站、氢气升压站和高压氢气站

低压制（储）氢站的主要功能是制备或储存氢气，并向核岛和常规岛厂房提供氢气。氢气升压站的主要功能是通过加压使低压氢气变为瓶装高压氢气。高压氢气站的主要功能是储存瓶装高压氢气，并通过管道向核岛厂房提供高压氢气。

1. 低压制（储）氢站

低压氢气主要用户为汽轮机厂房，因此宜将其布置在靠近汽轮机厂房的区域。低压氢气一般分制备和储存两种形式：

（1）低压制氢站，即电厂自备制氢设备，自行生产制备低压氢气。

（2）低压储氢站，即由厂外专用车辆运至低压氢气储氢站，将氢气灌入储氢罐中。

特别需要注意的是，氢气属于危险品，在总平面布置时应考虑运输路线尽量避开人员集中的区域，同时在运输氢气的管束车与集卡车辆途经道路的宽度和转弯半径应满足管束车的行驶需求，同时在氢气站子项周围设置方便的停车区，保证运输车辆的氢气连接管与储氢罐方便地对接。

2. 氢气升压站

核岛厂房需要高压氢气，因此需要设置氢气升压站将低压氢气加压，灌入高压氢气瓶中储存并向核岛厂房供应高压氢气。

高、低压氢气站都是易燃易爆建筑物，应集中隔离布置。对于4台机组组成的核电厂，宜集中设一座低压氢气站和氢气升压站。对于6台机组组成的核电厂，低压氢气站可以有两种布置方案，①方案一：前4台机组设一座低压氢气站，并为后2台机组预留一座低压氢气站。②方案二：在保证供气量和压力的前提下，6台机组只设一座低压氢气站。应对这两种方案作技术经济比较，并择优选择。

对于6台机组组成的核电厂，如果氢气增压能力能满足6台机组的需求量，则宜6台机组设一座氢气升压站；如果氢气增压能力不能满足6台机组的需求量，则宜前4台机组设一座氢气升压站，并为后2台机组预留一座氢气升压站。

氢气升压站宜贴邻低压氢气站的山墙布置，并设防爆墙。

氢气是易燃易爆危险品，应严格控制储气量，在满足使用需求的情况下，应尽量少量

备用氢气。

低压氢气站、氢气升压站的布置应符合下列要求：

(1) 应单独成区布置，且位于厂区边缘地人流车流较少地带。

(2) 应远离散发火花的地点或位于明火、散发火花地点最小频率风向的下风侧。

(3) 宜布置在厂区边缘且不窝风的地段，泄压面不应面对人员集中的地方和主要交通道路。

(4) 宜留有扩建余地。

3. 高压氢气站

高压氢气站的主要用户为核岛，因此需要靠近核岛布置；考虑尽量缩短厂区氢气管线长度，因此一般高压氢气站子项按照单机组或双机组设置。

高压氢气储气站的主要设备为高压氢气组件，包括高压氢气瓶、自动切换及减压装置。高压氢气子系统包括工作压力为 41.4MPa、容积为 37.4L 的高压气瓶，以及高压气瓶自动切换装置；高压氢气供气总管压力为 19.3MPa。

第五节　维修仓储设施

核电厂系统复杂、设施众多，因此维修仓储设施较多，主要包括冷机修车间、非放射性机电仪仓库、冷机修仓库/材料库/环吊小车仓库、油脂库、蓄电池充电维修间、水泥石灰仓库、危险品库、工业废物暂存库/场等设施。

核电厂维修仓储设施应按有无放射性，以及防火安全等特性相近设施进行分区集中布置。重点防火区域周围宜设置环形消防车道。消防车道可利用厂内交通道路。

全厂性修理设施宜集中布置，车间维修设施应在确保生产安全的前提下，靠近主要用户布置。

一、易燃易爆和有毒物品仓库布置

危险品库存放的易燃品主要有各类气体、联胺、液胺、双氧水、酸碱、油漆等，根据火灾类别不同通常分为甲、乙类两个仓库，一般全厂共用设置。厂房尺寸规模为总建筑面积约 3616m²，占地面积约 2875m²，长×宽×高约为 62.5m×28.5m×9.2m 和 62.5m×8.5m×5.7m，见图 13-15。

油脂库主要存放生产、维修期间的润滑油、脂，为丙类单层库房，厂房尺寸规模为建筑面积约 998m²，占地面积约 998m²，长×宽×高约为 41.6m×24.0m×6.3m，见图 13-16。

存放易燃、易爆品的危险品库、油脂库的布置，应保证生产人员的安全操作及疏散方便，并位于厂区边缘地带，与主要建筑物的距离满足消防和卫生间距要求，减少火灾发生的可能性及危害性，并应符合国家现行有关工程设计标准的规定。

油罐区包括供（卸）油泵房、储油罐等，布置应符合如下要求：

(1) 宜位于企业边缘的安全地带，且地势较低而不窝风的独立地段；

(2) 应远离明火或散发火花的地点；

(3) 应单独布置，其四周应设置 1.8m 高的不燃烧体实体围墙；

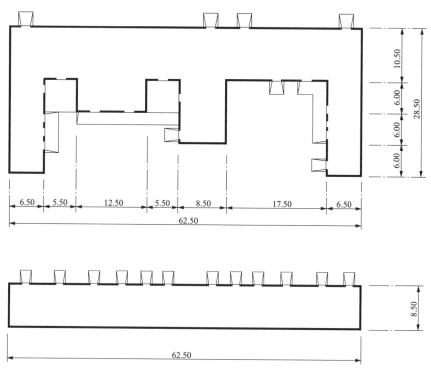

图 13-15　某危险品库布置图（单位：m）

（4）周围应设置环形消防车道，消防车道可利用厂内交通道路；

（5）架空电力线路不应跨越用可燃材料建造的屋顶及甲、乙类建（构）筑物，并严禁跨越储罐区。架空电力线路与上述设施的距离应符合《建筑设计防火规范》（GB 50016）及电力行业相关规范标准的有关规定；

（6）油罐区的设计应符合现行国家标准《石油库设计规范》（GB 50074）的有关规定。

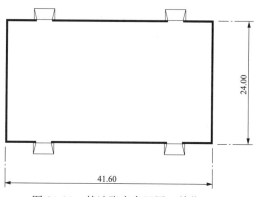

图 13-16　某油脂库布置图（单位：m）

二、其他维修仓储设施布置

其他维修仓储设施主要有冷机修车间及仓库、工业废物暂存库等。

冷机修车间：其功能主要用于大修期间零件的加工检修，同时存放一些常用工具和检修材料等，并设有一定的维修办公。其火灾危险性类别为丁类，通常全厂共用设置，某项目厂房尺寸规模为建筑面积约 20 442m²，占地面积约 9897m²，长×宽×高约为 172m×60.6m×15.0m，见图 13-17。

冷机修仓库：主要储存物品包括日常、大修期间各厂房设备使用的备品备件、日常维修使用的通用性材料，包括仪控设备、非天然橡胶制品、机电设备及通用备件等。冷机修仓库火灾危险性类别为丁/戊类，通常全厂共用设置，某项目厂房尺寸规模为建筑面积约

12 623m²，占地面积约 6016m²，长×宽×高约为 122m×52.5m×17.0m，见图 13-18。

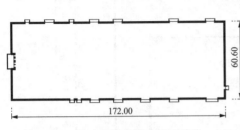
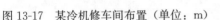

图 13-17 某冷机修车间布置（单位：m）

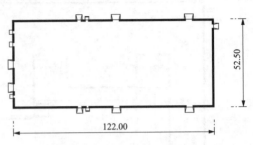

图 13-18 某冷机修仓库布置（单位：m）

工业废物暂存库：其功能为临时存储电厂在运行和维修过程中产生的非放射性危险工业废物和常规工业废物。工业废物暂存库火灾危险性类别为乙/丙类，通常全厂共用设置，某项目厂房分为两个，建筑规模为建筑面积约 706m²，其中危险废物库 496m²，常规废物库 210m²；占地面积约 706m²，长×宽×高尺寸危险废物库约为 33.3m×15.5m×7.3m，常规废物库约为 14.5m×14.5m×7.3m，见图 13-19。

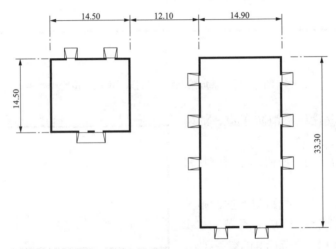

图 13-19 某工业废物暂存库布置（单位：m）

机械修理和电气修理设施应根据其生产性质对环境的要求集中或联合合理布置，人员较多、环境要求较高的设施，宜靠近厂前区、控制区布置，并应有较方便的交通运输条件。

仪表修理设施的布置宜位于环境洁净、干燥、振动干扰小的地段。

车库及维修设施宜集中布置，宜位于车辆出入较方便的地段，并应避开厂区交通繁忙的地段。

酸碱库及其装卸设施应布置在易受腐蚀的生产设施或仓储设施的全年最小频率风向的上风侧，宜位于厂区边缘且地势较低处，并应在厂区地下水流向的下游地段。

废弃物暂存场地应布置在厂区边缘且不妨碍厂容的地段。

易散发粉尘的仓库或堆场应布置在厂区边缘地带，且应位于厂区全年最小频率风向的上风侧。

根据核设施实物保护要求，非放射性的电、机、仪等维修车间，办公楼，大型仓库和贮存库（贮存核材料除外）等不应置于保护区或要害区。可根据生产及管理要求在控制区和控制区之外布置。

龙门起重机及环吊小车仓库："华龙一号"机型特有的辅助生产设施，机组在大修过程中，需要一种特殊的大型设备——龙门起重机及环吊小车，此设备平时存放于专门的仓库——龙门起重机及环吊小车仓库。该仓库一般布置维修仓储区内、交通便利处。

该仓库为单层，建筑面积约279m²，由室内和室外两部分组成，其中室内可存放两台电动平板车（一台63t、一台100t），见图13-20。

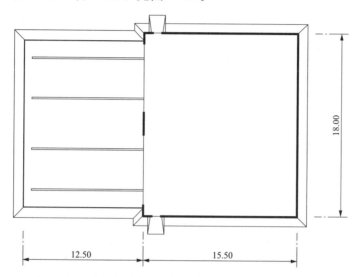

图13-20　龙门起重机及环吊小车仓库平面图（单位：m）

模拟体厂房："国和一号"机型特有的辅助生产设施，其主要功能是用于满足核电厂机组维修和人员的培训需求。

通过配置核电机组重要关键设备模拟体及部分重型设备模拟体，主要考虑对装换料操作等通过仿真平台进行模拟培训和教学；对于泵、阀、电动机等设备的结构和可能出现的故障和事故后的维修进行实体培训和教学；设置 Common Q 培训模拟体和 STE 培训设施，用于系统维护技能培训、系统设备故障诊断和设备测试；对主泵变频器、中低压通用设备、主屏蔽泵断路器、停堆断路器、控制棒驱动机构等设置模拟体进行教学和培训等。

模拟体厂房为全厂共用子项，一般布置于仓储检修区域，靠近厂前区，便于人员上下班交通便利处。

模拟体厂房建筑面积约4114m²，厂房内部分为模拟培训厂房和功能实验室培训楼。模拟培训厂房部分建筑高度15m，功能实验室培训楼部分建筑高度为11m，见图13-21。

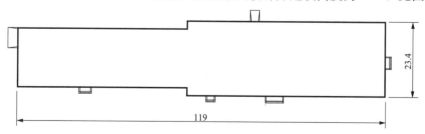

图13-21　模拟体厂房平面图（单位：m）

第十四章

厂前建筑区的布置

厂前建筑区作为核电厂生产配套使用的生活区域，对内是整个核电厂的行政管理和生活中心，满足部分员工服务配套、公共娱乐的功能需求，更是整个核电厂的运行、维护指挥枢纽；对外是直面社会，是社会与核电厂联系的枢纽，厂前建筑区建筑设计风格、色彩可直接体现现代核电厂的形象。

一、厂前建筑区的主要内容

厂前建筑区的主要功能为核电厂生产运行管理中心以及控制区出入口，通常包括综合办公楼、公共食堂、档案楼等子项。

综合办公楼的主要功能是满足核电厂综合办公、会议等功能的行政管理需求，作为工程建设、生产运行、物资、资金等调度、协调和管理的中心。

公共食堂的主要功能是在核电厂建造及运行期间，满足员工就餐、外单位现场接待用餐、食堂的日常办公管理，并兼顾重要节假日公司用于组织大型会议、集体活动的需求。

档案楼的主要功能是收集、整理、保管、查阅核电厂设计、建造、调试、运行等相关资料。

建设规模为两台、四台、六台百万千瓦级核电机组的核电厂，定员分别为 800 人、1300 人、1800 人，厂前区用地指标分别为 1.60hm²、2.40hm²、2.90hm²，其中综合办公楼的建筑面积分别为 8000m²、1200m²、16 000m²，公共食堂的建筑面积分别为 4000m²、6500m²、9000m²，档案楼的建筑面积分别为 4000m²、6500m²、9000m²。

二、厂前建筑区的布置要求

（1）厂前建筑区布置要符合总体规划的原则，各建筑物的平面与空间组合，要与周围环境和城市（镇）建设相协调。

（2）满足功能要求，有利管理，面向城镇主要道路或居住区。厂前建筑区宜位于对外联系方便、面向厂外主要干道的地段，并宜靠近厂区主要人流出入口。

（3）厂前建筑区规划，应以方便管理为原则，合理布置行政管理和生活福利等建筑，做到与生产区联系方便、环境清静、生活便利、厂容美观。

（4）厂前建筑宜采用集中布置，组成多功能的联合建筑，布置在核电厂保护区外。

（5）厂前建筑区宜布置在厂区常年最小风频的下风侧。

（6）生产管理的交通车辆车库应结合工程条件进行布置，可以单独成区也可以结合地形采用双层车库或地下车库，应便于车辆出入，避免与主要人流交通交叉，并宜设单独的出入口。汽车库附近宜有一定面积的露天停车场。

三、厂前建筑区的布置原则

（1）厂前建筑区用地应按规划容量一次规划确定，宜合理组合，集中多层布置，并充分利用地下空间。

（2）厂前群体建筑的平面布置与空间造型相协调，使之与广场、道路、绿化的平面与空间组合形成简洁、和谐、优美的环境，有利于生产管理、方便生活、人员集散和厂容厂貌，并与周围环境相协调。

（3）生产与行政办公楼、职工食堂、档案馆警卫传达室（安全检查）等设施，可以集中布置在厂前建筑区，也可分设在厂前建筑区和生活区。布置在生活区的建筑，设计人员要与业主充分沟通，根据每个工程的具体情况确定。如生活区距离厂区的远近、当地的生活习惯生活水平或海岛核电的场地面积受限及部分管理人员不需要在岛上办公而在陆地设立部分厂前设施等。通常情况核电厂都远离城镇和生活区，厂前建筑都集中设置在厂前建筑区。

（4）生产办公楼和行政办公楼按不同功能和使用要求宜组成多功能的多层联合建筑，并宜采用一幢楼布置，以节省用地。大部分核电厂将生产办公楼和行政办公楼单独布置，这主要取决于业主的管理理念的考虑，设计人员需要和业主充分沟通达成共识。

（5）综合办公楼宜布置在厂内外联系均较方便的地段。

四、厂前建筑区工程实例

核电厂厂前建筑区一般包括综合办公楼（也可分为行政办公楼和生产办公楼）、职工食堂、档案馆等，有些工程将这几个子项集中布置、独立成区，既可以布置在控制区内，也可以布置在控制区外；还有些工程将这几个子项与其他一些性质相同或相近的子项（如培训中心、宣传中心、倒班宿舍等民用建筑物）布置在同一个区域内，处于控制区外。

（一）工程实例一

某核电厂建设四台百万千瓦级压水反应堆核电机组及其配套辅助设施，分两期建成，厂前建筑区位于厂区西部（见图 14-1），面对主要进厂道路，其北部集中布置了行政办公楼、生产办公楼（每期工程各一栋）、职工食堂（每期工程各一栋）、档案馆，其中一期工程的四栋建筑物呈三边围合布置，中间设置了广场、集中绿地、建筑小品以及少量停车位，力求创造优美、舒适的环境；二期工程的两栋建筑物布置在一期各设施的北侧；厂前建筑区的南部为停车场。

（二）工程实例二

某核电厂规划建设六台百万千瓦级压水反应堆核电机组及其配套辅助设施，拟分三期建成，厂前建筑区位于厂区东部（见图 14-2），面对主要进厂道路，并被其分割为南北两部分，其中北部布置了综合办公楼（含档案馆和模拟机房）、宣传展览中心、职工食堂、应急移动设备仓库、模拟体厂房、培训中心、调试检修楼等，南部布置了检修食堂、检修宿舍（多座）和集中绿地等。

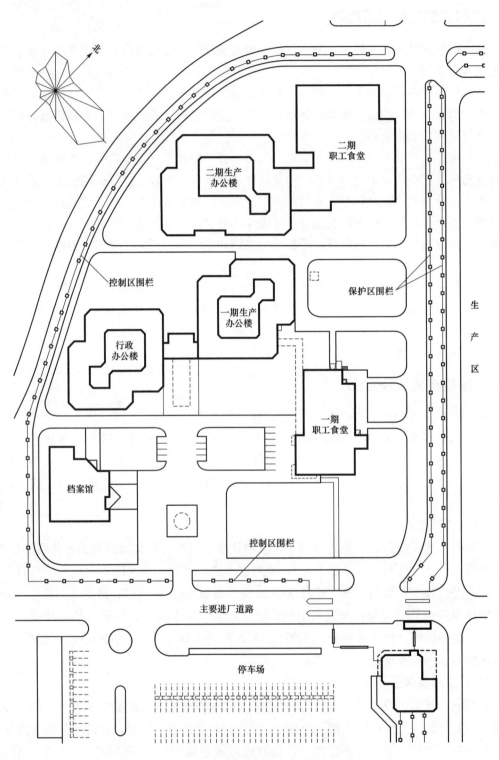

北

二期
职工食堂

二期生产
办公楼

控制区围栏

保护区围栏

一期生产
办公楼

生
产
区

行政
办公楼

一期
职工食堂

档案馆

控制区围栏

主要进厂道路

停车场

图 14-1　某核电厂厂前建筑区平面布置（工程实例一）

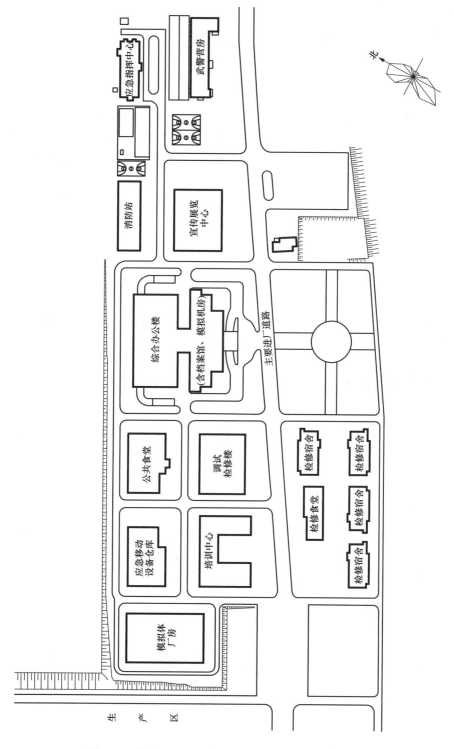

图 14-2　某核电厂厂前建筑区平面布置（工程实例二）

第十五章
其他设施的布置

其他设施范围为非生产直接相关的电厂附属设施，主要包含宣传展览中心、培训中心、厂区生活服务设施、生产废水处理设施、生活污水处理站、警卫营房、消防站、应急控制中心、移动应急电源、移动泵等相关设备的构筑物、气象站、环境监测站、环境实验室等。

一、培训中心和厂区生活服务设施

培训中心和厂区生活服务设施宜与厂前区建筑组合，以节约用地，以及管理使用方便。

二、 宣传展览中心

宣传展览中心主要是对外宣传，因此，宜靠近厂前区，布置在进厂道路出入口附近，为了控制外来人员进入核电厂，宜将宣传展览中心布置在控制区外。

三、生产废水处理站和生活污水处理站

生产废水处理站和生活污水处理站宜布置于电厂全年主导风向的下风向。

生产废水处理站和生活污水处理站应根据具体情况集中或分散布置，既不能太集中，不便于收集废（污）水，又不能太分散。因此，其位置应考虑进水管线连接方便，且尽量靠近最终排放点。

四、武警营房

核电厂应独立设置武警部队守卫，武警营房应布置在靠近核电厂且交通便利地段，以满足核电厂保卫、实物保护、突发事件和应急状态下的处置要求。

武警营房所处的位置，应保证反击时间（从接到报警开始，至带着武器赶到最不利保护点所花费的时间）小于实物保护设施的延迟时间。

武警营房的用地宜按《武警内卫执勤部队营房建筑面积标准（试行）》执行，建议用地面积不大于 10 000m²。

武警营房宜布置在厂区主出入口的外侧，通常该处环境较好，交通方便，既保证武警能及时处理突发事件，又与厂区互不干扰。在保证武警能及时处理突发事件的前提下，武警营房也可以离核岛厂房远一些，特别是宜布置在核岛和放射性三废区主导风向的上风侧。

五、消防站

核电厂应独立设置消防站，消防站规模宜按照《城市消防站建设标准》（建标 152）的

普通消防站设置。《城市消防站建设标准》第二十七条规定：一级普通消防站用地面积为 $3900\sim5600m^2$，二级普通消防站用地面积为 $2300\sim3800m^2$，建议消防站用地不宜超过 $5500m^2$。

消防站宜设在厂前区边缘、通往厂区主厂房建筑群最短捷的出入口附近，或布置在责任区的适中位置，并能顺利通往责任区内各个地段，应保证在接到报警后 5min 内消防队可以到达责任区边缘。

消防站一般宜布置在厂区主出入口的外侧，通常该处环境较好，交通方便，既保证能及时处理突发事件，又与厂区互不干扰。在保证接到报警后 5min 内消防队可以到达责任区边缘的前提下，消防站也可以离核岛厂房远一些，特别是宜布置在核岛和放射性三废区主导风向的上风或侧风处。

消防站执勤车辆主出入口两侧宜设置交通信号灯、标志、标线等设施，或采用人工方式控制交通。主出入口距办公楼、食堂、展览厅等容纳人员较多的建筑的主要疏散出口不宜小于 50m。

消防站边界距有生产、贮存易燃易爆化学危险品的车间（化学品库、低压和高压氢气站、油罐）一般不宜小于 200m，并应设置在常年盛行风向的上风或侧风处。

消防站车库门应朝向站外主要道路，至站外道路边缘的距离不应小于 15m。车库门前地面应为水泥混凝土或沥青等材料铺筑，并应向道路边缘有 $1\%\sim2\%$ 的下坡，该坡度大一些有利于消防车启动，但不应大于 9%。

六、应急控制中心

应急控制中心是核电厂营运单位应急响应的指挥、管理和协调中枢，是应急期间应急响应指挥部和国家有关部门指派代表的工作场所。

应急控制中心应设在厂址征地边界内与主控制室相分离的地方。

应保证应急期间的应急指挥人员（位于办公楼的领导和主控制室的值班长等）可以快速到达应急控制中心。

应满足在严重事故状态下的可居留性要求。

应按厂址所在地区地震基本烈度提高一度进行抗震设计，并应按照设计基准地震动 SL2 进行校核。因此应急控制中心应充分考虑地基条件。

应具备抵御设计基准洪水危害的能力，同时应考虑对超设计基准洪水的防水封堵。

应急控制中心在保证抗震、防洪、可居留性的前提下，宜布置在核岛厂房的上风或侧风处，远离核岛厂房。位于交通便利，且与厂外联系方便的地带。如果厂前区、核岛厂房与应急控制中心之间有低洼处（可能积水），核电厂应配备水陆两用车或皮艇，以确保应急指挥人员可以快速到达应急控制中心。

七、移动应急电源厂房

移动应急电源厂房作为移动应急电源的储存场所，确保移动电源的可用性，同时在移动电源存放期间，为蓄电池充电，使设备处于热备用状态。

在丧失全部交流电源时（包括厂址附加柴油发电机），应通过配置移动式应急电源为实施应急措施提供临时动力，以缓解事故后果，并为恢复厂内外交流电源提供时间窗口。

多堆厂址应配备至少两套设备。

存储移动应急电源及相关设备的构筑物应按厂址所在地区地震基本烈度提高一度进行抗震设计，并按照设计基准地震动 SL2（相当的地面加速度）进行校核。因此，存储移动应急电源及相关设备的构筑物宜布置在基岩上，以利抗震。

移动应急电源及相关设备储存应考虑在水淹高度高于设计基准洪水位 5m 时，已采取的防水淹措施不会导致移动电源及相关设备不可用。

建议储存移动电源及相关设备的构筑物宜设置在安全重要建（构）筑物 100m 以外，同时考虑交通的可达性，即不允许在移动应急电源厂房与安全重要建（构）筑物之间有低洼积水地段，而导致移动电源车无法通行。

移动应急电源的存放处应设置必要的消防措施。

移动应急电源本身的存放宜采取一定的减震措施。

八、移动泵等相关设备的构筑物

移动泵等相关设备的构筑物（以下简称移动泵厂房）作为移动泵的储存场所，确保移动泵的可用性，同时在移动泵存放期间，为蓄电池充电，使设备处于热备用状态。

当核电厂部分或全部安全系统功能丧失的场景下，通过移动泵和外界动力向二回路和/或一回路补水，及向乏燃料水池补水以带出余热的人工干预措施。

多堆厂址需考虑配备至少两座移动泵厂房。

移动泵厂房按厂址所在地区地震基本烈度提高一度进行抗震设计，并按照设计基准地震动 SL2（相当的地面加速度）进行校核。因此，移动泵厂房宜布置在基岩上，以利抗震。

移动泵厂房应满足在水淹高度高于设计基准洪水位 5m 时，已采取的防水淹措施不会导致移动泵及相关设备不可用。

建议移动泵厂房设置在安全厂房 100m 以外，同时考虑交通的可达性，即不允许在移动泵厂房与安全重要建、构筑物之间有低洼积水地段而导致移动泵及相关设备无法到达安全重要建、构筑物。

应急补水管线的布置需考虑管线与安全系统管线接口位置的恰当性，确保不影响原系统的安全功能，又便于工程实施。

可考虑将移动泵厂房与移动应急电源厂房毗邻布置。

九、气象站

气象站应设在能较好地反映本地较大范围的气象要素特点的地方，其四周应空旷平坦，海拔高度宜与厂址地坪相适应。应设在能较好地反映本地气象要素特点的地方，其四周应空旷平坦，海拔高度宜与厂址地坪相适应。

应布置在核电厂厂址盛行风向的上风向。

观测场四周障碍物的影子应不会投射到日照和辐射观测仪器的受光面上，附近应没有反射阳光强的物体。

十、环境监测站

核电厂一般都设置单独的环境监测站（包括环境实验室等），并应根据电厂环境要求布置在厂外适当位置。

环境监测站的布置应考虑监测设施对周边环境和建构筑物高度等要求。

第十六章
实物保护设施的布置

核电厂实物保护系统是采用探测、延迟及反应的技术和能力，阻止破坏核设施的行为和防止盗窃、抢劫或非法转移核材料活动的安全防范系统。

根据《核动力厂设计安全规定》（HAF102）规定，必须适当布置各种构筑物，使核电厂与其周围环境隔离，并控制核电厂的出入口。尤其是在进行厂房设计和厂区布置时，必须为控制出入口的保卫人员和/或监测设备作出安排，并注意防止未经批准的人员和物品进入核电厂。

根据《核动力厂调试和运行安全规定》（HAF103）规定，必须采取一切合理的预防措施来防止有人蓄意未经授权进行可能危害核安全的行动。营运单位必须采取适当的实物保护措施，以预防或阻止非授权进入、闯入、偷窃、地面攻击以及内部或外部对安全有关系统及核材料的破坏。

为有效地达到防范目的，对出入核电厂和接触核材料的人数应加以限制。核电厂厂区应划分为控制区、保护区和要害区，实行分区保护与管理。

第一节　实物保护设施的组成

核电厂实物保护系统是采用探测、延迟及反应的技术和能力，阻止破坏核设施的行为和防止盗窃、抢劫或非法转移核材料活动的安全防范系统。其功能和原则为：

(1) 必须具有探测、延迟和反应的功能。

(2) 遵循纵深防御和平衡防护的基本原则。

(3) 必须将人防和技防有机结合。

(4) 人防由保卫部门、武警部队负责组织系统实施及反应力量。技防通过有效的设置各级实体屏障、防入侵探测系统、电视监视系统、出入口控制系统、保安通信系统等技术手段提供有效的探测和延迟。

(5) 围栏作为实物保护系统中的实体屏障，它们可起到入侵延迟的作用和协助出入口控制的作用（见图 16-1）。

核电厂实物保护系统采取分级分区保护的原则，根据核设施在遭到破坏后可能产生的放射性释放对公众和环境的危害程度，核设施中核材料的类型、数量、富集度、辐射水平、物理和化学形态，核设施所处地理位置及类型等因素，将核设施的实物保护级别

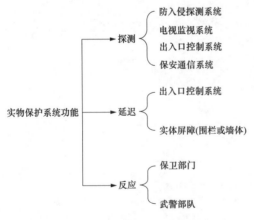

图 16-1　实物保护系统及围栏

分为一级、二级、三级，对应的实物保护分区为要害区、保护区、控制区。其中控制区为采用实体屏障设定的、具有明显界线的、出入受到控制的区域；保护区为处于控制区内，始终受到警卫或电子装置严格监控的区域，其周界具有报警监视设备及完整可靠的实体屏障，出入口受到人防和技防措施的严格控制；要害区为处于保护区内，含有重要设备、系统、装置或核材料的区域。该区域内的保护对象遭到破坏，可能直接或间接导致不可接受的放射性后果。

第二节　实物保护设施布置要求

核电厂实体屏障的作用是划定不同区界，控制人员出入，防止未获准的进入以及阻碍和延迟非法入侵。实物保护设施布置应考虑如下因素：

1. 实物保护设施布置应符合纵深防御的要求

核电厂厂区应划分为控制区、保护区和要害区，实行分区保护与管理。三个区域按纵深防御和均衡防御进行布局，保护区为处于控制区内，要害区为处于保护区内。应将可能遭到破坏而对群众和环境构成一定危险的系统、设备或装置划入要害区，从而形成三层逐渐加强的完整的核设施实体保护。

2. 实物保护设施布置应符合完整性的要求

核电厂控制区、保护区和要害区所设置的实体屏障应是完整可靠的。同一保护区域各部分的安全防护水平应基本一致，无明显薄弱环节和隐患。核电厂建设到运营经历建设期、过渡期、运营期等阶段，应根据不同阶段实物保护相关要求，采取相应的措施。

3. 实物保护设施布置应符合可达性的要求

核电厂实物保护是人防和技防的有机结合，其中保护区和要害区周界应设置技术防范系统，有效覆盖所有监控区域。实物保护设施的布置要满足保卫部门、武警部队日常巡更、警戒，以及接警后快速响应到达事发地点的交通要求。

（1）保卫控制中心应设置在保护区内，其周界按要害区设防。

（2）出入口设置数量尽可能少。

（3）厂区实物保护围栏外形宜整齐、少转角，应便于探测仪器的布设、监视。

第三节　实物保护设施的布置

一、实物保护设施总体布置

核电厂实物保护实体屏障可分为栅栏型、墙体型和特殊构筑物专用结构等类型。周界实体屏障的垂直部分高度不应低于 2.5m，在其顶部应加装"Y"字或折线型支架，朝向实物保护外侧、与垂直方向形成 30°～ 45°夹角、长度不小于 0.7m，在支架上附设至少 4 股平行间隔不大于 15cm 带倒刺的铁丝，顶端应置带倒刺的螺旋滚网，螺旋直径不小于 0.7m，螺旋间距不大于 0.6m。屏障必须建造在硬质或夯实地面上，若出现砂石松软、土壤迁移、地表易积水等情况，须先使地面固化或铺设混凝土底座。

（1）栅栏型：栅栏型屏障由高强度、耐腐蚀钢丝制成。钢丝直径不小于 3mm，栅格每边边长不大于 60mm。栅栏桩桩柱间距为 2～3m。桩柱基础部分须埋入地下。对于黏土地面，其深度不小于 0.9m，并用混凝土浇筑。对于其他地质类型的地面（如冻土层或积岩层），桩柱基础部分深度可根据情况酌情增减。栅栏底端与地面的距离不得大于 50mm。

（2）墙体型：墙体型屏障由砖、石、混凝土、钢材或它们的组合构成。在设计和建造中应不为入侵者提供藏匿或掩蔽的结构。

（3）特殊构筑物专用结构（如孔洞、管沟、涵洞、拦污网、扭王字块等）：特殊构筑物专用结构应提供不低于屏障主体的延迟能力，包括以下内容：

1）屏障上的开孔，若面积大于 620cm^2 且最小间距超过 150mm，须用垂直与水平间隔均小于 150mm 的钢筋格架阻隔。钢筋须牢靠固定在开孔的周围，直径不小于 16mm。

2）屏障下方的通径大于 50cm 的水渠、涵洞或管沟，在保证水流通过的条件下设置的钢筋格架等阻隔结构也应满足上述间距要求。在管道与屏障的交汇点，需另有加固，如加盖、人孔加栓锁、栅网等保护措施，以保证屏障整体的延迟能力不因此类交汇点而下降。

人员出入口和车辆出入口应分开设置，各个区域使用不同的人员证件和车辆通行证件。

在铁路与屏障的交汇点，须设置栅门。该栅门须具备与邻近屏障相同的延迟能力。在无货车通行时，铁路道岔不得朝向保护区方向。

应从厂区整体布置上考虑沿各层实体屏障的巡逻通道布置。其中控制区、保护区屏障内侧和要害区屏障外侧，应设有宽度不小于 2m 的人员巡逻通道或宽度不小于 4m 的车辆巡逻通道。在条件受限时，至少应设人员巡逻便道。各区屏障间的距离不宜小于 6m。

二、各区实物保护设施布置

根据核电厂各种设施的重要程度有所不同，实物保护由外到内分控制区、保护区及要害区。

（一）控制区实体屏障

控制区即核电厂厂区周边的实体屏障至保护区实体屏障之间的区域。进出控制区出入受到控制，它能隔离开在该区域内的核材料、设备和人员。

控制区设单层屏障，可采用栅栏型或墙体型：栅栏型为采用铁栏杆或铁丝网构成的栅栏，墙体型可采用砖、石或混凝土构筑的围墙，栅栏型为通常采用的型式。

栅栏型围栏通常由钢柱及支撑角钢、钢丝网、围栏顶部和钢刺丝、钢筋混凝土底板、钢刺丝圈等几部分组成，如图 16-2 所示。

（1）钢柱及支撑角钢：钢柱由 Q235B 级钢制成，钢柱的内外层均须热浸镀锌，镀锌量至少为 60μm，外表面应涂一层最小厚度为 100μm 的高黏度热敷塑料涂层。中间柱宜采用空腹矩形钢柱，尺寸为 90mm×50mm×3mm，端柱、角柱、和加强柱宜采用空腹方形钢柱，尺寸为 80mm×80mm×3mm，钢柱中不得有槽缝。每根钢柱均应埋入混凝土基础中不小于 90cm。基础最小尺寸为 30cm×30cm×105cm。钢柱间距 2.5m，钢柱直线高度为 3.5m，其中基础以上部分的直线段长度一般为 2.55m；钢柱顶部另外焊接长度为 80cm±5cm 的 T 型钢条。每根柱子上有六个固定件用于连接系紧钢丝网。角柱，端柱及加强柱

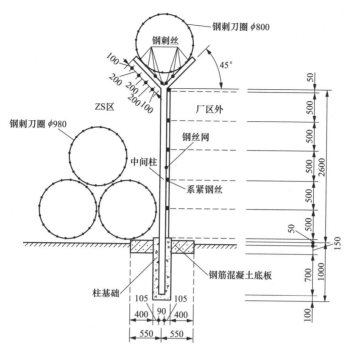

图 16-2　控制区围栏示意图

应配有支撑角钢，采用 Q235B 级钢，规格为∟50mm×5mm。支撑角钢应安装于钢丝网内侧，其防腐要求（如热浸镀锌、包塑等）与钢柱相同。两根加强柱之间的最大距离为 50m。

（2）钢丝网：构成网片链节的钢丝应有以下特性：材质为 φ4 低碳钢丝、钢丝的极限抗拉力大于 6300N、高黏度热敷塑料涂层，最小厚度为 250μm。

（3）围栏顶部和钢刺丝：每根钢柱的顶部焊接 T 型钢条，T 型钢条相对于铅垂线的弯曲角度为 45°，向上呈"Y"字或折线型并垂直于围栏中心线，弯曲部分的长度为 80cm±5cm，材料为 Q235B 级钢，其防腐做法与钢柱相同。每根 T 型钢条上有四根钢刺丝穿过，钢刺丝的间距为 20cm。

（4）钢筋混凝土底板：当围栏不是设置于岩石或路面上时，应浇筑钢筋混凝土底板。钢筋混凝土底板的铺筑方向与围栏网片对齐，其宽度 110cm，厚度 20cm，围栏柱居于底板的正中。配筋为双层焊接钢筋网 φ8@300mm，混凝土抗压强度等级不小于 C30，每隔 30m 设置一道伸缩缝，缝宽 10mm，并嵌填缝料。

（5）钢刺丝圈：在"Y"字型的围栏顶部，放置一组螺旋状的钢刺刀圈；在围栏底部内侧放置三组螺旋状的钢刺刀圈，三组钢刺刀圈并排放置，其中两组在地面上，一组在另两组的上面，从侧面看近似等边三角形。钢刺刀圈之间、钢刺刀圈与 T 型钢条、钢刺刀圈与地面之间应牢固固定，也可以固定在围网及钢柱上。

（二）保护区实体屏障

保护区即保护区实体屏障至要害区的实体屏障之间的区域，该区域始终受到警卫或电子装置严格监控的区域，其周界具有报警监视设备及完整可靠的实体屏障，出入口受到人防和技防措施的严格控制。

保护区由内围栏（靠保护区一侧）和外围栏（靠控制区一侧）组成，内外围栏垂直高度为 2.5m，两道围栏间有 6m 宽的观察区将其隔开为宜。

内围栏与控制区围栏相同，仅以下除外：钢筋混凝土底板伸出围栏外 1m；在内外围栏之间，内围栏一侧底部，通常设置两个上下放置钢刺丝圈，钢刺丝圈之间及与底板（或地面）之间应固定。

外围栏位于观察区走廊的外侧，它与控制区围栏相同。

保护区围栏如图 16-3 所示。

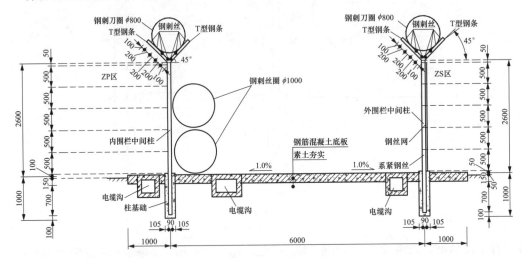

图 16-3　保护区围栏示意图

（三）要害区实体屏障

要害区处于保护区内，存有设备、系统或装置、或核材料的区域，它若遭到破坏，就可能直接或间接地导致不可接受的放射性后果。如主控室、反应堆厂房及其辅助厂房、核燃料库房、安全级发电机房、安全级冷却剂循环泵、高放废液处理设备、乏燃料元件主工艺厂房、保卫控制中心等，均应置于要害区。

要区设单层屏障，可采用栅栏型或墙体型：栅栏型为采用铁栏杆或铁丝网构成的栅栏，为通常采用的型式；墙体型可采用砖、石或混凝土构筑的围墙，保护区内的建筑物自身可构成要害区的屏障，也可与邻近的栅栏或围墙相衔接，共同组成要害区屏障。

要害区围栏由高围栏和低围栏组成，其间被 1m 宽的监测区分开。高围栏的钢丝网位于柱子的内侧，压力探测装置固定于柱子外侧。

高围栏位于观察区走廊的内侧，柱子由钢筋混凝土构成。混凝土宜采用 C30。每根柱子的顶部均设置防攀爬设施。每个柱子应埋入混凝土基础为 95cm。柱子在基础以上的高度为 3.35m，每根柱子的弯曲顶部应有钢刺丝，柱间距为 2m。混凝土基础应满足实验要求和梭形监测器产生的荷载条件。每根柱子有固定件用于链节系紧钢丝或系紧设备。固定件应镀锌，其镀锌厚度与系紧的钢丝相同。

角柱、端柱、加强柱为满足由监测系统产生的荷载，立柱采用钢柱，由 Q235B 级钢制成，钢柱的内外层均须热浸镀锌，外表面涂刷油漆。应采用空腹方形钢柱，尺寸为150mm×150mm×6mm，钢柱中不得有槽缝。应配有支撑角钢，采用 Q235B 级钢，规格为∟70mm×5mm。支撑角钢应安装于钢丝网外侧，其防腐要求（镀锌、包塑及油漆）与钢柱相同。角柱平面位置与围栏长度方向成45°。两根加强柱之间最大间距为50m。

链节的钢丝网具体特性要求为：材质为φ4低碳钢丝、极限抗拉力大于6300N。

要害区围栏如图16-4所示。

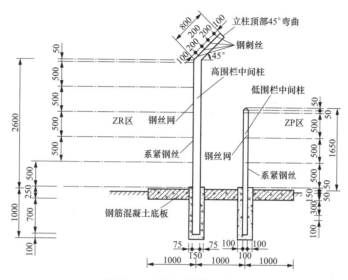

图16-4　要害区围栏示意图

（四）出入口大门

核电厂出入口应严密控制，必须为控制出入口的保卫人员和/或监测设备作出安排，并注意防止未经批准的人员和物品进入核动力厂。出入口设置数量应尽可能少。

单开门、双开门由Q235B级钢制成，高度通常为3m左右，由垂直的钢杆构成，钢管之间的最大距离为11cm，斜拉杆应安装在门扇的内侧。大门应热浸镀锌或喷涂锌，镀锌涂层的最小厚度为120μm。大门应平顺，关闭时门体闭合应紧密，避免因风吹而发生振动、倾斜等，若可能发生沉降时，宜安装可伸缩脚撑。

（五）保卫控制中心

根据《核设施实物保护》（HAD501/02）规定，保卫控制中心是核电厂中安全保卫信息的汇集和管理平台，对出入口控制、入侵探测、视频监控、实物保护区域照明、通信、供电和巡逻等系统进行连续实时监控。在发生入侵等突发事件时，可通过声、光报警信号立即觉察，并显示出报警部位。同时与内外部安保部门及人员保持通信联系，交换安全保卫信息并传达指令。

保卫控制中心一般为一座两层钢筋混凝土建筑，其火灾危险性类别为丁类，通常全厂共用设置，建筑规模为建筑面积约661m²，用地面积约335m²，长×宽×高尺寸约为24.2m×15.2m×9.9m，如图16-5所示。

保卫控制中心的实物保护等级为一级，应按照要害区实物保护要求进行防护和控制人员出入。

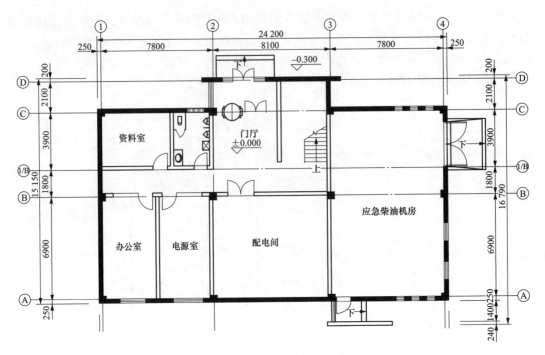

图 16-5　某保卫控制中心布置（单位：mm）

第十七章
主要技术经济指标

核电厂在可行性研究阶段和初步设计阶段，要根据厂址的技术条件和厂区总平面布置方案分别提出厂址技术经济指标和厂区总平面布置技术经济指标，并符合《电力工程建设项目用地指标（火电厂、核电厂、变电站和换流站）》的有关规定。

一、厂址技术经济指标

可行性研究阶段主要是按照《核电厂可行性研究报告内容深度规定》（NB/T 20034—2010）的相关要求，根据厂址建厂条件，如厂址区域人口分布、工农业生产情况及人为外部事件等设置的非居住区和规划限制区的拆迁工程量和人口搬迁，进厂道路和应急道路以及铁路专用线的引接，循环水取排水系统和重件码头的位置，电力出线方向和接入电网变电站的位置，以及厂址自然地形、区域稳定、地震、地质、水文、气象、大气弥散和水体弥散等全厂总体规划，确定厂址用地范围和厂区总平面规划布置方案的格局，包括核岛厂房和汽轮机厂房布置方位、固定端和扩建端的朝向、出线方向等，对厂区总平面规划布置方案进行初步的技术经济比较，提出推荐方案的厂址技术经济指标。厂址技术经济指标宜包括表 17-1 所列项目内容。

表 17-1　　　　　　　　　　厂址技术经济指标

编号	内容			单位	数量	备注
1	工程总用地			hm²		陆域： 海域：
	（1）厂区工程用地			hm²		
	其中	生产区		hm²		
		厂前建筑区		hm²		
	（2）厂外工程总用地			hm²		
	其中	其他设施区	现场服务区	hm²		
			运行安全技术支持中心	hm²		
			应急指挥中心	hm²		
			武警营房	hm²		
			消防站	hm²		
			厂前停车场	hm²		
			淡水厂（生产、生活、消防用水处理厂）	hm²		
			气象站	hm²		
			环境监测站	hm²		

续表

编号			内容	单位	数量	备注
1	其中	施工力能区	施工供水站	hm²		
			施工变电站	hm²		
			施工供热（气）站	hm²		
		交通运输设施	主要进厂道路	hm²		道路长度　　km
			次要进厂道路	hm²		道路长度　　km
			大件码头	hm²		码头　　t级
			铁路专用线	hm²		线路长度　　km
		取、排水设施	取水口	hm²		
			排水口	hm²		
			厂外取水管线	hm²		
			厂外排水管线	hm²		
			专用水源地（库）	hm²		
		防、排洪设施		hm²		
		弃、取土场		hm²		
		其他		hm²		
		（3）施工区用地		hm²		
	其中	施工生产区		hm²		
		施工生活区		hm²		
2		工程用海总面积（涉海工程）		hm²		
	其中	工程填海		hm²		
		取、排水构筑物		hm²		
		温排水排放用海		hm²		
		大件码头（包括港池）		hm²		
		其他		hm²		
3	其中	土石方工程总量	挖方（实方）	万 m³		
			填方	万 m³		
			余方	万 m³		
		厂区	挖方（实方）	万 m³		
			填方	万 m³		
			余方	万 m³		
		其他设施区	挖方（实方）	万 m³		
			填方	万 m³		
			余方	万 m³		
		施工力能区	挖方（实方）	万 m³		
			填方	万 m³		
			余方	万 m³		

续表

编号	内容			单位	数量	备注
3	其中	厂外道路	挖方（实方）	万 m³		
			填方	万 m³		
			余方	万 m³		
		施工区	挖方（实方）	万 m³		
			填方	万 m³		
			余方	万 m³		
4	征地边界围栏长度			m		
5	拆迁量			m²		
6	搬迁人口			人		
7	其他					

注　1. 现场服务区主要包括值班公寓、综合服务楼及其他必要的基层服务网点。

2. 运行安全技术支持中心包括培训中心、大修技术支持和宣传展览中心。

3. 其他用地包括厂外必须的边坡、挡土墙、填海三角地及陆域护岸。

二、厂区总平面技术经济指标

初步设计阶段主要是根据确定的进厂道路和应急道路以及铁路专用线的引接，循环水取排水系统和重件码头的位置，电力出线方向和接入电网变电站的位置，以及厂区自然地形地质条件，核电厂采用的主要工艺系统，确定核岛厂房和汽机厂房布置方位、固定端和扩建端的朝向、出线方向等厂区总平面布置方案的基本格局，对厂区总平面布置方案进行初步的技术经济比较，提出推荐方案的厂区总平面布置主要技术经济指标，作为评定与衡量厂区总平面布置设计方案的经济性与合理性的依据。厂区总平面布置主要技术经济指标宜包括表 17-2 所列的项目内容。

表 17-2　　　　　　　　　　　厂区总平面布置技术经济指标

编号	内容		单位	数量	备注
1	厂区用地	规划容量	hm²		
		本期工程	hm²		
2	单位容量用地	规划容量	m²/kW		
		本期工程	m²/kW		
3	建筑物、构筑物用地		m²		
4	露天设备用地		m²		
5	露天堆场用地		m²		
6	建筑系数		%		
7	道路广场用地		m²		
	其中	重型道路用地	m²		
		轻型道路用地	m²		

编号	内容		单位	数量	备注
8	道路广场系数		%		
9	厂区内场地利用面积		m²		
10	利用系数		%		
11	厂区绿化用地面积		m²		
12	厂区绿地率		%		
13	厂区土石方工程量	挖方	万 m³		
		填方	万 m³		
		余方	万 m³		
14	主要管道（沟）长度	循环冷却水供排水管道 供水管道	m		
		循环冷却水供排水管道 排水管道	m		
		安全厂用水廊道 进水廊道	m		
		安全厂用水廊道 排水管道	m		
		放射性废液排放管沟	m		
		电气廊道 500kV	m		
		电气廊道 220kV	m		
		综合技术廊道	m		
15	厂区围栏长度	控制区围栏	m		
		保护区围栏	m		
		要害区围栏	m		
16	其他				

三、各项技术经济指标的计算方法

1. 核电厂工程总用地计算

核电厂工程总用地应包括厂区工程用地、厂外工程用地和施工区用地，计算方法应符合下列要求：

（1）厂区工程用地应按厂区控制区围栏轴线计算，厂外工程用地和施工区用地应按其单项用地计列，其计算方法应符合《电力工程建设项目用地指标（火电厂、核电厂、变电站和换流站）》的有关规定。

（2）厂外取排水管线用地面积应包括各种沟渠、沟道、管道用地。沟渠、沟道应按其外壁计算，管道应按其外径计算；沿地面敷设且并行的多管道应按最外边管道外壁之间宽度计算；架空管架应按管架宽度计算。厂外取排水管线长度应计算至厂区围栏。

（3）进厂道路和厂外各种道路长度均应计算至厂区大门或厂区围栏。

（4）专用水源地（库）用地面积应按取水泵房及相关设施用地边界计算。

（5）弃、取土场地用面积应按设计弃、取土场边缘计算。

2. 建筑物、构筑物用地面积计算方法

（1）新建的，按建筑物、构筑物外墙建筑轴线计算。

（2）现有的，按建筑物、构筑物外墙皮尺寸计算。

（3）设防火堤的贮罐区，按防火堤轴线计算；未设防火堤的贮罐区，按成组设备的最外边缘计算。

（4）球罐周围有铺砌场地时，按铺砌面积计算。

（5）冷却塔按零米外径计算。

（6）水池按外壁计算。

（7）屋外配电装置按围栅或围墙轴线内用地面积计算。

3. 露天设备用地面积计算要符合规定

（1）独立设备应按其实际用地面积计算。

（2）成组设备应按设备场地铺砌范围计算，但当铺砌场地超出设备基础外缘 1.2m 时，计算至设备基础外缘 1.2m 处。

4. 露天堆场用地面积计算

露天堆场用地面积按存放场场地边缘线计算。

5. 建筑系数计算

$$建筑系数 = \frac{建筑物、构筑物用地面积 + 露天设备用地面积 + 露天堆场用地面积}{厂区用地面积} \times 100\% \qquad (17\text{-}1)$$

6. 道路广场系数计算

$$道路广场系数 = \frac{厂区道路路面及广场地坪面积}{厂区用地面积} \times 100\% \qquad (17\text{-}2)$$

7. 厂区内场地利用面积计算要符合规定

（1）厂区内建筑物、构筑物用地面积按照上述第 2 条的规定进行计算。

（2）铁路专用线用地面积执行铁路工程用地指标的相关规定。

（3）厂区道路路面及广场地坪面积计算要符合下列规定：

1）城市型道路按路面宽度计算；

2）公路型道路按路肩外缘计算；

3）车间引道及人行道用地面积按设计用地面积计算；

4）广场地坪按其图形尺寸计算。

（4）厂区地下沟管道用地面积应按管道外径计算，沟渠、沟道应按其外壁计算，当管径或沟宽小于 0.5m 时可按 0.5m 宽计算。

（5）架空管线用地面积按管架宽度计算。

（6）室外作业场地按实际使用面积计算。

8. 利用系数计算

$$利用系数 = \frac{厂区内场地利用面积}{厂区用地面积} \times 100\% \qquad (17\text{-}3)$$

9. 绿化用地面积计算

绿化用地面积按草地、花坛、水面、苗圃、成带或成块绿化以及单株种植等的绿化周边界线所包围的面积计算。

10. 绿地率计算

$$绿地率 = \frac{绿化用地面积}{厂区用地面积} \times 100\% \tag{17-4}$$

11. 主要管沟管廊的长度计算

主要管沟管廊的长度按照单管（单孔）计算。

12. 保护区、要害区围栏长度计算

保护区、要害区围栏为双层通透式围栏，其长度按照中心线长度的 2 倍计算。

四、厂区总平面布置用地指标

（一）厂区建设用地基本指标

核电厂厂区建设用地基本指标系按表 17-3 所对应的技术条件确定。

表 17-3　　　　　　　　　　核电厂厂区建设用地基本指标的技术条件

项目	技 术 条 件
主厂房区	主厂房包括核岛和常规岛。核岛包括：反应堆厂房、反应堆厂房龙门架、核辅助厂房、核燃料厂房、电气厂房、连接厂房、辅助给水箱间、反应堆停堆更衣室、柴油发电机厂房、连楼；常规岛包括：汽轮发电机厂房、润滑油转运站、树脂再生间、汽轮机通风间、公用气体贮存箱、主变压器、辅助变压器平台、消防应急油和水贮存池。汽轮机纵向布置
放射性辅助生产设施	废物处理辅助厂房、废液贮罐厂房、废物暂存库、放射性机修及去污车间、厂区试验楼、放射源库、特种汽车库等
配电装置区	配电装置区包括 220kV 配电装置、网控楼和 500kV 配电装置。220kV 辅助电源配电装置采用屋外中型，双母线布置；500kV 配电装置采用 3/2 接线，屋内 GIS 组合电器型式。常规岛主变压器至配电装置区进线为电缆廊道（六氟化硫母线或电缆）
除盐水设施	全膜法 EDI，全离子交换，膜法预脱盐加离子交换除盐（反渗透加一级除盐加混床），循环水加酸、加阻垢剂、加氯
循环冷却水	直流冷却系统，主要包括重要厂用水泵房、循环水泵房和加氯间等（600MW 循环水量约 40m³/s/台，1000MW 循环水量 65～78m³/s/台）
制（供）氢站	制氢站出力为 10～12Nm³/h、3.0MPa 的 2 套设置，供氢站按贮氢罐组考虑
气体贮存和分配	气体制品贮存及分配厂房、压缩空气站
辅助锅炉房	2 台电锅炉及配套设施
维修设施与仓库	包括非放射性机修、非放射性机仪及办公、备品仓库、润滑油库、化学试剂库等
废、污水处理	包括生产废水、生活污水处理，含油废水处理
实物保护	控制区围栏、保护区围栏、要害区围栏、出入口控制和保安楼等
厂前建筑区	生产、行政办公楼、职工餐厅和档案馆等
地形	厂区地形≤3%，厂区为平坡式
地震、地质	地震基本烈度 7 度及以下，非湿陷性黄土地区和非膨胀土地区
气候	非采暖区

核电厂厂区建设用地基本指标见表 17-4。

表 17-4　　　　　　　　　　　核电厂厂区建设用地基本指标

规划容量（MW）	布置方式	机组组合	厂区用地指标（hm²）			单位装机容量用地（m²/kW）
			生产区	厂前建筑区	合计	
1200	双堆	2×600	24.44	1.60	26.04	0.217
2400	双堆	2×600+2×600	41.40	2.40	43.80	0.183
2000	双堆	2×1000	24.75	1.60	26.35	0.132
	单堆	2×1000	32.50		34.10	0.171
4000	双堆	2×1000+2×1000	41.85	2.40	44.25	0.111
	单堆	2×1000+2×1000	55.95		58.35	0.146
6000	双堆	2×1000+2×1000+2×1000	57.35	2.90	60.25	0.100
	单堆	2×1000+2×1000+2×1000	79.45		82.35	0.137

（二）厂区单项指标

核电厂厂区建设用地基本指标是由主厂房区、放射性辅助生产设施、配电装置区、除盐水设施、循环水泵房区设施、制（供）氢站、气体贮存和分配、辅助锅炉房、维修设施与仓库、废、污水处理设施、实物保护、厂前建筑区等功能区域的单项指标组成。

当核电厂实际技术条件与表 17-3 规定的技术条件不同时，厂区建设用地指标应进行相关项的调整。当规划容量或机组组合与表 17-4 所列不同时，其建设用地基本指标和调整指标用插入法计算确定。

1. 主厂房区

主厂房区建设用地单项指标见表 17-5。

表 17-5　　　　　　　　　　　主厂房区建设用地单项指标

机组容量（MW）	布置方式	核岛尺寸（m×m）	常规岛尺寸（m×m）	单项用地（hm²）
2×600	双堆	176.40×100.20	161.80×101.00	7.20
4×600	双堆	176.40×100.20	161.80×101.00	14.40
2×1000	双堆	179.35×101.15	147.80×98.37	7.20
	单堆	116.00×91.00	127.00×54.80	14.00
4×1000	双堆	179.35×101.15	147.80×98.37	14.40
	单堆	116.00×91.00	127.00×54.80	29.50
6×1000	双堆	179.35×101.15	147.80×98.37	21.60
	单堆	116.00×91.00	127.00×54.80	45.00

注　1. 表中主厂房区用地面积系指主厂房外侧环形消防道路中心线所围成的区域面积，包括汽轮机厂房端侧主变压器区范围和部分主要管道用地。
　　 2. 单堆布置包括临靠主厂房的辅助生产设施用地。

2. 放射性辅助生产设施区

放射性辅助生产设施区建设用地单项指标见表 17-6。

表 17-6　　　　　　　　　　放射性辅助生产设施区建设用地单项指标

机组容量 （MW）	布置 方式	废物处理 辅助厂房 （hm²）	废液贮罐 厂房 （hm²）	废物暂存库 （hm²）	放射性机修 及去污车间 （hm²）	其他放 射性厂房 （hm²）	单项用地 （hm²）
2×600	双堆	0.50	0.50	0.80	0.60	1.10	3.50
4×600	双堆	0.50	1.00	0.80	1.20	2.00	5.50
2×1000	双堆	0.50	0.50	0.80	0.60	1.10	3.50
	单堆	2.60			0.60	0.60	3.80
4×1000	双堆	0.50	1.00	0.80	1.20	2.00	5.50
	单堆	3.00			0.90	0.60	4.50
6×1000	双堆	0.80	1.50	0.80	1.20	2.50	6.80
	单堆	3.30			1.20	1.00	5.50

注　1. 放射性辅助生产设施用地系指各厂房外侧环形消防道路中心线所围成的区域面积总和。

　　2. 双堆机组其他放射性厂房指浴室和洗衣房、性能试验室、辐射计量中心、放射源库、特种汽车库等；单堆机组其他放射性厂房指放射源库、特种汽车库等。

3. 配电装置区

配电装置区建设用地单项指标见表 17-7。

表 17-7　　　　　　　　　　配电装置区建设用地单项指标

机组容量 （MW）	500kV				220kV				单项用地 （hm²）
	进线 回数	出线 回数	屋内型 配电装置	用地指标 （hm²）	进线 回数	出线 回数	屋外型 配电装置	用地指标 （hm²）	
2×600	2	3	3/2接线	1.50	2	2	双母线接线	1.00	2.50
4×600	4	4	3/2接线	1.50	4	2	双母线接线	1.20	2.70
2×1000	2	3	3/2接线	1.50	2	2	双母线接线	1.00	2.50
4×1000	4	4	3/2接线	1.50	4	2	双母线接线	1.20	2.70
6×1000	6	5	3/2接线	1.70	6	2	双母线接线	1.40	3.10

注　500kV 开关站网控楼用地已计入，220kV 开关站辅助设施用地已计入。

4. 除盐水设施区

除盐水设施区建设用地单项指标见表 17-8。

表 17-8　　　　　　　　　　除盐水设施区建设用地单项指标

机组容量（MW）	处理水量（m³/h）	单项用地（hm²）
2×600	200	0.75
4×600	400	1.50
2×1000	250	0.85
4×1000	500	1.70
6×1000	1050	3.00

注　除盐水设施包括：除盐水厂房、除盐水箱、中和池等。

5. 循环水泵房区

循环水泵房区建设用地单项指标见表 17-9。

表 17-9　　　　　　　　　　循环水泵房区建设用地单项指标

机组容量（MW）	水泵台数（台）	循环水量（m³/s）	单项用地（hm²）
2×600	4	80	1.20
4×600	8	160	2.40
2×1000	4	130～156	1.30
4×1000	8	260～312	2.60
6×1000	12	390～468	3.90

注　循环水泵房区包括：循环冷却水泵房、加氯间。

6. 制（供）氢站

制（供）氢站建设用地单项指标见表 17-10。

表 17-10　　　　　　　　　　制（供）氢站建设用地单项指标

机组容量（MW）	设备制氢能力及套数	单项用地（hm²）
2×600	10Nm³/h×2	0.39
4×600	10～12Nm³/h×2	0.60
2×1000	10～12Nm³/h×2	0.45
4×1000	12Nm³/h×2	0.60
6×1000	10～12Nm³/h×2	0.70

注　制（供）氢站包括：氢气制备车间、氢气集装瓶车间。

7. 气体制备设施区

气体制备设施区建设用地单项指标见表 17-11。

表 17-11　　　　　　　　　气体贮存和分配设施区建设用地单项指标

机组容量（MW）	气体制品贮存（hm²）	空气压缩机房（hm²）	单项用地（hm²）
2×600	0.20	0.25	0.45
4×600	0.20	0.25	0.45
2×1000	0.20	0.25	0.45
4×1000	0.20	0.25	0.45
6×1000	0.20	0.25	0.45

8. 辅助锅炉房

辅助锅炉房建设用地单项指标见表 17-12。

表 17-12　　　　　　　　　　辅助锅炉房建设用地单项指标

机组容量（MW）	规模（t/h）	数量（台）	单项用地（hm²）
2×600	35～40	2	0.25
4×600	35～40	2	0.25

机组容量（MW）	规模（t/h）	数量（台）	单项用地（hm²）
2×1000	35～40	2	0.30
4×1000	35～40	2～3	0.30
6×1000	35～40	2～3	0.30

9. 维修设施与仓库建筑区

维修设施与仓库建筑区建设用地单项指标见表17-13。

表 17-13   维修设施与仓库区建设用地单项指标

机组容量（MW）	非放射性机修/电仪（hm²）	仓库（hm²）	单项用地（hm²）
2×600	2.00	2.00	4.00
4×600	3.00	3.00	6.00
2×1000	2.00	2.00	4.00
4×1000	3.00	3.00	6.00
6×1000	3.00	3.50	6.50

10. 废、污水处理设施区

废、污水处理设施区建设用地单项指标见表17-14。

表 17-14   废、污水处理设施区建设用地单项指标

机组容量（MW）	单项用地（hm²）
2×600	0.30
4×600	0.60
2×1000	0.30
4×1000	0.60
6×1000	0.90

11. 实物保护区

实物保护区建设用地单项指标见表17-15。

表 17-15   实物保护区建设用地单项指标

机组容量（MW）	单项用地（hm²）
2×600	3.90
4×600	7.00
2×1000	3.90
4×1000	7.00
6×1000	10.10

12. 厂前建筑区

厂前建筑区建设用地单项指标见表17-16。

表 17-16 厂前建筑区用地单项指标

机组容量（MW）	单项用地（hm²）
2×600	1.60
4×600	2.40
2×1000	1.60
4×1000	2.40
6×1000	2.90

（三）调整指标

当核电厂实际技术条件与表 17-3 规定的技术条件不同时，厂区内各单项建设用地指标应进行相应调整。当规划容量或机组组合与表 17-4 所列不同时，其建设用地基本指标和调整指标用插入法计算确定。

1. 自然通风冷却塔

当直流冷却水系统改为二次循环冷却系统，采用自然通风冷却塔时，应根据机组所需的冷却塔淋水面积，按表 17-17 的规定增加厂区建设用地指标，并相应核减厂区建设用地基本指标中的循环水泵房区的建设用地面积。

表 17-17 自然通风冷却塔建设用地调整指标

冷却塔淋水面积（m²）	技术条件			调整指标	
	冷却塔零米直径（m）	冷却塔进风口高度（m）	冷却塔间距（m）	冷却塔区单项用地（hm²）	排烟冷却塔区单项用地（hm²）
4×10 000	121.93	10.49	60.97	12.87	14.76
4×10 500	124.90	10.74	62.45	13.39	15.32
4×11 000	127.80	10.99	63.90	13.92	15.88
4×11 500	130.57	11.23	65.29	14.43	16.43
4×12 000	133.41	11.47	66.71	14.96	17.00
4×12 500	136.13	11.71	68.07	15.48	17.55
4×13 000	138.80	11.94	69.40	16.00	18.10
4×13 500	141.42	12.16	70.71	16.52	18.65
4×14 000	143.98	12.38	71.99	17.03	19.19
4×14 500	146.51	12.60	73.25	17.54	19.73
4×15 000	148.98	12.81	74.49	18.05	20.27
4×15 500	151.42	13.02	75.71	18.56	20.81
4×16 000	153.81	13.23	76.91	19.07	21.34
4×16 500	156.18	13.43	78.09	19.58	22.00
4×17 000	158.51	13.63	79.26	20.09	22.52

冷却塔淋水面积（m²）	技术条件			调整指标	
	冷却塔零米直径（m）	冷却塔进风口高度（m）	冷却塔间距（m）	冷却塔区单项用地（hm²）	排烟冷却塔区单项用地（hm²）
4×17 500	160.80	13.83	80.40	20.59	23.05
4×18 000	163.07	14.02	81.54	21.10	23.57
4×18 500	165.30	14.21	82.65	21.60	24.09
4×19 000	167.50	14.41	83.75	22.10	24.61
4×19 500	169.67	14.60	84.84	22.60	25.12
4×20 000	171.81	14.78	85.91	23.17	25.64
4×20 500	173.93	14.96	86.97	23.66	26.15

注 1. 当发电厂只建两座或一座冷却塔时，应按表列建设用地指标分别除以 2 或 4 计算调整用地指标；

2. 当两台机组合用一座冷却塔时，应按合并后的冷却塔淋水面积选择表列建设用地指标，再除以 2 或 4 计算调整用地指标；

3. 当采用排烟冷却塔方案时，调整方法同上，在减去冷却塔用地面积时，还应同时减去脱硫设施的用地面积。

2. 重要厂用水泵房区和机械通风冷却塔

当重要厂用水系统采用机械通风冷却塔时，按照机组容量选取所对应的重要厂用水泵房和机械通风冷却塔（两列一字形布置），建设用地按表 17-18 和表 17-19 增加建设用地指标。

表 17-18　　　　　　　重要厂用水泵房区建设用地调整指标

机组容量（MW）	循泵台数（台）	循环水量（m³/h/台）	调整指标（hm²）
2×1000	8	6000	0.60
4×1000	16	6000	1.20

注 1. 重要厂用水泵房包括：重要厂用水泵房、消防水池和泵房。

2. 适用于双堆机组。

表 17-19　　　　　　　机械通风冷却塔建设用地调整指标

机组容量（MW）	组	平面尺寸：长×宽×高（m×m×m）	调整指标（hm²）
2×1000	8	30×30×25	3.50
4×1000	16	30×30×25	7.00

注　适用于双堆机组。

3. 配电装置

当核电厂配电装置的技术条件与表 17-3 不同时，应根据工程技术条件按表 17-20 进行调整。当不设置网控楼时，配电装置区建设用地指标减少 0.30hm²。

表17-20

配电装置区建设用地调整指标

机组容量（MW）	出线电压（kV）	进线回数	出线回数	屋外型配电装置	基本技术条件及建设用地单项指标（hm²） 单项用地	中型布置 屋外型 每增、减一回	中型布置 屋内型 与屋外型用地差	中型布置 屋内型 每增、减一回	组合电器（GIS） 与屋外型用地差	组合电器（GIS） 每增、减一回	半高型 与屋外型用地差	半高型 每增、减一回	HGIS 与屋外型用地差	HGIS 每增、减一回
2×600	220	2	4	双母线接线	0.933	0.096	0.596	0.061	0.755	0.042	0.263	0.070	—	—
	330	2	2	3/2接线	1.820	0.325	—	—	—	—	—	—	1.405	0.117
	500	2	2	3/2接线	2.861	1.194	—	—	2.429	0.162	—	—	2.013	0.318
	750	2	1	3/2接线	4.850	1.261	—	—	—	—	—	—	3.596	0.370
	1000	2	2	3/2接线	—	—	—	—	—	—	—	—	(1.932)	0.850
4×600	330	4	5	3/2接线	3.130	0.325	—	—	—	—	—	—	2.275	0.117
	500	4	3	3/2接线	4.055	1.194	—	—	3.299	0.162	—	—	2.571	0.318
	750	4	2	3/2接线	8.634	1.261	—	—	—	—	—	—	6.534	0.370
	1000	4	2	3/2接线	—	—	—	—	—	—	—	—	(4.130)	0.850
2×1000	500	2	2	3/2接线	2.861	1.194	—	—	2.429	0.162	—	—	2.013	0.318
	750	2	1	3/2接线	4.850	1.261	—	—	—	—	—	—	3.596	0.370
	1000	2	2	3/2接线	—	—	—	—	—	—	—	—	(1.932)	0.850
4×1000	500	4	3	3/2接线	4.055	1.194	—	—	3.299	0.180	—	—	2.571	0.318
	750	4	2	3/2接线	8.634	1.261	—	—	—	—	—	—	6.534	0.370
	1000	4	2	3/2接线	—	—	—	—	—	—	—	—	(4.130)	0.850

注
1. 330kV组合电器均采用双母线接线，与其3/2接线方案的用地面积相近，指标值相同；
2. 500kV屋外型配电装置每增、减一回进出线为三个间隔，如果只增、减一个间隔，每个间隔用地调整指标0.398hm²；
3. 括号内的数值为HGIS用地单项指标值。

4. 燃油锅炉

当辅助锅炉采用燃油锅炉时，建设用地单项指标应按表 17-21 增加建设用地指标。

表 17-21　　　　　　　　　　　　燃油锅炉建设用地调整指标

机组容量（MW）	油罐数量（座）	用地指标（hm²）
2×600	2	0.20
4×600	2	0.20
2×1000	2	0.30
4×1000	2	0.30
6×1000	2	0.30

5. 架空进线

当常规岛主变压器至配电装置区之间采用架空进线且需设置进线转角构架时，按一回进线走廊宽度 40m 乘以进线累计长度增加厂区用地指标。

6. 循环水泵房区

当直流循环冷却水量大于 78m³/s/台时，循环水泵房区建设用地指标增加 0.50hm²。

7. 除盐水设施与海水淡化设施

当除盐水设施与海水淡化设施联合或相邻布置时，相应区域建设用地指标应根据初步设计审定的方案据实计列。

8. 制（供）氢站设施

制（供）氢站设施仅考虑氢气储存时，其建设用地指标核减 0.10hm²。

9. 地形与地震的影响

当厂区内设置挡墙或护坡来消除场地高差时，厂区建设用地指标应在厂区用地基本指标的基础上增加 3.00%～7.00%；采用挡墙时取低限，采用护坡时取高限。当电厂位于地震基本烈度 7 度以上地区时，上述范围值为 3.50%～7.50%。

10. 特殊情况

受特殊地形、地质和工艺条件的影响，厂区总平面布置用地出现特殊情况时，可按初步设计阶段审定的厂区总平面布置方案对用地指标进行适当调整。

（四）其他设施建设用地指标

核电厂工程有大量的配套设施设置在厂区以外，这些设施也有相应的建设用地指标，这些设施的建设用地指标不在厂区用地指标范围内。

1. 现场服务区

现场服务区主要包括值班公寓、综合服务楼以及其他必需的基层服务网点。两台机组现场服务区总用地面积不宜超过 1.84hm²，四台机组现场服务区总用地面积不宜超过 2.64hm²，六台机组现场服务区总用地面积不宜超过 3.20hm²。

2. 运行安全技术支持中心

运行安全技术支持中心主要包括运行安全模拟机培训、大修技术支持和公关宣传展览中心。两台机组的运行安全培训中心总用地面积不宜超过 0.90hm²，四台、六台机组时不宜超过 1.20hm²。

3. 应急指挥中心

应急指挥中心用地面积不宜超过 0.10hm²。

4. 武警营房

武警营房的用地指标，执行《武警内外执勤部队营房建筑面积标准（试行）》（〔2003〕武后字第 39 号）的有关规定。

5. 消防站

消防站按独立设置考虑，其用地指标执行《城市消防站建设标准》（2006 年修订）的有关规定。

6. 公安楼

公安楼的用地指标，执行《公安派出所建设标准》（建标 100—2007）的有关规定。

7. 厂前停车场

核电厂规划建设的停车场用地规模可按全厂定员人数的 30% 配置停车位，每个车位的用地指标按 25m² 进行控制。

8. 进厂道路和应急道路

核电厂的进厂道路和应急专用道路应尽量采用与社会协作方式，如需新建专用进厂道路或应急道路时，进厂道路的等级一般采用公路二级，路面宽度不宜超过 9m，应急道路等级一般采用公路三级，路面宽度不宜超过 7m。厂外道路建设用地应按上述规定的路面宽度，依据自然地形条件，并按路边设排水沟的公路型道路的实际用地计列。

当进厂道路增加地方社会车辆交通时，其道路路面宽度应按照规划道路的交通流量确定。

9. 厂外取排水构筑物及专用码头设施

核电厂直流供排水管线（明渠）、取排水口、专用码头等设施用地面积应根据初步设计阶段审定的方案据实计列。

10. 淡水厂

淡水厂主要包括核电厂的生产、生活用水的预处理，高位水池和泵站及输水管线，以及重要厂用水储水池等，其建设用地指标应根据水处理工艺系统的具体方式和用水需求确定。

（1）核电厂专用淡水厂建设用地的技术条件及单项指标宜符合表 17-22 的规定。

表 17-22　　　　　　　　　　淡水厂建设用地技术条件及单项指标

水处理量（m³/d）	单项用地（hm²）
13 000	1.80
18 000	2.00
26 000	2.40

（2）当核电厂采用海水淡化方式时，其建设用地的技术条件及单项指标宜参照相应规定执行。

（3）当重要厂用水系统设置重要厂用水储水池时，各种机组容量重要厂用水储水池建设用地的技术条件及单项指标宜符合表 17-23 的规定。

表 17-23　　　　　　　　重要厂用水储水池建设用地技术条件及单项指标

机组容量（MW）	储水量（10⁴m³）	单项指标（hm²）
2×1000	25	5.00
4×1000	50	10.00

注　按堆型要求设置。

（4）核电厂高位水池一般按照规划容量设置。各种机组容量高位水池建设用地的技术条件及单项指标宜符合表 17-24 的规定。

表 17-24　　　　　　　　高位水池建设用地技术条件及单项指标

机组容量（MW）	储水量（m³）	单项指标（hm²）
4×600	3×800	0.24
4×1000	4×1000	0.40

11. 气象站

气象观测塔和观测站的建设用地指标不应超过 0.15hm²（不含结构拉线影响范围）。

12. 环境监测站

环境检测站（含废液取样等）建设用地指标不应超过 0.20hm²。

13. 专用水库及道路

当需要设置专用水库及道路时，其用地面积应根据初步设计阶段审定的方案据实计列。

14. 厂区外边坡、挡土墙及防排洪设施

厂区外必需建设的边坡、挡土墙、防排洪等设施的建设用地，应结合建厂地区的自然条件，按照因地制宜、统筹规划、从严控制的原则，根据初步设计阶段审定的方案据实计列。

（五）建设用地计算统一规定

（1）核电厂建设用地包括核电厂厂区建设用地和其他设施建设用地。厂区建设用地指标按厂区控制区围栏轴线计算，其他设施建设用地按其单项用地计列。

（2）单机容量 600MW 级、1000MW 级机组核电厂的厂区建设用地指标包括生产区和厂前建筑区。主要生产厂房、放射性辅助生产设施、配电装置、除盐水设施、循环水泵房区设施（含加氯间）、制（供）氢站、气体贮存和分配（含空压站）、辅助锅炉房、维修设施与仓库、废、污水处理设施、实物保护等计入生产区用地；生产与行政办公楼、职工餐厅、档案馆等计入厂前建筑区用地；其他如现场服务区、运行安全技术支持中心、应急指挥中心、武警营房、消防站、公安楼、厂前停车场、进厂道路和应急道路、厂外取排水构筑物和专用码头设施、淡水厂、气象站、环境与监测站、专用水库与道路等均计入其他设施建设用地，当其他设施中的某个物项需要布置在厂区内时，应在厂区建设用地指标中，增加该物项的单项用地。

核电厂的施工区、施工生活区用地及施工临建用地不计入建设用地指标。

（3）各项设施用地计算范围均以厂房或建筑物周围道路中心线或至围墙轴线所围成的

区域面积用地。如果其中任一侧没有道路，则以该侧两个建构筑物之间距离中心线与道路中心线所围成的用地面积。

（4）配电装置区用地计算系指屋内或屋外配电装置以及主控、网控等围栅内的全部用地面积。

（5）实物保护用地系指控制区围栏、保护区围栏、要害区围栏、出入口、保安楼等的全部用地面积。控制区围栏的用地面积指围栏轴线至周围道路中心线所围成的用地面积；保护区围栏、要害区围栏的用地面积指内外侧围栏中心线两侧宽 8.50m 所围成的用地面积；出入口、保安楼等建筑物用地面积指建筑周围道路中心线或其与相邻建（构）筑物之间距离中心线所围成的面积。

第十八章
厂区总平面布置工程实例

一、工程实例一

某核电厂规划建设八台百万千瓦级压水反应堆核电机组及其配套辅助设施，分四期工程建成，每期建设两台机组。厂址总体规划见图 18-1。

八台机组自东向西依次并列布置（本章中方位均按建筑坐标系统描述），其中 1～4 号机组采用俄罗斯 WWER-1000/V-428 机型（属于第二代核电技术）；5、6 号机组采用 M310 加改进型机组（属于第二代核电技术）；7、8 号机组采用俄罗斯 AES-2006 机型（属于第三代核电技术）。

厂址东北侧、东侧和东南侧临海，北侧和西北侧靠山，南侧为滩涂回填形成的陆地。对外交通向南，电力出线向南，除 1、2 号机组从北侧海域取水、向东侧海域排水外，3～8 号机组均从厂区以北 3.80km 处海域取水，通过输水隧道输送进厂，排水通过排水隧道排至东南侧海域。

各期工程的厂区总平面布置（见图 18-2）：

一期工程：1、2 号机组北侧为该期工程的取水设施和辅助生产设施，取水设施包括取水前池、取水泵房等，辅助生产设施包括辅助锅炉房、空压机房、制氢车间、机电仪表修理车间及仓库等；南侧为厂前区，包括综合办公楼、餐厅、培训中心、接待展览中心、武警营房、消防站、气象站等，这些设施部分用于该期工程，部分用于全厂；西南侧为用于 1～4 号机组的开关站。

二期工程：3、4 号机组北侧为该期工程的辅助生产设施，包括取水构筑物、除盐水厂房、辅助锅炉房、放射性废物处理中心等；4 号机组南侧为排水虹吸井、仓库区、危险品库等。

三期工程：5、6 号机组四周均布置该期工程的辅助生产设施，其中北侧布置放射性废物暂存库、附加柴油发电机房、机械通风冷却塔及泵房等；东侧布置核岛及常规岛流出物储存厂房、排水虹吸井等；西侧布置联合泵房、放射性机修车间等，南侧布置除盐水厂房、氢气站、综合检修厂房及仓库等，以及用于 5～8 号机组的开关站。

四期工程：7、8 号机组基本均利用前期工程的辅助生产设施，仅建设少量辅助生产设施，其中 7 号机组南侧布置该期工程的除盐水厂房和排水虹吸井；8 号机组西北侧布置取水构筑物，南侧预留乏燃料干法储存用地。

以贯穿厂址中部东西方向的和谐大道为分界线，北侧集中布置各期工程厂区；南侧主要为施工场地、出线走廊以及 3～8 号机组的排水隧道，并随各期工程的建设，建造各期的厂前区。

取水口

北

0　100 200 300 400 500

取水暗涵

次要进厂道路

跨海大桥

大件码头

核电厂区

排水明渠

次要进厂道路

排水暗涵

排水口

主要进厂道路

500kV出线

220kV进线

淡水厂

图 18-1　厂址总体规划图（工程实例一）

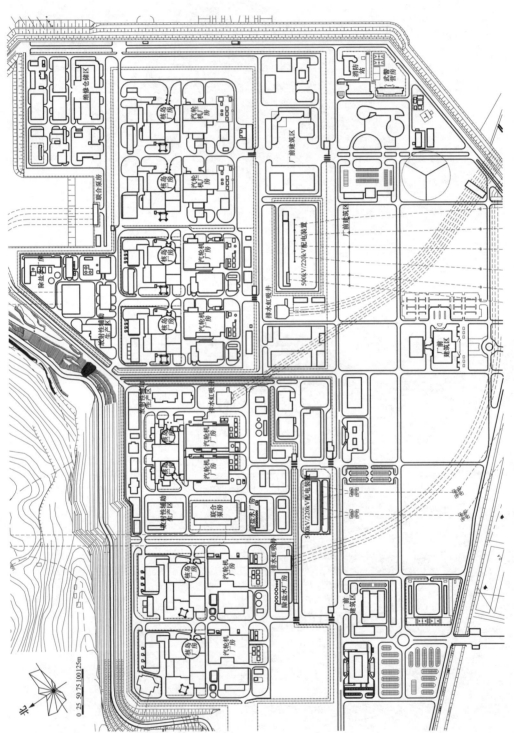

图 18-2 厂区总平面布置图（工程实例一）

二、工程实例二

某核电厂规划建设六台百万千瓦级压水反应堆核电机组及其配套辅助设施，分三期工程建成，每期建设两台机组。厂址总体规划见图18-3。

六台机组自西向东依次并列布置，其中1～4号机组采用M310加改进型机型（属于第二代核电技术）；5、6号机组采用华龙一号机型（属于第三代核电技术）。

厂址北侧、西侧和南侧临海，东侧与陆地接壤；在厂址北侧和南侧分别设置进、排水明渠，西侧设置大件码头及护岸；厂区对外交通向东；电力出线由厂区向北、再沿进水明渠外堤向东。

各期工程的厂区总平面布置（见图18-4）：

一期工程：1、2号机组四周均布置该期工程的辅助生产设施，其中西侧布置放射性机修车间、放射性废物暂存库、非放射性机电仪表修理车间及综合仓库等，这些设施部分用于该期工程，部分用于全厂；南侧布置核岛及常规岛流出物储存厂房等；东侧布置除盐水厂房、辅助锅炉房、空压机房等；北侧布置联合泵房、制氯站等；东北侧布置用于全厂的开关站；厂前区位于厂区以东（图18-4中未表示）。

二期工程：3、4号机组北侧布置联合泵房、制氯站等；东侧布置除盐水厂房、综合检修厂房及仓库等；南侧布置核岛及常规岛流出物储存厂房等。

三期工程：5、6号机组充分利用前期工程的辅助生产设施，并建设少量辅助生产设施，其中北侧布置联合泵房、制氯站等；西侧布置放射性机修车间、厂区实验室、空压机房等；南侧布置核岛及常规岛流出物储存厂房、保卫控制中心等；两座汽轮发电机厂房之间布置除盐水厂房。

以贯穿厂址中部东西方向的纬二路为分界线，北侧集中布置各期工程厂区；南侧主要为施工场地，以及少量的生产设施（如各期的排水虹吸井等）。

三、工程实例三

某核电厂规划建设六台"华龙一号"核电机组及其配套辅助设施，分三期工程建成，每期建设两台机组。厂址总体规划见图18-5。

六台机组沿山体东侧和北侧山脚，自东向西呈反"L"型依次布置，其中1、2号机组采用并列式布置，3～6号机组采用顺列式布置；1～4号机组采用直流冷却方式，5、6号机组采用二次循环冷却方式。

厂址北侧、东侧和南侧临海，西侧与陆地接壤；在厂址东侧设置护岸，北侧和南侧分别设置为1～4号机组配套的进、排水明渠（5、6号机组采用循环冷却方式），进水明渠内设置大件码头；电力出线以500kV电压等级向厂址以西架空送出；主、次进厂道路分别由厂址向西南和向西，连接至位于厂址西侧的当地主要公路沿海大通道。

各期工程的厂区总平面布置（见图18-6）：

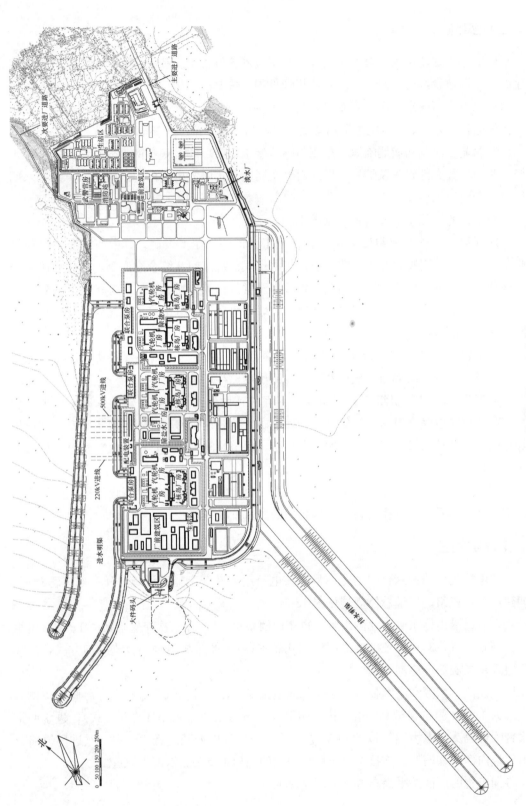

图 18-3　厂址总体规划图（工程实例二）

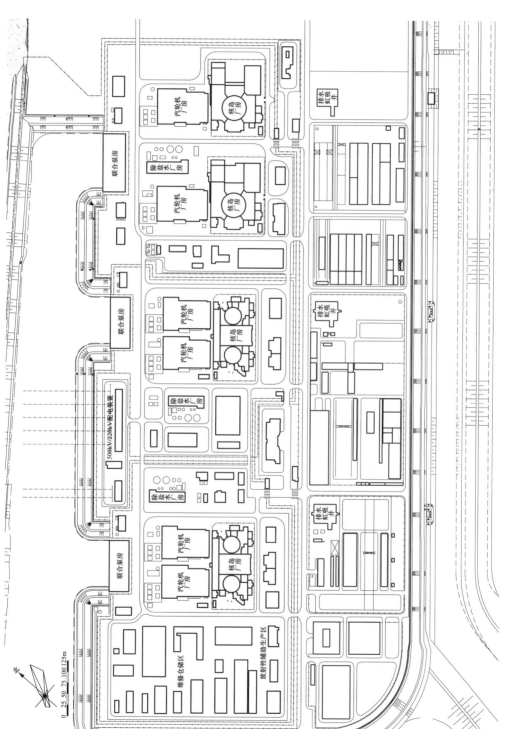

图 18-4　厂区总平面布置图（工程实例二）

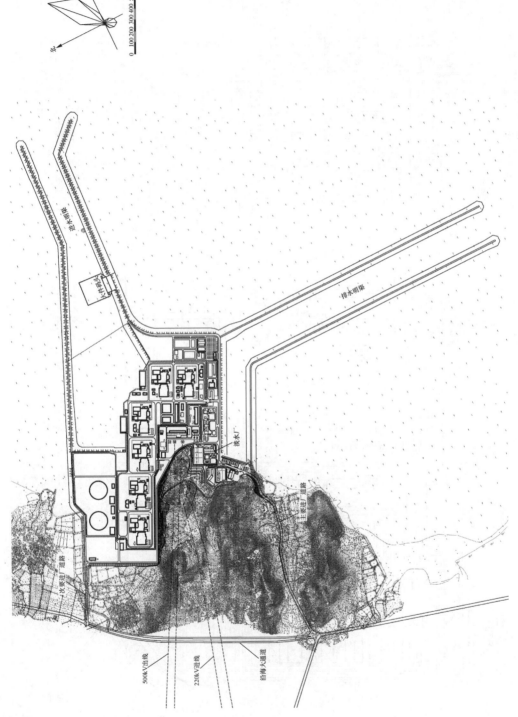

图 18-5　厂址总体规划图（工程实例三）

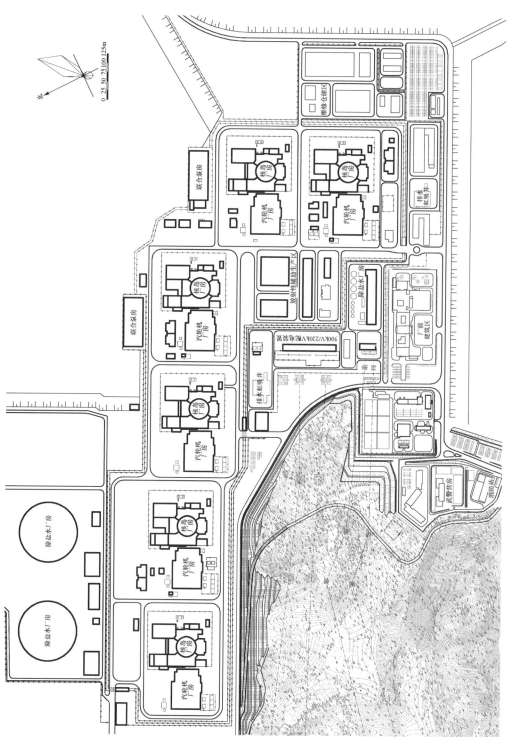

图18-6　厂区总平面布置图（工程实例三）

一期工程：1、2号机组以东西向并列布置在厂区偏东位置，核岛朝东、常规岛朝西；两台机组的北侧布置联合泵房、制氯站等；东侧布置维修仓储设施区；西侧布置放射性辅助生产设施区、除盐水厂房、配电装置区等；南侧布置核岛及常规岛流出物储存厂房、排水虹吸井等辅助生产设施；西南侧布置厂前建筑区、淡水厂等；其中配电装置区、放射性辅助生产设施区、维修仓储设施区的建设规模满足全厂6台机组的需求，除盐水厂房的建设规模满足1～4号机组的需求，其他设施仅为一期工程服务。

一期工程：1、2号机组并列布置在厂区东部，其西侧为放射性辅助生产设施和开关站，北侧为联合泵房、制氯站等冷却设施，东侧为非放射性维修仓储设施和施工临时堆场，南侧为运行办公楼、排水虹吸井等辅助设施，西南侧为厂前建筑区，其中放射性辅助生产设施、开关站、非放射性维修仓储设施、厂前建筑区等均按照全厂6台机组的需求规划建设，另在厂区西南侧设置了为全厂配套的淡水厂、武警营房、消防站等设施。

二期工程：3、4号机组顺列布置在1、2号机组西侧，其辅助设施大部分利用一期工程已建设施，另建少量专为二期工程配套的辅助设施，包括3、4号机组北侧的联合泵房、制氯站等冷却设施，以及南侧的运行办公楼、排水虹吸井、辅助变压器等辅助设施。

三期工程：5、6号机组顺列布置在3、4号机组西侧，其辅助设施同样大部分利用一期工程已建设施，另建少量专为三期工程配套的辅助设施，包括5、6号机组北侧的循环冷却塔、循环冷却泵房等冷却设施。

四、工程实例四

某核电厂规划建设5台压水反应堆核电机组及其配套辅助设施，分三期工程建成，厂址总体规划见图18-7。

厂址北侧与海岸相隔约数百米，东侧、南侧和西侧与陆地接壤；核电厂取水通过位于海域的进水明渠和位于陆域的进水隧道输送，排水通过排水隧道（海域陆域和海域）排出；电力出线以500kV电压等级向厂址以南架空送出；主、次进厂道路分别由厂址向东南和向南，连接至当地主要公路。

各期工程的厂区总平面布置（见图18-8）：

一期工程：1、2号机组采用CNP600双堆机组（属于第二代核电技术），布置在厂区东部，核岛朝西、常规岛朝东；两台机组的西侧和北侧布置放射性和非放射性辅助生产设施；西北侧布置联合泵房、制氯站等；东侧布置除盐水厂房等设施；南侧为高差14m的边坡，配电装置区和淡水厂布置在高一级的台阶上；厂前建筑区布置在厂区东北部。

二期工程：3、4号机组采用"华龙一号"机组，并列布置在厂区西部，核岛朝北、常规岛朝南，其北侧布置放射性辅助生产设施区、联合泵房、制氯站、排水虹吸井等，南侧布置配电装置区（高一级台阶上）；两台机组之间布置除盐水厂房。

三期工程：5号机组采用ACP100小堆机组，布置在厂区西北部，核岛朝西、常规岛朝东；除设置除盐水厂房等少数辅助设施作为三期工程的配套设施外，其他均利用二期工程已建的辅助设施。

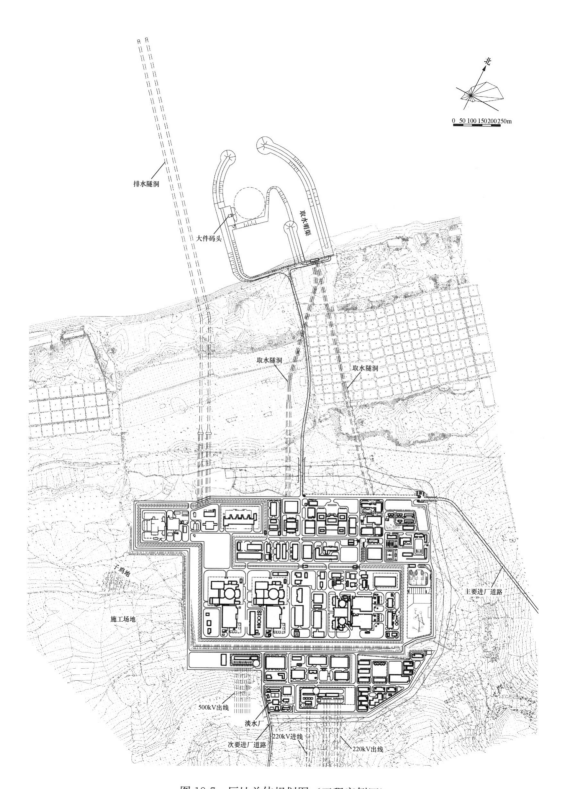

北

0 50 100 150 200 250m

排水隧洞

大件码头

取水明渠

取水隧洞

取水隧洞

子鸡地

施工场地

主要进厂道路

500kV出线

淡水厂

次要进厂道路

220kV进线

220kV出线

图 18-7　厂址总体规划图（工程实例四）

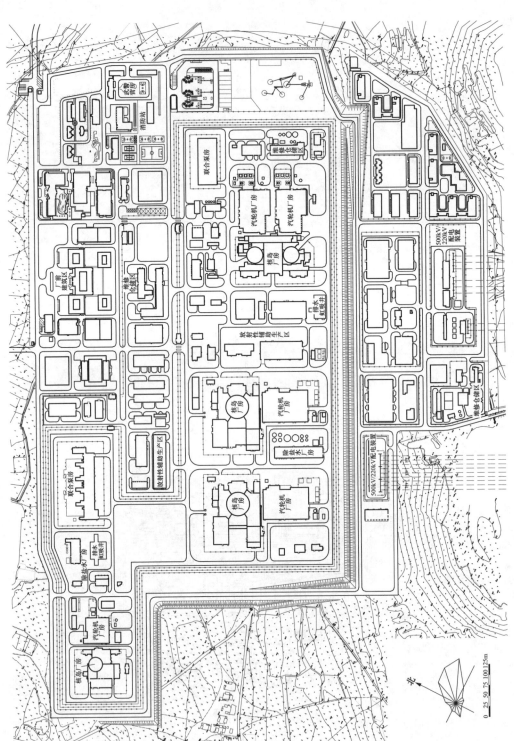

图18-8　厂区总平面布置图（工程实例四）

Part 5

第五篇　厂区竖向布置

　　本篇主要介绍核电厂厂区竖向布置、厂区防排洪与场地平整的设计原则、一般要求和设计要点与注意事项、厂区标高确定的依据、竖向布置的形式及表示方法；防洪标准、防洪排涝的具体设计方法；场地平整的内容、要求，土石方工程的组成和厂址土方平衡计算方法注意事项等。

第十九章
厂区竖向布置

核电厂厂区竖向布置的任务是确定建（构）筑物、设施与设计地面之间的高程关系，主要根据厂址自然条件，如厂区地形、工程地质和水文、气象、洪涝水位，以及核电厂工艺、交通、排水、厂址土石方平衡要求等，确定厂址各分区及区内场地、建筑、设施、道（铁）路、地下管沟和相关的挡土墙、护坡的设计标高、场地排水坡向以及相应的工程量。

结合核电厂工程的特点，其竖向设计主要是确定主要生产设施区（含核岛厂房、汽轮机厂房以及配电装置和主变压器、网络控制楼等），辅助生产设施区（包括放射性厂房、冷却设施、BOP区、厂前区、厂外辅助设施区、施工区等），以及其他物项（含场地、建筑、设施、道路、铁路、地下管沟、挡土墙、护坡等）的厂坪设计标高等方面的内容。

第一节　厂区竖向布置的基本原则和要求

厂区竖向布置是保证核电厂的安全和开展四通一平专项设计及总体工程设计的重要内容和前提条件，与厂区总平面布置相辅相成，应统一考虑。影响厂坪标高确定的主要自然条件为：厂区地形、工程地质、厂址设计基准洪水位等；影响厂坪标高确定的主要工程因素为：工艺流程、交通运输、循环冷却水系统运行经济性和厂址土石方平衡等。所以设计人员要结合厂区总平面布置，以保证核电厂安全运行为前提，按照科学、合理、经济的原则，掌握影响厂坪标高确定的自然条件和主要工程因素，做好厂区竖向布置。

一、厂区竖向布置基本原则

核电厂厂区竖向布置应遵循下列原则：

（1）厂区竖向设计应满足工艺要求，利于核电厂安全生产和施工，方便运行管理，节约投资、保护环境与生态。

（2）厂区竖向布置应与厂区总平面布置统一考虑。

（3）厂区竖向设计标高应与自然地形地势相协调，宜顺应自然地形，避免出现高挡土墙、高边坡，减少工程建设对厂址区域原有地形、地貌的破坏，充分利用和保护原有厂外排水系统。

（4）厂区竖向设计应考虑循环冷却水系统运行的经济性，尽可能降低取水扬程。

（5）厂区竖向设计宜做到土石方工程填、挖方及基槽开挖余土综合平衡，尽可能减少取、弃土用地。

二、厂区竖向布置一般要求

（一）满足厂址防洪安全要求

在核电厂前期工作阶段，应对厂址安全是否受洪水影响进行评价。在初步可行性研究阶段，通过专题研究初步提出厂址设计基准洪水位；在可行性研究阶段通过进一步专题研究确定设计基准——厂址设计基准洪水位，确保厂址安全，否则在设计中需采取可靠的防护措施。通常是将所有安全重要物项布置在设计基准洪水水位以上，同时要考虑到风浪影响以及潜冰和杂物堆积作用的影响。必要时可将核电厂布置在足够高的地方，或用提高厂址地面标高来达到这一要求。设计基准洪水位是确定厂坪标高下限的基础。另外也可考虑设置永久性的外部屏障，这样可将厂坪标高定在设计基准洪水位之下，但考虑到建造永久性外部屏障的投资和维护成本以及厂址的自然条件，以这种方式考虑厂区防护显然是不一定合适的。设置防洪堤的堤顶标高应根据设计基准洪水位和相应的波浪来确定。

核电厂场地设计标高应满足安全应急的要求，且应避免因洪水泛滥而形成孤岛运行的现象。设计中一般按表19-1根据不同建（构）筑物类别的防洪标准考虑不同区域的场地设计标高。

表 19-1　　　　　　　　　　　不同设施防洪标准

建筑物、构筑物类别	防洪标准（重现期）
安全重要建筑物、构筑物	设计基准洪水位
常规岛及其他建筑物、构筑物	≥100 年、200 年一遇高水（潮）位
施工临时建筑物、构筑物	≥20 年一遇高水（潮）位

注　1. 对于风暴潮严重地区的海滨发电厂取 200 年。

2. 厂址应考虑截山洪和排山洪的措施，安全重要建筑物、构筑物相关截排洪设施应按 1000 年一遇设计，可能最大洪水（PMF）校核。

3. 存储移动泵、移动应急电源及相关设备的构筑物应满足水淹高度高于设计基准洪水位 5m 时，已采取的防水淹措施不会导致相关设备不可用。

厂址区洪水会影响到核安全，所以对于核电厂址，必须考虑引起洪水的所有可能的原因。核电厂厂址防洪应考虑必须抵御的设计基准洪水，以保证厂区设施的安全功能。一般要求厂坪标高高于设计基准洪水位，并考虑一定安全裕度（一般取 0.5m），可作为该类厂址厂坪标高的下限值。目前，国内已经运行和在建的核电厂，都将安全重要物项及常规岛和其他建筑物、构筑物建造在设计基准洪水水位以上。

每个核电厂址的设计基准洪水位可能不是由一个严重事件及其外界条件形成的，而是由多个严重事件同时发生而形成的。洪水设计基准组合见表19-2。

表 19-2　　　　　　　　　　　设计基准组合

类别	设计基准组合
滨海核电厂	降水、高水位、天文潮高潮位、海平面异常、可能最大风暴潮增水、可能最大假潮增水、可能最大海啸增水、风浪影响、上游一个或几个挡水构筑物在满库容情况下失效时的影响、潮汐河流和封闭水体的水位变化、冰块堵塞和其他因素引起的洪水的可能最大组合洪水
滨河核电厂	降水、高水位、可能最大洪水、溃坝洪水、内涝洪水、潮涌增水、风浪影响、上游或下游河流因暂时堵塞的影响和其他因素引起的洪水的可能最大组合洪水

核电厂洪水设计基准要考虑如下组合方式：

（1）除了单一的严重洪水事件之外，必须考虑事件的适当组合。单个事件和事件组合及其相应的外界条件的实例清单如下：

1）由于降雨产生的可能最大洪水；

2）可能最大积雪与 100 年一遇的雪季降雨相遇；

3）100 年重现期的积雪与雪季的可能最大降雨相遇；

4）由相当 S1 级的地震引起的溃坝与由 1/2 可能最大降雨引起的洪峰相遇；

5）由相当 S2 级的地震引起的溃坝与 25 年一遇的洪峰相遇；

6）100 年重现期的冰堵与相应季节的可能最大洪水相遇；

7）上游水坝因操作失误开启所有闸门与由 1/2 可能最大降雨引起的洪峰相遇；

8）上游水坝因操作失误开启所有的泄水底孔与由 1/2 可能最大降雨引起的洪峰相遇。

（2）滨海厂址的设计基准洪水位可按下列方式组合：

1）10％超越概率天文高潮位＋可能最大风暴增水＋海水面异常；

2）10％超越概率天文高潮位＋可能最大风暴增水＋海水面异常＋0.6H_1％**❶**。

（3）对于滨河核电厂址，应结合厂址特性，分析下列核电厂独立事件和组合事件及其相应的外界条件，选择其最大值作为厂址设计基准洪水位：

1）由降雨产生的可能最大洪水；

2）可能最大洪水引起的上游水库溃坝；

3）可能最大洪水引起的上游水库溃坝和可能最大降雨引起的区间洪水相遇；

4）可能最大积雪与频率 1％的雪季降雨相遇；

5）频率 1％的积雪与雪季的可能最大降雨相遇；

6）由相当运行基准地震震动引起的上游水库溃坝与区间 1/2 可能最大降雨引起的洪峰相遇；

7）由相当安全停堆地震震动引起的上游水库溃坝与区间频率 4％的洪峰相遇；

8）频率 1％的冰堵与相应季节的可能最大洪水相遇；

9）上游水坝因操作失误开启所有闸门与由 1/2 可能最大降雨引起的洪峰相遇；

10）上游水坝因操作失误开启所有泄水底孔与区间由 1/2 可能最大降雨引起的洪峰相遇。

（4）当滨河厂址受水域波浪影响时，设计基准洪水位可加上 0.6 倍重现期为 100 年的波列累计频率 1％的波高值。

（5）对于河口厂址，应采用下列组合中的最大值作为设计基准洪水位：

1）10％超越概率天文高潮位＋10 000 年一遇风暴潮增水＋河流的平均流量引起的水位升高＋波浪影响；

2）10％超越概率天文高潮位＋100 年一遇风暴潮增水＋10 年一遇径流洪水引起的水位升高＋波浪影响；

3）10％超越概率天文高潮位＋10 年一遇风暴潮增水＋100 年一遇径流洪水引起的水位升高＋波浪影响；

4）10％超越概率天文高潮位＋10 000 年一遇径流洪水引起的水位升高＋0.5m 的安全裕度。

---

❶　H_1％为设计基准洪水位情况下，可能最大台风浪产生的百分之一大波，单位：m。

（二）满足核安全相关边坡要求

当厂坪标高对核电厂人工边坡安全、支护高度及费用有较大影响时，厂区总平面布置、厂区竖向设计时需予以关注，尤其是核安全相关的边坡［边坡坡脚外小于1.4倍边坡高度范围，或坡脚外50m范围内存在核安全相关建（构）筑物的边坡］。

（三）满足厂区排洪能力要求

根据《福岛核事故后核电厂改进行动通用技术要求（试行）》中的规定，依据厂址条件确定适当的超设计基准水淹场景（如设计基准洪水位情况下，叠加1000年一遇降雨），设计时主要通过室内外高差、排水管网保证极端情况下厂区的排洪能力。

厂区竖向布置应充分利用和保护天然排水系统及植被，边坡开挖应防止滑坡、塌方。厂区场地排水系统的设计应根据地形、工程地质、地下水位、厂外排水口标高等因素综合考虑。

（四）满足生产工艺流程要求

厂区竖向布置应结合厂区地形、地质、水文气象、交通运输、土石方量、地基处理及边坡支护等因素综合考虑，合理选择平坡式或阶梯式等布置形式。

建（构）筑物、道路等标高的确定，应便于生产使用。基础、管道、管架、沟道、隧道及地下室等的标高和布置，应统一安排，做到合理交叉，维修、扩建便利，排水畅通。应使本期工程和扩建时的土石方、地基处理、边坡支护、生产运行等费用综合最少，宜做到厂区、施工区、基槽余土以及配套工程的土石方综合平衡。当填、挖方量达到平衡有困难时，应落实取、弃土场地，并宜与工程所在地的其他取、弃土工程相结合。

（五）统筹考虑近远期协调

新建工程应按规划容量统筹规划竖向布置，改建、扩建工程应妥善处理新老厂场地、边坡、道路、工艺管线及排水系统的关系，结合现有场地及竖向布置方式统筹确定场地设计标高，使全厂统一协调。

第二节　影响竖向布置的主要因素

影响核电厂厂区竖向布置的因素较多，如设计基准水位、地形和地质条件、工艺布置要求、交通运输要求、土建工程费用、施工的强度和速度、不良地质区的特殊要求等，实际工作中应根据工程的实际情况进行厂区竖向设计。

一、基岩面及地基条件

核电厂安全级物项的地质条件是确定厂坪标高时需重点考虑的因素，反应堆厂房及其他重要安全建（构）筑物应尽可能布置在满足地基要求、均匀、稳定的天然岩石地基上，当厂坪标高对应基岩面面积影响重要建（构）筑物布置时，需结合总平面布置、地基处理综合考虑。对于非基岩地基场地也要满足核安全类厂房对地基的设计要求，必要可采取地基处理措施。

二、常规岛厂房的竖向布置

直流冷却核电厂常规岛厂房凝汽器水室出口管底标高应高于多年平均潮位以及虹吸井

溢流堰的堰上水位，以保证不影响凝汽器发生故障的检修、维护。

凝汽器水室出口管底标高、常规岛厂房相对厂坪标高的竖向布置方案直接影响循环水泵的扬程（与循环水沿程阻力、凝汽器水室标高），见图 19-1～图 19-3，循泵扬程则影响运行费用及初期投资。

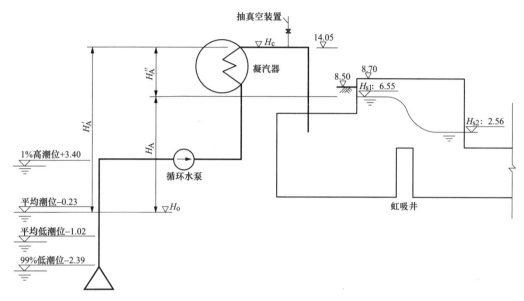

图 19-1　循环水系统示意图（地上式）

H'_A—虹吸作用未形成前水泵供水的几何高度；H_A—水泵供水的几何扬程；H''_A—虹吸利用高度；H_o—水泵吸水口水位；H_c—凝汽器排水管最高点标高；H_{s1}—虹吸井溢流堰堰上水位；H_{s2}—虹吸井溢流堰堰后水位

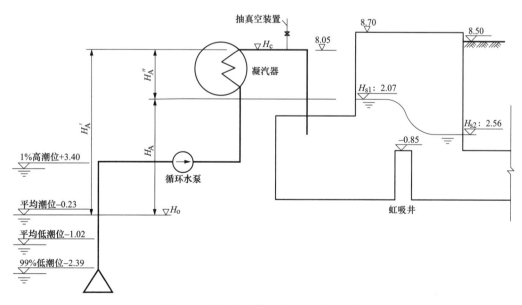

图 19-2　循环水系统示意图（半地下式）

H'_A—虹吸作用未形成前水泵供水的几何高度；H_A—水泵供水的几何扬程；H''_A—虹吸利用高度；H_o—水泵吸水口水位；H_c—凝汽器排水管最高点标高；H_{s1}—虹吸井溢流堰堰上水位；H_{s2}—虹吸井溢流堰堰后水位

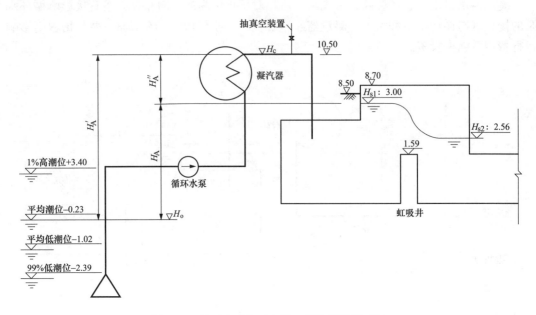

图 19-3　循环水系统示意图（凝汽器局部下沉）

H_A'—虹吸作用未形成前水泵供水的几何高度；H_A—水泵供水的几何扬程；

H_A''—虹吸利用高度；H_o—水泵吸水口水位；H_c—凝汽器排水管最高点标高；

H_{s1}—虹吸井溢流堰堰上水位；H_{s2}—虹吸井溢流堰堰后水位

某核电项目对常规岛全地上、地下、局部下沉三种方案中循环水泵运行的年节省电量
与厂坪标高的关系见图 19-4。

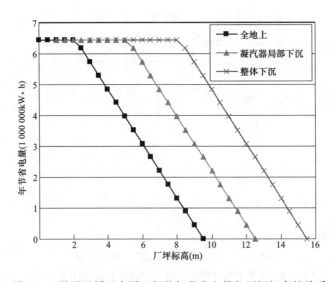

图 19-4　某项目循环水泵运行的年节省电量与厂坪标高的关系

三、海工构筑物

海工构筑物（如厂区护岸）是保证场地稳定、防洪安全的重要设施，与厂坪标高之间存在相互影响、迭代的关系，同时也是初期投资的重要组成。近海或内陆核电厂采用二次循环冷却系统，厂区远离海岸，不同的厂坪标高对海工构筑物影响甚微。

四、土石方平衡（静态）

土石方平衡是确定厂坪标高的重要因素。不同的总平面布置方案、竖向设计方案、海工布置方案，可能导致不同的土石方供需情况，进而影响土石方平衡、施工进度。在土石方工程设计中应尽可能做到挖填平衡，这样能减少土石方的倒运以节省工程费用，如填挖不能完全平衡也应采用相对经济的方案。

五、经济性

在满足安全的基础上，经济性是确定厂坪标高的重要因素。厂坪标高可能影响的费用组成详见图 19-5。

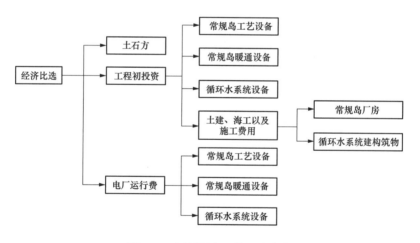

图 19-5　厂坪标高经济比选内容

六、其他影响因素

除上述因素外，厂坪标高对地基处理、建（构）筑物基础、基坑方案、防渗墙费用、工期及厂区景观等均有一定影响。

七、厂坪设计标高的评价方法与分析流程

确定厂坪标高是核电厂竖向设计工作中的重要工作，既关系到电厂的安全稳定运行，又与电厂经济性密切相关。结合核电厂工程特点及以往项目实践经验，厂坪标高分析方法及流程可参考图 19-6 开展工作。

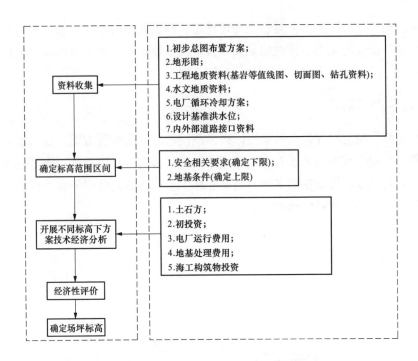

图 19-6　厂坪标高分析方法及流程

第三节　竖向布置形式

核电厂厂区竖向设计常用的布置形式是有平坡式布置、阶梯式布置，在实际工程中，这两种形式主要是根据场地的自然地形条件，以及外部交通运输状况的进行选用。目前国内核电厂大多采用平坡式布置。

一、平坡式布置

平坡式布置可以分为无坡度的水平型、由一个或多个不同坡度斜面组成的斜面型和由几个设计平面和斜面组成的组合型。

平坡式布置一般适用于下列情况：

（1）厂区场地平坦，自然地形坡度不超过 3％，坡向可根据场地大小、建构筑布置、管架布置、地下管沟及道路布置等，择优选用单坡、双坡或多坡布置；

（2）场地自然地形坡度在 3％～4％，且场地宽度较小。

二、阶梯式布置

阶梯式布置是指将核电厂厂区场地设计为若干个台阶，并以挡土墙或陡坡相连接而成，各主要整平面连接处一般有 1m 以上的高差。按场地倾斜方向可分为单向降低的台阶、由中间向边缘降低的台阶和由边缘向中间降低的台阶。

阶梯式布置一般适用于下列情况：

（1）厂址位于山坡地区，自然地形坡度超过 3%；

（2）厂区采用直流冷却供水，取水标高与场地标高相差较大。

阶梯的划分应根据建构筑物的生产性质，在满足建构筑物及其附属设施的布置、管沟布置、交通运输、施工安装等要求下确定。将安全重要的建构筑物如核岛和常规岛组成的主厂房区宜布置在一个台阶上，非安全重要的建构筑物宜布置在另一个或几个台阶上，整个厂区台阶数不宜超过 3 个。在同一台阶内，一般竖向布置为平坡式。台阶的高度宜在综合比较生产、建构筑物基础埋深、地形地质条件、岩土工程、土石方量、台阶宽度、横向坡度、交通运输等因素后确定。

阶梯式布置应考虑相邻两台阶的连接方式，可根据场地条件、水文地质、岩土工程、工艺需求、台阶高度、运输方式等因素确定，择优采用挡土墙、自然放坡或铺砌护坡。当厂区有放坡条件且无不良地质作用，一般采用自然放坡；当厂区用地受限时，一般采用挡土墙连接。

三、竖向设计的表示方法

厂区竖向设计时，一般采用设计标高法（箭头法）、设计等高线法和断面法表示。

（一）设计标高法（箭头法）

厂区竖向设计设计标高法也叫箭头法，即用标高和水流合成指向表示场地设计标高和坡向的方法。标高标注点间距，平原地区为 20~30m，丘陵山区为 10~20m。场地设计坡度小于 0.5% 时，宜采用箭头法。参见图 19-7。

（二）等高线法

厂区竖向设计等高线法，是指场地标高及排水方向及坡度用地形等高线表示的设计方法。道路路面也需采用等高线表示，场地等高线与道路等高线需反映出两者间的标高关系。场地设计坡度大于 0.5% 时，宜采用等高线法，山区电厂宜采用等高线法。等高距宜选择 0.05、0.10、0.25m 三种。不同区域的场地可根据坡度情况确定不同的等高距，但等高线应有明确的标高值。等高线法参见图 19-8。

（三）断面法

厂区竖向设计断面法，指用断面图来表示场地设计标高和坡向的方法。在竖向布置图中直接反映断面，或在竖向布置图中表示断面位置和编号，各断面图集中表示。采用断面法，宜选择场地较小的厂区或局部小区。断面法参见图 19-9。

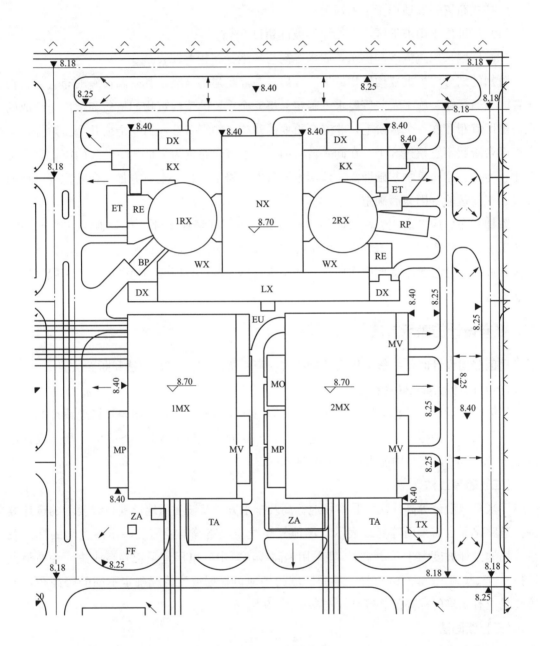

图 19-7　箭头法

RX—反应堆厂房；NX—核辅助厂房；LX—电气厂房；KX—燃料厂房；MX—汽轮发电机厂房；
TA—变压器和降压器平台；ZA—公共气体储存库；MP—树脂再生间；MV—汽轮机通风间

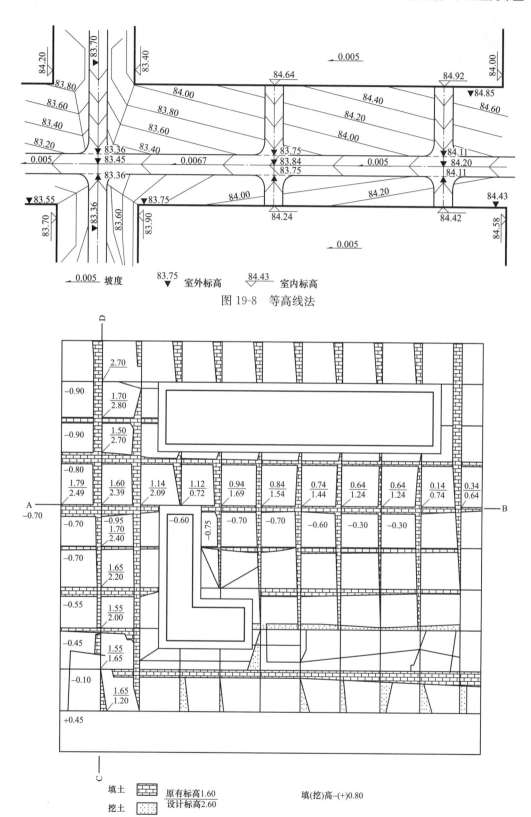

图 19-8　等高线法

图 19-9　断面图法

第二十章

厂区防排洪

核电厂厂址区洪水泛滥会影响到核安全，所以对于每个核电厂址，安全重要物项必须防御设计基准洪水，以保证核电厂的运行。核电厂应严格按照防洪标准的相关要求开展厂区室外场地雨水排水系统设计，雨水排水系统设计合理与否，不仅会影响核电厂的基建投资和运营成本，甚至会影响核电厂的安全性。

第一节 厂址防洪

对于不同核电厂址，可采用不同的防洪方法进行防洪设计。设计中应保证核电厂内不同建筑物、构筑物满足防洪标准的要求。

一、防洪方法

（1）厂区所有安全重要建筑物、构筑物的设计标高都在设计基准洪水的水位以上，并考虑波浪的影响，以及冰和杂物可能的堆积作用。可通过提高厂址设计地坪标高或利用现有地形条件实现。当前大多数核电厂的防洪设计采用这种方法，通常所称"干厂址"。

（2）厂区设计标高低于设计基准洪水位时，需要建造防洪堤或堤坝等永久性的外围屏障保障厂内建筑物项的安全。屏障应按照安全重要的构筑物来设计。鉴于建造永久性外围屏障的投资和维护成本较高，一般不推荐。

（3）对某些核电厂址，利用上述（1）和（2）的组合进行防洪设计。

二、防洪标准

一般设计基准洪水应不低于任一历史洪水水位。厂坪设计标高应高于设计基准洪水位，以此作为厂坪标高的下限值。近海核电厂需考虑厂址可能最大降雨叠加对设计基准洪水的影响。

核电厂内不同建筑物、构筑物的防洪标准与建（构）筑物的类别有关。设计基准洪水位组合时需考虑波浪叠加影响。安全重要建（构）筑物区域的标高设计应在设计基准洪水位的基础上根据浪高和波浪辐射的距离增加波浪的影响。厂址标高低于设计基准洪水位时，厂区防洪设施的顶标高也应在设计基准洪水位的基础上增加波浪的影响。与核安全相关的防洪设施均应执行安全重要建（沟）筑物的防洪标准。常规岛区域的标高设计应在防洪标准（重现期）的基础上增加0.5m。

目前，国内已经运行和在建的核电厂，核岛、常规岛组成的主厂房区域一般都按照同一防洪标准设计。

第二节 厂区场地排水

一般情况下，核电厂厂区场地雨水排水设计过程中均会设置雨水排水系统对厂区场地雨水进行有组织地收集、排放，并使其能够及时顺畅地排至厂外。

一、厂区场地雨水排水设计原则和要求

（1）室外场地雨水系统应根据核电厂厂区总平面规划统一规划布置。厂区各功能分区的场地雨水应尽量分散、均衡、就近，并能及时排放。

（2）核电厂室外场地雨水排水方式应结合厂址自然条件、场地地形条件、厂区道路布置条件以及使用时间和目的等综合确定，一般可分为雨水明沟、暗管或自然渗排三种方式。

（3）核电厂室外场地应设置独立的雨水排放系统，雨水、污水分开排放。

（4）室外场地排水应尽可能采用自流排水。

（5）当厂区内被沟道封闭的场地或局部场地的雨水不能排出时，应设置雨水口或渡槽，并接入雨水排水系统。

（6）滨海核电厂室外雨水排放可结合海工布置就近排海。

（7）对于采用台阶式布置的核电厂，每个台阶应有独立的集水系统。

（8）厂区外排雨水，一般在四通一平设计范围内。如厂区外局部坡面雨水、厂区外周边如设有人工边坡、挡墙等支护设施范围内的雨水，应在坡顶处设置截洪沟、坡底设排水沟等设施直接排出厂外，以防止流入厂区。

二、厂区排水方式

（一）雨水明沟排水方式

雨水明沟排水方式是在场地上有组织地设置排水明沟，通过沟道收集场地雨水，并利用沟道分散或集中排至厂外的排水方式。

目前，核电厂控制区范围内一般仅在施工建设期间采用临时明沟排水，后期采用有组织的暗管排水。

控制区以外区域明沟排水方式的适用情况如下：

（1）瞬时暴雨强度大的地区，如热带气候地区；

（2）排水落差小，场地可分区，并且各分区雨水可就近排至厂外水域；

（3）有适于明沟排水的地面坡度；

（4）多尘易堵、雨水夹带大量泥沙和石子的场地；

（5）厂址边缘地段或埋设下水暗管比较困难的岩石地段；

（6）回填较深或软土地区的场地。

（二）雨水暗管排水方式

暗管雨水排水方式是目前核电厂应用最为广泛的一种排水方式。暗管雨水排水系统由雨水口、埋地暗管及管道检查井组成，其中雨水口起到了收集雨水的作用。雨水口收集周围地表雨水后，通过与之连接的雨水管道排至虹吸井或排至厂外。

　　室外雨水排水主要包括场地（包括建筑物屋面雨水有组织地排至场地）排水和道路路面排水两部分。雨水口的形式、数量和布置应结合总平面布置及竖向布置按汇水面积所产生的流量、雨水口的泄水能力和道路形式确定。

　　暗管雨水排水方式一般适用于以下情况：

　　（1）对环境洁净要求较高的区域；

　　（2）建（构）筑物布置密度较高或室外直埋管线复杂的区域；

　　（3）大部分建筑物屋面采用内排水时；

　　（4）场地平坦或地下水位较高等不适宜采用明沟排水的场地；

　　（5）湿陷性黄土、膨胀土等特殊土壤地区的场地。

　　当采用管道排水，道路雨水口的型式、数量和布置应按汇水面积范围内的流量、雨水口的泄水能力、道路纵坡和路面种类等因素确定，并应符合下列规定：

　　（1）雨水口应设置在集水方便并与雨水干管检查井或连接井有良好连接条件的地段，不宜设在建筑物门口、人行道出口和地下管道顶上；

　　（2）雨水口间距宜为 25～50m，当道路纵坡大于 2% 时，雨水口间距可大于 50m；

　　（3）当道路的坡段较短时，可在最低点处集中收水，其雨水口的数量应适当增加；

　　（4）当道路交叉口为最低标高时，应增设雨水口。

（三）地面自然渗排方式

　　自然渗排方式是在厂区场地不设置任何排水设施，充分利用地形坡度、场地渗透和蒸发，对厂内和厂外不构成冲刷影响的均衡分散排水。

　　自然渗排方式一般适用于下列情况：

　　（1）厂址规模较小，厂区自然排水条件较好；

　　（2）雨量较小，土壤渗水性强的地区；

　　（3）厂区边缘自然排水条件较好或局部设置雨水排水管沟有困难地段。

三、设计重现期和排水计算

（一）核电厂控制区内重现期

　　控制区内室外雨水系统设计重现期应为 1000 年。

　　当要害区外能形成独立的排水区域且水淹深度满足"最大水淹深度不应超过核安全相关厂房室内地坪"要求时，设计重现期可按 100 年一遇设计。

（二）核电厂控制区外重现期

　　控制区外无法形成完全独立的排水区和管系，宜同控制区设计标准一致，并需要进行水淹深度计算。在满足水淹深度计算要求的条件下，可降低控制区外的雨水设计标准，但设计重现期不应低于 5 年。

（三）雨水设计流量

　　我国目前采用恒定均匀流推理公式计算雨水设计流量。恒定均匀流推理公式基于以下假设：降雨在整个汇水面积上的分布是均匀的；降雨强度在选定的降雨时段内均匀不变；汇水面积随集流时间增长的速度为常数。其公式如（20-1）所示：

$$Q = q\phi f \tag{20-1}$$

式中　Q——雨水设计流量，L/s；

q——设计暴雨强度，$L/(s \cdot hm^2)$；

ϕ——径流系数；

f——汇水面积，hm^2。

（四）径流系数

径流系数 ϕ 可按表 20-1 的规定取值，汇水面积的平均径流系数按地面种类加权平均计算。

表 20-1　　　　　　　　　　　　　径流系数

地面种类	ϕ
混凝土硬化路面	0.85～0.95
大块石铺砌路面和沥青表面处理的碎石路面	0.55～0.65
级配碎石路面	0.40～0.50
碎石路面	0.35～0.40
非铺砌土路面	0.25～0.35
绿地	0.10～0.20

（五）降雨历时，应按照式（20-2）计算

$$t = t_1 + t_2 \tag{20-2}$$

式中　t——降雨历时，单位为分钟（min）；

t_1——汇水时间，单位为分钟（min），一般取 5～15min；

t_2——管渠内雨水流行时间，单位为分钟（min）。

四、雨水明沟设计

（一）雨水明沟的布置要求

（1）雨水明沟一般平行于建（沟）筑物、道路进行布置。

（2）水流路径短捷。

（3）尽量减少与道路的交叉，必须交叉时，宜垂直交叉。

（4）土质明沟不宜设在填方地段，其沟边距建（沟）筑物基础边缘不宜小于 3m，距围墙基础边缘不宜小于 1.5m。

（5）铺砌明沟的转弯处，其中心线的转弯半径不宜小于设计水面宽度的 2.5 倍。土质明沟转弯处，其中心线的转弯半径不宜小于设计水面宽度的 5 倍。

（二）断面形状

雨水明沟断面形状一般为矩形，在宽阔或厂区边缘地段，可为梯形。在岩石段、雨量少、汇水面积和流量较少地段，可为三角形。雨水明沟起点深度应不小于 0.2m，沟深一般应在计算水深的基础上至少增加 0.15m。

（三）雨水明沟的材料

（1）土质明沟：一般用于核电厂施工建设期间临时排水。投资少，断面尺寸大，易淤积，维修量大。

（2）砖砌明沟和石砌明沟：一般适用于施工建设期间临时排水，用于流速超过土质明沟限值、为减小断面、减少渗水等。

（3）混凝土明沟：一般用于流速大、防渗要求高的区域。

（四）土质明沟边坡

土质明沟边坡应根据土质情况确定，见表 20-2。

表 20-2   土质明沟边坡

土质明沟	边坡	土质明沟	边坡
黏质砂土	1：1.5～1：2.0	半岩性土	1：0.5～1：1.0
砂质黏土和黏土	1：1.25～1：1.5	风化岩石	1：0.25～1：0.5
砾石土和卵石土	1：1.25～1：1.5	岩石	1：0.10～1：0.25

（五）梯形铺砌雨水明沟

石砌雨水明沟材料一般为干砌片石和浆砌片石。石砌明沟宜采用 Mu20 以上片石。干砌片石一般应设置垫层，垫层为厚度为 10cm 的 C10 混凝土。浆砌片石采用 M5 水泥砂浆砌筑。混凝土雨水明沟采用 C15 混凝土，并设置 10cm 厚的垫层，明沟边坡一般为 1：0.75 ～1：1。

石砌雨水明沟每隔 15m，混凝土雨水明沟每隔 10m，应设置伸缩缝，缝宽为 2cm，用沥青麻丝填，表面用水泥砂浆抹平。在有地下水的地方，沟壁外侧应设置反滤层，沟壁留泄水孔。沟道一般加固到沟顶或者至少高于计算水位 0.15m。当有横向水流对沟顶有冲刷时，应由坡顶往外铺砌 0.3～1m。

（六）矩形雨水明沟

矩形雨水明沟一般为浆砌片石沟道或混凝土沟道。材料标号、伸缩缝、反滤层、泄水孔等设置同梯形铺砌雨水明沟。

盖板的荷载根据顶部承受的荷载确定。若顶部承受汽车，根据汽车荷载情况进行设计或选用相关图集。

（七）雨水明沟的连接

窄沟与宽沟的连接，应逐渐加大沟宽，渐变段的长度一般为沟宽差的 5～20 倍。梯形与矩形的连接，应在连接处设置挡土端墙。土质明沟的连接应适当的铺砌。

雨水明沟与涵管的连接，需考虑水流断面和流速等的影响，其中土质明沟与涵管的连接，为防止对涵管基础的冲刷，应加铺砌。涵管应满足明沟水面达到设计超高时的泄水量的要求。涵管两侧应设置端墙和护坡。涵管的底部可适当低于沟底，降低高度宜为管径的 0.2～0.25。

雨水明沟与暗管的连接，应在暗管端设置挡墙。另外为防止杂物进入暗管，端部还应设置格栅。土质明沟应自格栅起 3～5m 增加铺砌。

雨水明沟高度不同的连接，当高度差小于 0.3m 时，铺砌雨水明沟可设置跌水。土质明沟当流量小于 200l/s 时，可不加铺砌。当高度差为 0.3～1.0m 且流量小于 2000l/s 时，铺砌雨水明沟可设置缓坡段，土质明沟应增加铺砌。

五、暗管雨水排水设计

暗管雨水排水为目前核电厂常用的一种排水方法，将雨水口与检查井连接布置，使得雨水口串接在大管径的雨水干管上。雨水干管的管径应满足厂区排水量需求，将收集到的雨水排至虹吸井或排至厂外。雨水暗管设计原则及要求如下：

（1）应充分利用地形，排入附近水体。

（2）结合厂区建（构）筑物布置、道路雨水口分布、地形情况、出水口的位置等合理布置雨水干管，宜平行道路敷设。

（3）雨水口一般设置在道路交叉口的汇水点和低洼处，应使得雨水不致漫过路口而影响交通。

（4）雨水暗管设计充满度按满流考虑。满流时管道内最小流速应不小于 0.75m/s。金属管最大流速为 10m/s。

（5）厂区雨水暗管最小管径为 200mm，道路干线下最小管径为 250mm，雨水口连接最小管径为 200mm。

（6）厂区雨水暗管最小坡度为 3‰，道路干线下最小坡度为 34‰，雨水口连接管最小坡度为 10‰。

（7）厂区雨水暗管常用的断面型式为圆形，当断面尺寸较大时，宜采用矩形、马蹄形或其他型式。

第二十一章
场地平整及土石方工程

场地平整是核电厂四通一平中最重要的工作之一。对一般核电厂区，自然地形起伏不平，基本不满足核电厂场地设计要求，需根据厂区竖向布置进行场地平整，选择合适的场地平整方式，根据厂区竖向布置初平标高确定的挖方区、填方区、填土保留区，并根据设计精度和地形复杂程度选择合适的土石方计算方式，计算挖、填方量，选择经济合理的土石方调运方式。

第一节　场　地　平　整

核电厂场地平整一般分为初平和终平两个步骤：第一步在开工之前，是建设场地四通一平中的场地平整；第二步是在厂区主体建（沟）筑物施工完成后进行的场地平整。终平是根据厂区竖向设计完成场地平整，使得厂区内每块场地均达到设计标高和设计的排水坡度。下文将重点对初平进行说明。

一、初平的内容

一般在可行性研究阶段确定厂址后且办理用地、用海、用水手续获得批准后，建设单位会对场地进行平整，为项目开工做准备。初平是依据厂区竖向设计确定填方区、挖方区、保留区，且根据具体地形情况和精度要求确定土石方计算方式，择优选择土石方运送方式，达到平整目的。场地平整标高一般低于设计地坪标高 0.3～0.5m。

二、初平的要求

（1）场地平整的边界：根据不同厂区具体情况确定，一般为围墙外 2.0m。边界为挖方时，应至少到坡顶边界为填方时，应至少到坡脚。

（2）填方区域应分层碾压夯实，压实系数符合规定要求。

（3）平整前宜针对表土的具体情况进行处理。若为淤泥、腐殖土，或有机质含量大于8%的耕植土等，一般挖除后再进行场地平整。

三、初平方式

初平方式分为两类：连续式平整和重点式平整。连续式平整为在不保留原有自然地面条件下对整个核电厂区或厂区内的某部分区域进行连续的平整。重点式平整为只对核电厂区内与建（构）筑物有关的场地进行平整，其他区域保持不动的平整方式。

四、初平方式的选择

根据厂区竖向布置选择合适的平整方式。一般当场地的自然地形较平坦、场地坡向简单、地质条件较好、排水顺畅时，则选用连续式平整；当场地地形复杂，填、挖土石方量较大时，则选用重点式平整。

五、保留区

保留区主要在填方区，主要包括下列区域：

（1）核岛、常规岛等建（沟）筑物基础利用天然地基的区域。

（2）地基条件较差需进行挖除换填的区域，如：厂区存在湿陷性黄土、地基软弱下卧层或地下水位较高回填土含水量太高不满足工期要求等，需进行换填处理。

（3）采用强夯进行地基处理的区域。

（4）采用盾构方案的区域。

（5）GIL 管廊、循环水管线等埋深较大的回填区域。

第二节　土石方工程计算

土石方工程是核电厂得以实施的一个重要环节，土石方工程量也是计算核电厂总投资的一个必不可少的组成部分。要想在一块场地上建设项目，首先就是要对场地进行平整、处理，使其达到所需求的可以建设的标准。

对总图专业来说，土石方工程最主要的工作就是对场地进行挖、填方的计算与平衡设计。在可行性研究阶段开展的场地土石方工程量计算，会受到随着初步设计、施工图设计及现场施工等工作的开展而出现的许多不稳定因素的影响。所以要根据项目的开展进度，针对出现的各种问题，及时修正计算数据，使土石方工程在经济、合理的基础上，为下一步项目的顺利开展提供依据。

一、土石方工程计算方法

场地土石方量的计算，可根据设计精度要求及场地地形的特点选择合适的土石方计算方法。在工程中常用的土石方计算方法有：方格网法、断面法、局部分块计算法等。目前，核电厂土石方计算基本采用计算机程序计算，而计算机程序大都采用的是方格网法。本节中重点介绍方格网法，简单介绍其他计算方法。

（一）方格网法

一般适用于场地地形比较平缓、竖向布置采用平坡式的厂区，或场地地形较复杂、采用阶梯形布置时，分块对每个阶梯区域采用方格网法进行计算。

对自然地形比较复杂的场地，采用阶梯式布置时，宜适当放大测量比例，提高测量精度。按照台阶布置的分区采用方格网的计算方法。方格网的大小应根据地形变化的复杂程度和要求的计算精度确定，方格网一般为正方形。场地地形平坦时，其边长一般采用40m。场地地形比较复杂时，可局部加密方格网，其边长一般采用 10～20m。

方格网的布置一般在厂区场地的平整范围，根据总平面布置确定的建筑坐标系，沿坐标系的基轴（A、B）将场地分成适当大小的方格，以利于施工放线。为便于计算，应采用统一的方格网。各方格交点处右上角为场地设计标高，右下角为自然地面标高，左上角为施工高程，填方为（＋），挖方为（－）。方格网法计算实例见图 21-1，该图的方格网为20m×20m，图中虚线位置表示挖、填方零点线位置，用零点线计算公式求得各有关边线上的零点，并连接成零点线。根据有关计算公式计算出挖、填工程量。

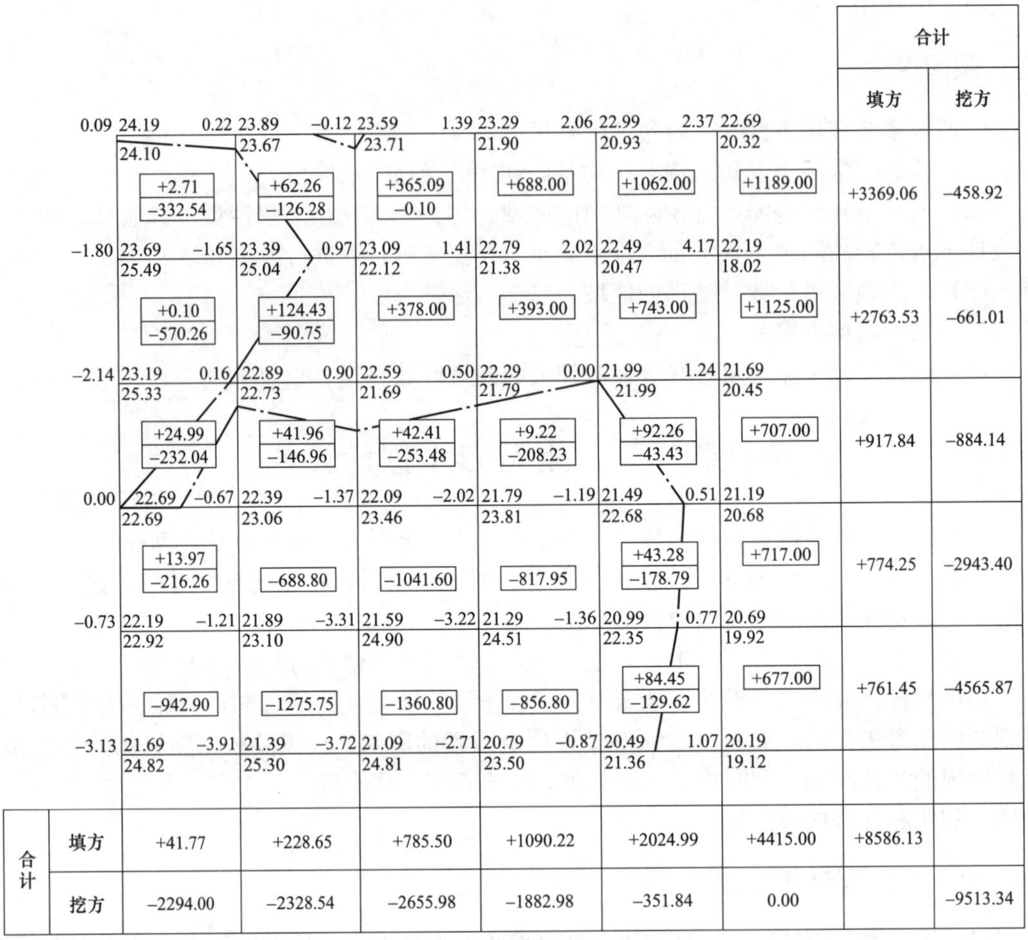

图 21-1　方格网法计算实例

图中数据（自上而下、自左而右）：

						合计 填方	合计 挖方
0.09 24.19 / 24.10	0.22 23.89 / 23.67	−0.12 23.59 / 23.71	1.39 23.29 / 21.90	2.06 22.99 / 20.93	2.37 22.69 / 20.32		
+2.71 / −332.54	+62.26 / −126.28	+365.09 / −0.10	+688.00	+1062.00	+1189.00	+3369.06	−458.92
−1.80 23.69 / 25.49	−1.65 23.39 / 25.04	0.97 23.09 / 22.12	1.41 22.79 / 21.38	2.02 22.49 / 20.47	4.17 22.19 / 18.02		
+0.10 / −570.26	+124.43 / −90.75	+378.00	+393.00	+743.00	+1125.00	+2763.53	−661.01
−2.14 23.19 / 25.33	0.16 22.89 / 22.73	0.90 22.59 / 21.69	0.50 22.29 / 21.79	0.00 21.99 / 21.99	1.24 21.69 / 20.45		
+24.99 / −232.04	+41.96 / −146.96	+42.41 / −253.48	+9.22 / −208.23	+92.26 / −43.43	+707.00	+917.84	−884.14
0.00 22.69 / 22.69	−0.67 22.39 / 23.06	−1.37 22.09 / 23.46	−2.02 21.79 / 23.81	−1.19 21.49 / 22.68	0.51 21.19 / 20.68		
+13.97 / −216.26	−688.80	−1041.60	−817.95	+43.28 / −178.79	+717.00	+774.25	−2943.40
−0.73 22.19 / 22.92	−1.21 21.89 / 23.10	−3.31 21.59 / 24.90	−3.22 21.29 / 24.51	−1.36 20.99 / 22.35	0.77 20.69 / 19.92		
−942.90	−1275.75	−1360.80	−856.80	+84.45 / −129.62	+677.00	+761.45	−4565.87
−3.13 21.69 / 24.82	−3.91 21.39 / 25.30	−3.72 21.09 / 24.81	−2.71 20.79 / 23.50	−0.87 20.49 / 21.36	1.07 20.19 / 19.12		
合计 填方 +41.77	+228.65	+785.50	+1090.22	+2024.99	+4415.00	+8586.13	
合计 挖方 −2294.00	−2328.54	−2655.98	−1882.98	−351.84	0.00		−9513.34

方格网不同图式和相应计算公式见表 21-1。

表 21-1　　　　　　　　方格网图式及计算公式

填挖情况	图式	计算公式	附注
零点线计算	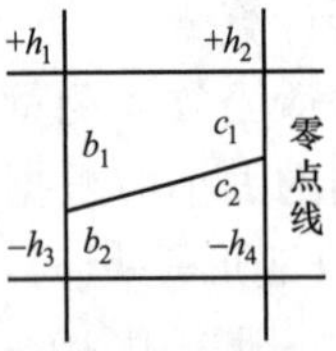 $+h_1$ $+h_2$ / b_1 c_1 零点线 c_2 / $-h_3$ b_2 $-h_4$	$b_1 = a\dfrac{h_1}{h_1+h_3}$　$c_1 = a\dfrac{h_2}{h_2+h_4}$ $b_2 = a\dfrac{h_3}{h_1+h_3}$　$c_2 = a\dfrac{h_4}{h_2+h_4}$	a 表示方格网边长（m） b、c 表示零点到一角的边长（m）
方形网点填方或挖方	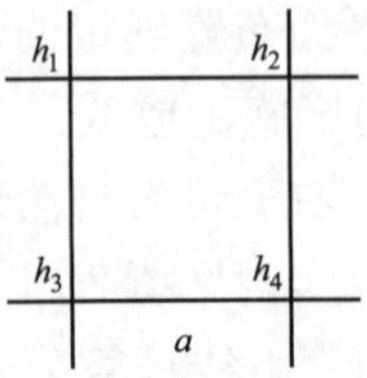 h_1 h_2 / h_3 h_4 / a	$V = \dfrac{a^2}{4}(h_1+h_2+h_3+h_4)$	V 表示填方或挖方的体积（m³）

续表

填挖情况	图式	计算公式	附注
梯形 二点填方或挖方		$V = \dfrac{a+b}{2} \cdot a \cdot \dfrac{\sum h}{4} = \dfrac{(b+c)a \cdot \sum h}{8}$	h_1、h_2、h_3、h_4 表示各点角的施工高程（m），用绝对值代入
五角形 三点填方或挖方		$V = \left[a^2 - \dfrac{(a-b)(a-c)}{2} \right] \dfrac{\sum h}{5}$	h 表示填方或挖方施工高度总和，用绝对值代入
三角形 一点填方或挖方		$V = \dfrac{1}{2} b \cdot c \cdot \dfrac{\sum h}{3} = \dfrac{bc \sum h}{6}$	

（二）断面计算法

一般适用于山丘地区，地形起伏较大，竖向布置采用台阶布置。布置断面时，根据厂区竖向布置图，宜将断面线垂直于自然等高线或主要建筑物的长边。断面之间的距离可视地形的复杂程度确定，一般为 20～50m。其方法是：首先在场地平土范围内布置断面，按比例绘制每个断面的设计地面线和自然轮廓线，再进行计算。

（三）局部分块计算法

一般适用于自然地形和设计地面标高比较一致的区域：将场地按照自然地面标高和设计地面标高比较一致的地段划分为一个区域进行计算。

二、土石方平衡要点

在进行厂区竖向设计时需考虑全厂土石方平衡的要求。全厂土石方平衡中，包括场地平整的土方量，建（构）筑物基础、道路、管线、沟道等工程的土石方量，表土的清除量与回填量，并应计算其松土量和压缩量。

（一）土石方平衡的原则

土石方的平衡计算是一项比较繁琐、复杂、影响因素较多的综合平衡工作。由于受地质条件、地基处理方案、施工方案、在建设过程中业主对方案的修改及许多其他不定因素的影响，最终的挖、填土石方量很难达到平衡。土石方计算精度有限，一般情况下，在考虑各种因素后，挖方或填方量超过 10 万 m^3 时，挖、填之差宜小于 5%；挖方量或填方量在 10 万 m^3 以内时，其挖、填量之差宜小于 10%；否则，对已设定的标高适当调整。

土石方平衡计算的目的是力求挖、填量最小，挖、填方达到基本平衡。但应因地制宜：当场外附近有大型工程，如道路、铁路、港口或其他建设项目需要填土或弃土时，即在厂区附近取、弃土方便，而又不占用农田或有条件覆土造田的原则下，且较厂内土方平衡更为经济合理时，则不一定强求厂内的土石方平衡。

考虑土石方的平衡，应在分期、分区自身平衡的基础上再考虑全厂在经济运距内的挖、填土石方量平衡。

分期平衡：后期工程土石方量不宜在前期工程一起施工。当后期工程的岩土比较坚硬需要爆破松动后才能迁移时，宜根据爆破作业的安全距离要求在前期工程中统筹考虑，在确保安全的前提下可先松动并保留在后期工程中迁移。

分区平衡：如果仅以最终规模的土石方量进行全厂平衡，容易造成部分地区取、弃土困难和重复挖、填的现象，影响施工进度，增加投资。因此在考虑挖、填关系时，应按照竖向布置，对挖、填区域进行分区，挖、填量尽量就地平衡。分区平衡时应考虑土石方的迁移方式，力求土石方的迁移在经济运距内。

适宜的土石方调运距离见表 21-2。

表 21-2　　　　　　　　　　　　适宜的土石方调运距离

土石方调运方法	距离（m）	土石方调运方法	距离（m）
人工运土	10～50	自行式铲运机平土	800～3500
推土机	50 以内	挖土机和汽车配合	500 以上
拖式铲运机平土	80～800		

（二）土石方平衡计算应考虑的因素

厂区整平标高的详细计算要考虑足以影响设计平土标高计算中挖、填方平衡的附加土石方工程量及其施工条件，才能达到实际上的基本平衡。附加土石方工程量有以下几种：

1. 土壤松散和压实增减量

由于土壤松散，挖方时，土方体积增大（此时仅考虑最终松散系数）；填方压实时，土方体积减小。土壤的松散系数和压实系数随土壤的种类和压实的方法不同而异。在土石方平衡计算中应充分考虑土壤最终松散和最终松散系数。土壤松散系数见表 21-3。

表 21-3　　　　　　　　　　　　土壤松散系数

土的分类	土的级别	土壤的名称	最初松散系数 K_1	最后松散系数 K_2
一类土（松散土）	I	略有黏性的砂土，粉末腐殖土及疏松的种植土；泥炭（淤泥）（种植土、泥炭除外）	1.08～1.17	1.01～1.03
		植物性土、泥炭	1.20～1.30	1.03～1.04
二类土（普通土）	II	潮湿的黏性土和黄土，软的盐土和碱土；含有建筑材料碎屑、碎石、卵石的堆积土和种植土	1.14～1.28	1.02～1.05
三类土（坚土）	III	中等密实的黏性土或黄土；含有碎石、卵石或建筑材料的潮湿的黏性土或黄土	1.24～1.30	1.04～1.07
四类土（砂砾坚土）	IV	坚硬密实的黏性土或黄土；含有碎石、砾石（体积在 10%～30%，重量在 25kg 以下的石块）的中等密实黏性土或黄土；硬化的重盐土；软泥灰岩（泥灰岩、蛋白石除外）	1.26～1.32	1.06～1.09
		泥灰石、蛋白石	1.33～1.37	1.11～1.15

续表

土的分类	土的级别	土壤的名称	最初松散系数 K_1	最后松散系数 K_2
五类土（软土）	Ⅴ～Ⅵ	硬的石炭纪黏土；胶结不紧的砾岩；软的、节理多的石灰岩及贝壳石灰岩；坚实的白垩；中等坚实的页岩、泥灰岩		
六类土（次坚土）	Ⅶ～Ⅸ	坚硬的泥质页岩；坚实的泥灰岩；角砾状花岗岩；泥灰质石灰岩；黏土质砂岩；云母页岩及砂质页岩；风化的花岗岩、片麻岩及正常岩；滑石质的蛇纹岩；密实的石灰岩；硅质胶结的砾岩；砂岩；砂质石灰质页岩	1.30～1.45	1.10～1.20
七类土（坚岩）	Ⅹ～Ⅻ	白云岩；大理石；坚实的石灰岩、石灰质及石英质的砂岩；坚硬的砂质页岩；蛇纹岩；粗粒正长岩；有风化痕迹的安山岩及玄武岩；片麻岩；粗面岩；中粗花岗岩；坚实的片麻岩；粗面岩；辉绿岩；玢岩；中粗正常岩		
八类土（特坚石）	ⅩⅣ～ⅩⅥ	坚实的细粒花岗岩；花岗片麻岩；闪长岩；坚实的玢岩、角闪岩；辉长岩、石英岩；安山；玄武岩；最坚实的辉绿岩、石灰岩及闪长岩；橄榄石质玄武岩；特别坚实的辉长岩；石英岩及玢岩	1.45～1.50	1.20～1.30

注　挖方转化为虚方时，乘以最初松散系数；挖方转化为填方时，乘以最后松散系数。

2. 建（构）筑物及管廊基槽开挖余土

建（构）筑物基槽余土包括：核岛、常规岛厂房、泵房和冷却塔负挖量、BOP厂房及设备基础和地下室余土量、地下管（沟）道排水沟、铁路、道路路基和沟槽余土量、护坡、挡土墙基槽余土等。

核电厂容量或机组单机容量不同或同容量机组的冷却方式不同或建（构）物数量不同或地基处理方式不同，基槽余土量不同。如：直流供水与二次循环供水、辅助附属建筑的设置、厂区是否设有较多的挡土墙、建（构）筑物是采用天然地基还是采用人工地基等，基槽余土量也不相同。

根据以往工程的经验，基槽余土量的范围大致见表21-4。

表 21-4　　　　　　　　　**某核电基槽余土统计表**　　　　　　　　（万 m³）

序号	项目	数量	小计
1、2 号机组	核岛	54	208
	常规岛	50	
	泵房及冷却塔	90	
	BOP及廊道	14	
3、4 号机组	核岛	54	199
	常规岛	50	
	泵房及冷却塔	90	
	BOP及廊道	5	

续表

序号	项目	数量	小计
5、6号机组	核岛	54	199
	常规岛	50	
	泵房及冷却塔	90	
	BOP及廊道	5	
合计		606	

3. 地基处理的换填土

当厂区地质条件较差时，如：厂区存在湿陷性黄土、地基软弱下卧层或地下水位较高回填土含水量太高不满足工期要求时，需要将其挖除代之于 3：7 灰土换填夯实（或级配合格的砂）或毛石混凝土换填；当出现软硬地基土交错或当基岩面有突变及场地存在比较厚的回填土不能作为基础的持力层时，需要将该土清除。采用 3：7 灰土回填夯实或毛石混凝土换填时应与土建专业密切配合，据实计算出换填的土方量。根据以往工程的设计经验，有的工程地基处理的换填量非常大，多达 2 万～3 万 m。总图设计人员除了对地形条件要做到了如指掌外，还应该对工程地质勘测报告做详细的研究，并主动与土建专业沟通，掌握该专业对地基处理的范围及采取的地基处理方案和地基换填量。

4. 利用场地开挖出的砂、石做建筑材料的数量。

核电厂工程建设过程需要大量的砂、石料，如海工工程的堤心料/规格料、混凝土骨料、筑路料、结构回填料、边坡挡土墙圬工石料等。当场地开挖所产生的砂、石料满足工程建设需求时，应优先考虑作为建筑材料使用，并参与土石方平衡计算。某核电厂石料需求统计表见 21-5。

表 21-5   某核电厂石料需求统计表

序号	项目	数量（万 m³）
1、2号机组	混凝土骨料	165
	回填料	
	边坡、挡墙、排洪沟等砌筑石料	
3、4号机组	骨料	135
	回填料	
	边坡、挡墙、排洪沟等砌筑石料	
5、6号机组	骨料	135
	回填料	
	边坡、挡墙、排洪沟等砌筑石料	
合计		435

5. 地表土和岩石的去除量和回填量

当厂区土石方量不能达到平衡、余土外运和造田时，应考虑将场内的部分耕植土挖除用作造田。其中有一部分耕植土在工程开始时要存放，作为再回填厂区绿化用土。当场地挖方区域有材质较好的岩石时，在初步设计地质勘测阶段，总图专业应配合土建专业在编写的地质勘测任务书中，对岩石做出建筑材料评价。总图专业应根据地形、挖方深度和地质报告，对开挖出的能做建筑材料的岩石量进行计算，以利于在土石方平衡计算中扣除该部分挖方量。

6. 厂外公路或电厂铁路专用线的余（缺）土量

核电厂的厂外公路或电厂铁路专用线的余土量或缺土量：当有条件将该部分土石方量纳入厂址土石方平衡时，应要求公路或电厂铁路专用线的设计单位及时将该工程的土石方量提供给电厂主体设计单位，以便总图专业对全厂的土石方量进行综合平衡计算。

7. 表土剥离及绿化用土

核电厂表土一般为腐殖土，含有大量植物根茎，该类土不适宜作为场地回填土使用。结合项目经验，一般表土剥离宜考虑 0.3m 左右，该部分土可临时堆存，后续作为厂区绿化用土。

8. 弃土（石）场和综合利用

弃土（石）应综合利用，可用于周边其他项目的土石方填筑，不能利用的应集中堆放在专门的存放地，弃土、弃石应分类堆放。严禁在对公共设施、基础设施、工业企业、居民点等有重大影响的区域设置弃土（石）场。弃土（石）场设置尚应符合下列规定：

（1）涉及河道的应符合河流防洪规划和治导线的规定，不得设置在河道、湖泊和建成水库管理范围内；

（2）在山丘区宜选择荒沟、凹地、支毛沟，平原区宜选择凹地、荒地，风沙区宜避开风口；

（3）应充分利用取土（石）场、废弃采坑、沉陷区等场地；

（4）应综合考虑弃土（石）结束后的土地利用。

三、土石方计算软件

随着计算机的普及，现在已经开发出很多种比较成熟的计算机软件计算土石方工程量，取代了手工计算，使土石方计算、技术经济比较更加快捷、精确，大大提高了工作效率。电力工程设计中常用于土石方计算的软件有鸿业工业总图设计软件 HY-FPS、飞时达工业总图设计软件 GPCADZ 和 AutoCAD Civil 3D 软件。

（1）HY-FPS 的土石方计算功能根据地形选用网格法或断面法进行土石方计算和优化计算，同一图中可设多个网格体系，自动提取各网格交点的自然标高和设计标高，同时也可根据要求定义场地内任意点的设计高程，自动计算并统计、标注区域及边坡土石方、标高，形成三维地形及绘制任意地形断面断面图动态设计，自动更新工程量表。

（2）GPCADZ 的土石方计算功能针对各种复杂地形情况以及场地实际要求，提供了六种土石方量计算方法，包括方格网法、三角网法、断面法、道路断面法、田块法、整体估界法等。

（3）Autodesk Civil3D 的土石方计算功能利用复合体积算法或平均新面算法进行土石方计算，其原理与前两种软件基于方格网法或渐面法的原理不同。在 Civil3D 中，数字地形模型被称为"曲面"，以一块土地的三维空间模型表示，该模型由三角形或栅格组成，这些三角形或栅格是由野外所采集的高程点所组成。Civil3D 的计算精度较高，但因后台运算量较大相比前两种软件对计算机的配置要求也更高。

第二十二章

场地处理

建设场地常用的场地处理方法有碾压法和强夯法。对于特殊地质工程场地，需针对岩土特性、工程地质条件和地基处理要求进行地基处理。鉴于一般采用平坡式布置的核电厂厂区工程地质条件均较好，不需要进行地基处理。而对于阶梯布置的核电厂场地，不同标高场地之间的过渡衔接方式一般采用边坡、挡土墙或边坡加挡土墙做法。

第一节　场地处理方法

对于填方场地，施工时多采用分层碾压、强夯等地基处理措施对回填土进行压实处理。本节将对碾压法和强夯法进行说明。

一、碾压法

碾压法适用于碎石土、砂土、粉土、低饱和度黏土及杂填土等，一般用于原土和回填土场地、道路、大开挖建筑场地等，碾压法施工主要步骤见图 22-1。根据土质和运输方式的不同，设计应提出碾压或夯实的具体要求：

（1）清除：表层的腐殖土、草被、树根等杂质。

（2）分层碾压或夯实：对于回填土场地，土的回填应分层施工，并根据土质、运输方式用途的不同确定分层厚度，厚度一般为 0.3～0.5m。

（3）压实系数：应满足设计要求，一般本期建设地段不应小于 0.94，近期预留地段不应小于 0.90。

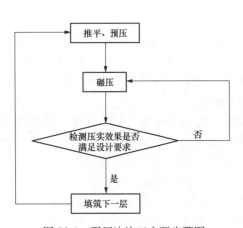

图 22-1　碾压法施工主要步骤图

二、强夯法

强夯法适用于碎石土、砂土、低饱和度的粉土和黏性土、湿陷性黄土、杂填土和素填土等地基，强夯处理的影响深度一般为 5～8m，强夯法施工主要步骤见图 22-2。当强夯振动对邻近建筑物、设备、仪器、施工中的砌筑工程和浇筑混凝土等产生有害影响时，应采取有效的减振措施或错开工期施工。经过强夯处理的场地，经取样测试，符合设计要求，可以直接用于道路、地下设施及开关站、冷却塔等作地基。

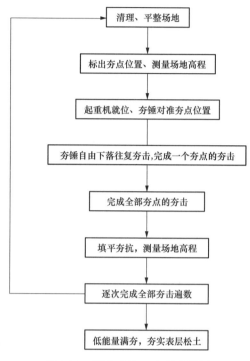

图 22-2　强夯法施工主要步骤图

第二节　场　地　支　护

核电站厂区在场地平整阶段对场地进行竖向设计，当室外场地采用阶梯式布置时，需要考虑不同标高场地之间的衔接。不同标高场地之间的过渡衔接措施一般采用边坡、挡土墙或边坡加挡土墙做法，当有交通连接需求时，则采用合适坡度的道路进行衔接，下面主要介绍常见的边坡和挡土墙设计方法。

一、边坡设计

室外场地相邻台阶采用放坡方式连接时，应根据工艺要求、场地条件、台阶高度、岩土的自然稳定条件及其物理力学性质等，经比较确定自然放坡或护坡，原则上首先考虑自然放坡，以节省投资，确有困难时考虑边坡或边坡加挡墙的形式连接。

（一）边坡分类

边坡一般按照成因分为自然边坡和人工开挖边坡，按照构成边坡坡体材料的性质分为土质边坡和岩质边坡，按照使用期限分为临时边坡（设计使用年限不超过 2 年）和永久性边坡（设计使用年限超过 2 年），按照场地不同挖填方条件，分为挖方边坡和填方边坡，按照坡高不同，一般土质边坡大于 15m 或岩质边坡大于 30m 为超高边坡，超高边坡一般需要开展专项设计，小于上述坡高可归为一般边坡，一般边坡同时分为低边坡，中高边坡和高边坡，边坡分类见表 22-1。

表 22-1　　　　　　　　　　　　　　　边坡分类

分类	岩质边坡（m）	土质边坡（m）
高边坡	15～30	10～15
中高边坡	8～15	5～10
低边坡	<8	<5

　　最后，根据边坡距离核电站重要核设施（如核岛厂房）的距离以及边坡的高度等因素，还可分为核级重要边坡和一般边坡。

（二）边坡稳定性

　　建设场地挖方边坡或填方边坡需要保持边坡整体稳定性，其中岩质挖方边坡开挖的坡度允许值应当根据当地的实际经验，按工程类比的原则并结合已有稳定边坡的坡度值分析确定，对满足一定岩土条件的边坡可参照表 22-2 选定。

表 22-2　　　　　　　　　　　岩质挖方边坡坡度允许值

边坡岩体类型	风化程度	坡度允许值（高宽比）		
		坡高 $H<8$m	8m$\leqslant H<15$m	15m$\leqslant H<25$m
Ⅰ类	微风化	1：0.00～1：0.10	1：0.10～1：0.15	1：0.15～1：0.25
	中等风化	1：0.10～1：0.15	1：0.15～1：0.25	1：0.25～1：0.35
Ⅱ类	微风化	1：0.10～1：0.15	1：0.15～1：0.25	1：0.25～1：0.35
	中等风化	1：0.15～1：0.25	1：0.25～1：0.35	1：0.35～1：0.50
Ⅲ类	微风化	1：0.25～1：0.35	1：0.35～1：0.50	—
	中等风化	1：0.35～1：0.50	1：0.50～1：0.75	—
Ⅳ类	微风化	1：0.50～1：0.75	1：0.75～1：1.00	—
	中等风化	1：0.75～1：1.00	—	—

　　其中土质挖方边坡的坡度允许值应根据当地实际经验，按工程类比的原则并结合已有稳定边坡的坡度值分析确定。当无经验，且土质均匀量好、地下水贫乏、无不良地质现象和地质环境条件简单时，可按表 22-3 确定。

表 22-3　　　　　　　　　　　土质挖方边坡坡度允许值

边坡土体类别	密实度或状态	坡度允许值（高宽比）	
		坡高 $H<5$m	5m$\leqslant H<10$m
碎石土	密实	1：0.35～1：0.50	1：0.50～1：0.75
	中密	1：0.50～1：0.75	1：0.75～1：1.00
	稍密	1：0.75～1：1.00	1：1.00～1：1.25
黏性土	坚硬	1：0.75～1：1.00	1：1.00～1：1.25
	硬塑	1：1.00～1：1.25	1：1.25～1：1.50

　　其中填方边坡坡度允许值，如基底地质条件良好，可根据其厚度、填料性质等因素按

表 22-4 确定。

表 22-4　　　　　　　　　　　　填方边坡坡度允许值

边坡填料类别	压实系数	边坡允许值（高宽比）			
		填土厚度 H(m)			
		$H \leqslant 5$	$5 < H \leqslant 10$	$10 < H \leqslant 15$	$15 < H \leqslant 20$
碎石、卵石	0.94～0.97	1：1.25	1：1.50	1：1.75	1：2.00
砂夹石（其中碎石、卵石占全重30%～50%）		1：1.25	1：1.50	1：1.75	1：2.00
土夹石（其中碎石、卵石占全重30%～50%）	0.94～0.97	1：1.25	1：1.50	1：1.75	1：2.00
粉质黏土、黏粒含量 $pc \geqslant 10\%$ 的粉土		1：1.50	1：1.75	1：2.00	1：2.25

（三）边坡坡面防护

当边坡整体达到稳定，接下来就要考虑其坡面岩土体的稳定性，包括坡面岩土体易风化、易剥落或可能存在浅层崩塌、滑落及掉块等问题，需要对坡面采取防护措施。场地边坡的防护工程是核电厂及其外部交通设施建设中的一个重要环节，处理不好就会由于暴雨、洪水等因素造成边坡的冲刷和侵蚀，不仅容易造成水土流失，更有可能危及核电站重要核安全设施的安全运行。

边坡常见防护类型有一般植草护坡、土工网植草防护、土工格室植草护坡、植树护坡、喷浆护坡、抹面护坡、干砌片石护坡、浆砌片石护坡、护墙护坡等手段，应根据工程区域气候、水文、地形、地质条件、材料来源及使用条件采取工程防护和植物防护相结合的综合处理措施，并结合坡面风化作用、雨水冲刷、植物生长效果和环境效应、冻胀和干裂作用、坡面防渗和防淘刷等各类因素，经技术经济比较最终确定。

1. 一般植草护坡

一般适应于边坡不陡于 1：1，且坡面宜为黏性土壤或铺填 10～20cm 厚黏性土后草皮能很好生长的非黏性土和风化严重的岩石。可以采用种草（子）、稻植草被或喷种草籽等方法施工；这种护坡方式投资较少，并有利于防尘及环境美化绿化，但对缺水干旱地区宜选择其他的护坡措施。

草皮应选择根系发达、茎矮叶茂能耐旱的草种。草皮厚度一般为 5～10cm。在干旱地区为 15cm。每块草皮的边缘应切成斜形，草皮底部应尽量铲平，草太高应割矮，并以桩固定。铺种草皮的时间为春季或初夏的雨季。铺种后要经常洒水，直到草皮成活为止。

为便于养护应在护坡面适当位置设置一浆砌片石肋柱，柱面做成踏步，柱宽一般为1m，厚 0.5m。

当边坡比较潮湿，含水量较大，易发生滑塌及冲刷比较严重时，单铺草皮易被冲毁脱落。此时可采用浆砌片石骨架式草皮护坡。骨架应嵌入坡面内，骨架表面和草皮表面平顺，并与草皮密贴，以防止衔接处草皮被冲毁，骨架、镶边等可采用 M5 水泥砂浆砌片石组成。如图 22-3～图 22-7 中方格型截水骨架铺草皮护坡。

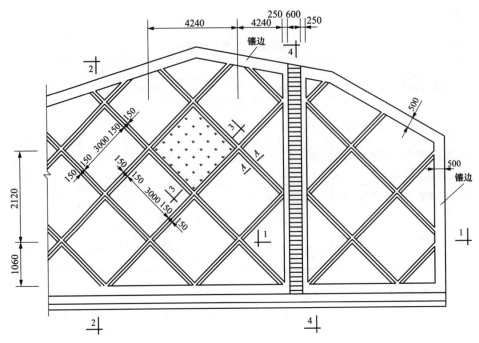

图 22-3 方格型截水骨架铺草皮护坡（单位：mm）

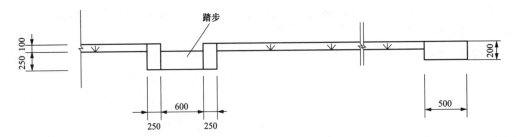

图 22-4 方格型截水骨架铺草皮护坡 1-1 剖面图（单位：mm）

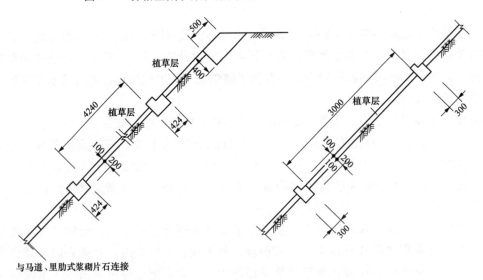

图 22-5 方格型截水骨架铺草皮护坡 2-2 和 3-3 剖面图（单位：mm）

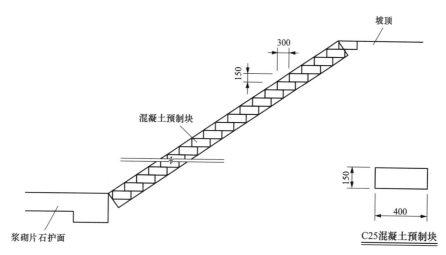

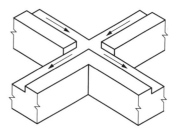

图 22-6 方格型截水骨架铺草皮护坡 4-4 剖面图（单位：mm）

2. 土工网植草防护

为了满足护坡和绿化要求，以前的工程中常采用土工网与绿植的方法。土工网的厚度为 5mm，开孔尺寸为 27mm×27mm，其开孔率为 70%，也就是说 30% 的坡面被网覆盖以免受雨水的直接冲击。考虑到网厚度只有 5mm，所以在草皮未长成之前草籽易被风雨冲蚀，致使表面绿化效果参差不齐，而且网眼较大导致其与草根的连接和啮合作用较小，这样就削弱了护坡的整体效果，所以护坡可靠度较低，在暴雨的冲刷下容易产生冲沟现象。但是由于整体造价较低，施工也方便，能满足一定的护坡绿化要求。

图 22-7 方格型截水骨架铺草皮护坡节点 1 轴测图

3. 土工格室植草护坡

土工格室是近年来刚开始应用的一种新的护坡材料，属于骨架防护的一种。土工格室是由聚乙烯片材经高强度焊接而制成的一种由内部相连的格子组成的三维密封小室结构，主要用于稳定边坡、防止边坡滑塌和各种冲蚀等。展开后的小室内可以填充种植土并均匀撒播草籽，能使边坡充分绿化，达到理想的植被覆盖率，防护效果更佳，其持久性更比直接植草护坡效果好。带孔的格室还能增加坡面的排水性能，同时，格室壁又可起到挡墙作用，可以大大缓解水流流速，避免坡面径流的形成。

4. 浆砌片石护坡

浆砌片石护坡适用于基底比较密实的土质边坡或易风化的岩质边坡，用于防止地表雨水/洪水的冲刷破坏，尤其在降雨多的地区较为常见，要求边坡的坡度较缓（一般缓于 1∶1），且由于用到大量的石料（片石、块石和卵石等），需要根据当地实际情况决定是否适用。浆砌片石护坡一般分段施工，每隔 10～20m 设置伸缩缝，每隔 2～3m 设置泄水孔。

其他边坡护坡形式不常见，这里不做详细介绍。

（四）边坡间距

在核电站厂区总平面布置中，边坡作为一项重要构筑物，还需要考虑与周边其他建（沟）筑物的位置关系，尤其与重要核设施的位置关系需要特别关注，在HAF101中有明确要求"必须评价厂址及其邻近地区，以确定影响核电厂安全的斜坡不稳定（例如土和岩体滑移及雪崩）的可能性"在《核电厂抗震设计标准》中明确要求，"与抗震Ⅰ、Ⅱ类物项安全相关的边坡应进行抗震稳定性验算""应进行稳定性验算的边坡包括：距抗震Ⅰ、Ⅱ类物项外边缘的水平距离小于1.4倍边坡高度的可能危及其安全的边坡，以及在上述距离之外但地震地质勘查表明对抗震Ⅰ、Ⅱ类物项安全有威胁的边坡"。

1. 边坡坡顶距离建（构）筑物间距

建（构）筑物距离边坡坡顶的间距需要结合工艺布置、管线沟道布置、运行维护、消防、交通运输、绿化景观、施工建造等因素综合考虑，除了上述因素，还应考虑建（构）筑物基础对边坡的稳定性影响。

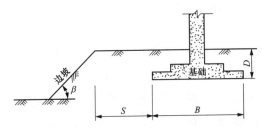

图22-8　基础底面外边缘线至坡顶的水平距离

位于稳定土坡坡顶上的建筑，当建筑基础垂直于坡顶边缘线的基础底面边长（B）小于或等于3m时，其基础底面外边缘线至坡顶的水平距离（S）应符合以下公式，同时不得小于2.5m。基础底面外边缘线至坡顶的水平距离计算见图22-8。

条形基础 $S \geqslant 3.5B - D/\tan\beta$ （22-1）

矩形基础 $S \geqslant 2.5B - D/\tan\beta$ （22-2）

式中：D——基础埋置深度（m）；

　　　　β——边坡坡角（°）。

当基础底面外边缘线至坡顶的水平距离（S）不能满足上述公式要求时，则应进行坡体稳定验算确定基础至坡顶边缘距离和基础埋深，详见《建筑地基基础设计规范》。

2. 边坡坡脚距离建（构）筑物间距

建（构）筑物距离边坡坡脚的间距需要结合采光、通风、排水及基础基槽开挖对边坡稳定性的影响等因素综合确定，同时结合实践经验，一般间距小于2m。

二、挡土墙设计

挡土墙是用来抵御侧向土壤或其他类似材料发生位移的构筑物。挡土墙用于场地条件受限制或地质不良地段，如靠近建筑物（厂房、道路、水利设施等）场地有高差地段，高路堤地段，滑坡地段等等。山区建厂时由于受地形条件的限制或不良地质等因素，修筑挡土墙的较多。由于坡度可以较陡（1∶0.4～1∶0），有利于节约用地，但建筑费用较高。

（一）挡土墙形式选择

挡土墙的结构形式很多，如重力式挡土墙、衡重式挡土墙、加筋土挡土墙、锚杆挡土墙、悬臂式和扶壁式钢筋混凝土挡土墙、锚定板式挡土墙、板桩式挡土墙及地下连续墙等，见图22-9。

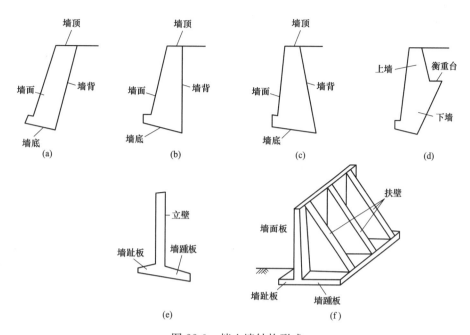

图 22-9　挡土墙结构形式

(a) 重力式仰斜式；(b) 重力式直立式；(c) 重力式俯斜式；(d) 衡重式；

(e) 钢筋混凝土悬臂式；(f) 钢筋混凝土扶壁式

（1）重力式挡土墙是依靠墙自重承受土压力的作用，型式简单，取材方便（浆砌片石或混凝土），施工简便，在电厂建设中用得较多。墙高一般不大于 8m，用在地基良好、非地震和不受水冲的地点。重力式挡墙主要分三种：

1）仰斜：墙背可以紧贴开挖边坡，使主动土压力最小，墙身结构最经济，而且施工方便，对于地形平坦地段，可以优先选用。但该型挡土墙对于墙背填土地段，施工有一定困难，为此墙背倾斜度不宜大于 1：0.25；另一方面，当地形比较陡时，用该型挡土墙，墙身高度将较高。该型挡土墙在实际工程中应用较多。

2）垂直：主动土压力比俯斜小，而比仰斜要大，处于两者之间。施工填土亦较容易。

3）俯斜：墙背需要回填土，而且填土容易，但是主动土压力最大，墙身断面较大，材料用量较多。地形陡时用这种挡土墙较合理。

（2）衡重式挡土墙是利用衡重台上的填土和全墙重心后移增加墙身稳定的结构。由于墙胸陡，下墙背仰斜，可以降低墙高，减少基础开挖量。适于山区、地面横坡陡的场地，也可用于路肩墙、路堑墙或路堤墙。

（3）钢筋混凝土挡土墙有悬臂式、扶臂式，适于石料缺乏地区以及软弱地基。悬臂式由立壁、墙趾板和墙踵板组成，用于高度不大于 6m 的挡土墙，高度大于 6m 并小于等于 10m 时挡土墙考虑用扶臂式挡土墙，扶臂式挡土墙由墙面板、墙趾板、墙踵板和扶壁组成，断面尺寸较小，较经济，在高墙时较悬臂式经济。

（4）加筋土挡土墙是由面板、拉筋和填土组成的复合体结构，利用填土和筋带之间的摩擦力，提高了土的力学性能，使土体保持稳定，能够支承外力和自重、具有造价低、工期短、能在软弱地基和狭窄工地上施工等优点，已广泛地用于公路工程和铁路工程中。大于

6m 的挡土墙采用加筋土挡土墙效益明显，目前国内已有 60m 高的加筋土挡土墙施工业绩。

（5）锚杆挡土墙，由锚杆、挡板和肋柱组成，靠锚杆锚固在山体内拉住肋柱，挡板和肋柱可以预制，施工方便，适于石料缺乏地区，以及挡土墙高度超过 12m，或开挖基础有困难地段，常用于抗滑坡及路堑墙。

（6）锚定板式挡土墙结构特点与锚杆式相似，只是拉杆的端部用锚定板固定于稳定区；填土压实时，钢筋杆易弯，产生次应力。适用于缺乏石料，大型填方工程。

（7）板桩式挡土墙的结构为深埋的桩柱间用挡土板拦挡土体；桩可用钢筋混凝土桩、钢板柱、低墙或临时支撑可用木板桩；桩上端可自由，也可锚定。适用于土压力大，要求基础深埋，一般挡土墙无法满足时的高墙、地基密实的地段。

（8）地下连续墙在地下挖狭长深槽内充满泥浆、浇筑水下钢筋混凝土墙；由地下墙段组成地下连墙，靠墙自身强度或靠横撑保证体系稳定。适用于大型地下开挖工程，较板墙可得到更大的刚度和深度。

（二）重力式挡土墙的设计

1. 确定墙身截面

首先根据地形、地质及材料来源等，确定墙型。一般首选仰斜重力式挡土墙。然后假定挡土墙的截面尺寸，根据竖向设计确定挡土墙的高度 H，根据墙背后的土壤自然稳定性及填土情况确定挡土墙的 H（高）B（宽）比，并依此比例确定挡土墙的经济断面，直至 $B=b$（顶宽）。

也可根据竖向设计确定挡土墙的高度 H，根据墙背后的土壤自然稳定性、地基土的地质资料、车辆荷载、人群荷载等，选用相关图集确定挡土墙的截面尺寸。

2. 确定挡土墙的埋深

根据地基土质及水文资料确定，并应符合地基强度和稳定的要求。

对于土质地基，应置于老土上，一般埋深不小于 1.0m，不应放置于软土、松土或者未处理的回填土上。

对于冻胀类土地基的挡土墙埋深应在冻土线下不小于 0.25m。

对于岩土地基上的挡土墙，可不考虑冻结深度的影响，但应清除已风化表层，基层嵌入地基尺寸最小 0.25m。

3. 确定挡土墙的荷载

主要荷载：增加自重、土压力、基底摩擦力；车辆荷载、人群荷载、堆物荷载；浸水挡土墙在正常水位时的静态压力浮力等。

特殊荷载：地震设防区的地震力；浸水区的水压力等。

作用在墙后填料的破坏棱体上的车辆荷载，设计时近似地按均布荷载考虑。

4. 挡土墙土压力的计算

常用的方法是库伦理论，其他方法有朗金方法、第二破裂面理论等。

对于库伦理论，它适用于砂性土，用在黏性土地基时，需加大内摩擦角，考虑黏结力的影响，用等值内摩擦角计算。土的内摩擦角应根据试验资料确定，当无试验资料时，可参照表 22-5。

表 22-5　　　　　　　　　　　　　**内摩擦角**

填料种类	高度	计算内摩擦角	容重（t/m³）
一般黏性土	$H<6m$	35°	1.7
	$H>6m$	30°	1.7
砂类土		35°	1.8
碎石类土或不易风化的岩石弃渣		40°	1.9
不易风化的石块		45°	1.9

一般黏性土的等值内摩擦角 $\phi D=35°$，根据填土的高度而变化，最好根据地质勘测资料提出的 ϕ、$C(t/m^3)$ 的值通过计算确定等值内摩擦角 ϕD。

$$\tan(45°-\phi D/2)=\sqrt{\left[rH^2\tan^2\left(45°-\frac{\phi}{2}\right)-4CH\,\mathrm{tg}\left(45°-\frac{\phi}{2}\right)+4C^2/r\right]/rH^2}$$

(22-3)

根据库伦理论，主动土压力可按式（22-4）计算。

$$E_a=1/2rh^2K_a \tag{22-4}$$

式中：E_a——主动土压力，kN/m³；

$\quad r$——填土重度，kN/m³；

$\quad h$——挡土墙的高度，m；

$\quad K_a$——主动土压力系数。

5. 挡土墙的强度和稳定性验算

（1）基底引力验算：

当轴心荷载作用时：

$$p\leqslant f \tag{22-5}$$

$$p=(F+G)/A \tag{22-6}$$

当偏心荷载作用时：

$$p_{max}\leqslant1.2f \tag{22-7}$$

$$p_{max}=(F+G)/A+M/W \tag{22-8}$$

当 $e>b/6$ 时：

$$p_{max}=2(F+G)/3l_a \tag{22-9}$$

当地基有软弱下卧层时：

$$p_z+p_{cz}\leqslant1.2f_z \tag{22-10}$$

式中：p——基础底面处的平均压力设计值；

$\quad f$——地基承载力设计值；

p_{max}——基础底面边缘的最大压力设计值；

$\quad F$——上部结构传至基础顶面的竖向力设计值；

$\quad G$——基础自重设计值和基础上的土重标准值；

$\quad A$——基础底面面积；

$\quad M$——作用于基础底面的力矩设计值；

$\quad W$——抵抗基础底面的力矩；

$\quad p_z$——软弱下卧层顶面的附加力设计值；

$\quad p_{cz}$——软弱下卧层顶面处土的自重压力标准值；

$\quad f_z$——软弱下卧层顶面处经深度修正后地基承载力设计值；

$\quad l_a$——作用于基底的合力到最大压应力边缘的距离。

（2）滑动稳定验算应符合下列要求：

抗滑安全系数：

$$K_S = (G_n + E_{an})u/(E_{at} - G_t) \geqq 1.3 \qquad (22\text{-}11)$$

（3）倾覆稳定验算应符合下列要求：

抗倾覆安全系数：

$$K_t = (Gx_o + E_{az}x_f)u/E_{ax}z_f \geqq 1.5 \qquad (22\text{-}12)$$

$$G_n = G\cos a_0, G_t = G\sin a_0 \qquad (22\text{-}13)$$

$$E_{at} = E_a\sin(a - a_0 - \varphi), E_{an} = E_a\cos(a - a_0 - \varphi) \qquad (22\text{-}14)$$

$$E_{ax} = E_a\sin(a - \varphi), E_{az} = E_a\cos(a - \varphi) \qquad (22\text{-}15)$$

$$x_f = b - z\cot a, z_f = b - z\tan a_0 \qquad (22\text{-}16)$$

式中：G——挡土墙每延米自重；

x_o——挡土墙重心离墙趾的水平距离；

a_0——挡土墙的基底倾角；

a——挡土墙的墙背倾角；

φ——土对挡土墙的墙背摩擦角；

b——基底的水平投影宽度；

z——土压力作用点离墙踵的高度；

u——土对挡土墙基底的摩擦系数。

第二十三章
厂区竖向布置工程实例

核电厂场地多为挖山填海形成，竖向设计中场地平整方式为平坡式布置较多，部分电厂竖向设计为减少土石方场地平整采用平坡式与阶梯式布置等组合方式设计。

一、工程实例一

A核电项目拟建厂址位于华东某丘陵地带，厂区地形总体呈西北高东南低之势，向大海缓倾，拟建场地地貌分为剥蚀残丘地貌和海积平原地貌，另外还发育一些微地貌。陆域地面高程 3.00～30.00m。自西北向东南地形逐渐降低，地形坡度小于5°，表层多被第四系坡残积土层覆盖，下伏基岩主要为花岗片麻岩变质岩体及少量侵入岩岩脉。

根据项目地形特点以及总平面布置方案，该项目竖向设计采用台阶式的布置方案，结合场地平整情况，厂区与核安全有关的区域，其室外地面设计标高定为10.00m；建（沟）筑物室内地坪标高10.30m。开关站区的室外地面设计标高定为14.00m，厂前区的室外地面设计标高定为14.00m，其他区域的室外地面设计标高可定为9.00～10.00m，道路中心线标高比室外地面设计标高略低。

A核电项目竖向布置图详见图23-1。

二、工程实例二

B核电厂厂址主要为剥蚀丘陵地貌，场地开阔，自然海拔标高在60～140m之间。厂址场地整体西高东低，呈缓坡状，坡度约3‰～5‰。

1. 厂区竖向布置

该工程厂区厂坪标高主要考虑了防洪安全、岩土地基条件、经济性等几个维度。其中在厂址防洪安全方面，主要从海域洪水威胁、周边水系（河流、水库等）洪水威胁、场地排洪等几个角度进行了分析评价；在边坡安全方面主要评价了人工边坡对核安全相关建（沟）筑物的影响；在岩土地质条件方面确保核安全相关建（沟）筑物基础坐落在适宜的地基上；在经济性方面主要考虑土石方费用、工程初投资、运行费用。

综合考虑以上因素，经技术经济比选，最终推荐厂区采取平坡式，厂坪标高为100.0m。

2. 其他区域竖向布置

该工程厂区以外主要包含施工区、现场服务区、预处理站等区域，其竖向布置比较灵活，可结合场地条件因地制宜开展竖向设计。如施工区采用台阶式布置方案，分别设置了100、104、107m三个台阶。

B核电项目竖向布置图详见图23-2。

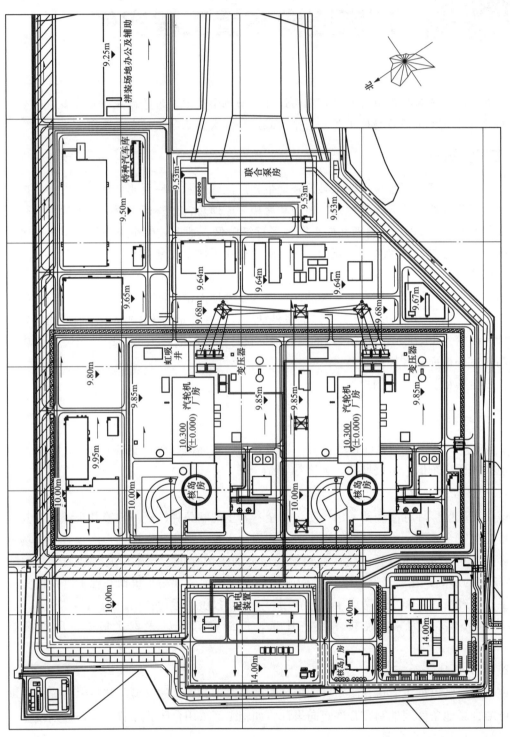

图 23-1　A 核电项目竖向布置图

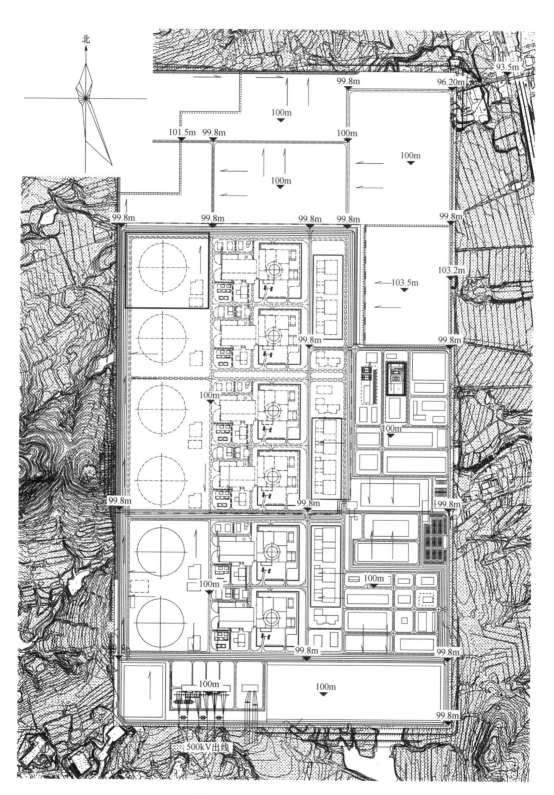

图 23-2　B 核电项目竖向布置图

Part 6
第六篇　厂区管线规划与设计

　　核电厂厂区管线规划与设计就是按照科学、合理、安全、经济的设计原则将各专业的管线进行统一规划，综合布置。管线规划与设计通常以厂区总平面布置为基础，可以通过调整厂区总平面布置中建（构）筑物和道路等的布置，进而优化管线设计和厂区总平面布置。

　　本篇厂区管线规划与设计主要基于华龙一号和 AP1000 机型核电厂管线布置实际情况进行梳理和归纳，相近机型核电厂可以参考。

第二十四章
厂区管线规划与设计原则

核电厂厂区管线规划与设计工作中要考虑核电厂厂区总平面规划、后期扩建条件、管线敷设方式选择等多因素条件，一般遵循以下基本原则：

1. 与电厂总平面统一规划，相互协调

厂区管线综合布置应从整体出发，结合电厂规划容量、厂区总平面布置、竖向布置、交通运输和绿化布置，以及管线性质、生产安全、施工维修等基本要求进行统一规划，使管线之间、管线与建（构）筑物之间在平面和竖向上相互协调，在考虑节约集约用地、节省投资、减少能耗的同时，施工、检修维护方便，不影响预留发展用地。在合理确定管线位置及走向时，还应考虑绿化和道路的协调关系，利于厂容厂貌。

2. 处理好近、远期建设的关系

当核电厂分期建设时，管线布置应统筹规划，以近期为主、兼顾远期；厂区内的主要管线、沟道、隧道和管架应按规划容量统一规划，集中布置，并留有足够的管线走廊；主要管、沟、管架等布置不应影响核电厂扩建机组的发展；近期工程的主要生产性管线不宜穿越扩建场地；远期工程管线需穿越近期工程场地时，宜在近期工程场地预留管廊空间，满足安全运行和施工的要求。在近期工程管线布置时，应考虑与远期工程管线的接口衔接关系，在经济、合理的情况下，在近期工程厂区内规划预留的远期管线宜与近期管线同步建设。改建或扩建工程中新增加的管线不宜影响原有管线的使用，必要时采取相应的过渡措施，并考虑施工要求及交通运输的正常运行。当管线间距不符合规定时，在确保生产安全并采取措施后，可适当缩小间距。

3. 因地制宜，选择合适的管线敷设方式

管线布置可采取直埋、沟（隧）及架空等敷设方式。管线设计时，应根据当地自然条件、管内介质的特性、管径、工艺流程、生产安全、辐射防护、卫生、施工、检修维护及美观等因素和技术要求，经综合比较后择优确定，并宜符合下列规定：

（1）厂区管线宜地下敷设；

（2）管线较多时，在符合安全、辐射防护、卫生和检修维护等条件下，宜采用综合廊道（管架）敷设。

4. 管线综合布置应符合下列要求

（1）管线布置应工艺流程合理、短捷、顺直，适当集中，并便于施工及检修；

（2）管线布置宜与道路或建（构）筑物轴线相平行，宜布置在道路行车部分之外；

（3）主要管线宜布置在用户较多的道路一侧，或将管线分类布置在道路两侧；

（4）管线之间、管线与道路之间尽量减少交叉，交叉时宜垂直相交，困难时交叉角不宜小于 $45°$，并满足建筑限界的要求；

（5）一般管线不宜穿越与其无关的建（构）筑物，必须穿越时应采取相应措施来确保建（构）筑物和管线的安全及正常使用功能；

（6）具有可燃性、爆炸危险性及有毒、有放射性介质的管线不应穿越与其无关的建（构）筑物、生产装置、辅助生产及仓储设施、贮罐区等；

（7）管线穿越或跨越控制区、保护区、要害区围栏时，应设置相应的实物保护措施；

（8）在严寒或寒冷地区，管线布置应满足管道及介质防冻要求；

（9）安全重要廊道应满足地基和抗震要求；

（10）管线综合布置还应符合下列规定：

1）当管线发生故障时，不应发生次生灾害。应防止污水渗入生活给水管和有毒、可燃、易燃、易爆、有放射性的介质渗入其他沟（遂）道和地下室内，不应危及邻近建（构）筑物基础的安全；

2）应避免遭受机械损伤和腐蚀。

（11）各种管线在布置中产生矛盾时，管线布置宜遵循下列原则：

1）非安全级的宜让安全级的；

2）无放射性的宜让有放射性的；

3）有压力的宜让自流的；

4）管径小的宜让管径大的；

5）柔性的宜让刚性的；

6）工程量小的宜让工程量大的；

7）新建的宜让原有的；

8）施工及检修方便的宜让不方便的

9）临时的宜让永久的；

10）无危险的宜让有危险的；

11）无防冻要求的宜让有防冻要求的。

第二十五章

厂区管线（隧道）分类

厂区管线由主系统设施区内管线和厂区联络服务性管线组成，主要包括各系统间动力供应、远程控制、生产介质物料供应及其生产附属设施间的联络管线和厂区性公用的生产、生活、消防必须配套建设的管线。

第一节 厂区管线常见种类

核电厂厂区管线繁多，结合各类管线的特点，将厂区管线按不同安全级别、功能特性和介质特性分类如下：

一、按安全级别分类

核电厂厂区管线按安全级别分为核安全级管线和非核安全级管线。

（1）核安全级管线：核安全级重要厂用水进水管、废液输送管、要害区内电缆廊道。

（2）非核安全级管线：厂区其他管线。

二、按功能特性分类

厂区管线按功能特性主要分为以下几种：

（1）循环水管（沟）：循环水进水管、循环水排水管（沟）及箱涵。

（2）重要厂用水管道：重要厂用水进水管（核安全级和非安全级）、重要厂用水排水管。

（3）上水管：生产、生活、消防给水管及生产或生活废水经过处理后用于喷洒路面和地面的公用水管。

（4）下水管：排放生产废水、生活污水、雨水管（沟）。

（5）化学水管：加药水管（沟）、酸碱管（沟）、除盐水管。

（6）热力管：向厂外供热的管道（蒸汽管或热水管）及厂用辅助蒸汽管。

（7）厂内采暖管：厂区内采暖的暖气管道。

（8）压缩空气管：主要是厂用和仪用压缩空气管等。

（9）电缆：电力电缆、控制电缆和通信电缆。

（10）氢气管：用于核岛相关系统除氧和汽轮机厂房发电机冷却的氢气管。

（11）氮气管：为核岛冷却系统设施充氮加压、对放射性液体废物处理系统进行充氮覆盖以及用于设备的吹扫等。

（12）二氧化碳管：主要用于发电机停机时置换发电机中的氢气或空气。

（13）低放废液管：带有少量放射性的废液管，废液经处理达标后排放。

三、按介质特性分类

厂区管线按管线内部介质不同分为以下几种：

（1）压力管：压力管的种类很多，除下水管及自流的循环水管沟等少数几类管线外，一般都可归纳为此类。这类管线具有压力，管线在平面上可以转弯，在竖向上也可以根据需要局部凸起或凹下，这为解决管线的交叉矛盾提供了方便。

（2）重力流管：无压力重力流管线主要有各种下水管，如生活污水管、雨水管、事故放油管等，这类管道中的介质是靠坡度自流的，所以在竖向上要求保证有一定的坡度。管道下降后不经机械提升介质不能上升，管沟始终需要保持纵向坡度，所以管沟越长埋深越深。因此这类管线在立面布置上变化的自由度很小。

（3）腐蚀性介质管线：主要是酸碱管等。此类管线宜尽量集中，应防止渗漏，远离生产和生活给水管，并尽量采用管沟敷设，避免介质渗漏至土壤中。直埋时应尽量低于其他管线，架空时宜布置在其他管线的下方和管架的边侧，其下部不宜敷设其他管线。

（4）易燃、易爆管线：主要包括氢气管、油管等。此类管线须考虑泄漏时对其他管线的干扰，应适当加大间距，并不宜布置在管沟内，以防止泄漏聚集形成爆炸性气体或引起中毒事故。

（5）高温管线：主要是蒸汽管和热水管。此类管线应与电力电缆、燃气管道等保持一定的间距。

（6）放射性管线：主要是低放废液管。此类管线内部介质带有少量放射性，泄漏后对周边环境有较大影响，所以这类管线一般采用管沟形式敷设，并设置监测装置。

第二节　廊道管沟常见种类

核电厂厂区管线多以地下敷设为主，在主厂房周围环绕着各类廊道管沟，厂区廊道管沟常见种类按功能可以分为以下几种。

一、重要厂用水管廊

重要厂用水管廊主要包括进水廊道和排水管道。

1. 重要厂用水进水廊道

该廊道连接核辅助厂房和重要厂用水泵房，廊道内敷设重要厂用水系统和核岛消防水分配系统的管道及电缆。华龙一号机型核电厂该廊道为安全级可通行廊道，AP1000 机型则为非安全级可通行综合廊道。

2. 重要厂用水排水管道

该管道连接核岛厂房外的溢流井和虹吸井（或二次循环的冷却塔水池），主要功能是排放经过热交换器后的重要厂用水系统冷却水。该管道为非安全级不可通行管道。

二、循环冷却水管廊

循环冷却水管廊主要包括循环水进水管和排水管（沟）。

1. 循环水进水管

循环水进水管连接联合泵房（或循环水泵房）和汽轮发电机厂房，主要功能是为汽轮机凝汽器提供冷却水。

2. 循环水排水管（沟）

循环水排水管（沟）连接汽轮发电机厂房和虹吸井（或二次循环的冷却塔水池），并排至厂外海（河）。主要功能是排放换热后的循环冷却水。

三、废液廊道

废液廊道主要包括废液输送管沟和排放管沟。

1. 废液输送管沟

废液输送管沟连接核辅助厂房、厂区实验楼等放射性厂房与核废物厂房和核岛/常规岛液态流出物排放厂房，主要功能是将低放射性废液输送至核岛/常规岛液态流出物排放厂房的废液排放贮槽。该沟道为安全级不可通行管沟。

2. 废液排放管沟

废液排放管沟连接核岛/常规岛液态流出物排放厂房和虹吸井，主要功能是将核岛/常规岛液态流出物排放厂房贮槽内满足排放要求的废液排至虹吸井，和循环水排水一起排至海（河）。

四、电气廊道

电气廊道主要有 220kV 电缆沟、500kV 电缆廊道、主变压器至主厂房电缆廊道和要害区内核岛厂房电缆廊道、厂区低压电缆沟等。

1. 220kV 电缆沟

连接 220kV 辅助开关站与辅助变压器区域及公用 6.6kV（或 10kV）配电间，或连接主变压器区与 220kV 主开关站。主要功能是用于敷设 220kV 电缆及回流线电缆。

2. 500kV 电缆廊道

500kV 电缆廊道一般包含两种，一种为 500kV GIL 廊道，另一种为 500kV 电缆沟。

500kV GIL 廊道：连接主变压器区与 500kV 开关站。主要功能用于布置连接主变压器和主开关站之间的气体绝缘金属封闭输电线路。

500kV 电缆沟：连接主变压器区与 500kV 开关站。主要功能用于布置连接主变压器和主开关站之间的电缆线路。

3. 主变压器至主厂房电缆廊道

该廊道主要功能是满足核岛安全厂房至主变压器区、应急柴油发电机厂房及汽轮发电机厂房的 A 列电缆通道需求。该廊道位于核岛要害区范围内部分为安全级可通行廊道，核岛要害区范围外部分为非安全级可通行廊道。

4. 要害区内核岛厂房电缆廊道

要害区内核岛厂房电缆廊道主要功能是满足核岛安全厂房至燃料厂房、全厂断电事故状态下启动（SBO）的柴油发电机厂房、应急压空机房以及核辅助厂房的 A 列电缆通道需求。该廊道为安全级可通行廊道。

5. 厂区低压电缆沟

厂区低压电缆沟为厂区内独立敷设的低压电缆沟。

五、综合管廊

综合管廊连接主厂房及各 BOP 厂房。主要功能是向核岛、汽轮发电机厂房及 BOP 厂房提供所需的管道和电缆。综合管廊内主要布置生产、消防给水管、除盐水管、压缩空气管、辅助蒸汽管以及各类型电缆等相关工艺系统管道。该廊道为非安全级可通行廊道。

第二十六章
管线分布与敷设方式

厂区管线主要根据电厂总平面沿道路两侧布置，连接各个车间。厂区管线布置时，应根据当地自然条件、管内介质特性、管径、工艺流程以及施工与维护等因素和技术要求，经综合比较后确定合适的敷设方式。

第一节　厂区管线、廊道管沟规格及分布

结合已建和在建核电厂管线综合设计的情况，厂区主要管线、廊道管沟常用规格见表 26-1。

表 26-1　　　　　　　核电厂厂区主要管线、廊道管沟常用规格　　　　　（mm）

序号	名称	规格	路径
1	循环水进水管	φ3700	循环水泵房至汽轮机房
2	循环水排水管沟	φ3600	汽轮机房至排水口
3	重要厂用水进水廊道	2×4000×2700 1×3300×2200	重要厂用水泵房至核岛安全厂房
4	重要厂用水排水廊道	2×φ1600	核岛安全厂房至溢流井
5	重要厂用水排水管沟	2×φ1800	溢流井至虹吸井
6	消防给水管	DN300	消防泵房至全厂路网
7	生产给水管	DN350	综合水泵房至各车间
8	生活给水管	DN300	综合水泵房至各车间
9	非放生产废水管	DN150 DN200 DN600	主厂房及 BOP 厂房至生产废水处理厂房
10	生活污水管	DN300	生活用水点至污水处理站
11	雨水管	DN300～DN2000	主要分布全厂路网
12	热力管	根据供热负荷定	汽轮机房至厂外用户及启动锅炉至汽机房
13	厂内采暖管	DN32～DN300	汽轮机房至厂内用户
14	电缆沟	400×400～ 1200×1000	
15	电气廊道	2000×3300～ 5000×3300	主变压器区至升压站
16	氮气管	DN25～DN50	氮气站至汽轮机房及其他需要氮气厂房

序号	名称	规格	路径
17	二氧化碳管	DN50	二氧化碳存储设施至汽轮机房
18	氢气管	DN25～DN50	氢气存储设施至主厂房
19	压缩空气管	DN200	空压站至各厂房
20	除盐水管	DN25～DN350	化水车间至各厂房
21	低放废液管沟	1000×1400～ 2100×3200	核辅助厂房、放射性废物处理厂房至 废液贮存罐厂房及虹吸井
22	事故放油管	DN150	汽机房至事故油池以及储油箱
23	次氯酸钠管	DN250	加氯车间至循环水泵房前池
24	加氯车间排水管	DN65	加氯车间至凝结水精处理室外设施

核电厂厂区管线和廊道主要分布于主厂房区周围及厂区道路两侧。核电厂的主厂房是全厂的生产中心，从厂区引入主厂房的管线及从主厂房引出的管线最多，因此主厂房区域周围的管线也最密集。主厂房区域管线主要包括给排水相关管道（含雨污水管、消防水管、生活水管、工业水管等），厂内采暖管沟，事故排油管，高压架空线和电缆沟，各类力能供应的工艺管道（含除盐水管、压缩空气管、氢气管、二氧化碳管、氮气管、低放废液管沟等）。主厂房周围还环绕了各类管沟、廊道，如综合管廊、循环水进排水管沟、重要厂用水进排水管廊、废液排放管沟、热力管沟等。

第二节　厂区管线布置方式及要求

厂区管线的布置方式应因地制宜、经综合比较后合理选择。为节约用地，便于检修，方便管理，在盐雾腐蚀严重地区，地下水位较低、有条件集中地下敷设的管线，宜优先采用综合管廊进行敷设；有条件集中架空布置的管线和当地下水位较高，地基土壤具有腐蚀性或基岩埋深较浅且不利于地下管沟施工的区域及改、扩建工程场地狭窄、厂区用地不足时，宜优先采用综合管架进行敷设。

一、厂区管线敷设方式选择因素

核电厂厂区内管线敷设方式的选择因素较多，一般按下列因素来选择管线的敷设方式：

（1）应考虑管径、运行维修要求以及管内介质的特性。管线内输送的各种物质（液体、气体）有它自身的要求，因此对易燃、易爆、易腐、易冻及有放射性等管线有其特定的敷设条件。如氢气管等易爆，从安全运行考虑，宜直埋或架空敷设。供热管、蒸汽管由于管径大，考虑到运行维护方便，可地上架空敷设。酸碱管易腐蚀，需经常维护检修，宜采用沟道敷设。循环水进排水管管径大，宜采用直埋敷设，雨水管等重力流管线大多采用直埋敷设。低放废液管因带有少量放射性，宜采用沟道敷设。

（2）应考虑管线路径所处的位置。架空热力管线应尽量避免穿越厂区主要出入口处，如需穿越则应采取适当措施。穿越厂区道路的管线，架空或地下敷设时，必须考虑运输、人行净空高度以及沟道荷载的要求。

（3）应考虑地区的气象条件。南方多雨地区的地下沟道排水不畅一直是现实中的常见问题。沟道内设计的排水点往往由于淤积或其他原因堵塞，造成长期大量积水，给核电厂的日常运行、维护带来隐患。因此，南方多雨地区应尽量少用沟道敷设方式，减少沟道积水。在寒冷地区应考虑冻土对管线的影响，如果采用架空敷设，应考虑管线的保温问题。

（4）因地制宜，适应场地条件。要考虑厂区工程地质条件。在湿陷性黄土地区布置管道时，应防止上、下水管道的渗透和漏水，以免影响建（构）筑物基础下沉，致使建（构）筑物遭受破坏。有条件时应尽量采用地上敷设，也可采用沟道敷设。

对场地紧张的核电厂优先采用综合管廊或综合管架敷设方式，可节约大量管线用地。另外，管线布置需要良好的地形和地质条件，以利于管线的稳固性，对于不良地形应尽量避免，如塌方、软弱地质等。凡有条件集中地下综合管廊或架空布置的管线，均宜采用综合管廊或管架进行敷设，减少场地处理量。厂区管沟应尽量避免设在回填土地带，如设在回填土地段时，管（沟）垫层必须加以处理。

地下水位较高，土壤具有腐蚀性或基岩埋深较浅且不利于地下管沟施工的地区，宜优先考虑采用综合管架。

（5）满足方便管理、厂容厂貌的要求。采用地面的敷设方式，为运行中的日常巡视、维护提供了方便。厂前建筑区附近宜采用全地下敷设，使厂前建筑区视线开阔，厂容美观；生产区整齐、简洁的综合管架和地面支架体现了大型核电厂的工业气息和现代化形象。核电厂传统的综合管廊的敷设方式更有利于厂容厂貌的展示，同时，也便于管理和检修。

（6）方便施工。管线地下敷设的做法，存在大量的管道（沟道）交叉问题，设计繁琐，施工起来也经常反复，很难满足现阶段工期较短的要求。地面（支墩或管架）敷设的形式有效地减少了地下交叉，节约了大量的土石方工程，而且在管架（支墩）的制作、安装上，达到很高的装配化、模块化程度，这些都充分地提高了效率，缩短了工期。

根据核电厂调研情况，在厂区被管架包围区域内，如果最高管架净空只有 4.0～4.5m，会造成检修车辆通行困难，建议在主要通道上至少有一处净空应达到 6.0m，以满足大件检修的需要。为节约管架造价，部分区域的管架应适当降低净高至 2.2m（至地坪）。

在寒冷区域火电厂的调研情况反馈，由于压缩空气管较长，管径细，冬季容易在转弯处出现结冰现象。化学水区域敷设在管架上的管线应增加电加热保温措施。所以建议严寒地区可考虑使用地下综合管廊。

（7）避免恶劣环境的影响。核电厂多位于海边，受盐雾、冰冻等影响非常大，架空或直埋的管线比较容易被腐蚀或冻坏，宜采用地下综合管廊的敷设方式。

（8）应满足生产安全、敷设防护和卫生的要求。在符合安全、敷设防护、卫生和检修等条件下，管线宜采用共沟或共架敷设。

二、厂区管线敷设及要求

管线布置可采取地上和地下两种敷设方式。地上敷设一般采用地面及架空两种敷设方式，地下敷设一般采用直埋、管沟和综合管廊。管线常用敷设方式的适用条件见表 26-2。

表 26-2　　　　　　　　　　管线常用敷设方式的适用条件

敷设方式		图示	适用条件
地面	平地布置	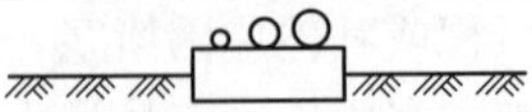	不影响交通的地段
	沿斜坡布置 （一）	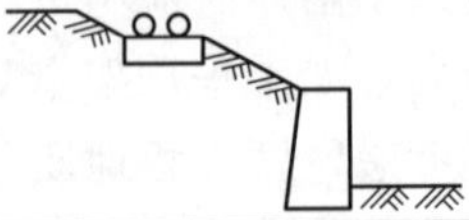	利用斜坡布置管道
	沿斜坡布置 （二）	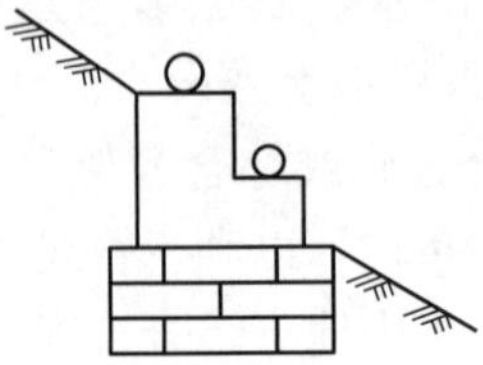	
	沿斜坡布置 （三）	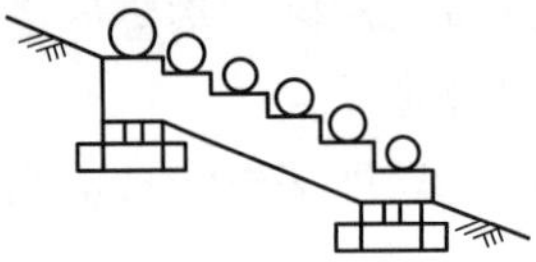	
地上 敷设　架空	墙架	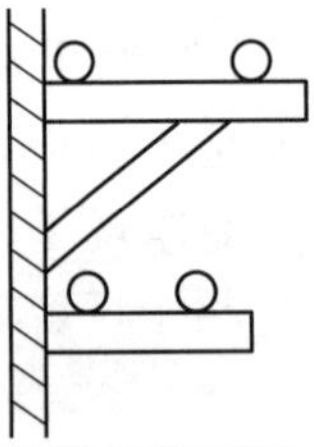	管道数量少且管径小。易燃、易爆、腐蚀性及有毒、有放射性介质管线不应沿与其无关的外墙敷设
	低管架	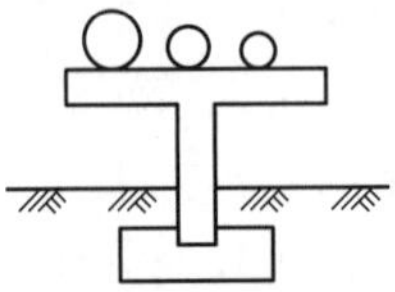	管架高度必须满足运输、人流通行的净空要求
	高管架		
	高架多层	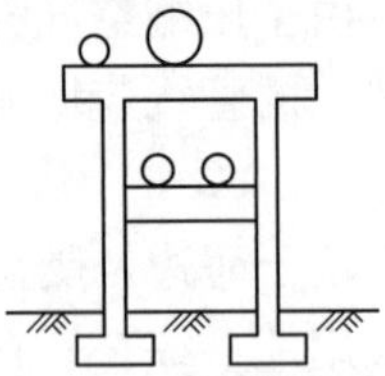	

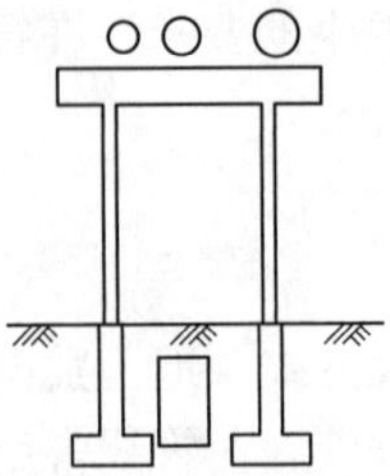

续表

敷设方式		图示	适用条件
地下敷设	直埋	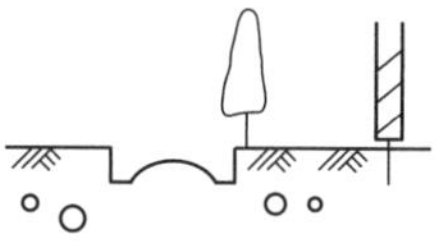	自流、防冻、不经常检修的管线
	沟道 可通行	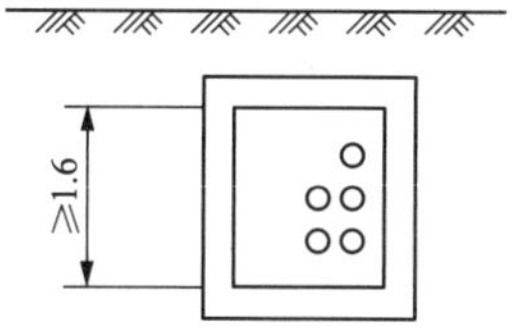 ≥1.6	一般管线密集的地段或化学水沟、电缆、暖气沟，寒冷和严寒地区较多采用覆土沟
	沟道 半通行	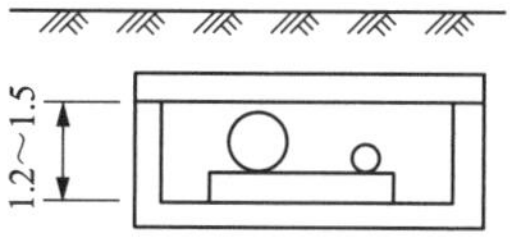 1.2～1.5	
	沟道 不通行	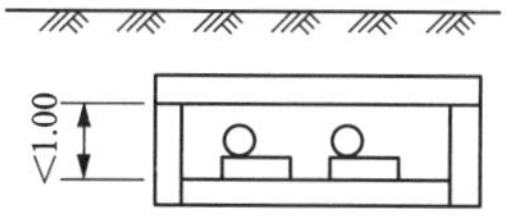 <1.00	
	沟道 不通行	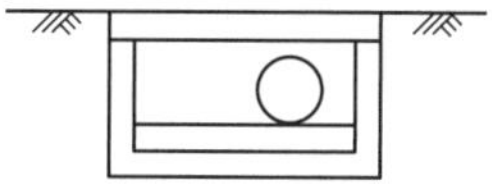	

（一）地上敷设

核电厂厂区地上敷设的管线基本为压力管。地上管线包括供热管网、酸碱管、暖气管、电缆等。地上管线敷设的要求详见第二十七章第二节的相关内容。

（二）地下敷设

1. 地下管线布置的一般要求

（1）便于施工与检修。地下管线（沟）不得平行布置在铁路路基下，不宜平行敷设在道路下面。当布置受限、用地困难时，可将不需经常检修或检修时不需大开挖的管道、管沟平行敷设在道路路面或路肩下面。直埋的地下管线不应平行、重叠布置。

（2）应尽量减小管线埋置深度，但应避免管道内液体冻结。

（3）地下管线、沟道不宜敷设在建（构）筑物的基础压力影响范围内及道路行车部分内。

（4）通行和半通行廊道的顶部设安装孔时，孔壁应高出设计地面0.15m，并应加设盖板。两人孔最大间距一般不宜超过75m，且在隧道变断面处，不通行时，间距还应减小，一般至安装孔最大距离为20～30m。

（5）电缆沟（廊）道通过厂区围墙或和建（构）筑物的交接处，应设防火隔断（防火隔墙或防火门），其耐火极限不应低于 4h。隔墙上穿越电缆的空隙应采用非燃材料密封。

（6）沟道应设有排除内部积水的技术措施。电缆沟及电缆隧道应防止地面水、地下水及其他管沟内的水渗入，并应防止各类水倒灌入电缆沟及电缆隧道内。地下沟道底面应设置纵、横向排水坡度，其纵向坡度不宜小于 0.3％，横向坡度一般为 1.5％，并在沟道内有利于排水的地点及最低点设集水坑和排水引出管。排水点间距不宜大于 50m，集水坑坑底标高应高于下水井的排水出口顶标高 200～300mm。当沟底标高低于地下水位时，沟道应有防水措施。

（7）地下沟（廊）道宜采用自流排水，当集水坑底面标高低于下水道管面标高时，可采用机械排水。

（8）地下沟道应根据结构类型、工程地质和气温条件设置伸缩缝，缝内应有防水、止水措施。各类沟道伸缩缝间距可按表 26-3 采用。

表 26-3　　　　　　　　混凝土、钢筋混凝土与砖地沟伸缩缝间距　　　　　　　　（m）

地沟温度条件			混凝土地沟		钢筋混凝土地沟	砌块地沟
			现浇地沟（配构造筋）	现浇地沟（无构造筋）	整体地沟	≥Mu10 砖
不冻土层内			25	20	30	50
冻土层内	年最高、最低平均气温差	≤35℃	20	15	20	40
		>35℃	15	10	15	30

（9）不同性质地下管线（沟）宜按照下列要求进行敷设：

1）不宜或不应敷设在同一沟道内的管线可按表 26-4 确定。

表 26-4　　　　　　　　　　　不宜或不应同沟敷设的管线

管线名称	不宜同沟	不应同沟
暖气管	燃油管	冷却水管、酸碱管、电缆
供水管	排水管、高压电力电缆	燃油管、酸碱管、电缆
燃油管	给水管、压缩空气管	酸碱管、电缆
电力、通信电缆	压缩空气管	燃油管、酸碱管

2）给水管道布置在排水管道之上。

3）具有酸性或碱性的腐蚀性介质管道，应在其他管线下面。

4）天然气管、煤气管、氢气管不宜在沟内敷设。

5）易燃易爆气体和液体、有毒、腐蚀气体、放射性液体以及各种雨污水重力流管线等不宜与其他管线共同敷设在可通行的地下综合廊道内。

6）给水管与排水管、放射性液（气）体管、有毒液（气）体管，宜分别布置在道路两侧，且生活饮用水管与放射性液（气）体管的间距不应小于 4m。

7）地下管线不应敷设在酸、碱等腐蚀性物料的装卸场地下面，且距上述场地边界水平距离不应小于 2m；地下管线应避免布置在上述场地的地下水下游方向，当无法避免时，其距离不应小于 4m。

8）在严寒或寒冷地区，除热力管道、电力电缆、控制与电信电缆或光缆等管线外，给水管道、排水管道、燃气管道直埋时应位于冰冻线以下，管顶距冰冻线不应小于 0.15m；当管道采取保温、防冻措施时埋深可适当减少，但应考虑冻土冻胀和融沉对管线的影响，并应采取相应的措施。

9）地下厂区管线位置宜按下列顺序自建筑红线向道路侧布置：①电力电缆；②压缩空气；③氢气管；④生产及生活等上水管；⑤工业废水管；⑥生活污水管；⑦消防水管；⑧雨水管；⑨照明及通信杆柱。

10）在回填土地段的管线，应有防止回填土下沉对管线产生影响的措施。

11）地下管线、廊道管沟穿越或跨越控制区、保护区、要害区围栏时，应设置相应的实物保护措施。

（10）地下管线交叉时一般应满足下列要求：

1）各种管线不应穿越可燃或易燃液（气）体沟道。

2）非绝缘管线不宜穿越电缆沟、隧道，必须穿越时应有绝缘措施。

3）可燃、易燃气体管道应在其他管道上方交叉通过。

4）氧气管道应在可燃气体管道下面，在其他管道上面。

5）有腐蚀性介质的管道及酸性、碱性介质的排水管道应在其他管道下面。

6）热力管道应在可燃气体管道及给水管道上方交叉布置。

7）电缆应在热力管道下面及其他管道上方通过。

8）地下管线（或管沟）穿越铁路、道路时，应符合下列要求：

a. 管顶至铁路轨底的垂直净距不应小于 1.2m。

b. 管顶至道路路面结构层底的垂直净距不应小于 0.5m。

c. 穿越铁路、道路的管线当不能满足上述要求时，应加防护套管（或管沟），其两端应伸出铁路路肩或路堤坡脚以外，且不得小于 1m。当铁路路基或道路路边有排水沟时，其套管应延伸出排水沟沟边 1m。

2. 地下管线的间距

地下管线至与其平行的建（构）筑物、铁路、道路及其他管线的水平距离，应根据工程地质、基础形式、检查井结构、管线埋深、管道直径、管内输送物质的性质等因素综合确定。

（1）地下管线之间的最小水平净距见表 26-5。

（2）地下管线之间的最小垂直净距见表 26-6。

（3）地下管线与建（构）筑物之间的最小水平净距见表 26-7。

（4）地下管线与建筑物基础之间的水平间距验算。

表26-5 厂区地下管线之间的最小水平净距　(m)

名称\规格	给水管(mm) <150	给水管 200~400	给水管 >400	排水管 生产废水与雨水管 <800	800~1500	>1500	排水管 生产与生活污水管 <300	400~600	>600	热力沟(管)	油管	酸、碱、氯管	低放射性液体管(沟)	压缩空气管	乙炔管	氧气管	氢气管	电力电缆(kV) <35	电缆沟(管)	通信电缆 直埋电缆	电缆管道
给水管 <150	—	—	—	0.8	1.0	1.0	0.8	0.8	1.2	1.0	1.0	1.0	3.0(4.0)	1.0	1.0	1.0	1.0	1.0	1.0	0.5	0.5
给水管 200~400	—	—	—	1.0	1.2	1.2	1.0	1.2	1.5	1.2	1.5	1.5	3.0(4.0)	1.2	1.2	1.2	1.2	1.0	1.2	1.0	1.0
给水管 >400	—	—	—	1.0	1.5	1.5	1.2	1.5	2.0	1.5	1.5	1.5	3.0(4.0)	1.5	1.5	1.5	1.5	1.0	1.5	1.2	1.2
排水管 生产废水与雨水管 <800	0.8	1.0	1.0	—	—	—	—	—	—	1.0	1.5	1.5	1.5	0.8	0.8	0.8	0.8	1.0	1.0	0.8	0.8
800~1500	1.0	1.2	1.5	—	—	—	—	—	—	1.2	1.5	1.5	1.5	1.0	1.0	1.0	1.0	1.0	1.2	1.0	1.0
>1500	1.0	1.2	1.5	—	—	—	—	—	—	1.5	1.5	1.5	1.5	1.2	1.2	1.2	1.2	1.0	1.5	1.0	1.0
排水管 生产与生活污水管 <300	0.8	1.0	1.2	—	—	—	—	—	—	1.0	1.0	1.0	1.5	0.8	0.8	0.8	0.8	1.0	1.0	0.8	0.8
400~600	1.0	1.2	1.5	—	—	—	—	—	—	1.2	1.5	1.5	1.5	1.0	1.0	1.0	1.0	1.0	1.2	1.0	1.0
>600	1.2	1.5	2.0	—	—	—	—	—	—	1.5	1.5	1.5	1.5	1.2	1.2	1.2	1.2	1.0	1.5	1.0	1.0
热力沟(管)	1.0	1.2	1.5	1.0	1.2	1.5	1.0	1.2	1.5	—	2.0	1.5	1.5	1.5	1.5	1.5	1.5	2.0	2.0	1.0	1.0
油管	1.0	1.5	1.5	1.5	1.5	1.5	1.0	1.5	1.5	2.0	—	1.5	1.5	1.2	1.5	1.5	1.5	1.0	1.0	1.0	1.0
酸、碱、氯管	1.0	1.5	1.5	1.5	1.5	1.5	1.0	1.5	1.5	1.5	1.5	—	1.5	1.2	1.5	1.5	1.5	1.5	1.2	1.2	1.2
低放射性液体管(沟)	3.0(4.0)	3.0(4.0)	3.0(4.0)	1.5	1.5	1.5	1.5	1.5	1.5	1.5	1.5	1.5	—	1.5	1.5	1.5	1.5	1.0	1.0	1.0	1.0
压缩空气管	1.0	1.2	1.5	0.8	1.0	1.2	0.8	1.0	1.2	1.5	1.2	1.2	1.5	—	1.5	1.5	1.5	1.0	1.0	0.8	1.0

续表

间距　名称		给水管 (mm)			排水管 (mm)						热力沟 (管)	油管	酸、碱、氯管	低放射性液体管 (沟)	压缩空气管	乙炔管	氧气管	氢气管	电力电缆 (kV) <35	电缆沟 (管)	通信电缆	
					生产废水与雨水管			生产与生活污水管													直埋电缆	电缆管道
名称	规格	<150	200~400	>400	<800	800~1500	>1500	<500	400~600	>600												
乙炔管		1.0	1.2	1.5	0.8	1.0	1.2	1.0	1.0	1.2	1.5	1.5	1.5	1.5	1.5	—	1.5	1.5	1.0	1.5	0.8	1.0
氧气管		1.0	1.2	1.5	0.8	1.0	1.2	1.0	1.0	1.2	1.5	1.5	1.5	1.5	1.5	1.5	—	1.5	1.0	1.5	0.8	1.0
氢气管		1.0	1.2	1.5	0.8	1.0	1.2	1.0	1.0	1.2	1.5	1.5	1.5	1.5	1.5	1.5	1.5	—	1.0	1.5	0.8	1.0
电力电缆 (kV) <35　直埋电缆		1.0	1.0	1.0	1.0	1.2	1.5	1.0	1.2	1.0	2.0	1.0	1.5	1.0	1.0	1.0	1.0	1.0	—	0.5	0.5	0.5
电力电缆 (kV) <35　电缆沟 (管)		1.0	1.0	1.0	0.8	1.0	1.0	1.2	1.0	1.5	2.0	1.0	1.2	1.0	1.5	1.5	1.5	1.5	0.5	—	0.5	0.5
通信电缆　直埋电缆		0.5	0.5	1.2	0.8	1.0	1.0	0.8	0.8	1.0	1.0	1.0	1.2	1.0	0.8	0.8	0.8	0.8	0.5	0.5	—	—
通信电缆　电缆管道		0.5	0.5	1.2	0.8	1.0	1.0	0.8	0.8	1.0	1.0	1.0	1.2	1.0	1.0	1.0	1.0	1.0	0.5	0.5	—	—

注
1. 表列间距均自管壁、沟壁或管沟的外缘或防护设施的外缘或最外一根电缆算起；当相邻管线之间埋设深度高差大于0.5m时，应按土壤的性质验算其水平净距。
2. 当热力沟（管）与电力电缆间距不能满足本表规定时，应采取隔热措施，以防电缆过热。
3. 局部地段电力电缆穿管保护或加隔离板后或热力管道、排水管道、压缩空气管道与给水管道的间距可减少到0.5m，与穿管通信电缆的间距可按本表数据增加50%；生产废水管与雨水沟（渠）和给水管之间的间距可减少到0.1m。
4. 表列数据系按给水管在污水管上方制定的。生活饮用水给水管与污水管之间的间距应增加50%；生产废水管与污水管之间的间距可减少20%，但不得小于0.5m。
5. 当给水管与排水管共同埋设的土壤为砂土类，且给水管的材质为非金属或非合成塑料时，给水管与排水管间距不应小于1.5m。
6. 110、220kV级的电力电缆与本表中各类管线的间距，可按35kV数据增加50%。电力电缆排管（即电力电缆管道）同数据增加50%。
7. 氧气管一使用目的乙炔管同一水平敷设时，其间距可减至0.25m，但管道上部0.3m高度范围内，应用砂类土，松散土填实后再回填。
8. 括号内数值4.0供电力电缆排管上部0.3m高度范围内低放射性液体管（沟）之间的距离。
9. 管线距离相邻距离的管井外壁距离不得小于0.20m。
10. 表中"一"表示间距未作规定，可根据具体情况及工艺要求确定。

表26-6　厂区地下管线之间的最小垂直净距　　　　　　　　　　　　　　　　(m)

间距　　名称 / 名称	给水管	排水管	热力沟(管)	油管	酸、碱、氯管	低放射性液体管(沟)	压缩空气管	乙炔管	氧气管	氢气管	电力电缆	电缆沟(管)	通信电缆 直埋电缆	通信电缆 电缆管道
给水管	0.15	0.40	0.15	0.30	0.50	0.50	0.15	0.25	0.15	0.25	0.50	0.15	0.50	0.15
排水管	0.4	0.15	0.15	0.30	0.50	0.50	0.15	0.25	0.15	0.25	0.50	0.25	0.50	0.15
热力沟(管)	0.15	0.15	—	0.30	0.30	0.50	0.15	0.25	0.25	0.25	0.50	0.25	0.50	0.25
油管	0.30	0.30	0.30	—	0.50	0.50	0.30	0.25	0.30	0.30	0.50	0.25	0.50	0.25
酸、碱、氯管	0.50	0.50	0.30	0.50	—	0.50	0.50	0.50	0.50	0.50	0.50	0.50	0.50	0.50
低放射性液体管(沟)	1.0	0.50	0.50	0.50	0.50	—	0.50	0.50	0.50	0.50	0.50	0.50	0.50	0.50
压缩空气管	0.15	0.15	0.15	0.30	0.50	0.50	—	0.15	0.15	0.15	0.50	0.25	0.50	0.25
乙炔管	0.25	0.25	0.25	0.25	0.50	0.50	0.15	—	0.25	0.25	0.50	0.25	0.50	0.15
氢气管	0.25	0.25	0.25	0.30	0.50	0.50	0.15	0.25	—	—	0.50	0.25	0.50	0.25
电力电缆	0.50	0.50	0.50	0.50	0.50	0.50	0.50	0.50	0.5	0.50	0.25	0.25	0.25	0.25
电缆沟(管)	0.15	0.25	0.25	0.25	0.50	0.50	0.25	0.25	0.25	0.25	0.50	0.25	0.25	0.25
通信电缆 直埋电缆	0.50	0.5	0.50	0.50	0.50	0.50	0.50	0.5	0.5	0.50	0.50	0.25	0.25	0.25
通信电缆 电缆管道	0.15	0.15	0.25	0.25	0.50	0.50	0.25	0.15	0.15	0.25	0.50	0.25	0.25	0.25

注　1. 表中管道、电缆和电缆沟最小垂直净距，系指下面管道或管沟的外顶与上面管道的管底或管沟底之间的净距。

　　2. 当电力电缆采用隔板分隔时与上面电缆之间的距离可为 0.25m。

　　3. 酸、碱、氯管与其他管道交叉时，应将其敷设在下面，如将其敷设在上面，垂直净距不应小于 0.50m，如在交叉处采用了套管，垂直净距可为 0.15m。

　　4. 地下管线交叉布置时，在垂直方向应符合下列要求规定：

　　　1) 给水管道在排水管道上面；

　　　2) 可燃气体管道，应在除热力管道外的其他管道上面；

　　　3) 电力电缆应在热力管道下面，在其他管道的上面；

　　　4) 氧气管道在可燃气体管道下面，在其他管道上面；

　　　5) 有腐蚀介质的管道及酸性、碱性介质的排水管道，应在其他管道下面；

　　　6) 热力管道应在可燃气体管道和给水管道的上面。

表26-7

厂区地下管线与建筑物、构筑物之间的最小水平间距　　　　(m)

名称	给水管 (mm)			排水管 (mm)						热力沟(管)	油管	酸、碱、氰管	低放射性液体管(沟)	压缩空气管	乙炔管	氧气管	氢气管	电力电缆(35kV及以下)	电缆沟	通信电缆
				生产废水与雨水管			生产及生活污水管													
	<150	200~400	>400	<800	800~1500	>1500	<300	300~600	>600											
建筑物、构筑物基础外缘	1.0	2.5	3.0	1.5	2.0	2.5	1.5	2.0	2.5	1.5	3.0	3.0	3.0	1.5	①	②	③	0.6④	1.5	0.5⑥
标准轨距铁路（中心线）	3.3	3.8	3.8	3.8	4.3	4.8	3.8	4.3	4.8	3.8	3.8	3.8	3.8	3.3	3.3	3.3	3.3	3.8(10.80)⑤	3.3	3.3
道路	0.8	1.0	1.0	0.8	1.0	1.0	0.8	1.0	1.0	0.8	1.0	1.0	1.0	0.8	0.8	0.8	0.8	0.8④	0.8	0.8
管架基础外缘	0.8	1.0	1.0	0.8	0.8	1.2	0.8	0.8	1.2	0.8	2.0	2.0	2.0	0.8	0.8	0.8	0.8	0.5	0.8	0.5
照明、通信杆柱（中心）	0.5	0.5	1.0	0.5	0.5	0.5	0.5	0.5	0.5	0.8	1.0	1.0	1.0	1.0	0.8	0.8	1.0	0.5	1.0	0.5
围墙基础外缘	1.0	0.8	0.8	1.0	1.0	1.0	1.0	1.0	1.0	1.0	1.5	1.5	1.5	1.0	1.0	1.0	1.0	1.0④	1.0	0.8
排水沟外缘	0.8	0.8	0.8	0.8	0.8	0.8	0.8	0.8	0.8	0.8	1.5	1.5	1.5	0.8	0.8	0.8	0.8	1.0④	1.0	0.8
高压电力杆柱或铁塔基础外缘	0.8	0.8	0.8	0.8	0.8	0.8	0.8	0.8	0.8	1.2	3.0	3.0	3.0	1.2	1.9	1.9	2.0	1.0(4.0)④	1.2	0.8

注　1. 表列间距除注明者外，管线均自管壁、沟壁或防护设施的外缘或最外一根电缆算起，自路面边缘算起。道路为城市型时，自路面边缘算起；为公路型时，自路肩边缘算起。

2. 表列埋地管线与建筑物、构筑物基础外缘的间距，均是指埋地管道与建筑物、构筑物的基础在同一标高或其以上时，当埋地管道深度大于建筑物、构筑物的基础深度时，应按土壤性质计算确定，但不得小于表列数值。

3. 当管架为双柱式管基础时，道路之间分别按设各基础；在满足本表要求的情况下，可在管架基础之间敷设管线。

4. 地下管线与铁路交叉中心，道路之间的最小净距为5.0m，系指平坦地段采用的数值。当铁路、道路路基为路堤或路堑式时，表中距离应根据实际情况相应增加。给水管道至铁路路堤坡脚或路堑顶的净距，不小于5.0m；排水管道至铁路路堤坡脚或路堑顶的净距为10.0m；至路堑坡顶的净距为5.0m。

5. 表中的①~⑥注解具体内容如下：

1) 乙炔管道，距有地下室及生产甲类火灾危险性的建筑物、构筑物的基础外缘和通行沟道的外缘的间距为2.5m；距无地下室的建筑物、构筑物的基础外缘的间距为1.5m。

2) 氧气管道，距有地下室的建筑物、构筑物的基础外缘和通行沟道的外缘的水平间距为：氧气压力≤1.6mPa时，采用2.0m；氧气压力>1.6mPa时，采用3.0m；距无地下室的建筑物、构筑物基础外缘净距为：氧气压力≤1.6mPa时，采用1.2m；氧气压力>1.6mPa时，采用2.0m。

3) 氢气管道，距有地下室的建筑物、构筑物基础外缘净距为3.0m；距无地下室的建筑物、构筑物的基础外缘和通行沟道的外缘的水平间距为3.0m。

4) 表中所列数值为可减少且最多减少一半。电缆与有地下室的建筑物、构筑物的基础外缘最小水平距离为1.0m，与1kV以上架空电杆基础外缘的最小水平距离为4.0m。

5) 电力电缆与非直流电气化铁路中心的最小水平距离为3.8m，与直流电气化铁路中心的最小水平距离为10.8m。

6) 通信电缆管道距建筑物、构筑物基础外缘的间距应为1.5m。

1）管线埋深大于建（构）筑物基础埋深时，其水平间距（见图 26-1）按下式计算：

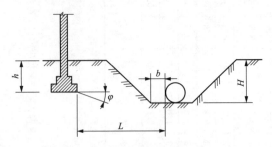

图 26-1　管线埋深低于建筑物基础底面的管道之间水平间距

$$L = \frac{H-h}{\tan\varphi} + b \tag{26-1}$$

式中：L——管线与建筑物基础边缘之间的水平距离，m；

　　　H——管线敷设深度，m；

　　　h——建筑物基础砌置深度，m；

　　　φ——土壤内摩擦角，见表 26-8，（°）；

　　　b——管线施工宽度，见表 26-9，m。

表 26-8　　　　　　　　　　　　　　　　土壤内摩擦角 φ

土壤类别			土壤的内摩擦角 φ（°）						
			$e_0 = 0.4\sim0.5$	$e_0 = 0.5\sim0.6$	$e_0 = 0.6\sim0.7$	$e_0 = 0.7\sim0.8$	$e_0 = 0.8\sim0.9$	$e_0 = 0.9\sim1.0$	$e_0 = 0.9\sim1.1$
砂类土	粗砂		40	38	36				
	中砂		38	36	33				
	细砂		36	34	30				
	粉砂		34	32	26				
黏性土	粉质黏土	$\angle 9.4$	28	26	25				
	亚黏土	塑限含水量 W_p（%）	9.5～12.4	23	22	21				
		12.5～15.4	22	21	20	19			
		15.5～18.4		20	19	18	17	16	
		18.5～22.4			18	17	16	15	
		22.5～26.4				16	15	14	
		26.5～30.4					14		13

注　e_0 为孔隙比。

表 26-9　　　　　　　　　　　　　　　　管线施工宽度 b

管径（mm）	b 值（m）
100～300	0.4
350～450	0.5
500～1200	0.6

2）埋深不同的无支撑管道之间的水平间距 L（见图26-2）按下式计算：

$$L = m\Delta h + B \tag{26-2}$$

式中：L——管线之间的水平间距，m；

　　　m——沟槽边坡的最大坡度；

　　　Δh——两管道沟槽槽底之间高差，m；

　　　B——两管道施工宽度之和（$B = b_1 + b_2$），见表26-10，m。

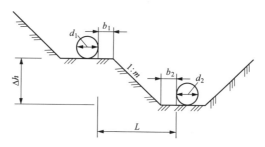

图26-2　无支撑管道之间水平间距

<table>
<tr><td rowspan="2" colspan="2">表 26-10</td><td colspan="3">管道施工宽度之和 B　（m）</td></tr>
</table>

项目		管径 d_1(mm)		
		200～300	350～450	500～1200
管径 d_2(mm)	200～300	0.7	0.8	0.9
	350～450	0.8	0.9	1.0
	500～1200	0.9	1.0	1.1

3. 地下综合廊道内管线布置要求

地下综合廊道内管线布置应符合下列规定：

（1）综合廊道内应设置人行通道；通道的净宽不应小于0.8m，局部困难时不应小于0.6m，净高不应小于2.2m。

（2）电缆与其他管线宜分别布置在通道两侧，见图26-3（a），当布置在同一侧时，电缆应在上，除热力管外其他管线应在下，见图26-3（b）。

（3）不宜布置易燃易爆、有毒、放射性等有危险物料的管线，当布置时，不应设置阀门、法兰等容易产生泄漏的装置或部件，且应有安全防护措施。

（4）液体倒空排放点，应靠近廊道的集水井。

（5）各种管线之间的距离和要求应等同厂房内敷设规定。

（6）热力管与电缆（线）、给水管不宜布置在同一综合廊道内，如布置在同一综合廊道时，应有措施，确保电缆、给水管的正常使用不受影响。

地下综合廊道设计应符合下列规定：

（1）宜设置不小于0.3％的纵坡和0.5％的横坡，纵坡最低处应设置集水井，并应设抽水泵，必要时设纵向带盖排水明沟。

（2）应设永久性照明和火灾报警器。

（3）应设置安全出口指示标记（含距离）。

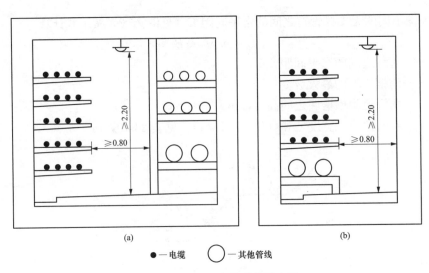

●—电缆   ◯—其他管线

图 26-3   地下综合管廊管线布置

（a）电缆与其他管线布置；（b）电缆与其他管线同侧布置

（4）应设置安装和检修管材出入口。在严寒或寒冷地区，应设置出入口防冻设施。

（5）应保持通风。

（6）通道范围内不应有设备、管线、支架侵入，通道两侧不应有尖物或突出的硬体。

（7）通向担架出口的通道不应有直角转弯。

（8）应设置正常出入口与紧急出入口。

（9）敷设有放射性、易燃、易爆、有毒物料管线的综合廊道，应有抗震、抗辐射效应和防止地下水渗入的功能。

（10）正常出入口应设在最安全并可以通过担架的地段，当有几个正常出入口时，允许只有一个能通过担架，但应满足本条第 7 款的要求。

（11）应满足核电厂实物保护要求。

（12）在可能出现水淹、火灾、高温、高压管线破裂等事故的综合廊道中应设置紧急出口，其间距不应大于 70m。在尽端式廊道地段，紧急出口间距端头不应大于 10m，在危险性较小地段，上述两间距可扩大 5 倍，但高温、高压管线地段不应扩大。

（13）安全级廊道宜布置在稳定的、岩土性质均匀的地基上，地基岩土参数应满足抗震Ⅰ类物项的要求。

4. 特殊地区的地下管线布置

（1）湿陷性黄土地区管道布置。

室外管道宜布置在防护范围外。埋地管道与建筑物之间的防护距离见表 26-11。

表 26-11   埋地管道与建筑物之间的防护距离   （m）

建筑类型	地基湿陷等级			
	Ⅰ	Ⅱ	Ⅲ	Ⅳ
甲			8～9	11～12
乙	5	6～7	8～9	10～12

建筑类型	地基湿陷等级			
	I	II	III	IV
丙	4	5	6～7	8～9
丁		5	6	7

注 1. 陇西地区和陇东陕北地区，当湿陷性土层的厚度大于 12m 时，压力管道与各类建筑之间的防护距离宜按湿陷性土层的厚度值采用。

2. 当湿陷性土层内有碎石土、砂土夹层时，防护距离可大于表中数值。

3. 采用基本防水措施的建筑，其防护距离不得小于一般地区的规定。

4. 防护距离的计算，对建筑物，宜自外墙轴线算起；对高耸结构，宜自基础外缘算起；对管道、排水沟，宜自其外壁算起。

5. 建筑物应根据其重要性、地基受水浸湿可能性大小和在使用上对不均匀沉降限制的严格程度，分为甲、乙、丙、丁四类。

   1）甲类建筑：高度大于 40m 的高层建筑、高度大于 50m 的构筑物、高度大于 100m 的高耸结构、特别重要的建筑、地基受水浸湿可能性大的重要建筑、对不均匀沉降有严格限制的建筑。

   2）乙类建筑：高度 24～40m 的高层建筑、高度 30～50m 的构筑物、高度 50～100m 的高耸结构、地基受水浸湿可能性较大或可能性小的重要建筑、地基受水浸湿可能性大的一般建筑。

   3）丙类建筑：除乙类以外的一般建（构）筑物。

   4）丁类建筑：次要建筑。

临时水管道至建筑物外墙的距离，在非自重湿陷性黄土场地，不宜小于 7m；在自重湿陷性黄土场地，不应小于 10m。

（2）膨胀土地区管道布置。

1）尽量将管道布置在膨胀性较小的和土质较均匀的平坦地段，宜避开大填、大挖地段和自然放坡坡顶处。

2）管道距建筑物外墙基础外缘的净距不应小于 3m。

第三节　常见管线规划布置

厂区管线综合布置工作具有涉及专业多、管线数量多、设计周期长、协调工作量大等特点，需要各专业积极配合，密切合作来完成。厂区管线综合布置涉及给排水、暖通、强弱电、放射性、气体等相关专业，共计约 30 多种管线。总图专业作为管线综合的牵头专业，需要对各工种管线有一定程度的了解，才能根据各专业管线的特点进行相关综合布置工作。厂区常见管线及敷设方式见表 26-12。

表 26-12　　　　　　　　**核电厂常见管线及敷设方式一览表**

序号	名称	敷设方式	备注
1	循环水进排水管	直埋或管沟	
2	重要厂用水管进排水管	管廊或管沟	
3	消防给水管	直埋＋管廊	
4	生产给水管	直埋＋管廊	
5	生活给水管	直埋＋管廊	

序号	名称	敷设方式	备注
6	非放生产废水管	直埋或管沟	
7	生活污水管	直埋	
8	雨水管	直埋	
9	热力管	管沟或架空	
10	厂内采暖管	管沟或架空	
11	电力电缆	直埋或管沟或管廊	
12	通信电缆	直埋或管沟或管廊	
13	氮气管	直埋或管沟	
14	二氧化碳管	直埋或管沟	
15	氢气管	夹套管的形式直埋	
16	压缩空气管	直埋＋管廊	
17	除盐水管	直埋＋管廊	
18	低放废液管	管沟	
19	事故放油管	直埋	
20	次氯酸钠管	管沟	
21	加氯车间排水管	管廊	

厂区常见管线及敷设方式详述如下：

1. 循环水管（沟）

循环水冷却系统根据水源、环保要求等情况分为一次循环直流冷却和二次循环冷却两种方式。

当采用直流冷却系统时，冷却水从取水明渠或取水口引接，经循环水泵房加压提升，通过循环水进水管到汽机厂房内凝汽器冷却后，排至厂房外，经虹吸井至厂外排水口。

当采用二次循环冷却系统时，冷却水经循环水泵房加压，通过循环水进水管到汽机厂房内凝汽器冷却后，排至冷却水塔冷却。并采用补给水管道为冷却水量的损耗补水。

循环水管（沟）具体布置详见本章第二节常见廊道管沟规划布置的相关内容。

2. 重要厂用水管

重要厂用水管分为进水管和排水管，一般采用廊道形式进行敷设，具体布置详见本章第二节常见廊道管沟规划布置的重要厂用水管廊布置的相关内容。

3. 消防给水管

厂区消防水管根据安全级别分为安全级子项消防水管和非安全级子项消防水管两部分，其中安全级子项消防水管路径为：主厂房区内核岛消防泵房→安全级子项；非安全级子项消防水管路径为：厂区消防泵房→厂区BOP子项。

厂区内大部分消防水管从水处理厂接出，通往各个子项及路边的消防栓等设施，并通过环状布置保证供水的连续性，主要干管管径约为DN300mm，主要采用直埋方式敷设。

主厂房区的消防水管从消防水箱引出，接至主厂房区各子项及路边消防栓，主厂房区的消防水主干管（管径DN300mm）主要通过综合管廊敷设并成环布置，局部接出管廊直埋敷设至用水点。

4. 生产给水管

生产给水管主要从水处理设施区接出，沿厂区道路敷设至各子项用户，包括除盐水厂房、汽机厂房、辅助锅炉房等。

生产给水管一般采用直埋形式敷设，材质一般为钢管，在核岛周边区域进入综合管廊敷设，生产给水管主干管管径一般为 DN350mm。

5. 生活给水管

生活给水管主要从水处理设施区接出，然后连接至各子项用户（包括除盐水厂房、汽机厂房、循环水泵房等），主要采用直埋敷设和综合廊道内敷设两种方式。生活给水管主干管管径一般为 DN300mm。

6. 非放生产废水管

非放生产废水处理厂房主要用于处理厂区汽机厂房等子项产生的不带放的生产废水。非放生产废水管将主厂房及 BOP 厂房产生的生产废水排至生产废水处理厂房处理，达标后排至厂外。其中在正常工况下从汽机厂房接出的生产废水管则直接排至虹吸井，不需经废水处理厂房处理。

非放生产废水管一般采用直埋敷设，主干管管径一般为 DN150mm、DN250mm 和 DN600mm 等。

7. 生活污水管

生活污水管主要用于收集厂区各个子项产生的生活污水，送至厂区生活污水处理设施进行处理。生活污水管采用重力流直埋敷设，主干管管径一般为 DN300mm。

8. 雨水管

厂区雨水收集方式主要是通过屋面以及道路场地汇集至雨水井，再经雨水管汇合，最终通过厂区排水口排至厂外。雨水管采用重力流直埋敷设，管径根据雨水汇水面积从 DN300mm 到 DN2000mm 不等。

9. 热力管

厂区热力管主要为向厂外供热的管道（蒸汽管或热水管）或厂用辅助蒸汽管。向厂外供热的热力管从汽机厂房出来后，通过管沟或架空的形式敷设至厂外，并在需要的位置设置供热首站，供热首站主要用于将过热蒸汽通过热网加热器加热热网循环水回水，将热量传递给用户。厂外供热热力管管径一般按照供热负荷确定。厂用辅助蒸汽管从辅助锅炉房接出后连接至汽轮机房，管径根据热负荷的需要确定。

10. 厂内采暖管

厂内采暖管是为厂区内用户供暖的热水管道。管线从汽机厂房引出，通过直埋、管沟或管架的形式敷设至厂区各用户点（包括三废处理区、综合办公区等）。全厂采暖管管径从 DN32mm 到 DN300mm 不等。

11. 电力电缆

电力电缆分为高压电缆、中压电缆和低压电缆三种类型：高压电缆主要从汽机厂房一侧的变压器接出，连接至厂区主开关站，及从辅助开关站连接至厂区的中压配电间，有 500、220、110kV 等各种类型，可以采用架空线、电缆沟或者 GIL 廊道的敷设形式；中压电缆和低压电缆连接厂区配电间及各用电子项，主要采用直埋、电缆沟、排管以及综合管廊等敷设方式。具体布置详见本章第四节常见廊道管沟规划布置的相关内容。

12. 通信电缆

通信电缆主要分为仪控、通信和控制等电缆，厂区管线布置中通信电缆主要通过预埋成品专用套管的形式连通各个用户点，在转折点用手孔井或者人孔井进行衔接，也可充分利用厂区电缆沟和综合管廊敷设，为电缆安装检修提供良好空间环境。

13. 氮气管

氮气管分为高压和低压两种，由氮气站接出，通往汽轮机厂房和其他需要氮气的厂房，一般采用直埋或地表浅沟形式敷设。

高压氮气主要用于为核岛冷却系统设施充氮加压，同时对放射性液体废物处理系统进行充氮覆盖；低压氮气主要用于设备的保养、覆盖、吹扫等。氮气管管径一般为DN25～DN50mm。

14. 二氧化碳管

二氧化碳管从厂区二氧化碳存储设施接出，连接至汽轮机厂房，主要用于发电机停机时置换发电机中的氢气或空气，一般采用直埋或地表浅沟形式敷设。二氧化碳管管径一般为DN50mm。

15. 氢气管

氢气管分为高压和低压两种，从厂区氢气存储设施连接至主厂房，主要用于核岛相关系统除氧以及汽轮机房发电机冷却。

氢气管的敷设方式为通过夹套管的形式直埋，套管为碳钢管。厂区氢气管道两端需设置氢气检漏装置。氢气管管径一般为DN25mm～DN50mm。

16. 压缩空气管

压缩空气管主要从空压站等气体厂房内接出，通往柴油发电机厂房、除盐水站、废水处理厂房等需要压缩空气的子项，主要采用直埋方式或综合管廊敷设。压缩空气管主干管管径一般为DN200mm。

17. 除盐水管

除盐水管主要从除盐水站接出，通往各个子项用户供应除盐水，敷设方式分为直埋和综合管廊两种方式。除盐水主干管管径一般为DN350mm，其他支管管径从DN25mm～DN300mm不等。

18. 低放废液管

核岛和废物处理厂房等产生的带有少量放射性的废液，经处理达标后统一排放至厂区虹吸井混合稀释，最终排至厂外。

低放废液管主要采用管沟形式敷设，敷设路径为：常规岛及放射性废物相关厂房→常规岛/核岛低放废液处理厂房→虹吸井（达标后）→厂外。

低放废液管管径一般为DN80mm～DN100mm。

19. 事故放油管

事故放油管连接汽机厂房与事故油池以及储油箱等设施，采用直埋敷设，管径一般为DN150mm。

20. 次氯酸钠管

次氯酸钠管主要从加氯车间连接到循环水泵房前池，一般采用管沟敷设，管径一般为 DN250mm。

21. 加氯车间排水管

加氯车间排水管从加氯车间连接至凝结水精处理室外设施，主要通过综合管廊敷设，局部直埋，管径一般为 DN65mm。

第四节　常见廊道管沟规划布置

核电厂廊道管沟是核岛、常规岛和 BOP 厂房之间输送生产介质的重要地下构筑物。厂区内常见廊道管沟包括重要厂用水管廊（重要厂用水进水廊道、重要厂用水排水管沟），循环冷却水管廊（循环水进水管、循环水排水管沟），废液廊道（废液输送管沟，废液排放管沟），电气廊道（220kV 电缆沟，500kV 电缆廊道、常规岛电气厂房电气廊道、柴油机厂房电气廊道、厂区低压电缆沟），综合管廊等。

一、廊道管沟规划布置原则

（1）廊道管沟应结合规划容量、总平面及竖向布置、管线综合布置、交通运输、施工检修等要求统一规划。

（2）廊道管沟规划应按近期集中、近远期结合的原则进行布置；综合考虑生产运行、安全、经济等因素，穿越近期厂区用地的远期廊道管沟宜与近期工程同步建设。

（3）廊道管沟平面布置应尽量短捷、顺直，并与主要道路、建筑物平行；同时尽量避开核岛和常规岛周围大件运输车辆和大型吊装机械的通行区域，确实无法避开时，应考虑廊道管沟上方大型机械荷载。

（4）廊道管沟的附属构筑物，如安装孔、人孔、疏散楼梯间、通风口等，应避开路面及道路转弯处，并避开施工期间大型吊装机械的通行区域。

（5）廊道管沟竖向布置宜根据埋深采用分层、由深到浅依次布置的原则，尽量减少竖向交叉碰撞。

（6）可通行廊道布置时应考虑廊道的人员通行、通风（机械或自然）、消防、火灾报警、防火分区、人员逃生、排水、照明、视频监控和实物保护等设施（与安全建筑物连接处）。

（7）可通行廊道穿越控制区、保护区、要害区围栏时，应设置相应的实物保护措施。非安全级可通行廊道的安装孔、人孔、疏散楼梯间、通风口等位于要害区围栏内时，需要考虑实物保护措施，防止非授权人员进入要害区。

（8）可通行廊道的人孔应采用只能从内部开启的盖板。

（9）可通行廊道内宜设不小于 0.3% 的纵坡和 0.5% 的横坡，纵坡最低处应设集水井，并应设抽水泵，必要时设纵向带盖排水明沟。

（10）廊道管沟顶部至铁路轨底的垂直净距不应小于 1.2m，至道路路面结构层底的垂直净距不应小于0.5m。

（11）在严寒或寒冷地区，廊道管沟布置应满足防冻要求。

（12）安全级重要廊道应满足相应的地基和抗震要求。

二、常见廊道管沟规划布置

目前国内存在多种类型核电机组，不同类型核电机组的地下廊道数量和布置略有差异，华龙一号是具有完全自主知识产权的三代先进压水堆核电机组，是目前国内核电主力机型，本节地下廊道管沟规划布置主要基于华龙一号进行介绍，相近机型可参考。管廊沟道断面尺寸因项目不同也会有所区别，本节中数据仅供参考。

（一）常见廊道管沟特性

电厂厂区常见廊道管沟特性详见表26-13。

表 26-13　　　　　　　　　　　常见廊道管沟特性一览表

序号	名称		是否通行（是/否）	安全等级（是/否）	单机数量（条）
1	重要厂用水管廊	重要厂用水进水廊道	是	是	3
		重要厂用水排水廊道	否	是	3
		重要厂用水排水管沟	否	否	3合2
2	循环冷却水管廊	循环水进水管	否	否	2
		循环水排水管沟	否	否	2
3	废液廊道	废液输送管沟	否	是	1
		废液排放管沟	否	否	1
4	电气廊道	220kV 电缆沟	否	否	1
		500kV 电缆廊道	是	否	1
		柴油机厂房电气廊道	是	是	3
		常规岛电气厂房电气廊道	是	否	3+2
		厂区低压电缆沟	否	否	多条
5	综合管廊		是	否	多条

（二）重要厂用水管廊布置

1. 重要厂用水进水廊道

重要厂用水进水廊道是连接核岛安全厂房和重要厂用水泵房的安全级、可通行廊道，分为3个独立的安全序列，内壁尺寸分为4.0m×2.7m、3.3m×2.2m两种。廊道内布置有重要厂用水管道及管件、消防水管道及管件、电缆等，廊道低点设置集水坑和浮球液位控制器。重要厂用水进水廊道内需设置不小于0.8m人行通道，可以根据施工和检修需要，在人行通道上方设置单轨道起吊设备（见图26-4）。

2. 重要厂用水排水廊道和排水管沟

重要厂用水排水廊道是连接核岛安全厂房和溢流井的安全级、不可通行廊道，分为3个独立的安全序列，单孔内径为$\phi 1.6$m。

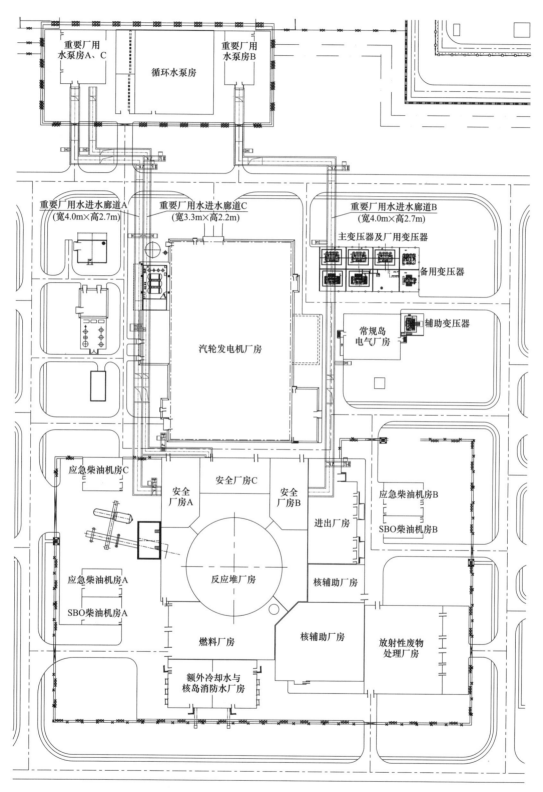

图 26-4 重要厂用水进水廊道平面布置示意图

重要厂用水排水管沟是连接溢流井和虹吸井的非安全级、不可通行廊道,三条排水管沟(内径 $\phi1.5$m、$\phi1.2$m)通过集水池合并为两条排水管沟(内径 $\phi1.8$m)(见图 26-5)。

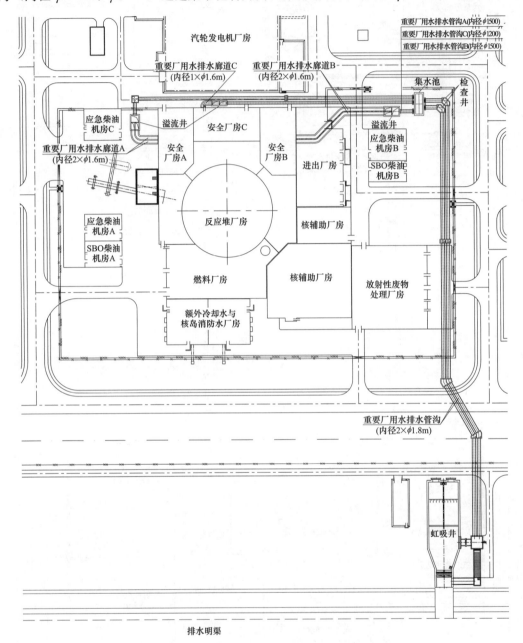

图 26-5　重要厂用水排水廊道和管沟平面布置示意图

(三)循环冷却水管廊布置

1. 循环水进水管

循环水进水管是连接循环水泵房和汽机房凝汽器的非安全级、不可通行管道,每机两孔,每孔内径 $\phi3.7$m,局部采用上下重叠布置。

2. 循环水排水管沟

循环水排水管沟是连接汽机房凝汽器和虹吸井的非安全级、不可通行管沟，每台机两条，每孔内径 $\phi 3.6m$，局部采用上下重叠布置（见图 26-6）。

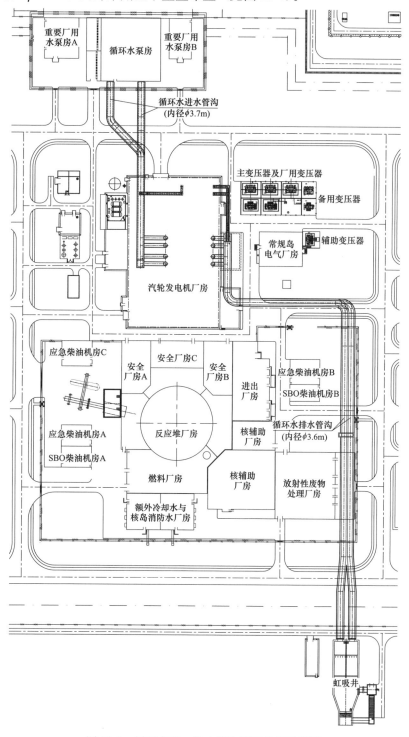

图 26-6　循环水进、排水管沟平面布置示意图

（四）废液廊道布置

1. 废液输送管沟

废液输送管沟是连接核辅助厂房、放射性废物处理厂房和废液贮存罐厂房的安全级、不可通行管沟，宽度分别为1.1m、1.4m和2.1m，深1.4～3.2m。

管沟靠废液贮存罐厂房一侧端部设有集水坑，用以收集废液管道发生事故时泄漏的放射性废液。管沟内壁抹面光滑并涂漆，以方便去污。

2. 废液排放管沟

废液排放管沟是连接废液贮存罐厂房和虹吸井的非安全级、不可通行管沟，宽度为1.0m（见图26-7）。

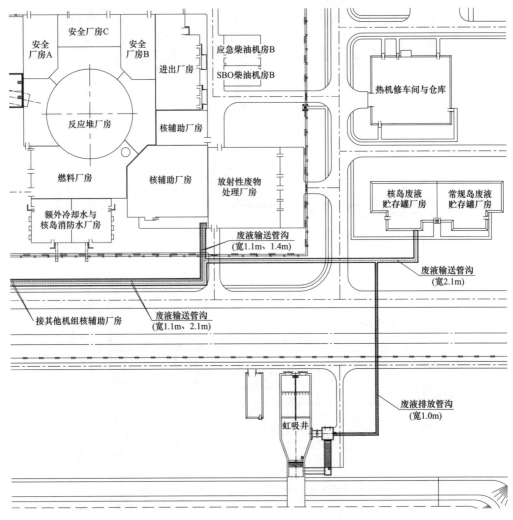

图 26-7　废液输送管沟平面布置示意图

（五）电气廊道布置

1. 220kV 电缆沟

220kV 电缆沟是连接常规岛辅助变和辅助开关站/220kV 施工变电站的非安全级、不可通行管沟，每台机一条，内壁尺寸为 1.0m×1.0m。

220kV 电缆较粗，有最小转弯半径的限制，需要与电气专业核实确定，电缆沟布置时需要考虑合适的转弯半径；过路段 220kV 电缆可以采用埋管。

电缆沟内需要设置不小于 0.3% 的纵坡和 1.0% 的横坡，在沟道低点处设置集水坑和排水管（见图 26-8）。

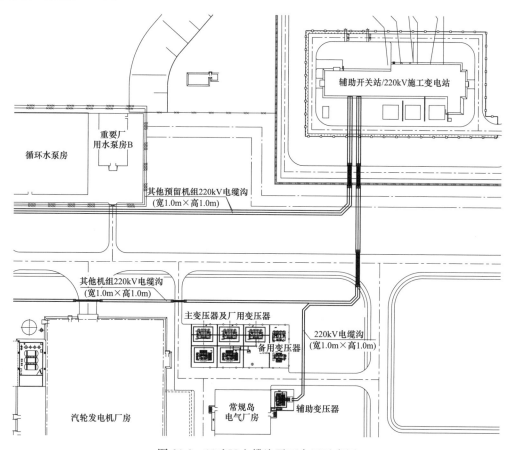

图 26-8 220kV 电缆沟平面布置示意图

2. 500kV 电缆廊道

500kV 电缆廊道是连接常规岛主变和 500kV 主开关站/开关控制楼的非安全级、可通行廊道，每台机一条，内壁尺寸为 4.6m×2.2m。

廊道内安装有 3 根 SF_6 气体绝缘的高压母线，廊道低点处需要设置不小于 0.3% 的纵坡和 0.5% 的横坡，在沟道低点处设置集水坑和排水管，廊道地基承载力和地基均匀性要求较高。

500kV 电气廊道需要根据安装和检修要求设置安装孔，安装孔尺寸为 13m×1.5m；同时根据人员应急逃生的要求设置人孔，人孔尺寸为 1.1m×1.1m（见图 26-9）。

3. 柴油机厂房电气廊道

柴油机厂房电气廊道是连接核岛安全厂房和应急柴油机房/SBO 柴油机房的安全级、可通行廊道，分为 3 个独立的安全序列，单孔内壁尺寸为 2.6m×2.7m（见图 26-10）。

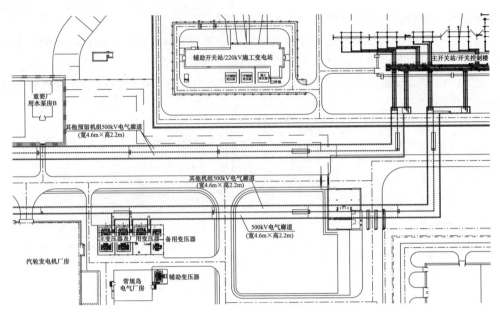

图 26-9　500kV 电气廊道平面布置示意图

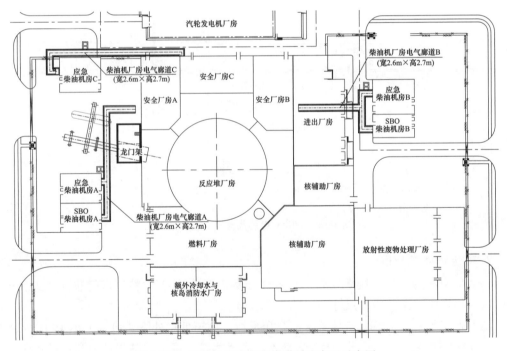

图 26-10　柴油机厂房电气廊道平面布置示意图

4. 常规岛电气厂房电气廊道

常规岛电气厂房电气廊道是连接常规岛电气厂房、核岛安全厂房、核辅助厂房、常规岛汽机厂房、厂用变压器的非安全级、可通行廊道。

常规岛电气廊道共分为以下三个部分：

（1）第一部分：连接常规岛电气厂房与汽轮机厂房的电气廊道，每台机一条，内壁尺寸为 2.6m×2.7m。

（2）第二部分：连接常规岛电气厂房与厂用变压器的电气廊道，每台机一条，内壁尺寸为 2.4m×2.2m。

（3）第三部分：连接常规岛电气厂房与核岛安全厂房、核辅助厂房的电气廊道，分为 3 个独立的序列，单孔内壁尺寸 2.5m×2.7m（见图 26-11）。

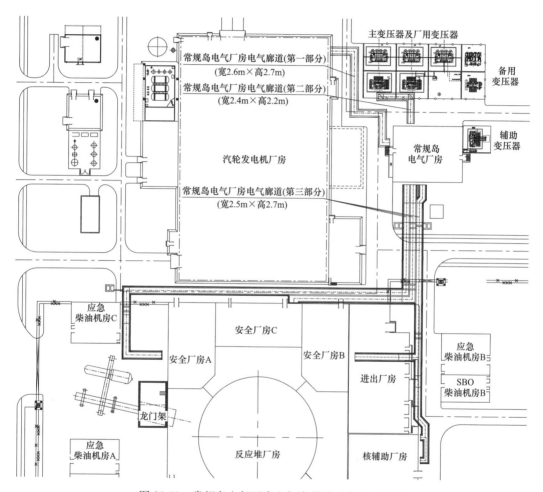

图 26-11　常规岛电气厂房电气廊道平面布置示意图

5. 厂区低压电缆沟

厂区低压电缆沟是连接其他建筑物、除以上电气廊道之外的非安全级、不可通行管沟，与常规火力发电厂的电缆沟布置大致相同。

（六）综合管廊布置

厂区综合管廊是联系核岛、常规岛和 BOP 的非安全级、可通行廊道，涉及的工艺系统多、平面分布广，是全厂性的管线、电缆等敷设廊道。

综合管廊尺寸规格较多，分别有 6.0m×4.5m、3.0m×3.0m、2.8m×2.5m、4.6m×4.2m 等不同尺寸（见图 26-12）。

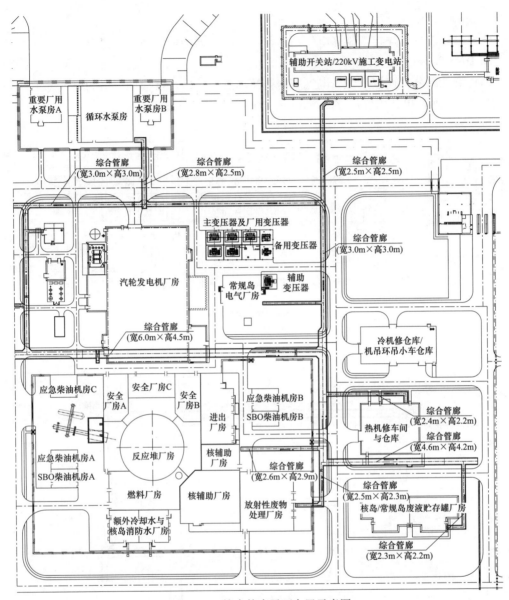

图 26-12 综合管廊平面布置示意图

三、常见廊道管沟综合布置

核电厂廊道管沟众多、埋深较深，需要做好廊道管沟平面和竖向综合布置规划，避免平面和竖向碰撞导致设计返工、影响工期。

主要廊道管沟综合布置一般要求：

（1）廊道管沟平面综合布置时，除了平面交叉之外，尽量避免与其他廊道管沟上下重叠布置。

（2）廊道管沟平面综合布置时，应根据不同廊道管沟的埋深和地基条件，确定合适的廊道管沟间距以及与建筑物的间距。

（3）廊道管沟竖向综合布置时，应按廊道管沟不同标高进行分层布置、避免碰撞。

（4）廊道管沟竖向综合布置时，应规划好雨水、污水等重力流管线路径，尽量避免与廊道管沟交叉导致廊道局部埋深过深，增加造价。

（5）同类型廊道管沟平面路径相同时，尽量考虑共壁布置，以节约用地和造价。

（6）同类型廊道管沟竖向交叉时，为了减少埋深，交叉段可以考虑顶板、底板共同布置，以减少廊道埋深。

（7）廊道管沟平面和竖向综合布置的优先顺序：循环冷却水管廊、重要厂用水管廊 ＞ 综合管廊、电气廊道 ＞ 废液廊道及其他廊道管沟、管线。

厂区廊道管沟平面综合布置见图 26-13。

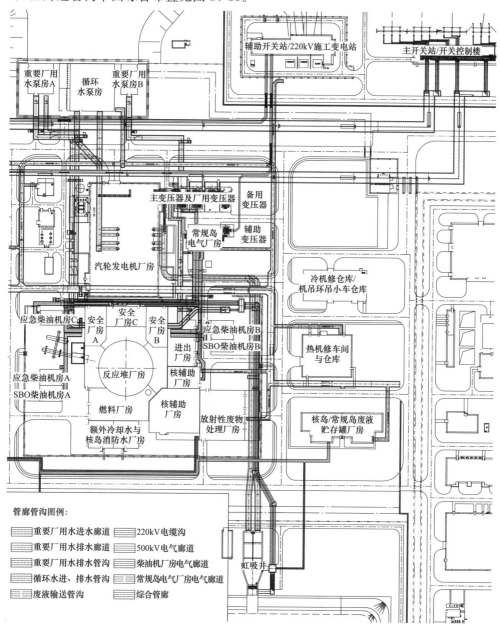

图 26-13　厂区廊道管沟平面综合布置示意图

第二十七章
综合管廊（架）设计

考虑到节约用地、便于检修维护等因素，厂区管线常采用综合管廊（即地下综合管沟）和综合管架的敷设方式。在我国一般火力发电厂以综合管架敷设方式为主，综合管廊敷设方式相对较少，而在核电厂则以综合管廊的敷设方式为主，综合管架的敷设方式相对较少。

综合管廊和综合管架两种方案的优缺点简述如下：

一、综合管廊优缺点

1. 优点

（1）厂区建筑景观立面效果好：除了检查井、通风口等外，地面上看不到管线和构架。

（2）可延长各种管线使用寿命：位于管沟内的管线不受风吹日晒，雪打雨淋，也不受海边盐雾、地下水和土壤的腐蚀，可有效增加管线的使用寿命，这也是管沟布置的一个非常突出的优点。例如在巴基斯坦等热带地区，日晒非常严重，采用地下综合管廊敷设也是非常合适的选择。

（3）检修和维护很方便：核电厂内的综合管廊大部分为可通行地沟或半通行地沟，并设置有检修口等设施，检修维护非常方便。

（4）可以节约厂区用地：采用综合管廊的形式，将多条管线综合到一个空间内立体布置，较分散直埋和沟道布置节省了平面用地。

2. 缺点

（1）地下设施碰撞协调难度大：厂区内部管线纵横、基础林立，在地下沟道设计时，需要协调平面和竖向的碰撞，一般埋设深度都比较深，有些地下综合管廊覆土达 3m 以上。

（2）需要同时配置排水、通风、消防及照明等设施和空间：由于埋设较深，自然排水、通风、照明、消防等都比较困难，需要配置相关设施，也使得沟道体量较大。

（3）开挖量大，地下施工难度大：由于沟道埋设较深，且核电厂一般多位于岩石开挖区，施工时往往需要爆破开挖，难度较大；而对位于填方区的沟道，下部地基也需要进行换填、打桩或其他处理。

（4）危险气体管道泄漏后不利于扩散，存在一定的安全隐患，一般不宜布置在管沟内，若有则需要配置相应的安全监测设施。

（5）工程投资大：由于地下综合管廊断面较大，埋设较深，配备的设施也较多，所以相应的工程投资也很大。

二、综合管架优缺点

1. 优点

（1）可以有效压缩厂区用地：采用架空管架不仅可以减少管线之间的间距，而且可以多层立体布置，管架下方还可以布置地下直埋管线，大大减少了管廊空间，节约用地。

（2）避免沟道积水问题：沟道积水一直是电厂运行过程中诟病较多的问题，其中固然有设计、施工和管理等多方面的原因，但究其根本还是在于地下条件较复杂，易堵易坏而不易察觉。

（3）便于发现安全隐患，检修维护非常方便。

（4）利于危险气体的扩散，不易燃爆。

（5）地基处理相对简单易行。

（6）较直埋和沟道敷设投资有所增加，但较地下综合管廊的形式可以大大降低工程投资。

2. 缺点

（1）厂区立面稍显凌乱。

（2）管线风吹日晒雨淋，容易腐蚀老化，须做好防腐保温等工作。

（3）综合管架相对于综合管廊具有设计和协调简单、管线直观明了、检修和维护方便、管架造价低廉的优势，不足之处在于厂区立面略显凌乱，管线更易腐蚀老化。

综上，综合管廊和综合管架各有优缺点，需要根据电厂实际情况合理选择。

第一节　综合管廊规划设计

综合管廊最早起源于城市，自从法国巴黎建造第一条综合管廊以来，经过国内外各行各业不断的研究和实践，综合管廊形成了一套成熟的设计方法，并形成城市综合管廊规范《城市综合管廊工程技术规范》，对综合管廊的建设提出了更高的要求。

在核电行业，综合管廊已经广泛应用于各大核电厂区，基本上大多数核电站都将综合管廊作为一个重要的室外工程物项进行设置。经过多年的设计实践和使用反馈，形成了不同于城市综合管廊的核电行业特色综合管廊系统。

一、综合管廊分类

按照综合管廊检修人员是否可以通行，分为可通行综合管廊、半通行综合管廊和不通行综合管廊等；按照综合管廊发挥的作用可以分为主干线管廊、支线管廊和线缆型管廊。

二、综合管廊规划设计

综合管廊的设计依据是厂区总平面布置图、厂区室外管线综合图，以及核电厂管理运维的需求等输入文件。要根据输入资料综合确定管廊的设置范围，规划好管廊的敷设路径和敷设深度（平面和竖向设计），确定入廊管线种类，根据进入管廊的各专业管道布置要求进行断面设计和重要节点（人孔、安装孔、通风口等）设计。

(一) 厂区总平面规划

由于主厂房周边管线分布比较密集,直埋敷设占地空间大,同时主厂房是核电厂的核心区域,不宜经常开挖检修,另外,因为厂用水管道主要布置在主厂房区,为保持管廊规划位置和接口与厂用水管道规划位置和接口一致,所以大多数核电厂通常在主厂房区内设置"日"字形环状管廊,在此基础上很多核电厂考虑到尽可能方便管线检修,综合管廊继续延伸至循环水泵房、除盐水厂房、生产废水厂房等其他管线连接较多的子项。

(二) 厂区竖向规划

综合管廊竖向规划主要协调解决管廊整体标高与场地标高及相关地下建、构筑物标高的关系,其中影响综合管廊标高的大型管线设施主要有循环水取(排)水管线、雨污水等重力流管线(沟)、500kV 电缆廊道等。为使管廊标高总体合理,避免管廊不必要的上下起伏和冲突碰撞,根据一般经验数据,管廊外顶覆土控制在 2.5～3.5m 范围内较为适宜。

(三) 管廊断面设计

核电厂综合管廊按照管线种类及数量分为干线综合管廊、支线综合管廊两种类型,干线综合管廊主要沿主厂房四周布置,根据内部管线和电缆特性,采用单舱、双舱或者多舱的布置方式,支线综合管廊主要指由干线管廊接至厂区子项的专用廊道,一般分为单舱或者双舱管廊。

综合管廊的断面设置形式及断面尺寸的确定,直接关系管廊的安全、功能、造价,应满足管线安装、检修、维护作业所需要的空间要求,是综合管廊设计中的首要问题和重要技术关键。综合管廊断面的确定与容纳的管线种类及其特性相关;横断面设计应满足各类管线的布置、敷设、维修、安全运行、扩建等空间需求。此外还要考虑管廊周边循环水管、雨污水管、500kV 电气廊道等主要构筑物影响,综合考虑覆土深度,从而确定合理经济的断面形式。综合管廊断面形式主要有矩形、圆形和马蹄形。

一般情况下,当采用"明挖现浇法"施工方案时宜采用矩形断面,这样内部空间使用会比较高效;当采用"明挖预制装配"施工方案时宜采用矩形断面或圆形断面;当采用"非开挖技术"施工方案时宜采用圆形断面或马蹄形断面。

为避免主体工程开工后廊道开挖影响主体工程建设,核电厂主要管廊在有条件的情况下,宜结合项目前期厂区的循环水取排水工程和主体工程施工同时开挖,可选用成本较低的"明挖现浇法"施工,管廊一般采用矩形断面。

单舱综合管廊标准断面示意图可参见图 27-1,双舱综合管廊内部管线布置示意图(双舱)可参见图 27-2。

(四) 管廊重要节点设计

通过上述工作可以初步确定综合管廊的平面、纵断面、横断面设计,同时,综合管廊还需要设置一些节点:

(1) 人孔(紧急出口):当管廊内部发生火灾或者水淹等危险情况时,需要内部人员紧急就近疏散,所以根据《核电厂总平面及运输设计规范》(GB/T 50294) 7.2.7 中要求,"在可能出现水淹、火灾、高温、高压管线破裂等事故的综合管廊中应设置紧急出口,其间距不应大于70m。在尽端式廊道地段,紧急出口间距端头不应大于10m,在危险较小地段,上述两间距可扩大 5 倍,但高温、高压管线地段不应扩大"。

(2) 安装孔:为了配合管廊内部管线的安装,需要将管道等材料运入管廊内部,安装

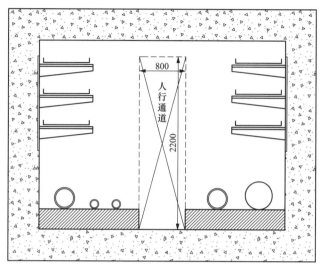

图 27-1　综合管廊标准断面示意图（单舱）

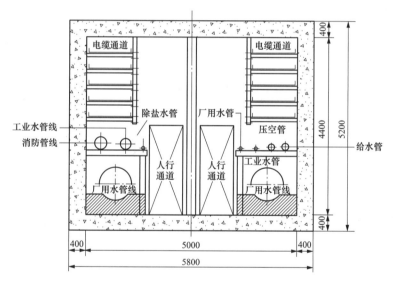

图 27-2　综合管廊内部管线布置示意图（双舱）

孔的设置需要满足管廊内部最大管段的吊装要求。

（3）正常出入口：正常出入口主要用于日常检修时检修人员出入管廊用，设置正常的楼梯和地面房间。

（4）集水井：集水井主要用于集中管廊内部的积水，便于统一用泵抽出管廊外。

（5）通风口：为配合管廊通风需要设置的通往地面的设施。

三、综合管廊内管线布置要求

（一）确定入廊管线

沿管廊布置路径上的核电厂厂区室外管线大部分都可以进入综合管廊，但是考虑到实际中有些管线本身总长度较短，入廊成本太高，或者本身可以入廊，但出于安全考虑需要设置独立舱室，会增加费用等情况，不建议入廊敷设。核电厂厂区管线入廊情况可以参考表 27-1。

表 27-1　　　　　　　　管线入廊参考表

项目	是否入廊	原因
循环水系统管道	不建议	体积占用空间大，埋设太深
厂用水系统管道	建议入廊	管道检修要求；管径大小合适
消防给水系统管道	建议入廊	技术成熟，已应用
工业给水系统管道	建议入廊	技术成熟，已应用
生活给水系统管道	建议入廊	技术成熟，已应用
生产废水系统管道	可以入廊，但不推荐	需要采取一定防范措施
生活污水系统管线	不建议	会导致管廊布置更深，增加造价
雨水系统管道	不建议	会导致管廊布置更深，增加造价
蒸汽管和热水管	可以入廊，推荐入廊	最好单独舱室，会增加费用
电力电缆	建议入廊	技术成熟，500、220kV 等高压电缆除外
仪控电缆和通信电缆	建议入廊	技术成熟，已应用
氮气管道	可以入廊，但不推荐	管线较短，且入廊后要采取措施
二氧化碳管道	可以入廊，但不推荐	管线较短，且入廊后要采取措施
氢气管道	可以入廊，但不推荐	管线较短，且要采取安全措施
压缩空气管道	建议入廊	技术成熟，已应用
除盐水管道	建议入廊	技术成熟，已应用
低放废液管道	可以入廊，但不推荐	要单独舱室，设置安全防护措施
应急放油管道	不建议	室外部分太短，且易燃易爆
次氯酸钠管道	不建议	室外部分太短，且有腐蚀性
加氯车间排水管道	建议入廊	技术成熟，已应用
海水淡化浓缩废水排放管	不建议	室外部分太短，且有腐蚀性
海水淡化原水管	建议入廊	技术成熟

一般管线入廊后采用综合排布到一个管廊空间，即综合管廊，但是当热力蒸汽、燃气等介质管道入廊后，一般会独立成舱，与电力电缆等管线分开不同舱室布置。

（二）管廊内部管线布置

当确定入廊管线后，需要对管廊内部管线进行布置和管线综合，满足管线生产运行、敷设、安装检修等需求，尤其是管廊十字交叉口需要重点进行管线综合布置，同时还要满足管廊内部的其他要求：

（1）根据《核电厂总平面及运输设计规范》（GB/T 50294）7.2.6 要求，"综合管廊内应设置人行通道；通道的净宽不应小于 0.8m，局部困难时不应小于 0.6m，净高不应小于 2.2m"，人行通道一般居中布置，作为管廊内部管线安装、检修的通道，同时也作为管廊内部发生各类事故时人员紧急疏散的通道。

（2）根据管廊内各专业管线的布置要求，对管廊内部管线进行布置和碰撞检查。各类电力和控制等电缆是管廊内重要的管线，一般与其他管线分开布置在人行通道两侧，最大限度地充分利用人行通道对两侧管线进行安装检修等操作。当电缆和其他管线布置在同侧时，一般电缆布置在上方，其他管线布置在下方。管廊内不宜布置易燃易爆、有毒有害和带放射性等有危险介质的管线，如果布置上述管线，则不应设置阀门和法兰等易产生泄漏的装置或部件，且应有安全防护措施。热力管线与电缆和给水管不宜同管廊敷设。

（3）管廊内管线之间的间距要求，需要参考厂房内的敷设规定，如《全国民用建筑工程设计技术措施/给排水（2009 年版）》中附录 B-3 "管沟中管道的中心距" 见表 27-2。

表 27-2　　　　　　　　　　　　　　　管沟中管道的中心距　　　　　　　　　　　　　　（mm）

管径	25	32	40	50	65	80	100	125	150	200	250	300	管中心至墙面
非保温管道与非保温管道													
25	135												110
32	165	165											120
40	165	175	175										130
50	180	180	190	190									130
70	195	195	205	205	215								140
80	210	210	210	220	230	240							150
100	220	220	230	230	240	250	260						160
125	235	245	245	255	255	265	275	295					180
150	255	255	265	265	275	285	295	305	325				190
200	270	270	270	280	290	300	310	320	330	360			220
250	305	305	315	315	325	335	345	355	375	395	425		250
300	340	340	360	360	360	370	380	390	400	430	460	480	280
保温层厚度	管径	25	32	40	50	65	80	100	125	150	200	250	300	管中心至墙面

四、综合管廊附属设施设计要求

为了保证管廊正常使用，结合管廊内部敷设管线的特性，需要针对火灾特点开展管廊消防设计；结合管廊建成后人员巡检频率等情况，考虑管廊内部通风和照明要求；结合管廊内部管线运行特点，分析可能产生水淹的因素，开展排水设计；结合管廊内部设备仪器用电情况，开展电气设计；根据管廊运行维护的监控要求、管廊内部消防报警的需求等因素，开展监控与报警设计，以及火灾或者水淹后人员的紧急疏散规划等。

（一）消防设计

管廊内主要的可燃物为电缆，主要的火焰载体和燃烧物为电缆绝缘层，所采用的电缆类型为阻燃型，在相对狭窄、密闭的管廊空间内，其可燃物荷载和火灾持续时间当量也是可观的，因此需要围绕电缆开展火灾模拟分析，火灾模拟分析是对管廊内电缆着火后火灾情景的分析，来评估电缆着火对其周围其他设备（如 SWS 厂用水系统等）的影响，并为是否采取防火措施以及采取何种合理的防火措施提供理论依据，管廊内的防火措施主要包括以下几点。

1. 防火分区

为了防止火灾蔓延，管廊内设置防火分区，防火分区之间采用不燃烧性防火墙设施进行分隔，防火墙（或水幕等其他设施）设置间距≤200m。防火墙具体布置的位置应结合管廊内电缆布置的具体情况，应尽量避免每个防火区内的电缆布置类型过多、数量过密。

2. 电缆防火

在电缆着火可能导致严重事故的回路、易被波及火灾的电缆密集场所采取阻燃防护、选取阻燃电缆、采取防火构造等安全措施阻止延燃，包括在管廊内设置防火隔断或阻火墙，间距≤100m。

根据《电力工程电缆设计规范》及《核电厂防火设计规范》等的相关要求，确定是否设置自动灭火系统，通过合理布置电缆桥架数量，尽量提高经济性。

3. 防排烟

结合人孔布置，设置自然通风百叶，采取事故后机械排烟措施。

4. 火灾探测报警系统

考虑管廊内主要可燃物为电缆，应设置线型感温探测报警系统，同时配合自动灭火系统实际设置需求，相应设计配套火灾探测报警系统，并应符合《火灾自动报警系统设计规范》（GB 50116）的有关规定。

5. 灭火系统

根据《建筑灭火器配置设计规范》（GB 50140）要求，在管廊内沿线、人员出入口、逃生口等处设置灭火器材，灭火器材的设置间距不大于50m。

（二）通风设计

综合管廊区别于半通行/不通行地沟的地方在于，其投运后有检修人员进入管廊进行巡检、维修以及操作阀门等工作，由此对综合管廊内的空气品质有一定的要求，因此需要开展管廊通风设计，地下管廊通风形式一般可以分为两种：自然通风和机械通风。

机械通风的优点是强制通风，通风效果较好。对于有防火分隔的综合管廊，如设置机械通风系统，需要在每一段防火隔断的两边端部设置一个出地面的通风竖井，一个用于自然进风、另一个用于机械排风。

自然通风方案可通过在每段防火分区内设置独立通风竖井来通风，一般常见做法可结合出地面的人孔设置有启闭功能的百叶以满足自然通风的要求。在夏天雨季时可关闭百叶以防止潮湿空气进入管廊，减少雨季凝露现象的产生。自然通风初投资以及运行费用较低，基本不需要维护，但是通风效果定性分析不及机械通风系统，详细定量分析需要采用计算流体力学（CFD）技术对各种情况进行计算确定。

（三）排水设计

综合管廊排水系统的功能是为排除管廊内的管道渗漏水、管道放气出水、管道疏水阀出水、管廊渗漏水以及地面冲洗水等。一般通过在综合管廊底部最低点设置集水坑来实现排水功能，具体通过管廊横向设置坡度，将水收集至管廊两侧（或中间人行通道）的排水明沟，再沿管廊纵向坡度收集到集水坑。集水坑尺寸一般与管廊同宽度，长度1m，深度1.4m。一般在集水坑内设置液位报警装置和自动水位排水泵，当高液位时，将通过自动排水系统将积水排至管廊外部，或者通过报警通知运行人员采用移动泵抽水。

（四）电气设计

电气设计主要解决综合管廊内消防设备、监控与报警设备、照明设备以及排水设备和通风设备等设备的供配电设计，尤其在管廊内施工检修等活动需要进行正常照明，管廊应急疏散状态下需要应急照明，均需要从电源引入电缆。

（五）通信设计

综合管廊通信设计主要包括了管廊内部的监控与报警系统，一般分为环境以及管廊内部各种设备的监控系统、摄像头等安全防范系统、各种电话通信系统、火灾自动报警系统、地理信息系统和统一管理信息平台等。监控与报警系统的组成及其系统架构、系统配置应根据综合管廊建设规模、纳入管线的种类、综合管廊管理模式等确定。监控、报警和联动反馈信号一般会与厂区的监控中心连通，方便核电厂运行人员管控。

（六）其他相关设施设计

综合管廊属于地下带状构筑物，安装检修人员进入管廊后需要根据一定的标识系统进入指定位置，所以需要进行管廊标识系统设计，包括对管廊总体情况的介绍，管廊分段情况介绍，进入管廊注意事项等内容。

综合管廊实物保护要求：综合管廊一般设置在保护区内，当综合管廊穿越保护区、要害区位置时，需要设置控制人员出入的实物保护措施。

第二节　综合管架规划设计

厂区综合管架技术发展成熟、应用较广，电力、石油、化工及冶金等行业大都采用综合管架。在核电厂方面，欧美国家的核电厂大多采用地下综合管廊，俄罗斯（苏联）的核电厂大多采用架空综合管架，目前国内的核电厂除了封闭母线、变压器消防管道、核岛与常规岛间的蒸汽管道、泵房的加药管、主开关站送出线路等少数管线为地上敷设方式外，大多数管线采用地下敷设方式。核电厂综合管架的敷设方式还有待于进一步推广。

一、综合管架优点

厂区综合管架一般设置在地下管线稠密复杂、地形起伏较大、多雨潮湿、地下水位较高、冻土层较厚、土壤和地下水的腐蚀性较大以及铁路道路较多的厂区。综合管架的优点是：用地节省、便于检修维护；施工开挖方工程量小，受地下水的影响较小，有利于文明施工和缩短工期；当地下水具有腐蚀性时，有利于管道防腐；管线交叉容易解决，检修维护条件较好。与厂区综合管廊相比综合管架不仅可以减少投资，也便于后期检修维护，同时可以减少综合管廊的通风、消防、照明、监控、交通及应急逃生通道的系统设置。

二、综合管架布置要求

（一）综合管架垂直净空要求

厂区管架结构一般为钢结构和钢筋混凝土等，在跨越交通设施时应满足不影响该通道的通行要求，综合管架跨越交通设施时的垂直距离见表27-3。

表 27-3　　　　　　　　　综合管架跨越交通设施的最小垂直净距　　　　　　　　（m）

名　称		最小垂直净距
一般铁路轨顶	一般管线	5.5
	易燃、可燃气体或液体管道	6
电气化铁路	一般管线	6.6
	易燃、可燃气体或液体管道	6.6
道路（路拱）	普通道路	5.0
	变压器检修通道	6.0
	其他有检修需求时	根据实际情况确定
人行道		2.5
架空线路	一般管线	110kV 为 3m，220kV 为 4m，500kV 为 6.5m，750kV 为 8.5m，1000kV 为 10m
	易燃、可燃气体或液体管道	110kV 为 4m，220kV 为 5m，500kV 为 7.5m，750kV 为 9.5m，1000kV 为 18m

注　表中净距，按需要计算净距的建构筑物间距最小部分计算。

（二）综合管架水平净空要求

为不影响厂区运输及建（构）筑物的通风、采光要求。综合管架及其上面的管线与建（构）筑物之间的最小水平间距见表 27-4。

表 27-4　　　　　综合管架及管道与建（构）筑物之间的最小水平净距　　　　　（m）

建（构）筑物名称	最小水平净距
建筑物有门窗的墙壁外边或突出部分外边	3.0
建筑物无门窗的墙壁外边或突出部分外边	1.5
铁路中心线	3.8 或按建筑界限
道路	1.0
人行道外沿	0.5
厂区围墙	1.0
照明通信路杆	1.0

注　表中净距，按需要计算净距的建构筑物间距最小部分计算。

（三）综合管架敷设管线水平净距要求

厂区架空管线之间的最小水平净距应符合表 27-5 的规定。厂区架空管线互相交叉时的垂直净距不宜小于 0.25m。电力电缆与热力管、可燃或易燃易爆管道交叉时的垂直净距不应小于 0.5m，当有隔板防护时可适当缩小。

表 27-5　　　　　　　　　综合管架敷设管线最小水平净距　　　　　　　　　　（m）

名称	热力管	氢气管	电缆	给水管	排水管	不燃气体管
热力管		0.25	1.0	0.25	0.25	0.25
氢气管	0.25		0.25	0.25	0.25	0.25

续表

名称	热力管	氢气管	电缆	给水管	排水管	不燃气体管
电缆	1.0	1.0		0.25	0.25	0.25
给水管	0.25	0.25	0.25		0.25	0.25
排水管	0.25	0.25	0.25	0.25		0.25
不燃气体管	0.25	0.25	0.25	0.25	0.25	

注　表中净距，按需要计算净距的建构筑物间距最小部分计算。带有放射性管道不应利用综合管架敷设。当相邻两管道直径均较小，且满足管道安装维修的操作安全时可适当缩小距离，但不应小于0.1m。当热力管道为工艺管道伴热时，净距不限。动力电缆与热力管净距不应小于1.0m，控制电缆与热力管净距不小于0.5m，当有隔板防护时，可适当缩小。

（四）其他要求

（1）考虑核电厂综合管架的重要性，在考虑抗风设计时，取考虑台风影响的基本风压进行计算；在抗震设计时，提高其抗震设计等级，采取与汽轮机厂房相同的抗震设防标准：按抗震设防烈度6度进行抗震设计，抗震措施按7度考虑，并按照厂址SL-2级特定反应谱进行弹塑性变形验算，确保在SL-2级特定反应谱作用下不会倒塌，不会影响核电厂核安全级厂房的安全。管架与实物保护控制围栏的距离应满足实体保卫的要求。

（2）多管共架敷设时，管道的排列方式及布置尺寸应满足安全、美观的要求，并便于管道安装和维护，力求管架荷载分布合理和避免相互影响。

（3）沿建（构）筑物外墙架设的管线，宜管径较小、不产生推力，且建（构）筑物的生产与管内介质相互不引起腐蚀、燃烧等危险。

（4）氢气管、天然气管道等易燃、可燃介质管道的共架敷设，要考虑其介质的特殊性，对其他管线的最小水平净距应满足行业规范要求。

（5）特殊要求易燃、可燃液体及可燃气体管道，不应在与其无生产联系的建筑物外墙或屋顶敷设，不应穿越用可燃和易燃材料建成的构筑物，也不应穿越特殊材料线、配电间、通风间及有腐蚀性管道的设施。这是为了防止管道内危险介质一旦外泄或发生事故，对与其有关的建筑物、构筑物造成危害，同时也防止上述建（构）筑物内部一旦发生事故，对危险介质的管道造成损坏，从而带来二次灾害。

（6）管架的层间距不宜小于1.5m，在寒冷地区，管架上管道需要考虑保温，管架层高可再适当增大至1.8m。综合管架的宽度一般介于1.5～6.0m不等，具体宽度应结合管道的数量及种类按实际情况确定，管架的层数一般不宜大于5层。

（7）地上管线穿越或跨越控制区、保护区、要害区围栏时，应设置相应的实物保护措施。

第三节　高压线及GIL廊道规划设计

高压架空线及GIL廊道均为主变至高压配电装置间的进线线路连接方式之一。高压架空线方案具有造价低、施工方便的优点，在国内常规火电厂应用较多，但在核电厂应用的相对较少。随着电气设备制造技术的国产化水平越来越高，GIL以其占地面积小、布置灵活、运行安全可靠、少维护甚至免维护等诸多优点，在我国核电工程的高电压等级的进线线路方案选择中得到了广泛的应用。

一、高压架空线规划设计

高压架空线进线宜直接从主变引接至高压配电装置区，这是比较常见的一种布置方式，其最大的优点是电气接线顺畅，有利于配电装置扩建。

核电厂高压线布置应符合下列要求：

（1）架空电力线路不应跨越核岛及安全重要建筑物、构筑物、放射性厂房及仓库、屋顶为可燃材料的建筑物和火灾危险性为甲类的厂房、仓库，以及储存易燃、可燃液体和气体的储罐；且不宜跨越永久性建筑物，当必须跨越时，应满足其带电距离最小高度要求，建筑物屋顶应采取相关防护措施。500kV 及以上线路不应跨越长期住人的建筑物。

（2）架空电力线塔架距离核岛及安全重要建构筑物距离应大于塔架高度，若小于则需要评价倒塔对厂房的影响。

（3）厂区内架空电力线路与建筑物、构筑物、道路、铁路等的最小水平距离宜符合表 27-6 的规定。

表 27-6　　架空电力线路与建筑物、构筑物、道路、铁路等的最小水平距离　　（m）

名称			架空电力线路（kV）				
			110	220	330	500	750
核岛及安全重要建筑物、构筑物			4.0	5.0	6.0	8.5	11.0
丙、丁、戊类建筑物、构筑物			4.0	5.0	6.0	8.5	11.0
自然通风冷却塔			4.0	5.0	6.0	8.5	11.0
机械通风冷却塔			4.0	5.0	6.0	8.5	11.0
甲、乙类厂房，甲、乙类仓库，可燃材料堆垛，甲、乙类液体储罐，可燃、助燃气体储罐			不应小于电杆（塔）高度的 1.5 倍				
丙类液体储罐			不应小于电杆（塔）高度的 1.2 倍				
标准轨距铁路（杆塔外缘至轨道中心）	铁路与架空电力线路交叉		杆（塔）高加 3.1m，无法满足要求时可适当减小，但不得小于 30m				
	铁路与架空电力线路平行		杆（塔）高加 3.1m. 困难时双方协商确定				
道路（杆塔外缘至路缘石或路肩）	道路与架空电力线路交叉	开阔地区	8.0				10.0
		困难地区	5.0	5.0	6.0	8.0	10.0
	道路与架空电力线路平行	开阔地区	最高杆（塔）高				
		困难地区	5.0	5.0	6.0	8.0	10.0
人行道边缘（杆塔外缘至人行道边）			5.0	5.0	6.0	8.0	10.0
厂区围墙（杆塔外缘至围墙中心线）			5.0	5.0	5.0	5.0	5.0
边坡、挡土墙（至坡面、墙面）			5.0	5.5	6.5	8.5	11.0

名称			架空电力线路（kV）				
			110	220	330	500	750
计算行车速度（km/h）	110	开阔地区	平行时，最高杆（塔）高				
	220						
	330						
	500						
	750						
	110	困难地区	5.0	7.0	9.0	13.0	16.0
	220		5.0	7.0	9.0	13.0	16.0
	330		9.0	9.0	9.0	13.0	16.0
	500		13.0	13.0	13.0	13.0	16.0
	750		16.0	16.0	16.0	16.0	16.0
特殊管道		开阔地区	平行时，最高杆（塔）高				
		困难地区	4.0	5.0	6.0	7.5	9.5

注　1. 表中净距除注明外，建筑物、构筑物从外墙面或其最凸出部分外缘算起（自然通风冷却塔从零米外壁算起）；特殊管道从管道/架突出部分外缘算起；电力线路与丙、丁、戊类建筑物、构筑物、地上特殊管道、边坡及挡土墙之间的最小水平距离从最大计算风偏情况下的边导线算起；架空电力线路边导线之间的距离按无风时计算，但需要按注 2 中的要求进行校验。
2. 架空电力线路与核岛及安全重要建筑物、构筑物、安全厂用水冷却塔的距离，除了满足本表的最小距离外，还应满足安全重要建筑物、构筑物的实物保护要求，考虑杆（塔）倒塌对安全重要建筑物、构筑物的影响因素。
3. 路径狭窄地带，两线路杆塔位置交错排列时导线在最大风偏情况下，标称电压 110、220、330、500、750kV 对相邻线路杆塔的最小距离，应分别不小于 3.0、4.0、5.0、7.0、9.5m。
4. 特殊管道指架设在地面以上输送易燃、易爆物品的管道，地上其他架空管道可参照地上特殊管道的规定。管道与架空电力线路平行或交叉时，管道应接地。
5. 最大风偏的计算方法及技术条件详见相关专业规范。

（4）厂区内架空电力线路与建筑物、构筑物、道路、铁路等的最小垂直距离宜符合表 27-7 的规定。

表 27-7　　架空电力线路与建筑物、构筑物、道路、铁路等交叉时的最小垂直距离　　　　（m）

名称			架空电力线路（kV）				
			110	220	330	500	750
建筑物、构筑物			5.0	6.0	7.0	9.0	11.5
标准轨距铁路（轨顶）	至轨顶	标准轨	7.5	8.5	9.5	14.0	19.5
		电气轨	11.5	12.5	13.5	16.0	21.5
	至承力索或接触线		3.0	4.0	5.0	6.0	7.0（10）
道路（路拱）			7.0	8.0	9.0	14.0	19.5
边坡、挡土墙（至坡顶、墙顶）			5.0	5.5	6.5	8.5	11.0

名称		架空电力线路（kV）				
		110	220	330	500	750
架空电力线路（kV）	110	3.0	4.0	5.0	6.0（8.5）	7.0（12）
	220	4.0	4.0	5.0	6.0（8.5）	7.0（12）
	330	5.0	5.0	5.0	6.0（8.5）	7.0（12）
	500	6.0（8.5）	6.0（8.5）	6.0（8.5）	6.0（8.5）	7.0（12）
	750	7.0（12）	7.0（12）	7.0（12）	7.0（12）	7.0（12）
特殊管道（至管道/架突出部分外缘）		4.0	5.0	6.0	7.5	9.5

注　1. 表中架空电力线路与其他交叉跨越设施的净距均是在考虑导线最大计算弧垂的情况下计算的，最大计算弧垂的计算方法及技术条件详见相关专业规范。

　　2. 架空电力线路不宜在铁路出站信号机以内跨越。

　　3. 架空电力线路跨越大、重件设备及模块运输道路时，应满足运输所需的净空要求；跨越消防登高面时，应满足消防登高面所需的净空要求。

　　4. 特殊管道指架设在地面以上输送易燃、易爆物品的管道，地上其他架空管道可参照特殊管道的规定。管道与架空电力线路交叉时，管道应接地。

　　5. 电力线路与特殊管道的交叉跨越点不应选在管道的阀门、检查井（孔）处。

　　6. 表中架空电力线路之间的间距中带括号的数值在电力线路跨越相邻线路杆（塔）顶时用。

二、GIL 廊道规划设计

（一）GIL 廊道简介

GIL 廊道是指气体绝缘金属封闭输电线路。核电厂中，GIL 廊道一般用于 500kV 进线廊道。500kV GIL 廊道、220kV 电缆、10kV 及以下电压等级电缆分别隶属发电机主出线系统、备用电源系统、厂用配电系统。为避免不同系统之间的事故波及其他系统扩大影响，可将不同系统的输电/供电设备互相分隔。一般情况下，500kV GIL 廊道独立于其他廊道单独布置。

（二）GIL 廊道分类

GIL 廊道按照净高不同一般可分为通行廊道、半通行廊道和不通行廊道几种形式。其中，通行廊道净高不小于 2200mm，半通行廊道净高为 1400～2200mm，不通行廊道净高小于 1400mm。

为方便检修维护，一般 GIL 廊道应为通行或半通行廊道，局部与道路或其他地下设施交叉等高度受限区域可采用不通行廊道。

GIL 廊道按照顶板形式不同一般可分为盖板廊道和封闭廊道。盖板廊道顶板采用钢筋混凝土活动盖板；封闭廊道顶板为与侧壁固接的刚性结构。

（三）GIL 廊道路径布置要求

GIL 廊道路径的选择，应根据厂区总平面规划，综合地形、地质、对其他设施的影响等因素，经技术经济比较后确定。

GIL 廊道对不均匀沉降要求较高，路径规划时宜选择地基承载力高、地质稳定的区域。

（四）GIL 廊道规划设计

1. GIL 廊道一般设计要求

GIL 廊道一般设计基准期为 60 年，设计使用年限为 60 年，建筑结构安全等级为二级，结构重要性系数为 1.0；廊道混凝土抗渗等级 P6，防水等级为二级。

GIL 廊道尺寸应能满足电气设备规划、电缆敷设、检修及运行维护要求，满足工艺、结构变形和位移等要求，并具有必要的安全防护设施。

2. GIL 廊道内布置

为方便检修，GIL 廊道内气体绝缘金属封闭输电线路一般采用平铺形式敷设于 GIL 支架或支墩上。GIL 廊道内布置典型断面如图 27-3 所示。

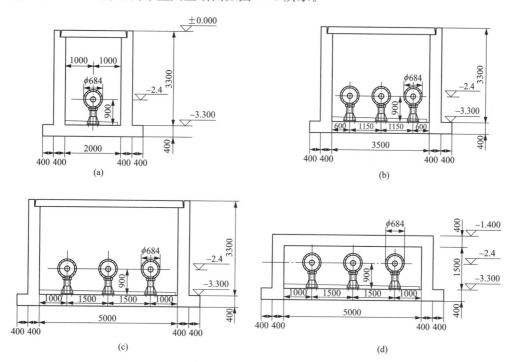

图 27-3　几种 GIL 廊道内布置典型断面

3. GIL 廊道其他附属设施

GIL 廊道附属设施包括消防、照明、集水坑、安装孔、通风孔、人孔、检修孔及竖井等孔洞。

根据消防、照明等工艺要求设置预埋件。

按照工艺要求，合理布置集水坑、安装孔、通风孔、人孔、检修孔及竖井等各种孔洞。孔洞的位置选择应满足运行及施工要求；施工井宜结合永久竖井结构设置。

其他 GIL 廊道布置要求及设计方法与综合管廊一致，按照本章综合管廊章节内容进行规划设计。

第二十八章
厂区管线布置工程实例

由于核电厂范围大，管线密集，全厂管线综合布置图很难清晰展示，所以管线布置规划案例将选取比较有代表性的主厂房区域。

图 28-1、图 28-2 为核电厂主厂房区域的管线分布图，主厂房区主要包括了反应堆厂房、附属厂房、放射性废物厂房、汽机厂房组成的主厂房群，以及主厂房周边为主厂房服务的各类设施，包括了主变压器区、消防水罐区、吊装场地，以及各类力能供应的建（构）筑物和储罐。

主厂房区域管线主要包括了给排水相关管道（含雨污水管、消防水管、生活水管、工业水管等），厂内采暖管沟，事故排油管，高压架空线和电缆沟，各类力能供应的工艺管道（含除盐水管、压缩空气管、氢气管、二氧化碳管、氮气管、低放废液管沟等）。

图 28-3 是核电厂主厂房区域主要廊道管沟布置图。厂区各类管线主要以综合管廊敷设方式为主，综合管廊沿管道密集的主厂房区域周边布置。其他廊道管沟的布置以路径短捷合理为原则，因地制宜进行布置。

图 28-4 是核电厂主厂房区域主要管线廊道管沟综合布置图。

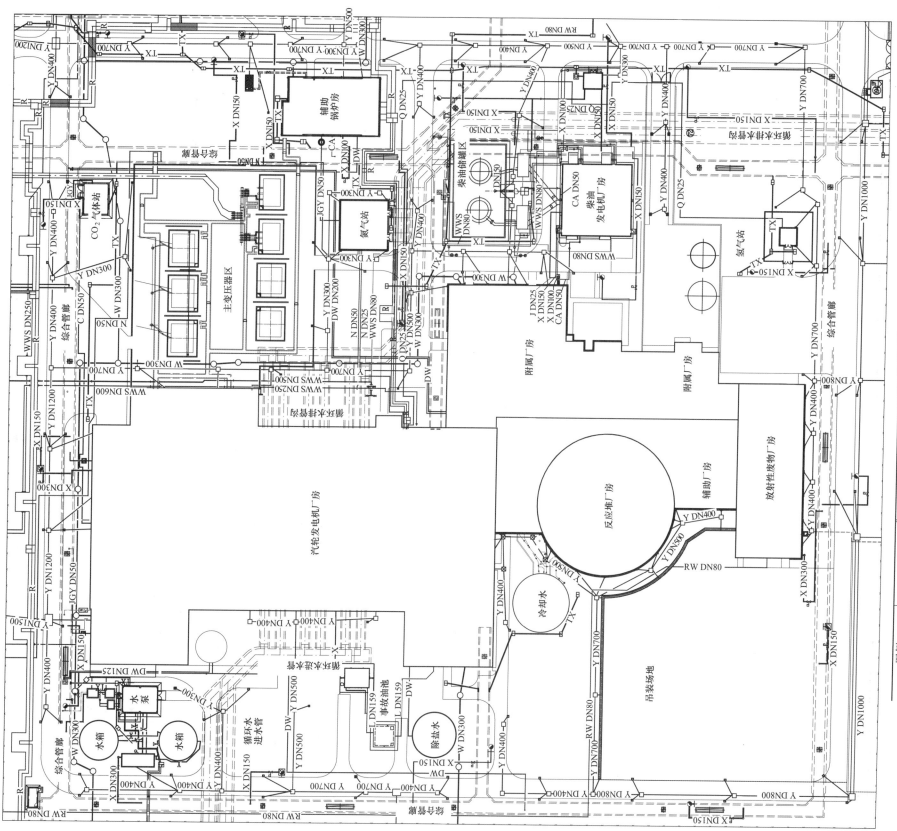

图 28-1　某核电厂主厂房区域主要管线布置图（AP1000 机型）

图例	名称	图例	名称	图例	名称
J	生活给水管	WWS	生产废水管	R	热力管沟
X	消防水管	N	氮气管	D	电缆沟
JGY	工业给水管	RW	放射性废液管	□ ■	雨水口
ZP	喷淋给水管	DW	除盐水管	≗	室外消火栓
L	事故排油管	Q	氢气管	▣	水表井
W	污水管	C	二氧化碳管		新建道路
Y	雨水管	D	直埋电力电缆	□	新建（构）筑物
CA	压缩空气管	TX	直埋通信电缆		

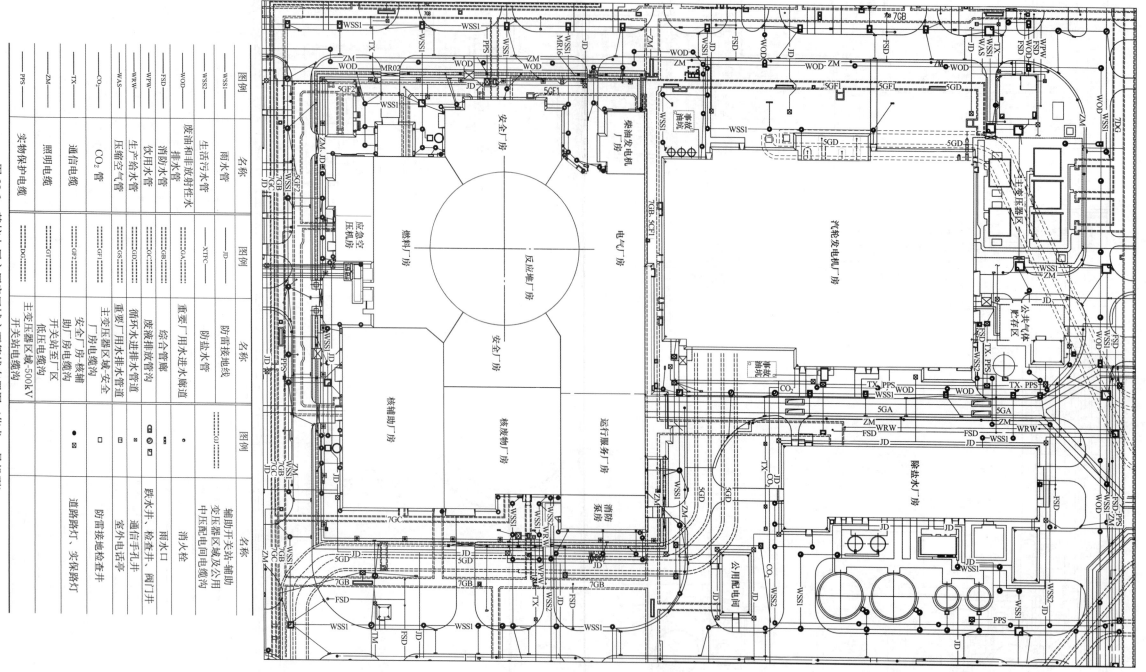

图 28-2　某核电厂主厂房区域主要管线布置图（华龙一号机型）

图例	名称	图例	名称	图例	名称
——WSS1——	雨水管	——JD——	防雷接地线		辅助开关站、辅助
——WSS2——	生活污水管				变压器区域及公用
——WOD——	废油和非放射性水	——XTEC——	防盐水管		中压配电间电缆沟
——FSD——	排水管		重要厂用水进水闸道		消火栓
——WPW——	消防水管		综合管廊		雨水口
——WRW——	饮用水管		废液排放管沟		跌水井、检查井
——WAS——	生产给水管		循环水进排水管沟		通信手孔井、阀门井
——CO₂——	压缩空气管		重要厂用水排水管道		室外电话亭
——CO₂——	CO₂管		主变压器区域安全		防雷接地检查井
——TX——	通信电缆		厂房电缆沟		
——ZM——	照明电缆		安全厂房-核辅		
——PPS——	实物保护电缆		助厂房电缆沟		道路路灯、实保路灯
			开关站至厂区		
			低压电缆沟为		
			主变压器区域-500kV		
			开关站电缆沟		

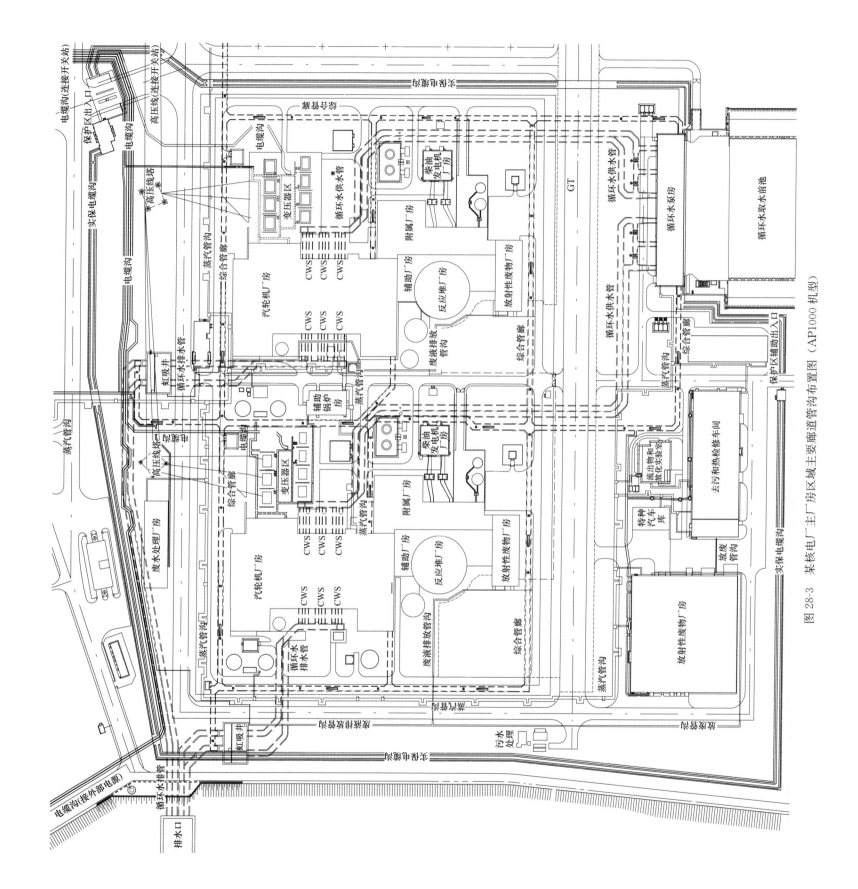

图 28-3 某核电厂主厂房区域主要廊道管沟布置图 (AP1000 机型)

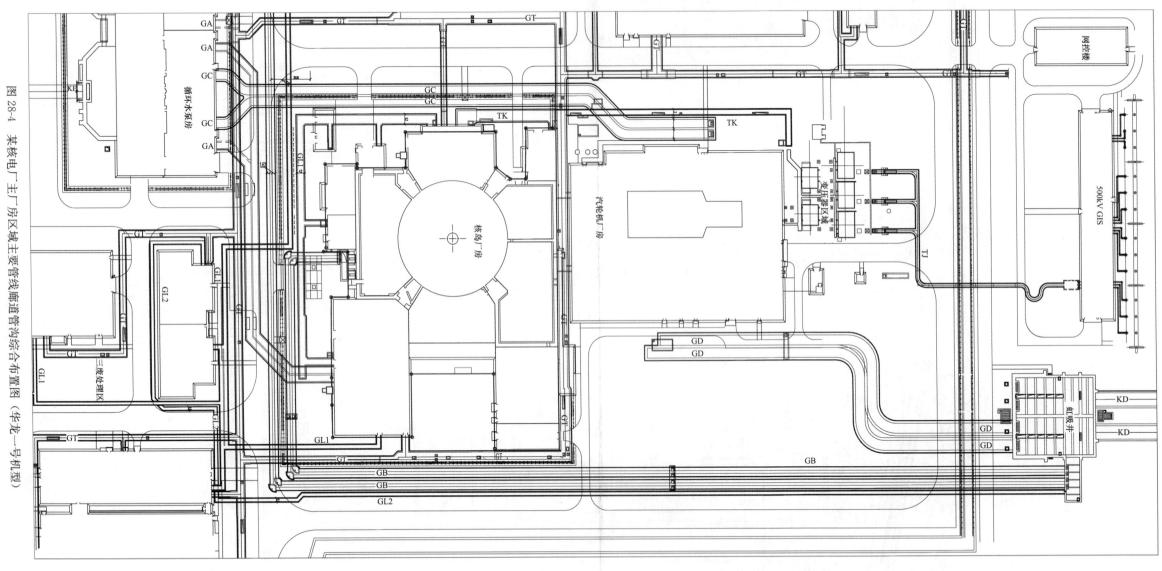

图 28-4 某核电厂主厂房区域主要管线廊道管沟综合布置图（华龙一号机型）

网控楼

500kV GIS

循环水泵房

三废处理区

核岛厂房

汽轮机厂房

变压器区域

虹吸井

GA
GA
GC
GC
GA
GT
GT
GT
GT
GC
GC
TK
TK
TJ
GD
GD
GD
GD
GB
GB
GB
GL1
GL1
GL1
GL1
GL2
GL2
GL2
GT
GT
GT
GT
GT
KE
KD
KD

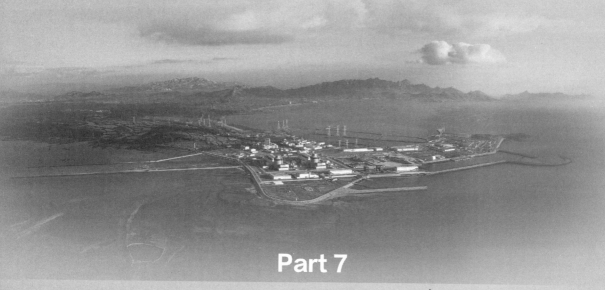

Part 7
第七篇　交通运输

核电厂的交通运输是总图运输设计工作的一项重要内容，我国核电厂物料运输主要有新燃料/乏燃料/固体废物运输、重件设备和模块运输等，新燃料/乏燃料/固体废物运输多采用公路或公路、水路、铁路系统联合运输，重件设备和模块运输多采用水路或公路，或者水路与公路联合运输的方式。总图运输设计人员要遵循使核电厂的交通运输达到顺畅、安全、经济、合理的原则，根据厂址所在区域的公路交通网、海港/河流等交通现状及其发展规划，结合核电厂近期和远期的建设规模、生产、施工和生活的需要，经技术经济比较后，进行统筹规划、协调一致，选择合理的交通运输方式。

第二十九章
交通运输方式

核电厂的厂址选择有其特殊的要求，选址条件极为苛刻。厂址位置的确定要满足厂址区域地震地质、岩土工程、地形条件、取排水条件、厂址周边环境条件以及交通运输和应急疏散的要求等。上述条件基本决定了厂址的位置、方位和总布置外形，影响到具体的建构筑物特别是核岛的布置和厂区纵轴线的确定。核电厂的交通运输条件包括：周边外部公路干线的路径、海运/水运条件和重要码头的分布、重件设备运输方案、厂址周边机场及其航线、铁路线路的分布等。

一、核电厂运输种类

核电厂运输系统的选择主要是根据所运输的对象对运输的要求，如核电厂的新燃料/乏燃料/固体废物运输、重件设备运输、应急疏散要求、厂址周边运输条件、建设投资和当地政策条件、施工建造条件等，结合建厂周边地区的交通条件和自然条件确定。

1. 新燃料/乏燃料/固体废物运输

考虑到新燃料/乏燃料/固体废物具有放射性，采取特殊的专用运输容器，由特定部门按照国家标准规范组织运输。

核电厂新燃料从核燃料生产基地运出后，通过公路或公路、水路、铁路系统联合运输至核电厂，然后核电厂接收新燃料，并运输至厂内的贮存场地临时存放，下一步运至核岛厂房的燃料贮存水池后进行装料，运行发电。然后经过一个燃料循环周期后，反应堆的燃料组件将被部分卸载，并放入乏燃料水池进行衰变冷却贮存，经过已充分衰变冷却的乏燃料装入乏燃料运输容器，运送往乏燃料后处理厂。

核电厂的中低放射性废物先经废物处理系统进行固化处理，使用特定容器进行储存，并运往设在厂内的废物暂存库贮存，暂存时间一般为 5 年，然后用专车送至国家建设的处置场做最终处置。

核电厂正常运行期间，核燃料和固体废物运量很少，每台 1000MW 级机组核燃料年运量只有几十吨，同时核燃料和固体废物无论从尺寸和重量上讲都是常规运输参数，所以我国核燃料和固体废物运输主要以公路-铁路联运、公路-水路联运、公路运输形式为主。

2. 重件设备运输

核电厂的重件设备由于重量重、体积大，铁路无法运输，可能的运输方式为水路、公路或水路与公路联合运输。目前我国在运、在建的核电厂全部为滨海厂址，基本为靠近厂区自建专用码头、或租借附近的码头运输重件设备。

结合核电厂模块化施工和设备制造的特点，核电厂施工安装期间运输包括了建造模块运输和大件设备运输，具有重量重、体积大，运输装卸要求高、并需要大型辅助起重机、平板车或者龙门起重机等吊具的特点，对安全性和可靠性要求较高。

核电厂模块化施工时，预制的子模块从制造厂运输至核电厂施工现场，如果通过水路运至核电厂大件码头，则再用平板车运至施工区的模块拼装场地；如果通过陆路运输，则直接用平板车将预制子模块运至施工区的模块拼装场地。子模块在施工区的模块拼装场地拼装成大型模块（如 CA20、CV 底封头、CA01、CV♯1 环、CV♯2 环、CV♯3 环、CV顶封头等模块，最重可达 1000t 左右），最后，用平板车运至核岛一侧的吊装场地进行吊装。核电厂的大件设备一般由制造厂大件码头装载上船，经水运先运至大件码头，然后，用平板车运至核岛一侧的吊装场地直接吊装。

厂区为了满足重件设备的各种运输，厂内道路设置了重件道路和重型路，重件道路一般连接拼装场地与核岛周边的吊装场地，距离短但是荷载要求高，宽度较大，需要满足平板车转运模块和起重机转场的要求；重型路一般用于厂区运输小型子模块和设备，需要满足一定荷载要求即可，其他同厂区常规道路。

3. 应急疏散要求

应急疏散是核电厂安全运行管理的特殊要求。

根据《核电厂总平面及运输设计规范》（GB/T 50294）中 3.2.11 条要求"为实施应急措施，厂址应有两个不同方向对外联系的交通路线"，不同方向的两个对外联系的交通路线方向夹角不宜小于 67.5°。同时，厂内也要求设置执行应急计划所需要的场地，撤离道路及运输相关设施。一般在核电厂内会结合厂区道路广场的布置，在合适位置设置人员应急集散点，用于应急情况下厂内人员的集合和人数清点，并统一撤离厂区，对于撤出厂区的应急道路沿线，需要考虑架空管架等设施的倒塌影响、震后道路路面的可使用性等因素。

目前正在开展海岛核电厂址的前期工作，根据可行性研究阶段的专题成果：可设置一座自陆地至海岛厂址的双层的跨海大桥，辅助海上船舶运输作为核电厂交通包括应急疏散是可行的。是否可以采用单层的跨海大桥辅助海上船舶运输是否可行，目前尚无结论。

4. 厂址周边运输条件

核电厂一般远离城市，厂址周边地形地质、地貌特点等自然条件和周边机场、铁路的分布等人工条件对核电站的运输和应急疏散等有很大影响，如海岛厂址四面环海或者三面环海，一面邻接陆地，对核电厂的应急疏散就有较大影响，如厂址周边被基本农田包围，就需要结合当地的土地政策进行合理规划，保证厂外道路避开周边基本农田。

5. 施工建造条件

核电厂的主要厂房为核岛厂房，核电厂区的重（大）型模块和设备多数在核岛厂房及其周边进行施工和吊装，为了满足吊装时对吊具的要求，根据不同厂址的实际情况，核岛厂房吊装方式有所不同，一部分采用大型起重机为主要吊装方式，一部分采用龙门起重机为主要吊装方式，采用不同的吊装方式对厂区的重件道路和拼装场地的布置有较大的影响，需要在项目开展初期尽早确定。

核电厂的设备和模块在厂区运输时，根据不同设备和模块的体积、重量和运输车辆的配置要求，对厂区道路荷载需要进行必要的复核，同时由于核设施的特殊性，施工建造和设备堆放管控较严，这些都会对核电厂的道路布置提出不同于其他行业的特殊要求。

二、核电站运输方式

由于核电厂物料运输的带放射性、重量大、体积大、运量小等特点，一般核电厂的物料运输根据厂址特点采用铁路、公路、水路进行组合，形成针对核电厂特点的运输方式。

考虑到核电厂运输量较小，核电厂址的厂外交通运输部分较少采用铁路运输的形式，以公路运输和水路运输或水路＋公路联合运输为主要运输方式；厂内道路主要按照厂矿道路要求设计，一般以城市型道路为主，辅以公路型道路，另外结合核电厂厂房之间物料输送的特点，厂区内物料传送主要以地下管道（或廊道、管沟）方式为主，不设置室外大型传送带或架空索道输送物料。

1. 公路运输

核电厂对外物料运输宜结合厂址地区交通运输现状，核电厂总体规划和运输物料特征、来源及去向等因素，对各种运输方式进行技术、安全和经济等综合比较后确定，公路运输具有灵活性大、适应性强的特点，在核电厂运输中起着重要的作用。根据规范要求，燃料组件公路运输应使用《公路工程技术标准》（JTG B01）中规定的三级以上（含三级）的公路，并对沿途运输速度等参数有一定要求。

核电厂厂外道路部分一般采用公路形式与外部交通系统连通，参照厂矿道路设计规范的同时参照公路设计规范，这样可以充分利用厂址周边的公路交通网，减少项目初期投资，随着国家高速公路网的不断完善，公路运输显示出其特有的优势。

2. 水路运输

水路运输具有建设快、投资省、运量大、运费低、协调范围小等优点，是南方沿江沿海地区电厂重（大）件的主要运输方式，新燃料和乏燃料有时候也采用水运。水路运输同陆路运输相比，其运费一般为陆路运输的30％，但是受地理条件的限制、航道水位变化的影响较大，其次是运输速度较慢，主要适用于近海、近河、海岛等具备条件的核电厂址。

水路运输主要考虑的因素是码头位置的选择与布置，尤其是用于重件设备运输的重件码头，宜根据城镇规划、核电厂总体规划、运输货物种类、货物重量、船型、工艺布置、自然条件等进行综合分析研究。目前，核电厂基本都自建专用码头运输重件设备及其他货物。

3. 厂内道路运输

核电厂厂内道路一般内部形成环网，并通过厂区出入口与厂外道路交通衔接，主要承担厂内的消防救援、应急疏散、各类生产物料运输、施工建造安装物料运输，设备运输，模块拼装运输吊装，同时也是厂区各个功能区分隔界限。

核电厂厂内道路一般按照城市型道路设计，遵循厂矿道路标准。厂内道路做法分为沥青道路和水泥道路等，一般在可能产生放射性的区域建议采用沥青路面，以方便迅速更换路面受污染部分。按照承担运输任务不同，也可分为轻型路和重型路。

4. 铁路运输

铁路运输具有运量大、速度快、运费适中（比公路运输费用低，比水路运输费用高）、建设期较长和用地较多等特点。我国工业企业中，年运输量单方向大于 6 万 t 或双方向大于 10 万 t 的工厂通常多采用铁路运输。核电厂的新燃料/乏燃料/固体废物运输年运输量很少，所以不采用新建铁路运输线路进入厂区的做法，主要在厂外模块、设备运输中选用已有符合条件的铁路线路来完成长距离运输任务。

第三十章

厂内道路运输

道路是核电厂建设、运营不可或缺的条件之一，厂区各类物料和人员运输均需要通过道路系统来实现。核电厂道路系统主要分为厂内道路和厂外道路，厂内道路主要参照城市型道路设计，承担厂内施工建造、建成运营期间的各类运输和人员通行任务，同时要满足厂区消防、安全、防洪排水、应急疏散救援、绿化景观等要求。

第一节　厂内道路运输综述

核电厂厂内道路是联系各个生产设施，供人、物流通行的厂区基础设施。合理组织厂区人、货流交通运输是厂区总图运输设计中重要内容之一。

核电厂道路运输宜根据核电厂道路运输的特点，重点考虑以下要求：

（1）厂区道路运输宜结合厂区总平面、竖向、管线综合布置统筹考虑，合理组织厂区人流、货流运输，优化运输路径，使厂内各建（构）筑物之间物料运输顺直、短捷，确保电厂交通运输安全、高效。

（2）厂内道路作为厂区交通骨架，需要满足厂区各生产功能区分区需求，与厂区总平面功能规划相协调。

（3）厂区道路运输宜满足在建和运行、检修期间大件设备和大型模块运输、装卸对道路设施和作业场地的要求。

（4）核电厂区内的放射性运输，宜满足现行国家标准《放射性物品安全运输规程》（GB 11806）的有关规定，并在规划交通路线时，保证放射性运输尽量避开人员密集区域，与其他一般物流不宜混行。

（5）厂区道路设计宜满足实物保护要求。

（6）厂区道路设计宜满足核电厂应急疏散要求。

（7）厂区道路设计宜满足核电厂消防救援要求。

（8）扩建核电厂宜合理利用或改造已有的道路运输设施，新建核电厂宜考虑施工道路与永久道路相结合，以节约投资。

第二节　厂内道路设计

核电厂厂内道路一般服务于厂区内部，满足厂内的各类物流、人员通行以及消防等功能要求。一般根据厂内各类交通需求的不同，进行交通路线规划，指导厂内道路的布置，同时根据厂区运输物料特性以及消防等功能要求，还要进行道路的结构设计，保证良好的厂区道路设计，适应厂区内各种物流运输需求。

一、核电厂厂内道路布置的要求

核电厂厂内道路布置宜符合下列要求

（1）厂内道路宜平行或垂直于主要建（构）筑物，尽量呈环形布置。

（2）主厂房建筑群四周一般设环形道路，其他区道路设置要符合现行国家标准《建筑设计防火规范》（GB 50016）的有关规定。

（3）人流、一般物流与放射性物流不宜混行。

（4）要与竖向设计相协调，有利于场地及道路排水。

（5）厂区出入口设置要满足人、货分流和应急撤离要求，一般设有两个不同方向的出入口，其位置要使厂内、外联系方便，且方便进厂道路与地方公路的连接。

（6）厂内道路按照运输类型不同，宜划分为重型路和轻型路，并按重型路和轻型路两种道路技术标准设计。

二、核电厂厂内道路分类

核电厂厂内道路分类如下：

1. 按照交通量和生产性质划分

厂内道路宜分为主干道、次干道、支道、车间引道和人行道。

（1）主干道主要连接厂区主要和次要出入口的道路，或交通运输繁忙的全厂性主要道路、乏燃料运输道路及大件设备运输的道路。

（2）次干道主要连接厂内车间、仓库、码头等之间运输较繁忙或有特殊需要的道路。

（3）支道为车辆和人行都较少的道路以及消防道路等。

（4）车间引道为车间、仓库等出入口与主、次干道或支道相连接的道路。

（5）人行道为行人通行的道路，主要分布于厂区人员密集区域或者人车干扰较大区域，如厂前区、主要生产厂房人员上下班主要道路的沿线等位置。

2. 按照行驶车辆的荷载和道路结构划分

按照行驶的运输车辆不同，道路结构形式宜分为轻型路和重型路。

（1）轻型路：为厂区生产运输、检修、消防服务的一般性道路。

（2）重型路：为厂区内供运输大型设备的道路。

核电厂大件运输对道路结构及道路下方的管涵都有较高的要求，道路的结构层厚度必须满足上述运输与装卸的车辆的要求。为了节省投资，区分开一般性的运输道路，有针对性地进行道路结构设计，有必要将厂内道路按行驶车辆的不同，按结构形式划分为轻型路和重型路。

3. 按照道路型式划分

厂内道路可视道路所处环境采用城市型或公路型。

从雨水排放、行人安全、厂容整齐、实物防护、管线综合布置等因素综合考虑，控制区围栏内道路宜采用城市型道路，控制区和管理区之间的区域可采用城市型或公路型道路。

三、核电厂厂内道路主要技术指标

核电厂厂内道路主要技术指标可按表 30-1 规定选用，其他建议符合现行国家标准《厂矿道路设计规范》（GBJ 22）的有关规定。

表 30-1　　　　　　　　　　　　　　厂内道路主要技术指标表

名称		类别	指标
路面宽度（m）	轻型路	主干道	7~9
		次干道	6~7
		支道	4.0
		车间引道	与车间大门相适应
		人行道	1.5~2.0
	重型路	主干道	9
转弯半径（m）	最小圆曲线半径	行驶单辆汽车时	不宜小于 15
		行驶拖挂车时	不宜小于 20
	轻型路交叉口路面内边缘最小转弯半径	主干道	12
		次干道	9
		支道	9
	重型路交叉口路面内边缘最小转弯半径	主干道	25
最大纵坡（％）	轻型路	主干道	4
		次干道	6
		支道	8
		车间引道	9
	重型路	主干道	4
路拱横坡（％）		车行道路	1~2
计算行车速度（km/h）		主干道、次干道	15
最小视距（m）		停车视距	15
		会车视距	30
		交叉口停车视距	20

注　1. 主要进厂干道的道路宽度取上限，厂区主要出入口处主干道行车部分的宽度，宜与相衔接的进厂道路一致，或采用9m。从重件码头引桥至主厂房周围环行道路之间的道路标准，应根据大件运输方式合理确定，其宽度宜采用9m。厂内主干道在人流集中地段、应设置人行道。

　　2. 车间引道及场地条件困难的主、次干道和支道。除陡坡处外，表列路面内边缘最小转弯半径可减少3m（6m半径除外）。

　　3. 通行电瓶车的道路最大纵坡不宜大于4％。

　　4. 一般情况下，重型路扫空宽度可以根据运输设备的尺寸确定；大型设备和结构模块指标需根据模块的尺寸、重量及运输工具的要求确定。

　　5. 厂内道路在弯道的横净距和交叉口的视距三角形范围内，不得有妨碍驾驶员视线的障碍物。

四、厂内道路边缘至相邻建筑物、构筑物和铁路的最小净距

核电厂厂内道路边缘至相邻建筑物、构筑物和铁路的最小净距要符合表 30-2 的规定。

表 30-2　　　　　　　　　道路边缘至相邻建筑物、构筑物及铁路的最小净距表

序号	相邻建筑物、构筑物名称	最小净距（m）
1	建筑物、构筑物外墙面	—
	（1）当建筑物面向道路一侧无出入口时	1.5
	（2）当建筑物面向道路一侧有出入口但不通行汽车时	3.0
	（3）当建筑物面向道路一侧有出入口且通行汽车时	6.0～9.0
2	各种管架及构筑物支架（外边缘）	1.0
3	照明电杆（中心线）	0.5
4	围墙（内边缘）	1.0
5	树木（中心）	—
	乔木	1.0
	灌木	0.5

注　1. 表中最小净距：城市型道路自路面边缘算起，公路型道路自路肩边缘算起。

　　2. 当厂内道路与建筑物、构筑物之间设置明沟、管线等或进行绿化时，一般按需要另行确定其间距。

五、厂内道路平面交叉

厂区内道路的互相交叉，宜采用平面交叉。平面交叉应一般设置在直线路段，并宜正交。当需要斜交时，交叉角不宜小于 45°。

厂内主、次干道平面交叉处的纵坡宜按现行国家标准《厂矿道路设计规范》（GBJ 22）有关规定执行。

六、厂内道路净空要求

当核电厂道路在管线、天桥等构筑物下穿行时，路面上的净高一般不小于 5.0m，在困难地段可采用 4.5m，有大件运输要求或在检修期间有大型起吊设施通过的道路，应根据需要确定。

七、路面结构设计荷载

厂区轻型路面结构宜采用 100kN 单轴双轮组荷载作为设计轴载；对于厂内运输大型设备的重型道路，需要根据实际情况，经论证单独选用设计计算参数。路面各层的结构及厚度可根据现行行业标准《公路水泥混凝土路面设计规范》（JTG D40）和《公路沥青路面设计规范》（JTG D50）中的相关规定计算确定。

八、厂内道路面层类型选择

厂内道路面层类型选择宜根据道路使用要求和当地的气候、路基状况、材料供应和施工条件等因素确定，按现行行业标准《公路水泥混凝土路面设计规范》（JTG D40）或

《公路沥青路面设计规范》（JTG D50）的有关规定进行设计，并符合下列要求：

（1）由于水泥混凝土路面刚性好，路面平整度受气温影响小，施工也简单，能较长期保持良好平整度，符合重型设备的运输要求，厂内道路宜采用水泥混凝土路面。

（2）在放射性检修车间、废物库附近、运载放射性物料车辆等地段，因存在潜在受放射性污染的可能，一旦发现污染，需要铲除掉受污染的表面（当作固体废物），并重新铺筑面层。因此在放射性检修车间和放射性废物库等附近，宜采用易于更换的路面材料（如沥青类材料路面等）。

（3）供施工期间使用的永久性道路路面设计，需要考虑分期实施和过渡的结构形式。

厂内道路典型结构层设计两种常见做法，详见图 30-1 轻型路典型路面结构和图 30-2 重型路典型路面结构。

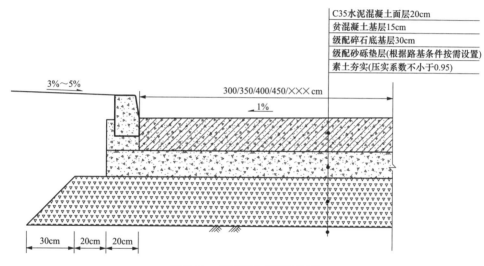

图 30-1　轻型路典型路面结构

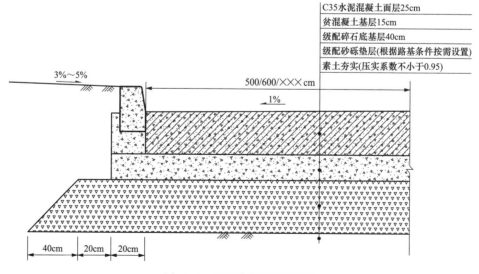

图 30-2　重型路典型路面结构

九、核电厂厂内道路的大件运输要求

厂内道路设计时一般考虑建造、检修期间大件设备的运输与吊装要求。有大件设备运输的生产装置区或生产设施区与厂外公路之间，一般有通畅的运输线路，并符合大件运输的规定。详细描述参见第三十二章相关内容。

十、核电厂消防车道的布置要求

（1）核电厂区内主干道和次干道一般兼做消防车道。

（2）消防车行驶的厂外道路要与厂区道路连通，且距离短捷。

（3）不宜与铁路正线平交，确需平交时，一般设置备用车道，且两车道之间的距离不应小于一列火车的长度。

（4）消防车道的净宽度一般不小于4.0m，净高度不小于4.0m。

（5）转弯半径要满足消防车转弯的要求。

（6）消防车道与建筑物之间不能设置妨碍消防车操作的树木、架空管线等。

（7）消防车道靠建筑外墙一侧的边缘距离外墙不宜小于5m。

（8）消防车道的纵坡不宜大于8%。

（9）环形消防车道至少有两处与其他车道连通。尽头式消防车道应设置回车道或回车场，回车场的面积不应小于12m×12m；对于高层建筑，不宜小于15m×15m；供重型消防车使用时，不宜小于18m×18m。

（10）主厂房区、制（储）氢站区等重点防火区域周围应设置环形消防车道。

（11）对应主厂房的人员疏散逃生出口位置附近需要设置消防车登高场地。建筑高度大于24m的厂内其他建筑物应至少沿一个长边布置消防车登高操作场地。消防车登高操作场地的长度和宽度分别不应小于15m和10m（见图30-3）。

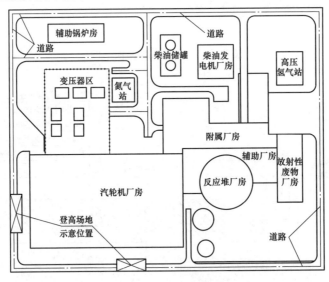

图30-3　主厂房周边道路布置示意

十一、人行道的布置要求

（1）人行道的宽度不宜小于0.75m，沿主干道布置时，可采用1.5m，当人行道的宽

度超过 1.5m 时，宜按 0.5m 倍数递增。

（2）人行道边缘至建筑物外墙的净距，当屋面为无组织排水时，可采用 1.5m；当屋面为有组织排水时，根据具体情况确定。

（3）当人行道的边缘至准轨铁路中心线的距离小于 3.57m 时，以及处于危险地段的人行道，一般需要设置防护栏杆。

（4）当人行道的纵坡大于 8% 时，宜设置粗糙面层或踏步。

十二、停车场的布置

回车场、停车场当采用尽端式道路时，为使车辆调头方便，一般应在道路的末端设置回车场。回车场的各种型式见图 30-4。图中尺寸适用于一般载重汽车。当采用其他型式车辆时，可根据其性能需要适当调整。

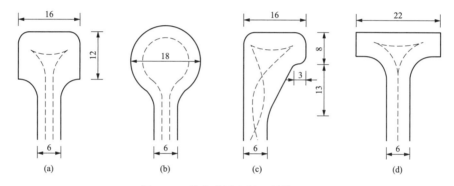

图 30-4　尽头式回车场（单位：m）

停车场主要供车辆停放用以及货物装卸进行调转用，所以在汽车库、消防车库、堆场、材料库附近常设置停车场。详见图 30-5 各类停车场。

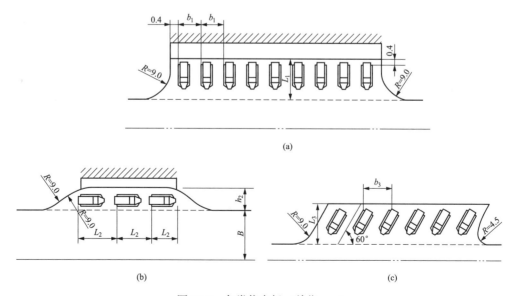

图 30-5　各类停车场（单位：m）

（a）平行式道旁停车场或装卸站台前停车场；（b）垂直式道旁停车场或装卸站台前停车场；（c）斜式（60°）道旁停车场

各类停车场尺寸见表 30-3 各类停车场尺寸表。

表 30-3　　　　　　　　　　　各类停车场尺寸表　　　　　　　　　　（m）

汽车类型	垂直式		平行式		斜式（60°）	
	b_1	L_1	b_2	L_2	b_3	L_3
普通汽车	3.5	13.0	3.5	16.0	4.0	12.1
中型汽车	3.5	9.7	3.5	12.7	4.0	9.3
小型汽车	2.8	6.0	2.8	7.0	3.2	5.9
微型汽车	2.6	4.2	2.6	5.2	3.0	4.3

注　1. 微型汽车包括微型客货车、机动三轮车。

　　2. 中型汽车包括中型客车、旅游车和装载 4t 以下的货运汽车。

　　3. 小型汽车为一般小轿车。

　　4. 普通汽车为一般载重车。

十三、汽车衡的布置要求

汽车衡位置应布置于重车行驶方向的右侧，如属厂内外运输，一般应布置在出入口处。汽车衡应靠近道路路肩外侧布置，当有遮雨棚时，遮雨棚设计应按厂矿道路建筑限界要求设计。汽车衡表面须高出路肩至少 150mm，其进车端道路平坡直线段的长度不宜小于 2 辆车长，困难条件下，不应小于 1 辆车长；出车端的道路应有不小于 1 辆车长的平坡直线段。汽车衡外侧应有保证其他车辆通过的宽度。进入汽车衡坑内的水，应有自流排出条件。

十四、厂区道路实物保护要求

（1）控制区、保护区屏障内侧和要害区屏障外侧，一般需要设置不小于宽度 2m 的人员巡逻通道或宽度不小于 4m 的车辆巡逻通道。在条件受限时，至少应设人员巡逻便道。

（2）控制区和保护区的车辆出入口外侧一般设置车辆减速的路障。保护区的车辆出入口必须与人员出入口分开设置，每次开门只允许一辆车出入。必要时保护区采用双重门，两道门之间为安全检查区，两道门的锁不能同时开启。

（3）车辆出入口宜单独设置，要安装防止进出两个方向车辆强行通过或冲撞的活动车障，每次开门只允许一辆车出入，其后车辆不应尾随跟进。

（4）人员自动出入控制系统，一次开门只能允许一名获准人员通过。

（5）车辆出入口不允许人员搭车通过；车辆出入口内外两侧，可加设强制车辆减速的装置。

（6）禁止私人机动车辆进入保护区，尽量减少社会机动车辆进入保护区，并限定在指定的停车区停车。

十五、厂区道路应急疏散要求

厂区一般会规划人员应急集合场所和撤离路线，并在合适位置设置标牌和标识。

除正常的车辆出入通道外，还需要设置供紧急情况（如核电厂应急状态、消防通行等）使用的无障碍通道，紧急出口一般会装设入侵探测装置，其他可能的入口应予适当关紧并装设警报装置。

十六、 危险品设施区交通运输管控

易燃、易爆物品的生产区域或贮存仓库区，一般根据安全生产的需要，将道路划分为限制车辆通行或禁止车辆通行的路段，并设置标志。

十七、厂区道路标志标线

厂内道路需要根据生产运行中交通流的特点，划定标志标线，交通标志和标线的名称、图形、颜色、尺寸、设置地点等，按现行的有关道路交通标志和标线的标准执行。

第三十一章
厂外道路运输

核电厂厂外运输主要采用公路或水路，或者公路与水路联合运输的方式。本章主要介绍厂外公路运输和厂外水路运输两种交通形式。

第一节　厂外公路运输

核电厂厂外公路运输是核电厂建设运营期最主要的运输方式，目前国内核电厂全部为滨海厂址，对外交通基本采用公路的方式（不含大件码头）。厂外公路包括电厂厂区与外部公路、城市道路、港口、中转站以及其他厂矿企业等相连接的对外道路，厂区和生活区等之间的联络道路，通往厂区外部各种辅助设施的辅助道路。核电厂的厂外公路要适应地方交通现状，尽可能符合其交通网络规划。核电厂的厂外道路设计一般委托专业的公路设计院进行设计。

一、核电厂厂外道路分级

厂外道路的设计按照国家现行标准《厂矿道路设计规范》（GBJ 22）、《公路工程技术标准》（JTG B01）的有关规定执行。

依据《厂矿道路设计规范》（GBJ 22）的要求，厂外道路按照交通功能和服务功能。可分一级、二级、三级、四级和辅助道路五个等级。

（1）具有重要意义的国家重点厂矿企业区的对外道路，需供汽车分道行驶，并部分控制出入、部分立体交叉时，宜采用一级厂外道路。

（2）大型联合企业、钢铁厂、油田、煤田、港口等的主要对外道路，宜采用二级厂外道路。

（3）大、中型厂矿企业的对外道路，宜采用三级厂外道路。

（4）小型厂矿企业的对外道路，本厂矿企业分散的厂（场）区、居住区等之间的联络道路，宜采用四级厂外道路。

（5）通往本厂矿企业外部各种辅助设施（如水源地、总变电站、炸药库等）的辅助道路，宜采用辅助道路的技术指标。

核电厂厂外公路一般会设置不同方向的进厂道路和次要进厂道路（应急道路），按照上述标准，并结合核电厂交通运输的实际情况，主要设计标准如下：

（1）位于城市道路网规划范围内的厂外道路，按现行的城市道路设计规范执行；位于公路网规划范围内的厂外道路，按现行的公路设计规范执行。

（2）核电厂主要进厂道路宜采用二级公路标准，次要道路宜采用三级公路标准。

（3）大件运输道路宜与进厂道路相结合，具体标准按照大件设备运输要求确定。

（4）与厂外各种辅助设施相连接的辅助道路宜采用四级公路标准。

二、厂外道路选线原则及要点

1. 选线原则

（1）厂外道路选线坚持节约用地的原则，不占或少占耕地，尽量利用荒地、空地、劣地和已有道路路基。便利农田排灌，重视水土保持和环境保护。

（2）厂外道路的线路一般根据核电厂近期和远期规模、城镇总体规划、核电厂总体规划以及所处的自然条件统筹规划，进行选定。要合理利用地形、地势，正确运用技术标准，做到安全便捷，经济合理，并应考虑到基建施工和邻近企业及社会的交通方便。

（3）路线设计在保证行车安全、舒适、迅速的前提下，使工程数量小、造价低、营运费用省、效益好，并有利于施工和养护。在工程量增加不大时，要尽量采用较高的技术指标，不宜轻易采用最小指标或低限指标，也不宜片面追求高指标。

（4）线路基本走向的选择，一般根据指定的路线走向（路线起、终点和中间主要控制点）和道路等级，及其在公路网中的作用，以及水文、气象、地质、地形等自然条件，由面到带，从所有可能的路线方案中，通过调查、分析、比选，确定一条最优路线方案。

（5）尽量避免在开采、爆破危险区段内通过，并尽量避开地质不良地段和地下活动采空区，尤其注意道路路径尽量不压矿藏、避免修建大、中型桥及隧道等人工构筑物。

（6）选线要重视环境保护，注意由于道路修筑及汽车运行所产生的影响与污染等问题。通过名胜风景区的厂外道路，与周围环境、景观相协调，注意保护原有自然状态。遇有历史文物古迹处要绕行，并尽量避免与运输繁忙的铁路或公路相交叉，尽可能不穿越居民区，尽量少拆房屋。

（7）选线时要对工程地质和水文地质进行深入勘测，查清其对厂外道路工程的影响。对于滑坡、崩塌、岩堆、泥石流、岩溶、软土、泥沼等严重不良地质地段和沙漠、多年冻土等特殊地区，宜慎重对待，一般情况下路线要设法绕避。当必须穿过时，要选择合适的位置，缩小穿越范围，并采取必要的工程措施。

2. 各类地形选线要点

（1）平原区的平面线形宜采用较高的技术指标，尽量避免采用长直线或小偏角，但不得为避免长直线而随意转弯。在避让局部障碍物时，要注意线形的连续、舒顺。纵面线形宜结合桥涵、通道、交叉等构造物的布局，合理确定路基设计高度，纵坡不宜频繁起伏，也不宜过于平缓。

（2）微丘区平面线形要充分利用地形，处理好平、纵线形的组合。不要迁就微小地形，造成线形曲折，也不宜采用长直线，造成纵面线形起伏。

（3）重丘区的选线。重丘区选线活动余地较大，要综合考虑平、纵、横三者的关系，恰当地掌握标准，提高线形质量。

3. 全线总体布局

在路线走向和道路等级确定后，要对全线总体布局做出设计，其要点如下：

（1）根据厂外道路功能、等级和地形特征，确定计算行车速度。

（2）路线起终点除必须符合路网规划要求外，对起、终点前后一定长度范围内的线形必须做出接线方案和近期实施的具体设计。

（3）合理划定设计路段长度，恰当选择不同设计路段的衔接地点，处理好衔接处前后一定长度范围内的线形设计。

（4）根据交通量及运行需要确定车道数。

（5）调查沿线主要城镇规划，确定同其连接的方式、地点。

（6）调查沿线社会、自然条件，确定立体交叉位置及其与连接道路的连接方式。

三、厂外道路主要技术指标

（1）各项主要技术指标按表 31-1 的要求采用。

表 31-1　　　　　　　　　　厂外道路主要技术指标

厂外道路等级	二级		三级		四级	辅助
计算行车速度（km/h）	80	60	40	30	20	15
路面宽度（m）	7.5	7.0	7.0	6.5	6.0	3.5
最小路基宽度（m）	8.5	8.0	8.0	7.5	7.0	4.0
一般最小圆曲线半径（m）	400	200	100	65	30	—
极限最小圆曲线半径（m）	250	125	60	30	15	15
不设超高的最小圆曲线半径（m）	2500	1500	600	350	150	—
停车视距（m）	110	75	40	30	20	15
会车视距（m）	220	150	80	60	40	—
最大纵坡（%）	5	6	7	8	9	9

注　1. 核电厂设备运输、上下班交通量较大，表中列标准路面宽度为最低要求，参考公路标准进厂道路公路二级不小于 9～12m，次要道路公路三级 7～9m。

　　2. 当厂外道路作为干线道路时，一级厂外道路设计速度宜为 100km/h 或 80km/h，二级厂外道路设计速度宜为 80km/h，三级厂外道路设计速度宜为 40km/h；当厂外道路作为集散道路时，根据混合交通、平面交叉等因素，一级厂外道路设计速度宜为 80km/h 或 60km/h，二级厂外道路设计速度宜为 60km/h，三级厂外道路设计速度宜为 30km/h。

　　3. 表中路基路面宽度，除辅助道路按单车道外，其余道路均按双车道考虑，不设中间带。

（2）厂外公路的限界要符合现行的《厂矿道路设计规范》（GBJ 22）中的规定。

（3）对于寒冷冰冻、积雪地区的厂外道路，特别在纵坡大而长的路段，其路基宽度可根据具体情况适当加宽。四级厂外道路，在工程艰巨或交通量较小的路段，路基宽度可采用 4.5m，但在适当的间隔距离内设置错车道。

（4）在工程艰巨的山岭、重丘区，四级厂外道路的最大纵坡可增加 1%；辅助道路的最大纵坡可增加 2%，但要设置相应的安全设施。但在海拔 2000m 以上地区，不得增加；在寒冷冰冻、积雪地区，不要大于 8%。厂外道路越岭路线连续上坡（或下坡）路段，任意连续 3km 路段的平均纵坡不要大于 5.5%。

纵向坡度连续大于等于 4% 时，要在不大于表 31-2 所规定的长度处设置缓和坡段。缓和坡段的坡度不要大于 3%。长度不要小于 100m。当受地形条件限制时，三、四级厂外道路和辅助道路的缓和坡段长度不要小于 80m 和 50m。最小坡长见表 31-2。

表 31-2 纵坡限制坡长

设计速度（km/h）		100	80	60	40	30	20	15
纵坡坡度（%）	4	800	900	1000	1100	1100	1200	1200
	5	600	700	800	900	900	1000	1000
	6	—	500	600	700	700	800	800
	7	—	—	—	500	500	600	600
	8	—	—	—	300	300	400	400
	9	—	—	—	—	200	300	300
	10	—	—	—	—	—	200	200
	11	—	—	—	—	—	—	150

厂外道路纵坡变更处均要设置竖曲线；辅助道路在相邻两个坡度代数差大于 2% 时，也要设置竖曲线。竖曲线半径和长度要符合表 31-4 的规定。竖曲线半径要采用大于或等于表 31-3 中所列一般最小值；当受地形条件限制时，可采用表 31-4 中所列极限最小值。

表 31-3 厂外道路的最小坡长

设计速度（km/h）	100	80	60	40	30	20	15
最小坡长（m）	250	200	150	120	100	60	50

表 31-4 竖曲线最小半径和长度

计算行车速度（km/h）		100	80	60	40	30	20	15
凸形竖曲线最小半径（m）	一般值	10 000	4500	2000	700	400	200	100
	极限值	6500	3000	1400	450	250	100	
凹型竖曲线最小半径（m）	一般值	4500	3000	1500	700	400	200	100
	极限值	3000	2000	1000	450	250	100	
竖曲线长度	一般值	210	170	120	90	60	50	15
	极限值	85	70	50	35	25	20	

厂外道路的竖曲线与平曲线组合时，竖曲线宜包含在平曲线之内，且平曲线要略长于竖曲线。凸形竖曲线的顶部或凹形竖曲线的底部，避免插入小半径圆曲线，或将这些顶点作为反向曲线的转向点。在长的平曲线内要避免出现几个起伏的纵坡。

四、路基

路基要根据核电厂道路性质、使用要求、材料供应、自然条件（包括气候、地质、水文）等，结合施工方法和当地经验，提出技术先进、经济合理的设计方案。设计的路基要具有足够的强度和良好的稳定性。对影响路基强度和稳定性的地面水和地下水，必须采取相应的排水措施，并综合考虑附近农田排灌的需要。修筑路基取土和弃土时，要不占用或少占用耕地，防止水土流失和淤塞河道，并宜将取、弃土场地平整为可耕地或绿化用地。

1. 路基设计防洪标准

沿河及受水浸淹的路基的路肩边缘标高，要高出计算水位 0.5m 以上。设计水位可按下列设计洪水频率确定：

(1) 厂外道路的设计洪水频率，与发电厂相衔接的重要厂外道路宜按 50 年一遇；三级厂外道路可采用 25 年一遇；四级厂外道路和辅助道路可按具体情况确定。

(2) 对国民经济具有重大意义的厂外道路的设计洪水频率，可根据具体情况适当提高。

(3) 当道路服务年限较短时，厂外道路的设计洪水频率可根据具体情况适当降低。

2. 路基横断面

厂外道路的路基、路面宽度，宜按表 31-1 的要求采用。路肩宽度最小值要符合表 31-5 的要求。

表 31-5　路肩宽度最小值

设计速度（km/h）	100	80	60	40	30	20、15
路肩宽度（m）	0.75	0.5	0.5	0.5	0.5	0.5（双车道） 0.25（单车道）

在行人和非机动车较多的路段，可根据实际情况加固路肩或适当加宽路基、路面，设置非机动车道和人行道。接近发核电厂主要入口的道路，其路面宽度可与相衔接的厂内主干道路面宽度相适应。

道路路基宽度为车道宽度与路肩宽度之和，当设有错车道、侧分隔带、非机动车道、人行道等时，要计入这些部分的宽度。

对于寒冷冰冻、积雪地区的厂外道路，特别是在纵坡大而长的路段，其路基宽度可根据具体情况适当加宽。

四级厂外道路，在工程艰巨或交通量较小的路段，路面宽度可采用 3.5m，但要在适当的间隔距离内设置错车道路。

路基横断面的各部尺寸，除路基宽度要按各类道路的规定采用外，其余尺寸均要根据气候、土质、水文、地形等确定。

路堑边坡坡度要根据自然条件、土石类别及其结构、边坡高度、施工方法等确定。

3. 路基压实

根据《公路路基设计规范》（JTG D30），路面结构层以下 0.80m 或 1.20m 范围内的路基部分，分为上路床及下路床两层。上路床厚度 0.30m；下路床厚度在轻、中等及重交通公路为 0.50m，特重、极重交通公路为 0.90m。高于原地面的填方路基为路堤。路堤在结构上分为上路堤和下路堤，上路堤是指路床以下 0.7m 厚度范围的填方部分，下路堤是指上路堤以下的填方部分。并将填料的"最小强度"改为"最小承载比"。

路基应具有足够的压实度。当路基修筑后即铺筑路面时，厂外道路的路床应满足表 31-6 的规定，压实度应满足表 31-7 的规定。

表 31-6 路床填料最小承载比要求

路基部位		路面底面以下深度（m）	填料最小承载比（CBR）（%）		
			一级厂外公路	二级厂外公路	其他厂外公路
上路床		0～0.3	8	6	5
下路床	轻、中等及重交通	0.3～0.8	5	4	3
	特重、极重交通	0.3～1.2	5	4	

注 1. 该表 CBR 试验条件应符合现行《公路土工试验规程》（JTG 3430）的规定。

2. 年平均降雨量小于 400mm 地区，路基排水良好的非浸水路基，通过试验论证可采用平衡湿度状态的含水率作为 CBR 试验条件，并应结合当地气候条件和汽车荷载等级，确定路基填料 CBR 控制标准。

表 31-7 路床压实度要求

路基部位		路面底面以下深度（m）	路床压实度（%）		
			一级厂外公路	二级厂外公路	其他厂外公路
上路床		0～0.3	≥96	≥95	≥94
下路床	轻、中等及重交通	0.3～0.8	≥96	≥95	≥94
	特重、极重交通	0.3～1.2	≥96	≥95	

注 1. 表列压实度系按现行《公路土工试验规程》（JTG 3430）重型击实试验所得最大干密度求得的压实度。

2. 其他厂外公路铺筑沥青混凝土和水泥混凝土路面时，其压实度应采用二级公路压实度标准。

厂外道路路堤填料最小承载比应符合表 31-8 的规定，路堤应分层铺筑，均匀压实，压实度应满足表 31-9 的规定。

表 31-8 路堤填料最小承载比要求

路基部位		路面底面以下深度（m）	填料最小承载比 CBR（%）		
			一级厂外公路	二级厂外公路	其他厂外公路
上路堤	轻、中等及重交通	0.8～1.5	4	3	3
	特重、极重交通	1.2～1.9	4	3	
下路堤	轻、中等及重交通	1.5 以下	3	2	2
	特重、极重交通	1.9 以下			

注 1. 当路基填料 CBR 值达不到表列要求时，可掺石灰或其他稳定材料处理。

2. 当其他厂外公路铺筑沥青混凝土和水泥混凝土路面时，应采用二级公路的规定。

表 31-9 路堤压实度

路基部位		路面底面以下深度（m）	压实度（%）		
			一级厂外公路	二级厂外公路	其他厂外公路
上路堤	轻、中等及重交通	0.8～1.5	≥94	≥94	≥93
	特重、极重交通	1.2～1.9	≥94	≥94	
下路堤	轻、中等及重交通	1.5 以下	≥93	≥92	≥90
	特重、极重交通	1.9 以下			

注 1. 表列压实度系按现行《公路土工试验规程》（JTG 3430）重型击实试验所得最大干密度求得的压实度。

2. 其他厂外公路铺筑沥青混凝土和水泥混凝土路面时，应采用二级公路的规定值。

3. 路堤采用粉煤灰、工业废渣等特殊填料，或处于特殊干旱或特殊潮湿地区时，在保证路基强度和回弹模量要求的前提下，通过试验论证，压实度标准可降低 1～2 个百分点。

五、路面

1. 路面分类

通常按路面面层的使用品质、材料组成类型及结构强度和稳定性，将路面分为高级、次高级、中级、低级四个等级。高级路面指用水泥混凝土、沥青混凝土、厂拌沥青碎石或整齐石块或条石作面层的路面。次高级路面指用沥青贯入碎（砾）石、路拌沥青碎（砾）石、半整齐石块、沥青表面处治等作面层的路面。中级路面指用水结碎石、泥结或级配碎（砾）石、不整齐石块、其他粒料等作面层的路面。低级路面指用各种粒料或当地材料改善土，如炉渣土、砾石土和砂砾土等作面层的路面。

2. 路面的选择

核电厂厂外道路路面的选择，一般着重考虑道路施工、材料选择、维修条件等要求，通常采用耐久性好、施工维修简单的水泥混凝土路面；在道路施工维修条件较好及沥青材料来源方便时，也采用沥青混凝土、沥青表面处治路面。用于检修及交通量少的辅助道路宜采用中、低级路面。

纵坡较大或圆曲线半径较小的路段，可采用块石路面。经常行驶履带车的道路，可采用块石路面或低级路面。在埋有地下管线并需经常开挖检修的路段，一般选用预制水泥混凝土块路面或块石路面（见图 3-1）。

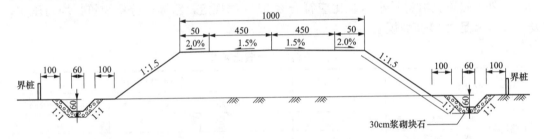

说明：1. 本图尺寸以厘米计。
　　　2. 路基路床压实度≥95%，上路堤压实度≥93%，下路堤压实度≥90%，零填及路堑路床≥95%。
　　　3. 路基填料采用岩渣透水性材料，填料最大粒径，路床≤10cm，路堤≤15cm。
　　　4. 填筑路基必须按施工规范分层填筑，分层碾压且同一层须用同一种材料。

图 31-1　主次道路横断面图示例

3. 路面结构层

路面结构层要根据电厂道路性质、使用要求、交通量及其组成、自然条件、材料供应、施工能力、养护条件等，结合路基进行综合设计，并要参考条件类似的厂矿道路的使用经验和当地经验，提出技术先进、经济合理的设计方案（见图 31-2）。

六、桥涵

公路桥涵设计要贯彻国家有关法规和公路技术政策，根据厂外道路性质、使用要求和将来的发展需要，按照安全、耐久、适用、环保、经济、和美观的要求设计；必要时要进行方案比较，确定合理的方案。公路桥涵应根据公路功能和技术等级，考虑因地制宜、就地取材、便于施工和养护等因素进行总体设计，在设计使用年限内应满足规定的正常交通

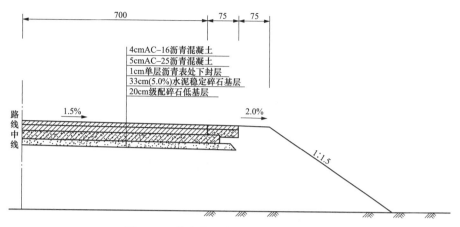

图 31-2　道路路面结构做法示例（1∶50）

荷载通行的需要。桥涵设计要适当考虑农田排灌的需要。对靠近村镇、城市、铁路、公路和水利设施的桥梁，结合各有关方面的要求，适当考虑综合利用。

1. 设计要求

（1）公路桥涵结构的设计基准期为 100 年，主体结构和可更换部件的设计使用年限不应低于表 31-10 的规定。

表 31-10　　　　　　　　　　　　　桥涵设计使用年限　　　　　　　　　　　　　（年）

公路等级	主体结构			可更换部件	
	特大桥、大桥	中桥	小桥、涵洞	斜拉索、吊索、系杆等	栏杆、伸缩装置、支座等
一级厂外公路	100	100	50	20	15
二、三级厂外公路	100	50	30		
四级厂外公路	100	50	30		

（2）桥梁及涵洞按单孔跨径或多孔跨径总长可分为特大、大、中、小桥及涵洞。分类规定见表 31-11。

表 31-11　　　　　　　　　　　　　　桥梁涵洞分类

桥涵分类	多孔跨径总长 L（m）	单孔跨径 L_x（m）
特大桥	$L > 1000$	$L_x > 150$
大桥	$100 \leqslant L \leqslant 1000$	$40 \leqslant L_x \leqslant 150$
中桥	$30 < L < 100$	$20 \leqslant L_x < 40$
小桥	$8 \leqslant L \leqslant 30$	$5 \leqslant L_x < 20$
涵洞		$L_x < 5$

注　1. 单孔跨径系指标准跨径。
　　2. 梁式桥、板式桥的多孔跨径总长为多孔标准跨径的总长；拱式桥为两端桥台内起拱线间的距离；其他形式桥梁为桥面系行车道长度。
　　3. 管涵及箱涵不论管径或跨径大小、孔数多少，均称为涵洞。
　　4. 标准跨径：梁式桥、板式桥以两桥墩中线间距离或桥墩中线与台背前缘间距为准；拱式桥和涵洞以净跨径为准。

（3）公路桥涵应根据不同种类的作用及其对桥涵的影响、桥涵所处的环境条件，考虑持久状况、短暂状况、偶然状况和地震状况，四种设计状况，进行极限状态设计。

（4）桥涵布置。

1）特大、大桥桥位应选择河道顺直稳定、河床地质良好、河槽能通过大部分设计流量的河段。桥位应避开断层、岩溶、滑坡、泥石流等不良地质的河段，不宜选择在河汊、沙洲、古河道、急弯、汇合口、港口作业区及易形成流冰、流木阻塞的河段。

2）中小桥涵线形设计应符合路线设计的总体要求；特大、大桥线形设计应综合考虑路线总体走向、桥区地质、地形、安全通行、通航、已有建筑设施、环境敏感区等因素，宜采用较高的平曲线指标，纵断面不宜设计成平坡或凹曲线。

3）桥梁纵轴线宜与洪水主流流向正交。对通航河流上的桥梁，其墩台沿水流方向的轴线应与最高通航水位时的主流方向一致。当斜交不能避免时，交角不宜大于5°；当交角大于5°且斜桥正做时，需增加通航孔净宽。

4）核电厂厂外道路大、中、小桥和涵洞上的线形及其与道路的衔接，应符合路线设计的要求。桥头两端引道线形，宜与桥上线形相配合。大、中桥上的线形，宜采用直线。当桥位受两岸地形条件限制时，可采用弯桥、坡桥、斜桥。大、中桥桥面纵坡不宜大于4%；桥头引道纵坡不宜大于5%。有混合交通繁忙处，桥面纵坡和桥头引道纵坡均不得大于3%。

（5）桥涵设计洪水频率。

1）二级厂外道路的特大桥及三、四级厂外道路的大桥，在水势猛急、河床易被冲刷的情况下，可提高一级洪水频率验算基础冲刷深度。

2）三、四级厂外道路，当交通容许有限度的中断时，可修建漫水桥或过水路面。漫水桥和过水路面的设计洪水频率，应根据容许阻断交通的时间长短和对上下游农田、城镇、村庄的影响，以及泥沙淤塞桥孔、上游河床的淤高等因素确定。

3）辅助道路的桥涵设计洪水频率，可采用四级厂外道路的桥涵设计洪水频率。

4）厂内道路的桥涵设计洪水频率，应与厂内总图设计采用的设计洪水频率相适应（见表31-12）。

表 31-12　　　　　　　　　　桥涵设计洪水频率

公路等级	设计洪水频率				
	特大桥	大桥	中桥	小桥	涵洞及小型排水构造物
一级公路	1/300	1/100	1/100	1/100	1/100
二级公路	1/100	1/100	1/100	1/50	1/50
三级公路	1/100	1/50	1/50	1/25	1/25
四级公路	1/100	1/50	1/50	1/25	不作规定

（6）桥涵孔径。桥梁全长规定为：有桥台的桥梁为两岸桥台侧墙或八字墙尾端间的距离；无桥台的桥梁为桥面系长度。当标准设计或新建桥涵的跨径在50m及以下时，宜采用标准化跨径，桥涵标准化跨径规定如下：0.75、1.0、1.25、1.5、2.0、2.5、3.0、4.0、5.0、6.0、8.0、10、13、16、20、25、30、35、40、45、50m。

（7）桥涵净空。位于大、中城市郊区的厂外道路的桥涵净空，应适当考虑城市规划的要求。弯道上的桥梁的桥面宽度，应按路线设计要求予以加宽。当单车道桥梁需要双向行车时，桥头两端应根据需要设置错车道，公路到厂外道路上的涵洞和跨径小于8m的单孔小桥（一级厂外道路除外），应与路基同宽。桥上人行道的设置，应根据需要确定，人行道宽度可采用0.75m或1m；当人行道宽度超过1m时，宜按0.5m的倍数递增。设置人行道的桥梁，应设置栏杆。不设置人行道的桥梁，可根据具体情况设置栏杆和安全带。与路基同宽的涵洞和小桥，可仅设置缘石或栏杆，漫水桥和过水路面均不宜设置人行道，但应设置柱式护栏。

一、二级厂外道路上的桥梁净空高度应为5.0m，三、四级厂外道路上的桥梁净空高度应为4.5m。

桥下净空高度应根据计算水位（设计水位计入壅水、浪高等）或最高流冰水位加安全高度确定。

跨越江河的桥梁的桥下净空高度应满足通航要求。

2. 荷载标准

（1）公路桥涵设计采用的作用分为永久作用、可变作用、偶然作用和地震作用四类，规定见表31-13。

表 31-13　　　　　　　　　　　　作用分类表

序号	分类	名　　称
1	永久作用	结构重力（包括结构附加重力）
2		预加力
3		土的重力
4		土侧压力
5		混凝土收缩、徐变作用
6		水浮力
7		基础变位作用
8	可变作用	汽车荷载
9		汽车冲击力
10		汽车离心力
11		汽车引起的土侧压力
12		汽车制动力
13		人群荷载
14		疲劳荷载
15		风荷载
16		流水压力
17		冰压力
18		波浪力
19		温度（均匀温度和梯度温度）作用
20		支座摩阻力

序号	分类	名　称
21	偶然作用	船舶的撞击作用
22		漂流物的撞击作用
23		汽车撞击作用
24	地震作用	地震作用

（2）公路桥涵设计时，对不同的作用应按下列规定采用不同的代表值。

1）永久作用的代表值为其标准值。永久作用标准值可根据统计、计算，并结合工程经验综合分析确定。

2）可变作用的代表值包括标准值、组合值、频遇值和准永久值。组合值、频遇值和准永久值可通过可变作用的标准值分别乘以组合值系数 ψ_c、频遇值系数 ψ_f 和准永久值系数 ψ_q 来确定。

3）偶然作用取其设计值作为代表值，可根据历史记载、现场观测和试验，并结合工程经验综合分析确定，也可根据有关标准的专门规定确定。

4）地震作用的代表值为其标准值。地震作用的标准值应根据现行《公路工程抗震规范》（JTG B02）的规定确定。

（3）作用的设计值应为作用的标准值或组合值乘以相应的作用分项系数。结构重要性系数，按表31-14规定的结构设计安全等级采用，其他各种荷载效应的分项系数参见《公路桥涵设计通用规范》（JTG D60）中的有关规定。

表 31-14　　　　　　　　　　　公路桥涵结构设计安全等级

设计安全等级	破坏后果	适用对象
一级	很严重	（1）各等级公路上的特大桥、大桥、中桥； （2）高速公路、一级公路、二级公路、国防公路及城市附近交通繁忙公路上的小桥
二级	严重	（1）三、四级公路上的小桥； （2）高速公路、一级公路、二级公路、国防公路及城市附近交通繁忙公路上的涵洞
三级	不严重	三、四级公路上的涵洞

（4）桥涵结构设计应考虑结构上可能同时出现的荷载，按承载能力极限状态和正常使用极限状态进行荷载效应组合，取其最不利效应组合进行设计。各种荷载组合参见《公路桥涵设计通用规范》（JTG D60）中的有关规定。

（5）可变荷载中汽车荷载的计算图式、荷载等级及其标准值、加载方法和纵横向折减等应符合下列规定：

1）汽车荷载分为公路Ⅰ级和公路Ⅱ级两个等级。

2）汽车荷载由车道荷载和车辆荷载组成。车道荷载由均布荷载和集中荷载组成。桥梁结构的整体计算采用车道荷载；桥梁结构的局部加载、涵洞、桥台和挡土墙土压力等的计算采用车辆荷载。车辆荷载与车道荷载的作用不得叠加。

3）各级公路桥涵设计的汽车荷载等级应符合表 31-15 的规定。

表 31-15　　　　　　　　　　　各级公路桥涵的汽车荷载等级

公路等级	一级公路	二级公路	三级公路	四级公路
汽车荷载等级	公路-Ⅰ级	公路-Ⅰ级	公路-Ⅱ级	公路-Ⅱ级

注　1. 二级公路作为集散公路且交通量小、重型车辆少时，其桥涵的设计可采用公路-Ⅱ级汽车荷载。

　　2. 对交通组成中重载交通比重较大的公路桥涵，宜采用与该公路交通组成相适应的汽车荷载模式进行结构整体和局部验算。

4）车道荷载的计算图示如图 31-3 所示。

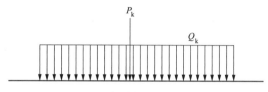

图 31-3　车道荷载计算示意图

公路-Ⅰ级车道荷载均布荷载标准值为 $Q_k = 10.5 \text{kN/m}$；集中荷载标准值 P_k 取值见表 31-16。计算剪力效应时，上述集中荷载标准值应乘以系数 1.2。

表 31-16　　　　　　　　　　　　　　　　集中载 P_k 取值

计算跨径 L_0（m）	$L_0 \leqslant 5$	$5 < L_0 < 50$	$L_0 \geqslant 50$
P_k(kN)	270	$2(L+130)$	360

注　1. 计算跨径 L，设支座的为相邻两支座中心间的水平距离；不设支座的为上、下部结构相交面中心间的水平距离。

　　2. 公路-Ⅱ级车道荷载的均布荷载标准 Q_k 和集中荷载标准值 P_k 按公路-Ⅰ级车道荷载的 0.75 倍采用。

　　3. 车道荷载的均布荷载标准值应满布于使结构产生最不利效应的同号影响线上；集中荷载标准值只作用于相应影响线中一个影响线峰值处。

5）车辆荷载的立面、平面尺寸如图 31-4，主要技术指标规定见表 31-17。公路-Ⅰ级和公路-Ⅱ级汽车荷载采用相同的车辆荷载标准值。

表 31-17　　　　　　　　　　　　　　　车辆荷载的主要技术指标

项目	单位	技术指标	项目	单位	技术指标
车辆重力标准值	N	550	轮距	m	1.8
前轴重力标准值	kN	30	前轮着地宽度及长度	m	0.3×0.2
中轴重力标准值	kN	2×120	中、后轮着地宽度及长度	m	0.6×0.2
后轴重力标准值	kN	2×140	车辆外形尺寸（长×宽）	m	15×2.5
轴距	m	3+1.4+7+1.4			

6）车道荷载横向分布系数应按图 31-5 所示布置车道荷载进行计算。

7）桥涵的人群荷载标准值应按下列规定采用。

a. 当桥梁计算跨径小于或等于 50m 时，人群荷载标准值为 3.0kN/m^2；当桥梁计算跨径大于或等于 150m 时，人群荷载标准值为 2.5kN/m^2，当桥梁计算跨径在 50～150m

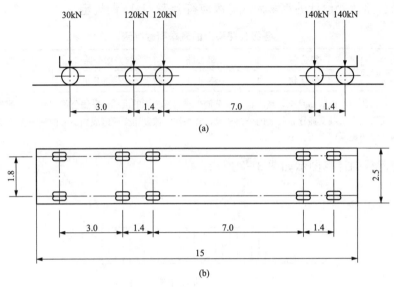

图 31-4 车辆荷载的立面、平面尺寸

（尺寸单位：m；荷载单位：kN）

（a）立面布置；（b）平面尺寸

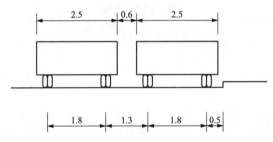

图 31-5 车辆荷载横向布置（尺寸单位：m）

之间时，人群荷载标准值采用直线内插法求得。对跨径不等的连续结构，以最大计算跨径为准。

位于城镇郊区行人密集地区的桥梁，人群荷载标准值取上述规定值的 1.15 倍。

专用人行桥梁，人群荷载标准值为 $3.5kN/m^2$。

b. 人群荷载在横向应布置在人行道的净宽度内，在纵向施加于使结构产生最不利荷载效应的区段。

c. 人行道板（局部构件）可以一块板为单元，按标准值为 $4.0kN/m^2$ 的均布荷载计算。

d. 计算人行道栏杆时，作用在栏杆立柱顶上的水平推力标准值取 $0.75kN/m$；作用在栏杆扶手上的竖向力标准值取 $1.0kN/m$。

8）其他可变荷载的具体要求参见《公路桥涵设计通用规范》（JTG D60）中的有关规定。

9）偶然荷载的地震动峰值加速度等于 0.10、0.15、0.20、0.30g 地区的公路桥梁，应进行抗震设计。地震动峰值加速度大于或等于 0.40g 地区的公路桥梁，应进行专门的抗震研究和设计。地震动峰值加速度小于或等于 0.05g 地区的公路桥梁，除有特殊要求者外，可采用简易设防。做过地震小区划的地区，应按主管部门审批后的地震动参数进行抗震设计。公路桥梁地震荷载的计算及结构的设计，应符合现行公路工程抗震设计相关规范的规定。其他偶然荷载的具体要求参见《公路桥涵设计通用规范》（JTG D60）中的有关规定。

七、厂外道路用地

厂外道路用地的征用，必须遵循国家现行的建设征用土地办法及补充规定，并必须与地方有关部门取得协议。道路用地面积要符合《公路工程项目建设用地指标》（建标〔2011〕124 号）的规定。

厂外道路用地的范围，要为路堤两侧边沟、截水沟外边缘（无边沟、截水沟时为路堤或护坡道坡脚）以外或路堑两侧截水沟外边缘（无截水沟时为路堑坡顶）1m 的范围内。高填深挖路段，根据路基稳定计算确定用地范围。

第二节　厂外水路运输

厂外水路运输是以船舶为主要运输工具、以港口或港站为运输基地、以水域包括海洋、河流和湖泊为运输活动范围的一种运输方式。

一、厂外水路运输综述

水路运输是各主要运输方式中兴起最早、历史最长的运输方式。其特点是运载能力大、成本低、能耗少、投资省，较适于担负大宗、低值、笨重和各种散装货物的中长距离运输，其中特别是海运更适于承担各种外贸货物的进出口运输。但受自然条件的限制与影响大，如受海洋与河流的地理分布及其地质、地貌、水文与气象等条件和因素的明显制约与影响，运输速度慢，所以水路运输一般需要与公路、铁路等运输方式相配合。同时，水路航道的开发利用涉及的面比较广，如天然河流涉及通航、灌溉、防洪排涝、水力发电、水产养殖以及生产与生活用水的来源等，海岸带与海湾涉及建港、农业围垦、海产养殖、临海工业和海洋捕捞等，需要综合考虑，统筹规划。

水路运输设计按港口不同的水文特性采用不同的设计规范：以潮汐为主的海港和以潮流为主而停靠海轮的河港，采用《海港总体设计规范》（JTS 165）；具有河流水文特性的河港，采用《河港工程总体规划设计规范》（JTJ 212）；以潮汐为主停靠内河船舶的河口港，以及既有河流水文特性，又受潮汐影响停靠海轮的河港，根据不同情况，采用《海港总体设计规范》（JTS 165）、《河港工程总体规划设计规范》（JTJ 212）或《内河通航标准》（GB 50139）。

核电厂的厂外水路运输主要有重大件设备运输、散装货物的运输和新、乏燃料运输等。核电厂厂外水路运输规划应结合本期和规划容量、河流开发和海港规划，根据厂址周边自然条件和总平面布置，从近期出发，兼顾远期，统筹规划。

二、重件码头

我国现有核电厂主要为沿（近）海厂址，重型模块、重型设备、核燃料等物项采用水路运输时，主要从海上进行运输，接近厂区时直接通过重件码头转运至核电厂区，或者从重件码头通过一小段重型道路运输至核电厂区。重件码头是核电站厂区内外大件运输衔接的重要一环，重件码头的选址，设计和施工也是核电厂建造的重要组成部分。

重件码头选址需要结合厂址周边海域的自然条件（如天然水深、洋流流速、岸线情况、气象、潮汐、波浪等），并考虑与厂区陆域的相互协调，一般重件码头为核电站的配套设施，需要根据核电厂的运输对象确定合适的吨位（如 5000t）和船型。重件码头服务对象主要有蒸汽发生器（约 690t）、反应堆压力容器（约 296t）等核岛设备，还有发电机定子（约 420t）、汽轮机转子（约 350t）等各类常规岛大件设备、大型模块构件和钢结构，具有体积大，重量重等特点，通常承担运输任务的船舶都选用驳船，常见的大件运输驳船有 3000t 和 5000t，表 31-18 是某核电厂采用的驳船设计船型。

表 31-18　常见船舶类型

船舶类型	设计船型尺度（m）				备注
	总长 L	型宽 B	型深 H	满载吃水 T	
甲板驳 5000t	92	26	5.5	3.8	设计船型
甲板驳 3000t	75	20	4.3	3.5	兼顾船型

确定了重件码头的建设位置、货运量和船型，下来要进一步开展码头的总体布置（含各类水工构筑物）、具体装卸工艺流程、结构设计及相关力能管线的设计，同时还有泊位、航道、锚地及导助航设施等设计。

重大件的卸船和运输工艺等参数，重大件的卸船与运输工艺一般有垂直起吊卸船工艺（桅杆吊卸船、大型桁车卸船、大型浮吊卸船等），还有滚杠拖拉卸船工艺和滚装运输工艺，运输主要采用大型平板车配合，将码头的重大件运输至厂区指定位置。小模块需要运输至厂区的拼装场地拼装整体大模块，再用平板车运输至核岛周边的吊装场地，随着吊装运输工艺的发展，国内也在研究将小模块在制作厂直接拼装为整体大模块，采用滚装工艺，经过重件码头直接运往吊装场地，这种工艺模式对码头的吊装能力提出了更高的要求，但是可以减少装卸环节，提高运输效率。

重件码头的结构形式一般有岸壁式、墩柱式、斜坡式码头等。直立式码头岸壁的主体结构可分为上部结构、下部结构和基础三部分。按三部分结构组成形式的不同，可分为重力式、板桩式、高桩式及其他混合形式。前两种形式又可称为岸壁式码头（见图 31-6），其中重力式码头是将码头前沿岸壁修筑成连续的重力式挡土结构，依靠结构物自重及其范围内填料的重量，抵抗建筑物的滑动和倾覆倾向，板桩式码头岸壁依靠打入地基内的板桩墙支挡墙后的土体（见图 31-7）。高桩式码头岸壁由上部结构和桩基两部分组成。斜坡码头设有固定的斜坡道，它可采用实体坡道或架空坡道形式（见图 31-8）。

重件码头具有运输次数少，运输完毕后闲置的特点，为最大限度发挥码头的经济效益，回收投资，可通过一定改造，使重件码头同时可为周边地区其他物流服务。

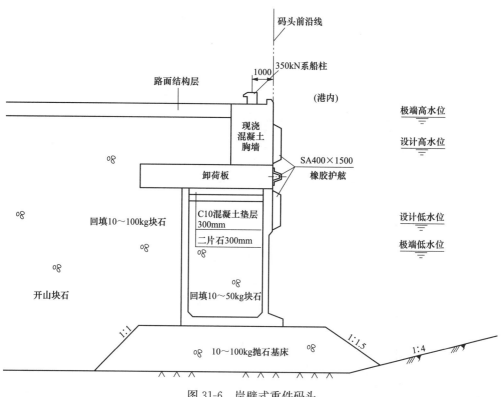

图 31-6　岸壁式重件码头

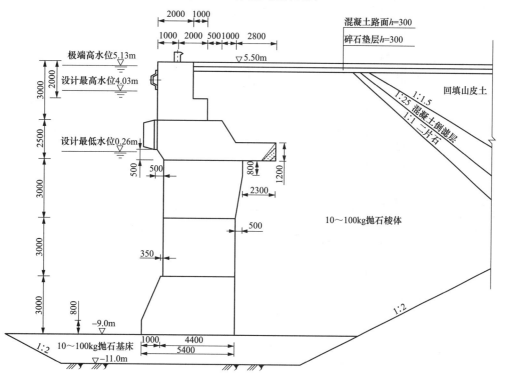

图 31-7　重力式重件码头

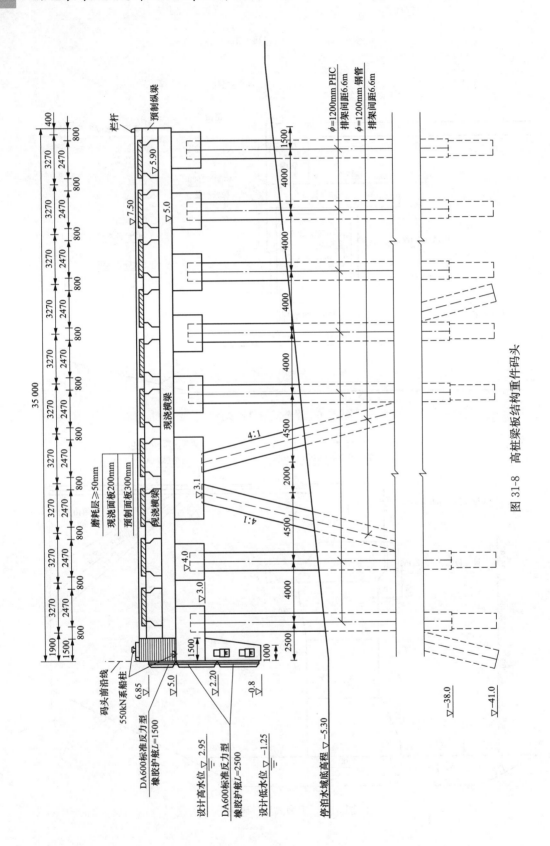

图 31-8 高桩梁板结构重件码头

第三十二章
核电站重（大）件运输

核电站重（大）件运输分为厂外运输和厂内运输，重（大）件设备由于重量重、体积大等特点，厂外运输方式主要选择水路、公路或水路与公路联合运输，厂内运输主要利用满足重（大）件设备要求的厂内道路进行运输，并在合适位置设置厂内拼装和吊装场地，以满足核电厂建造需求。

第一节　厂外重（大）件运输

厂外重（大）件运输主要完成大件设备和构件从厂外设备供应商或制造基地到厂区的运输任务，运输方式为公路、水路或公路与水路联合运输，需要具备一定资质的运输单位来承接运输任务。

一、大件运输概述

核电站重（大）件运输为核电站建设和运行期间大件设备和构件的运输，其外形尺寸和质量符合下列条件之一：其一，长度大于 14m 或宽度大于 4.5m 或高度大于 3.8m；其二，质量在 40t 以上。本节涉及的内容为核电站厂外重（大）件运输。

国内核电厂重（大）件运输目前开展大件运输设计咨询业务，还没有明确的资质要求，业内一般要求设计咨询单位具备公路设计和水运设计甲级资质或电力大件运输企业资质证书（营业范围中包含运输方案设计和咨询）。大件运输业务按照《超限运输车辆行驶公路管理规定》要求，大件运输的托运人应当委托具有大型物件运输经营资质的道路运输经营者承运，并在运单上如实填写托运货物的名称、规格、重量等相关信息；核电厂重（大）件运输承运人应具备电力大件运输企业资质证书，营业范围中包含大型物件运输，资质类型分为 1～4 类，运输物件应符合资质类型要求。

核电厂重（大）件运输要满足下列法规、导则和国家现行有关规范、规程的要求：

（1）《核电厂大件设备运输调查与评价技术规范》（NB/T 20282）；

（2）《电力大件运输规范》（DL/T 1071）；

（3）《超限运输车辆行驶公路管理规定》（中华人民共和国交通运输部令 2016 年第 62 号）；

（4）公路、水运、铁路运输行业相关标准、规范和规程；

（5）核电相关法规、导则。

二、大件运输设备

核电厂大件设备每台核电机组有 200 余台，不同堆型、容量及机组的大件设备重量、尺寸会有较大不同。大件设备包括核岛、常规岛和 BOP 大件设备，其中起控制作用的重件、大件来自核岛、常规岛大件设备。按照《超限运输车辆行驶公路管理规定》第十一条的要求，"承运人提出的公路超限运输许可申请有下列情形之一的，公路管理机构不予受理：（一）货物属于可分载物品的……"核电厂大件设备均为运输中不可解体物品。

核电厂大型设备运输中起控制作用的主要设备以华龙一号机型为例：

最重件——华龙一号机型常规岛发电机定子，重量 530t；

最长件——华龙一号机型核岛环吊行车梁，长 47.0m；

最宽件——华龙一号机型核岛设备闸门筒体，宽 8.5m；

最高件——华龙一号机型常规岛凝汽器模块，高 9.2m。

编制运输方案时，会针对大型设备运输中起控制作用的主要设备，对公路配车情况进行论证分析。

三、运输方式选择

大件设备运输是一种特种运输，本身就是一个复杂的系统工程，牵涉车辆、船舶、道路、桥梁、航道、铁路、供电、通信、公安等各个方面，具有鲜明的特殊性。在确保安全的前提下，做到技术性和经济性的统一，即在技术上要确保安全可靠、万无一失，在经济上做到合理，费用最低。

大件运输方案的选择主要取决于货物的特性（包括尺寸、重量）；运输过程中的装卸转运条件；线路的运输限制（如桥梁、隧洞的限制）等方面。公路、铁路运输受荷载、尺寸限界约束限制条件较多；航空运输受航班所限，且对货物的要求较高，只适用紧急到场 2000kg 以下的小件仪器、专用工具和零配件的运送。水路运输由于其约束限制条件较少，较适宜于大件运输，主要受航道等级、码头装卸转运条件等因素的制约。

（一）公路运输

大件设备运输对其运输道路提出了一些特殊要求。只有满足这些要求，才能保证其运输顺利进行。由于大件设备的单件重量及外形尺寸较大，运输过程中会受到道路中路基、桥梁、涵洞、路线平面半径与道路净空的限制，其中公路桥梁、隧洞构造物是对超大件设备运输的主要限制性因素，净空限值是影响大件设备运输的主要空中障碍之一，运输车辆纵横向稳定是大件设备运输安全的关键。

大件设备公路运输中遇到的空中障碍主要有各种等级的架空电力线、架空通信线、电缆或光缆、各种架空管道、渠道、隧洞、立交桥，公路收费站、各种牌楼或其他建筑物等。这些障碍物中，有的可以临时拆卸，有的则无法拆卸。大件设备运输对桥涵构造物的承载能力等有许多特殊要求。为提高公路大件运输的通过性，所选择的公路线路应尽量做到：

1）尽量选择桥涵构造物规模较小的线路；

2）尽量避免选择通过大跨径桥梁的线路；

3）尽量避免选择结构型式不利于大件通过的桥梁分布过多的线路；

4）尽量选择构造物设计荷载等级较高的线路；

5）尽量选择加固、改建工程较易实施的线路；

6）尽量选择桥梁设计、施工规范的线路；

7）尽量选择沿线干扰较少的线路。

1. 公路标准

我国国内公路运输基本分为两种形式，其一是高速公路运输，高速公路宽度为单向两车道以上，上部净空为5.0m；其二是普通公路运输，我国国道和省道主要限高、限宽障碍物为上跨公路桥、铁路桥，而这些上跨桥净高标准并不统一，一些新建高铁桥净高可以达到6～7m，而一些老桥高度在4～5m左右，同时普通公路若涉及山路，转弯较多，转弯半径较小。

我国内地高速公路主要技术标准如表32-1所示。

表 32-1　　　　　　　　　　　我国内地高速公路主要技术标准表

道路规模	双向四车道以上、单向两车道以上
车道宽度	3.75m、3.5m（应急车道）
曲线半径	400m、700m、1000m （设计速度80km/h、100km/h、120km/h下的一般值）
上部净高	5.00m

2. 运输方案

目前国内大件设备运输车组有三大类型：①采用传统的牵引车＋载货车板，代表车型有威廉姆＋尼古拉全悬液压平板；②采用动力模块牵引的自行式液压平板车，如索埃勒自行式液压平板车；③异型车组（见图32-1）。

由于核电厂大件尺寸和重量差别较大，运输级别和难度也是有区别的，运输时需根据不同大件重量与规格尺寸，选择与之相匹配的运输车辆。

以华龙一号机型起控制作用的主要设备运输配车为例：

图 32-1　牵引车＋尼古拉全悬液压平板挂车

最重件——华龙一号机型常规岛发电机定子，根据设备尺度较大，重量较重的特点，配车方案采用3纵列18轴线的液压平板车进行运输。

最长件——华龙一号机型核岛环吊行车梁，根据设备长度较长，重量轻的特点，配车方案可选用2纵6轴＋2纵6轴长货挂车组。

最宽件——华龙一号机型核岛设备闸门筒体，根据设备宽度宽，重量轻的特点，配车方案采用 4 纵 12 轴线液压平板车进行运输。

最高件——华龙一号机型常规岛凝汽器模块，根据设备高度较高的特点，配车方案可选用 3 纵 9 轴＋桥式＋3 纵 9 轴挂车组。

3．运输线路配套交通设施改造

（1）新建或改造道路。

线路中会出现道路破坏严重或者道路宽度、转弯半径不能满足设计需要的情况，此时需要对此段道路进行新建或者改造。

（2）桥涵。

对于公路上的拟通过桥梁，根据收集到的设计图纸资料以及荷载分布情况，对全线大跨径桥梁及各路段主要代表性桥梁进行分析评估。桥梁上部结构应采用最不利于配车方案进行验算。

根据不同桥梁的实际情况，提出相应的加固方法：对桥梁上、下部结构改建或加固可以采用桥面补强层加固、贴钢板加固、桥上桥加固法、静压灌浆加固基础、桥梁重建等方法，涵洞采用桥上桥加固方法。

（3）立交桥。

1）采用避让方式通过立交桥，立交桥不需要处理。

2）在立交桥正路旁边有条件修建高度满足要求的辅助道路。

3）跨路立交构造简单，可采取升高立交桥桥面的方法提高通过能力。

此方法仅适用于行人桥、低等级公路立交，且立交桥是简支结构等允许通过升高桥台提高桥下空间的立交桥。铁路立交、干线立交不适用此方法。

4）下挖立交桥下道路。

这是一种最常用的方法，不论在高速公路上，还是在国道、省道上均适用。但遇到老式框架钢筋混凝土结构的下挖立交时，该方法无法使用。

（4）其他障碍的处理。

本项目还要考虑如何通过道路上较多的交通标志、宣传牌、过路输电线、热力管线等。选择路线上方障碍物少，可以满足基本通过要求的路线，尽量减少对人行天桥等大型的构造物拆迁。对于无法避让的标志牌可以采取临时拆卸的措施，对于路线上空不能满足净空要求的输电线应进行升、迁处理。

（二）铁路运输

铁路运输具有运量大、运输成本低、受气候条件影响较小、安全性高等优点。但往往会受限界、限速、禁会等影响时每天仅能运行 40～50km。我国铁路路线的承载能力有限，超重设备通过铁路运输需对沿线铁路建（构）筑物进行加固，超限车一般只准编入摘挂列车，列车在技术站作业和集结时间较长。目前铁路运输在核电大件设备运输方面，应用还不广泛。

1．铁路限界标准

铁路货运对货物的尺寸限界如表 32-2 所示。

表 32-2			铁路货运对货物的尺寸限界	
限界级别	单位	正常限界	一级超限限界	二级超限限界
高度限制	mm	4800	4950	5000
宽度限制	mm	1700×2	1900×2	1940×2

2. 铁路特种车辆

铁路目前拥有长大货物车 300 多辆，有平板、凹底、下落孔、钳夹车等多种车型，载重量从 60t 到 450t。近年开发，研制出适装 100 万 kW 火电机组发电机定子的 DA37 型凹底平车（圆弧底）和载重 450t 钳夹车。

（三）水路运输

目前，核电厂的大件设备，无论是进口还是国产供货，各生产制造厂商或代运方均具备水路运输的条件。

结合国内核电厂大件设备运输普遍采用水路运输或水路公路联运的成功建设经验，可以考虑利用距离厂址最近的现有的可以利用的码头、或在附近水域新建大件码头，大件设备在此起驳上岸后经陆路运输至厂区。水路运输限制条件最少、相对运输成本最为经济，因此水路公路联运对近海核电厂的大件设备运输是非常适宜的。

上岸工艺与运输船型选择要考虑核电厂实际条件，大件运输采用水路运输时，通常会选择水路运输与陆路联运的方式，在厂址附近范围选择合适的码头（或自建码头）作为中转码头，大件设备在此上岸，而后通过普通公路运输的方式运输至厂址。

目前大件设备水运上岸的装卸方式主要有三种：机械起吊、滚装船船载车辆自运、斜坡道牵引拖拉。

1. 滚装上岸方式

滚装是指货物单元在码头接卸设施与船舶之间通过其自身的车轮或临时输送系统来进行的水运上岸作业方式。

核电厂大件设备采用水运滚装上岸方式，需采用具备可抽灌压舱水的甲板驳船（见图 32-2）。

目前国内现有核电项目，在上岸工艺上出于安全性考虑均采用机械吊装的方式，还未有滚装、斜坡道牵引的先例。

图 32-2　水运滚装上岸方式

2. 重吊船运输方式

重吊船是指载运重件货物并能依靠自身设备装卸的运输船舶，又称重货船。重吊船甲板空间宽敞，便于装卸。船的宽度较大，长宽比一般在 5 左右。通常只设一个舱，舱口较大，宽度约为船宽的 70%～80%，长度为船长的 50% 以上。这种船吃水较浅，便于出入中小港口，可直接将成套设备运往目的地（见图32-3）。

图 32-3　重吊船

3. 杂货船＋浮吊运输方式

货船是干货船的一种，在运输船中占有较大的比重。杂货船具有机动灵活，舱口舱内空间大，以及建造运营成本低的特点。杂货船是自身不具备装卸能力的船舶，因此需要配备起吊设备进行大件设备的卸船作业。一般港口码头设备的起吊能力不足时，需要配备一台起吊能力超过设备重量的浮吊，并配备小型起重机车配合作业。

4. 杂货船＋码头吊机运输方式

一般港口码头设备的起吊能力不足时，可在码头上安装满足设备吊装要求的岸上起重机，并配备小型起重机车配合作业。

图 32-4　900t 全回转固定式起重机

岸上吊机方案，稳定性好，钢结构、力传递清楚，有足够的强度和刚度，机械传动布置恰当、运行平稳，操纵系统方便、准确、抗风能力强；整机具有良好的安全可靠性。但是设备费用较高，在港区码头上安装吊机需要与码头拥有方进行沟通协调。吊机基础对码头的承载力要求也很高，码头存在改造风险，重力式沉箱结构改造较易，桩基方案码头改造难度大。

码头吊机选择上，主要有桅杆式起重机、全回转固定式起重机（见图32-4）、桥式起重机三种方式，国内核电厂均有涉及。

（1）大件设备采用重吊船运输的方案，对泊稳及潮位条件变化的适应性较强，无须移船作业，运行较平稳，并可避免运输船舶等待吊装设备时间造成船舶的压港，受其他条件制约少，起吊上岸作业更加安全可靠。重吊船船期不易保证，综合租赁费用较杂货船高。

（2）大件设备采用杂货船运输并租用浮吊吊装上岸方案，受风浪流影响较大，需租用浮吊，长距离调遣，费用较高，作业过程中需要移船，码头前水域宽度要求大于重吊船。

（3）大件设备采用杂货船运输并在码头安装吊机吊装上岸方案，该方案装卸船作业覆盖范围较大，装卸作业灵活。可满足大件设备装卸船作业的要求，又可满足核电厂其他各种货物的装卸船作业要求。大件设备卸船不受任何外界因素制约，对计划工期不受影响。但自行安装岸上起重机设备费用较高，同时需要与码头拥有方进行沟通协调。吊机基础对码头的承载力要求高，码头存在改造风险。

采用何种上岸工艺与运输船型选择，需要根据核电厂实际条件，考虑大件设备吊装要求，工程条件；按照安全可靠、技术可行、经济合理原则，分析确定。

四、大件运输条件调查与运输方案

（一）大件运输条件调查与评价

新建核电厂大件设备运输调查与评价工作一般分为初步可行性研究阶段和可行性研究阶段，扩建核电厂可根据具体情况在可行性研究阶段对大件设备运输条件进行复核。

核电厂大件设备运输调查与评价工作应包括：查明核电厂所需的水路、公路和铁路运输条件，在充分调查、分析现有和规划的交通运输条件基础上，选择运输方式，提出运输方案，评价运输方案的适宜性。

初步可行性研究阶段一般针对两个或两个以上候选厂址，开展大件设备运输调查与评价工作。当大件设备运输条件复杂时，应编制《大件设备运输专题论证报告》。

可行性研究阶段应在初步可行性研究阶段工作的基础上，针对选定的厂址开展大件设备运输调查与评价工作，要编制《大件设备运输专题论证报告》。

（二）《大件设备运输专题论证报告》编制要求和内容

初步可行性研究阶段的《大件设备运输专题论证报告》应结合初步可行性研究阶段工作的内容和深度要求编写；可行性研究阶段的《大件设备运输专题论证报告》应结合可行性研究阶段工作的内容和深度要求编写，并应考虑国内不同地区设备供货商的可能性，报告宜包括的主要章节（可根据厂址特征增减章节、突出重点）可参照《核电厂大件设备运输调查与评价技术规范》（NB/T 20282）附录相关内容。

第二节　厂内重（大）件运输

随着国内核电建设的高速发展，机组容量和配套设备运输尺寸及重量愈来愈大，大件设备问题愈加突出，如何将重（大）件设备安全、经济、迅速地运抵施工现场，成为核电厂重（大）件设备制造、运输、设计和安装单位必须共同解决的重大专项工作，除了要编制厂外大件运输条件及方案研究报告，还要制定合理的厂内重（大）件运输方案。根据国家能源局颁布的《核电厂现场大件运输通用技术要求》（NB/T 20386）中指出"大件运输应以运输的安全性、经济性、及时性为主要原则，综合各种因素确定最佳优选运输方案，确保其安全地运抵现场。承运单位应具有主管部门颁发的大件运输资质，并根据其资质等级承担相应的核电大件运输。道路设计时应充分考虑大件运输时车组通过需求。"

厂内重（大）件运输是指核电厂建设及生产运行期间，核岛区域、常规岛区域、辅助设施区域、设备或构件拼装场、设备或构件堆场、大件码头及生产准备区域间重（大）件设备的运输。

一、重(大)件设备参数

大件运输参数是制定厂内大件运输路线、选用合理的车辆型式、装卸运输方式、运输的工期进度、运输的特殊措施及其费用的关键因素。它由选取的工艺方案而确定，不同设计工艺方案，有不同的大件运输参数。针对核电厂建设而言，大件运输参数与技术路线密切相关，大件运输方案因技术路线的变化而变化，因此产生的运输费及特殊措施费用也不同，少则相差数百万元，多则相差千万元或者亿元以上。大件运输参数切勿盲目套用，必须由工艺设计专业与设备厂家商定提出。

目前我国在建和拟建的核电厂除了少部分采用第二代改进型 CPR1000 核电机组，主要以第三代核电机组为主，包括 AP1000、EPR、VVER 及华龙一号等。特别是福岛事故后，符合国家核电发展规划、安全水平更高，具有自主知识产权的三代核电华龙一号呈现批量化建设的趋势。华龙一号重件设备运输参数的内容参见第四章第一节相关内容。

除了重（大）件设备的参数，还应该重点关注大型模块的厂内运输。随着先进建造技术也越来越多地应用于核电建设，模块化技术作为先进建造技术的重要内容，其应用对缩短工期、提高综合经济性有着尤为明显的贡献。

以 AP1000 堆型为例，大范围采用了模块化建造技术，大型结构模块数量、重量和安装持续时间长，施工进度组织的复杂性远超 CPR1000 堆型。如：CPR1000 堆型大型模块实践经验有限，仅限于安全壳穹顶整体吊装，起吊重量约 160t，AP1000 最重模块为CA20，其外形尺寸 20.5m×14.2m×20.7m，重量 710.4t，整体吊装重量约 984t，其他CV 模块参考数据如表 32-3 所示。

表 32-3 模块参数

序号	名称	外形（mm）	起吊重（t）	备注
1	CV 底封头	ϕ39 624×11 468	791	
2	CV1 环	ϕ39 624×15 516	933	
3	CV2 环	ϕ39 624×15 532	934	
4	CV3 环	ϕ39 624×11 649	946	
5	CV 顶封头	ϕ39 600×11 468	797	

二、重(大)件设备厂内运输条件

通常核电设备从一次运输设备存放点或陆路到货设备存放点到施工安装现场进行运输和装卸，大型模块或在靠近厂区的模块拼装场地整体拼装后运输至安装现场，均为陆路运输，通常采用载重汽车和大平板拖车进行运输，包括大型起重机空载行走或转场的相关重件道路部分，重件道路设计时考虑吊机空载自重、对地基的承载力、对道路宽度的要求、吊机履带转弯所需空间以及辅助车辆行走宽度和荷载等要求。

近年来，我国公路运输事业得到了迅速发展，并有一支强大的大件运输专业队伍，国内大件运输车辆的承运能力也得到了快速发展，目前国内道路运输最大单件重量已经达到了1700t，现场倒运单件设备重量已经达到了2600t。国内大件设备公路运输的牵引车以进口车型为主，品牌包括奔驰、威廉姆、曼和依维柯等。挂车以独立悬挂，液压支撑，全轮转向，模块拼装的大型平板车为主，品牌包括进口的尼古拉斯、歌德浩夫、索埃勒三种车型；国产的水公板、天杰板为主，核电设备运输一般采用进口牵引车和挂车，以保证车辆性能稳定、可靠，为运输安全打好基础。

相比厂内铁路运输，公路运输机动灵活。与一般公路相比，核电厂厂内运输具有交通量小、运输距离短且分布极不均匀的特征，运输车辆及吊装机械的轴-轮型式较为特殊，对地压力较大，需对不满足运输条件的路基进行必要的处理。目前核电厂重件道路的路面结构较多采用刚性路面，即钢筋混凝土路面结构。根据拟选配车型情况，道路运输承重通常采用最重件设备的运输情况来进行校核。厂内道路的计算行车速度宜采用15km/h，重件道路设计宽度通常≥10m。道路转弯要尽量采用较大半径，路面内边缘最小半径宜根据控制性大件的运输参数确定通常≥20m，道路限高同上。最大纵坡度一般要≤5%，最大横坡度要≤1%。

三、重(大)件设备厂内运输方案

厂内大件运输应以运输的安全性、经济性、及时性为主要原则，综合各种因素确定最佳优选运输方案，确保其安全运抵现场。选择运距短、障碍少、道路承受力能满足大件运输要求的最佳路线方案。

厂内大件运输道路是大型模块运输车辆行走的道路，大件运输道路设计时要考虑大型模块和运输车辆的荷载、扫空要求、车辆转弯半径、道路宽度等需求。了解合适道路承载能力及其沿途桥梁、廊道等结构宽度、坡度、倾斜度及承重情况。厂内大件运输承包商要提出大型平板车组的配车方案，桥涵、廊道设计单位要核实承载能力，并提出改造加固措施技术方案和费用。调查沿途架空线、力能管线等障碍物情况。

根据以上调查落实情况，应对厂内大件运输提出运输方案，其基本内容有：

1. 项目概况

项目概况应包括工程特点、待运设备名称、大件参数表、到货形式、制造单位、运输的起止点、交接货界线（风险责任划分）、运输工期要求、作业范围、有无二次倒运、装卸货作业分工等。

2. 编制依据

编制依据应包括国家相关的法律法规、有关行业标准、规范、规程、施工组织设计或合同要求、工程技术资料（主要包括大件的结构图、运输图、施工现场地质资料及地下工程布置图），施工现场条件（场地、道路、地上障碍物等），大件运输机械性能及技术装备能力，大件制造单位或建设单位的特殊要求。

3. 运输工艺设计

运输工艺设计主要包括运输工艺概述（车组构成、车组形式）、运输参数表、运输装卸设备选用及材料汇总表、绘制运输车辆配载、装卸和绑扎加固等相关图标、待运大件支吊点位置及结构设计图、大件局部或整体加固图、装卸作业区域的地基处理措施、作业面积、回转半径、出入口通道、场地承载强度、卸货方位、运输进度计划，相关专业交叉作业计划。

除此之外，大件运输方案应明确装卸方式、组织结构等，并且包括安全保证体系及措施、质量保证体系及措施、相关计算书及设计说明、应急预案等。

第三节 厂内拼装吊装场地设施

随着施工工艺和大型吊装设备技术能力发展，核电厂建造模式逐步向大型预制模块和现场拼装、吊装的方向转型，以缩短施工建造周期。

为了保障合理的建设工期和提高模块拼装、运输、吊装的可靠性，根据大型模块的拼装、吊装和运输需求，要建设相应的拼装场地、吊装场地和大件运输道路。核电厂拼装和吊装场地的设置，要与核电厂内总平面总体布局、大件运输路径、施工吊装施工组织模式和施工安排等紧密结合。

一般在核电厂扩建端设置模块拼装场地，在主厂区靠近吊装的位置内设置吊装场地，在拼装场地与吊装场地之间设置用于运输大型模块的大件运输道路。

拼装场地、吊装场地和大件运输道路布置图详见图 32-5 拼装场地、吊装场地和大件运输道路布置图。

一、拼装场地

在 CAP1000、CAP1400 核电机组中，大型模块主要包括 CA（结构模块）、CV（钢制安全壳）和 SC（钢板混凝土结构）。

CA（结构模块）、CV（钢制安全壳）和 SC（钢板混凝土结构）三个模块拼装场地的布置详见图 32-6～图 32-8。

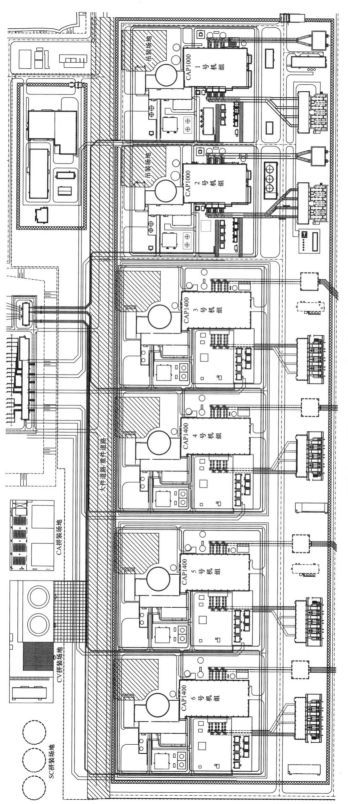

图 32-5　拼装场地、吊装场地和大件运输道路布置图

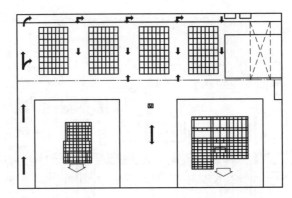

图 32-6 CA（结构模块）拼装场地布置图

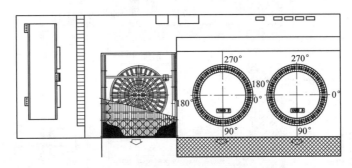

图 32-7 CV（钢制安全壳）拼装场地布置图

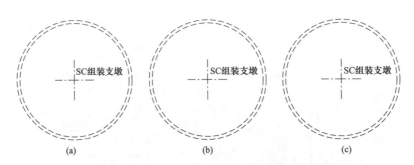

图 32-8 SC（钢板混凝土结构）拼装场地布置图
(a) 场地 A；(b) 场地 B；(c) 场地 C

　　拼装场地为施工建造相关设施，一般全厂共用，为所有机组建造服务。所以要将拼装场地布置于扩建端，靠近后建工程的主厂区吊装区域附近，避免布置于全厂先施工机组附近造成拼装场地二次搬迁，同时要避免后施工机组大型模块运输干扰已建机组的正常运行。

二、吊装场地

　　吊装场地的布置需结合主厂区吊装区域场地进行布置，在 CAP 系列核电厂中，吊装场地布置于核岛附近，半围绕核岛厂房，详细布置见图 32-9 主厂区吊装场地布置图。

　　不同的大型起重机及吊装辅助设施对吊装场地的布置要求也不尽相同。Terex-Demag

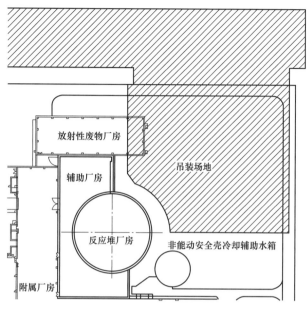

图 32-9　主厂区吊装场地布置图

CC8800-1 Twin 型 3200t 履带吊机为例，其对场地和道路的要求主要考虑：

（1）进行核岛大件吊装的作业场地和地基要求，包括大件设备和模块的停放位置；

（2）3200t 吊机空载行走/转场移位所需的场地道路；

（3）组装、拆卸、换杆的场地；

（4）非工作状态时的停放，满足应急时能将吊臂放倒在地面；

（5）吊臂、集装箱、辅助设备等堆放场地。

根据吊装参数及现场实际场地情况，可以采用一个站位点完成一个机组的核岛主要大件设备吊装，即吊装 CA20、CA01、CV 底封头等时采用一个站位点（吊装 CV 环和 2 号蒸汽发生器时开挖边坡已经回填，需要朝反应堆厂房靠近约 2m），所有机组都采用同样的站位布置（吊装作业时大吊车行走和回转的范围根据具体作业有所不同）。

吊装作业和站位点的具体布置详见图 32-10 吊装作业和站位点的布置图。

履带吊机组装拆卸、行走、吊装作业和停放等需要的场地和道路的要求，可作为进行场地道路设计的参考依据。

三、吊装车辆

国内常见起重机有 Terex-Demag CC8800-1 Twin 型 3200t 履带吊机、XGC88000 履带起重机、ZCC3200NP 起重机（对地压强值 $\leqslant 28.3t/m^2$）、SCC36000A 履带起重机（超起配重 2400t）等。不同起重机组装、停放、空载行走区域的地基承载力略有不同，一般如地基承载力不小于 $40t/m^2$ 等。大吊车转场时，超起配重小车最窄处宽度为 20m，建议路面宽度 22m，行走时所需空间的宽度为 24m（见图 32-10～图 32-12）。

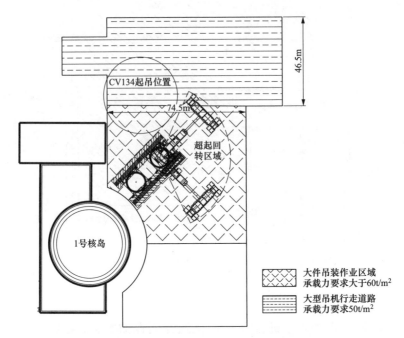

图 32-10　吊装作业和站位点的布置图

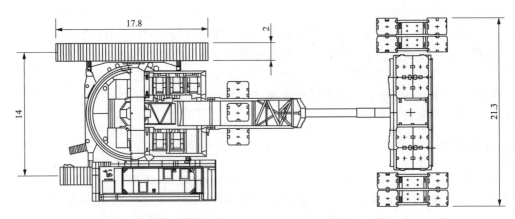

图 32-11　某电厂大吊车主机和超起配重小车平面（单位：m）

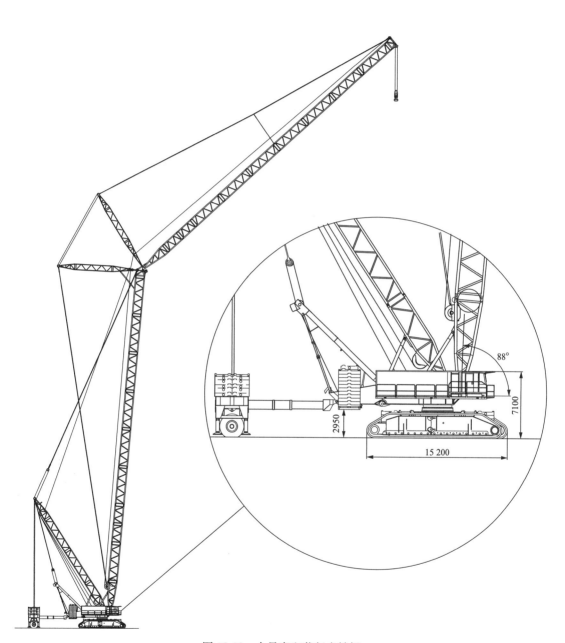

图 32-12　大吊车空载行走转场

第三十三章
核电站放射性物料运输

核电厂放射性物料运输贯穿核电厂建安、运营和退役各个阶段，包括新燃料运输、乏燃料运输，以及各类放射性废物的运输和带放射性的设备去污检修相关运输。按空间范围分为厂外运输和厂内运输两部分，对运输车辆和装载容器也有特殊要求。

第一节　新　燃　料　运　输

新燃料组件由燃料组件制造厂运至核电厂的燃料厂房。装在新燃料运输容器内的新燃料组件由专用新燃料容器运输车将其运至燃料厂房。

根据放射性物品的特性及其对人体健康和环境的潜在危害程度，将放射性物品分为一类、二类和三类。核电厂发电所用的反应堆新燃料——核燃料组件属于一类放射性物品。

一、运输容器

由于放射性物品的潜在危险性，其运输安全主要是依靠运输容器具有的包容、屏蔽、散热和防止临界的性能来保障的。放射性物品运输容器的设计、制造与使用是放射性物品运输活动的必要前置条件。

以国内压水堆为例，新燃料组件由 UO2 芯块、UO2 芯块的包壳管（锆合金管）和金属骨架组成。将芯块装入锆合金包壳管，两端密封，即制得燃料棒；将燃料棒按一定阵列插入金属骨架（不锈钢等材质）并固定，即制得核燃料组件。根据类型的不同，燃料组件长度在 3～5m，总重量为 400～700kg，组装的燃料棒有 200～300 根不等。新燃料组件采用专用运输容器运输，容器采用高强度钢制造，强度高、刚性好、抗冲击、全密封，性能优良，可以提供良好的包容性和抗事故能力。装载了核燃料组件的运输容器称为货包，每个货包最多装载两个燃料组件，每个货包总重大约 3～5t，放射性总活度小于 4Ci（1.48×10^{11}Bq）。货包类型为 AF 型（特殊形式的，易裂变的放射性物品），运输指数 $0 < TI \leqslant 1$，货包等级 II 级（黄）。

货包要求具备很强的事故响应能力。验证经受正常运输条件能力的试验是：喷水试验、自由下落试验、堆积试验和贯穿试验。还需验证经受运输事故条件能力的试验是：力学试验、耐热试验和水浸没试验。

货包与集装箱及运输车辆之间严格按照规定的方式栓系和固定。栓系和固定方式需进行力学计算和安全分析，保证正常运输中的装载加固要求。

二、运输工具和运输方式

（一）运输方式

新燃料运输目前采用的运输方式有公路、铁路和水路的其中一种或其中几种的组合，使用的运输工具有汽车、铁路特种棚车和轮船。

（二）公路运输

公路运输采用平板挂车或载重汽车。车辆需考虑足够的牵引能力和载重裕度，操作稳定性和优良制动性能，转弯半径小，通过能力强；车辆技术性能符合国家标准《道路运输车辆综合性能要求和检验方法》（GB 18565）的要求，且技术等级达到行业标准《营运车辆技术等级划分和评定要求》（JT/T 198）规定的一级技术等级，车辆外轮廓尺寸、轴荷和质量符合国家标准《汽车、挂车及汽车列车外廓尺寸、轴荷及质量限值》（GB 1589）的要求，车辆一般按照《道路运输危险货物车辆标志》（GB 13392）的要求，悬挂危险品运输标志，喷涂警示标志和安全告示。

专用车辆其他和设备要求：车辆为企业自有，且数量为 5 辆以上；若为非经营性放射性道路运输企业，专用车辆的数量可以小于 5 辆。车辆配备满足在线监控要求，且具有具备行驶记录仪功能的卫星定位系统。车辆电路系统应有切断总电源和隔离电火花的装置，切断总电源装置应安装在驾驶室内，以便于开、关。配备有效的通信工具。配备必要的辐射防护用品和依法经定期检定合格的监测仪器。

目前国内核电厂新燃料组件运输车辆多采用框架集装箱运输车，框架集装箱运输是一种集零为整的成组运输，其集装箱临时固定在拖挂车上。经过运行到达目的地把集装箱卸下来，一次运输任务即告完成。集装箱装运放射性物品，一般要考虑放射性物品化学性质的抵触性、敏感性，在同一箱体不得装入性质相抵触的放射性物品，更要注意放射物品的配载规定，还必须为集装箱配置设置有效的紧固装置，其紧固装置必须牢固安全、有效。根据核燃料货包的属性，易裂变物质货包级别，运输指数，临界安全指数，按照易裂变物质货包的运输安全标准，限制单辆核燃料运输车辆一次最多装载 4～6 个货包。新燃料组件公路运输一般均采用一个车队，对运输速度要加以限制，车速一般要小于 70km/h。

（三）铁路运输

铁路运输使用承运人的自备车，该车属于为运输核燃料专门定制的特种载重棚车，车体强度、刚度、动力学性能优良，需通过车体静强度试验、冲击试验、动力学试验等的考验，满足运输要求，具有很强的抗机械损伤能力，车体能密封防水渗漏。

根据核燃料货包的属性，易裂变物质货包级别，运输指数，临界安全指数，按照易裂变物质货包的运输安全标准，限制单辆核燃料铁路运输车辆，一次最多装载 10 个货包。

（四）水路运输

根据《放射性物品安全运输规程》运输指数大于 10 的货包、集合包装或临界安全指数大于 50 的托运货物，应按独家使用方式运输。非独家使用的货物集装箱和运输工具的运输指数（TI），装有易裂变材料的货物集装箱和运输工具的临界安全指数（CSI）需运输指数总和的限值和临界安全指数总和的限值，依据对按独家使用方式运输的托运货物的要求规定装在车辆内或车辆上运输的货包、集合包装均可以用船舶运输，其前提是这些货包、集合包装在船舶上时，始终不从车辆上卸下，此条件下适用独家使用的限值。托运货物的装卸和堆放应使任一组托运货物的临界安全指数总和均不大于规定的限值。

1. 国外供应新燃料组件运输

《乏燃料管理安全和放射性废物管理安全联合公约》明确规定"对于超越国界的运输，公约设置了事先知情同意程序。作为启运国的缔约方应采取适当步骤，以确保超越国界运输系经批准并仅在事先通知抵达国并得到其同意的情况下进行"。

《中华人民共和国海上交通安全法》明确规定：船舶、设施储存、装卸、运输危险货物，必须具备安全可靠的设备和条件，遵守国家关于危险货物管理和运输的规定，船舶装运危险货物，必须向主管机关办理申报手续，经批准后，方可进出港口或装卸。《水路包装危险货物运输规则》明确了放射性物质海上运输的托运、装卸等过程的明细。目前国外供应新燃料组件运输多采用整船大型货物集装箱运输。

2. 国内供应新燃料组件运输

国内供应新燃料组件跨海运输采用包船形式，不装载与本运输活动无关的人员或其他货物，以汽车轮渡方式，装载核燃料货包的汽车直接驶上轮船渡海。船舶的装载量、结构强度、稳定性等满足运输要求，具有危险货物运输资质，船舶沿既定的航道和方向行驶，中途不停留。

第二节　乏燃料运输

乏燃料是随着反应堆中核燃料裂变，随着燃耗的加深，核燃料裂变不能维持核电站发电功率，被更换的未燃尽的核燃料。乏燃料中含有大约 95% 的铀、1% 的钚、0.1% 的次锕系元素和 3% 的长寿命裂变产物。为提高铀资源的利用率，减少高放废物的处置量并降低其毒性，我国采用核燃料闭式循环政策，即对乏燃料中 96% 的核燃料进行分离并回收利用，对裂变产物和次锕系元素固化后进行深地质层处置或分离嬗变，因此乏燃料最终将运输至乏燃料后处理厂处理。我国核电厂主要分布在沿海，均具有自备码头，而后处理厂地处西北内陆，呈现运输距离长、运输来源分散的特点。因此，可以将乏燃料货包通过专用船舶运输至某一确定中转港，通过铁路集中运输至后处理厂的方式来实现安全、高效的乏燃料运输。

近年来，随着乏燃料运输需求的不断增长，我国在运输体系研究和能力建设开展相应研究，出台《乏燃料运输管理办法（征求意见稿）》；有计划开展了乏燃料运输容器研究设计，国家核安全局颁发了 CNSC 乏燃料运输容器设计批准书和制造许可证。我国自主制造的 13 辆百吨级乏燃料货包铁路运输车辆-D15B 型凹底平车交车下线，我国自主设计制造的首艘 INF3 级乏燃料运输专用船完成研制交付使用，标志着我国已具备公、海、铁联运能力。随着乏燃料公、海、铁联运体系建设逐步完善，新的乏燃料运输综合物流逐步投入商业运行。

一、运输容器

相对新燃料运输容器，乏燃料除需要确保次临界安全外，因其具有放射性和衰变热，所以要保证正常运输工况和运输中事故工况下的安全更是难上加难。为达到安全运输的目的，容器中需要中子吸收材料保证次临界安全，乏燃料运输容器需具有足够的屏蔽厚度和适当的屏蔽材料来屏蔽 γ 辐射和中子辐射，要具有良好的散热结构，以便及时将衰变热导出，防止组件包壳的温度过高；同时要能够有效地阻挡外部热量的传入，以使容器能够在 0.5h 持续 800℃ 高温条件下确保安全。除此以外，容器还要具备吸收冲击的减震结构，能够确保在 9m 跌落和 1m 贯穿的条件下，保持容器的包容完整，以及保证容器能够满足设计功能。

乏燃料运输容器的设计、采购、制造、试验、装卸操作以及运输等，均必须有质量保证体系，严格执行质量保证大纲的各种规定。

试验合格的容器必须有资格的部门发给许可证，才能投入使用。

二、运输工具和运输方式

1. 运输方式

乏燃料运输可以采用的运输方式有公路、铁路和水路的其中一种或几种的组合，使用的运输工具有汽车、铁路特种凹底和专用轮船。

2. 公路运输

一般来说，公路运输适用于短途运输，容器重量小于 40t 的运输，装 2 组压水堆乏燃料组件（或 4 组沸水堆乏燃料组件），需载重超过 30t 的重型卡车。卡车设计成低重心，有专门固定容器的装置和便于去污的结构。驾驶室有一定的防护措施。目前国内核电站乏燃料组件运输多采用公路运输方式，大型乏燃料组件容器重量超过 100t，运输车辆多采用牵引式全挂车组。乏燃料公路运输一般均采用一个车队，对运输速度要加以限制。

3. 铁路运输

铁路运输运输载重量大，适于长途运输，对于数量多、运输距离长的乏燃料组件采用铁路运输。40t 以上的容器均用铁路运输。车速一般要小于 100km/h。铁路运输使用专门定制的乏燃料货包铁路运输车辆。乏燃料铁路运输货包尺寸、车辆选型对铁路运输是否超限、限速有着十分显著的影响。

以我国自主研制的百吨级乏燃料货包铁路运输车辆 D15B 型凹底平车为例：D15B 型凹底平车基本构造由车底架、行走部、车钩缓冲装置和制动装置等部分组成。车辆自重约 50t，车辆载重能力约 150t。适用于运送体积、重量较大的货物（适用我国目前核电站乏燃料货包运输），通过将车底架做成凹形，有效降低了承载面高度，可以装运乏燃料货包等外形尺寸较高的货物，同时车辆承载面较低还可以有效降低重心，使得运输过程中车货更加平稳。

4. 水路运输

此前，乏燃料运输船在国际上只有英国、法国、瑞典、俄罗斯等少数国家拥有。随着中国乏燃料运输需求的不断增长，需尽快建成与核电规模相适应的乏燃料公、海、铁联运体系，乏燃料运输船是其中重要的一个环节；目前，我国自主设计制造的首艘 INF3 级乏燃料运输专用船已交付使用。

乏燃料运输专用船采用了双底双壳船体，设有多道水密横向舱壁、舷侧防撞加强结构；在动力方面，采用了双主机、双螺旋桨、双舵机、双独立机舱的冗余设置；在辐射防护方面，采用了重混凝土、聚乙烯、淡水屏蔽舱相结合的设计。此外，船舶还设置了大容量的货舱独立冷却系统、多通道的复合通信系统，以及先进可靠的入侵探测和安保系统（见表 33-1、图 33-1）。

表33-1   乏燃料船参数

全长（船壳长度）	96.00m
船长（沿夏季载重水线，由首柱前缘至船杆中心线水平距离）	93.50m
型宽（船体最宽处两舷外板表面之间的水平距离）	18.50m
型深（船长中点处，沿船舷由平板龙骨上表面至甲板边板下表面的垂直距离）	8.20m
设计吃水	4.50m
货包数量	10个

图33-1 乏燃料运输船

第三节　放射性废物和设备检修运输

我国在运及在建的核电机组技术路线多样，各种堆型服务寿期不同，产生的放射性废物的类型、数量、核素组成也存在差异。根据核电厂的运行经验，在正常运行阶段的每台核电机组的年均放射性废物产生量约$50\sim100m^3$，根据国外的相关经验，每台核电机组退役时将产生约$7000m^3$放射性废物需要处置。

目前，核电厂的放射性固体废物类型主要有废树脂、废滤芯、技术废物（含极低放射性废物）、APG废树脂及固化后的废物等。核电厂的废树脂、废滤芯采用废树脂转运容器、屏蔽容器或钢桶等包装运输，中低放射性废物先经废物处理系统进行固化处理，储存和运输所使用的废物容器一般为200L和400L金属桶（200L金属桶有效容积为200L，重量为0.4t），采用厂内专用运输车运输，送废物暂存库暂存，暂存时间不超过五年，之后用专用车辆运至国家规定的符合核安全要求的低、中水平放射性废物处置场所做最终处置，海岛核电厂址则采用海运、铁路联运方案。厂内转运运输车的技术要求见表33-2。

表 33-2	厂内废物转运车的技术要求
外廓尺寸	总长 8～11m，宽度不大于 2.5m；宽度不大于 2.5m；高度不大于 3.5m（含货物）；平板挂车上表面距地面高度不大于 1.5m
额定载重量	不小于 15t
运输车自重	不大于 15t
车速	不小于 90km/h（一般厂内运输速度 20～30km/h）
适应坡度	不小于 1∶8（厂房与路面高差约 300mm）
转弯半径	不大于 18m
路面设计标准轴载	适应运输路面按轻型路路面考虑，标准载荷设计为双组轮单轴 100kN

我国现已建成的三座处置场，分别位于西北地区的甘肃，于 1998 年建成，1999 年试运行；位于华南地区的广东北龙（大亚湾核电站附近），于 2000 年建成；位于西南地区的四川广元飞凤山，于 2015 年建成，2016 年运行。甘肃和四川的处置场以接受我国核工业和军工产生的放射性废物为主，甘肃处置场接收过少量核电废物。广东北龙虽然是第一个真正意义的核电废物处置场，但仅做废物暂存使用，未对废物进行最终处置。目前为止，核电产生的低中放废物大部分处于暂存状态。2020 年后，在国家的大力推动下，国防科工局先后核准广东阳江、广西防城港、辽宁徐大堡等三个处置场，以及甘肃龙和集中处置场，基本确定了"区域＋集中"的核电低、中放废物处置模式。

核电厂的主要设备，如反应堆压力容器 RPV、蒸汽发生器 SG、反应堆冷却泵 RCP、稳压器 PZR 等，考虑可在核电厂整个寿期内工作，运行阶段几乎不考虑设备整体的更换或维修。核电厂运行期间放射性的设备主要包括：设备类（如主泵及其可拆卸部件）、专用工具类（如螺栓拉伸机）以及设备部件（阀门、电机、过滤器及换热器板片等）。

大部分主体设备的检修通常考虑就地拆卸作业，拆卸后的部件运至热机修车间去污清洗。检修产生的被放射性污染的干废物（如布、纸、塑料及废的设备零部）采用分拣、压缩、打包处理工艺。干废物在产生地按照易压缩、不易压缩及不同的污染程度被收集在不同颜色的塑料袋内送到废物辅助厂房进行分拣、装桶、预压、超压、灌浆固定。

这些主体设备在设计及施工阶段已获取安装的反馈，预先考虑了拆除作业所需的空间。对于这些设备来说，不同阶段的布置条件是相似的，即拆卸所需的空间与安装相似。以蒸汽发生器 SG 为例，拆卸所需空间与安装相近，拆卸路径是安装的反向路径。AP1000 机组主泵 RCP 的运输车辆技术参数见表 33-3。CPR1000 机组螺栓拉伸机的设备重量为 61t，重型的车头 45t，平板 20t 加上牵引杆车总重约 70t，运输车长 18m，车宽 6m。因此，核电厂内建设的重（大）件运输道路能够满足运行阶段放射性设备的检修运输。

表 33-3	AP1000 主泵 RCP 运输车辆技术参数
项目名称	技术参数
货物名称	RCP
货物规格	7.239×2.971 8×3.098 8m
运输车辆	2 纵列 6 轴线（自走式）×1 组
车辆规格	9m×3m×1.19(±0.3)m

续表

项目名称	技术参数
车辆自重	22.8t
车组总重量	109.985t
轴列数	2
轴线数	6
轴距	1.5m
轴重	18.33t/axis
车组内侧最小转弯半径	10.15m
车组外侧最小转弯半径	3.8m
车组最大转弯通道	6.35m

第三十四章

交通运输工程实例

北方沿海某核电厂分为三期工程，每期工程建造2台百万千瓦级核电机组，全厂共6台核电机组。在一期工程建造期间利用原有渔业码头改建为核电厂专用的5000t级重件码头，并连接核电厂区主干道。

重件码头整体结构长度约145m，土方疏浚量约9.22万m³，码头内布置卷扬机房、堤头灯和浮标等，并敷设相关管线设施，码头布置见图34-1。

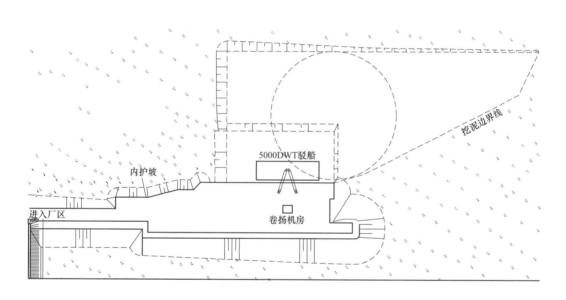

图34-1　某核电厂重件码头（桁杆起重机）示意图一

南方沿海某核电厂共三期工程，每期工程2台核电机组，全厂共6台百万千瓦级核电机组，一期工程建设期间根据项目需要建造5000t级的海运驳船码头。

码头结构拟采用桩基梁板排架结构，连接码头和厂区的引桥采用桩基排架结构，桩基采用混凝土管桩和钻孔灌注桩，固定设备基础采用桩基墩台结构，桩基采用混凝土管桩。码头泊位长度约120m，码头范围内还布置了栈桥、固定桥式起重机及其基础墩、浮标、堤头灯等设施，码头布置见图34-2和图34-3。

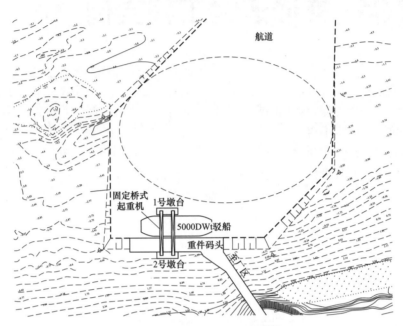

图 34-2　某核电厂重件码头（桁车起重机）示意图二

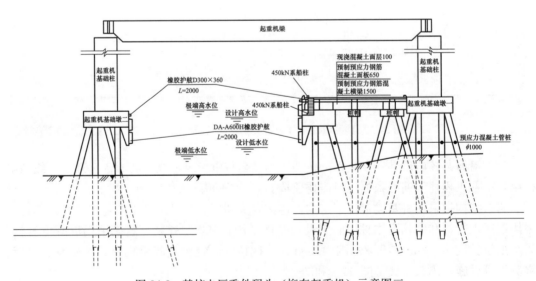

图 34-3　某核电厂重件码头（桁车起重机）示意图三

Part 8
第八篇 "四通一平"设计

  核电厂的"四通一平"工程,是指在核电厂主体工程动工(核岛第一罐混凝土浇筑 FCD为主体工程正式开工的标志点)前,对施工现场实施的通路、通水、通电、通信和场地平整等工程的总称;在北方寒冷地区还需增加供暖,因此又称为"五通一平"工程。

  由于核电厂一般规划容量较大,用地面积大,场地平整的土石方开挖和回填工作量也很大,而且建设周期比较长(从厂址普选开始到并网发电,正常情况需要7年左右),一般在取得"小路条"(指国家能源局同意开展前期工作)和选址阶段"两评"(厂址安全分析报告和环境影响评价报告)通过国家核安全局审查且水土保持方案得到水利部批复后,业主单位委托具有相应资质的设计单位依据可行性研究阶段审定的厂址总体规划、厂区总平面布置开展"四通一平"设计,并按照批准的设计方案进行场地平整施工。

  对于核电项目而言,"四通一平"不算正式开工,可以作为正式开工前的前期准备工作,"四通一平"设计可以作为可行性研究阶段后实施设计方案的第一步工作,也可以作为总体设计阶段的一部分工作。核电厂的"四通一平"也可以按照下列七条线有序开展工作,一是执照申请线,二是征地移民线,三是长周期设备采购线,四是供水、供电线,五是道路、场平及负挖线,六是混凝土生产线,七是海工及土石方平衡线。

  "四通一平"设计工作内容主要包括进场道路设计、施工用电、用水、通信以及采暖地区的施工用汽设计、场地平整及土石方开挖与回填、边坡、挡土墙和场地排水设计、地基处理和技术经济概算等。

第三十五章

"四通一平"的意义

　　"四通一平"是核电厂工程前期准备工作中的一项重要内容，只有"四通一平"工程按照进度计划设计、施工完成，才能保证形成可利用的场地及必要的公用设施，保证主体工程按期开工。因此，"四通一平"工程是保证核电厂顺利开工的必要条件，是核电厂前期的关键工作之一。

一、遵循国家、行业相关法律法规的规定

　　根据《中华人民共和国核安全法》（主席令第 73 号）第二十五条规定，核设施建造前，核设施营运单位应当向国务院核安全监督管理部门提出建造申请，并提交核设施建造申请书、初步安全分析报告、环境影响评价文件以及法律、行政法规规定的其他材料。环境影响评价文件则包括了施工建设过程的环境影响分析，"四通一平"设计就是其中重要内容。同时，第七十九条明确了责任主体及法律责任，核设施营运单位未经许可，从事核设施建造等活动的，造成环境污染的，责令限期采取治理措施消除污染，逾期不采取措施的，指定有能力的单位代为履行，所需费用由污染者承担。

　　"四通一平"工作，特别是土石方工程作业，涉及高风险、危大工程施工，需要在设计和施工作业中，切实贯彻《中华人民共和国安全生产法》及"安全第一、预防为主"的方针，做到防护要求明确，技术可靠和经济合理，坚持"以人为本"，预防事故的发生。土石方工程的设计、施工应由具有相应资质和安全作业许可证的企业承担。施工前应做好设计方案及施工组织设计，并严格按照施工组织设计中的安全保证措施进行施工作业。在有爆破、塌方、滑坡、深坑、触电等危险区域应设置警示标志及安全设施。土石方施工前应做好有安全保障的通路、通电、通水、通信和平整场地工作。

　　"四通一平"工作是水土保持方案批复及验收关注的重点，影响项目能否顺利核准开工及竣工验收。2011 年 3 月 1 日颁布实施的新《中华人民共和国水土保持法》，对生产建设项目环境保护及水土流失的预防和控制进行了规定。开办扰动地表、损坏地貌植被并进行土石方开挖、填筑、转运、堆存的生产建设项目，生产建设单位应当编制水土保持方案，并按照经批准的水土保持方案，采取水土流失预防和治理措施。在法律要求的前置条件下，根据现行技术标准明确的编制思路，核电厂水土保持方案与主体工程可行性研究报告同步开展工作，根据主体工程的建设区域、设计方案、施工组织设计及投资估算等内容，开展水土保持限制性因素、主体工程设计等各项评价，并根据评价结果及主体工程投资估算情况完成主体工程设计中水土保持措施界定、水土保持分区、措施设计、水土保持监测及水土保持投资估算等内容。水土保持方案编制完成后由水行政主管部门进行技术审查，项目核准前取得水土保持方案的批复，工程完工后依据批复的水土保持方案进行专项验收。因此，"四通一平"工作对工程建设发挥重要作用，应从项目全局及顶层角度统筹考虑，避免出现以往某些核电厂只顾眼前利益而不顾后果，对后续水土保持验收及改扩建

造成不利影响。

我国能源电力行业对"四通一平"工作也有要求。原国家电力公司在《关于电力基本建设大中型项目开工条件的规定》（国电建〔1998〕551号）中明确："大中型电力工程项目开工条件，包括项目征地、拆迁和施工场地'四通一平'工作已经完成"。

二、工程建设阶段划分的要求

我国的工程设计阶段基本上分为三阶段，即初步设计、技术设计和施工图设计。后来根据多年的建设经验和设计工作的实践逐步改为两阶段设计，即初步设计（或扩大初步设计）和施工图设计。对于采用通用设计的项目、小型项目建设场地的"四通一平"往往包括在总平面布置的竖向设计和施工组织设计的局部内容内。

随着工程建设的复杂化和多样化，特别是核电等特大型项目对工程项目阶段化提出了新的要求，"四通一平"工作显得至关重要，其为工程建设顺利与否的保证和必经阶段。核电工程从核准到开工（FCD）时间（FCD：浇筑第一罐混凝土）非常短，项目开工条件要求项目征地、拆迁和建设场地"四通一平"工作已经完成，而核电项目的征地拆迁、"四通一平"等前期准备工作的工作量都比较大，周期较长；为确保工程的顺利开工，"四通一平"在前期施工准备阶段根据审查批准的厂址总体规划和厂区竖向设计需提前开展工作。

三、安全文明施工的必要条件

"四通一平"是工程建设现场文明施工和安全保证的必要条件。随着我国工程建设安全文明施工管理水平和要求的提升，全面推进工程安全文明施工标准化，保障从业人员的健康和安全，保护环境，倡导绿色施工。项目要求施工总平面规划合理，场区道路通畅，路面平整清洁，设备和材料不占道堆放。施工供水供电管线布置合理、安全，场地排水和消防设施完备。现场实行封闭化管理，通信信号良好。土方工程、防洪、排水及边坡防护等水土保持措施执行到位。

四、投资控制的重要手段

（1）"四通一平"占建设项目总投资比例较大，以场平工程为例，目前国内的核电厂土石方工程量基本都达到了千万立方米以上，一般需要一年以上的工期才能完成场平工程。"四通一平"设计能否做到经济合理、进度可控，对降低工程造价和投资控制至关重要。

（2）"四通一平"通常在前期工程阶段作为单项或多项工程招标，专款专用。"四通一平"的顺利开展，满足了工程建设的开工条件，承包商的施工队伍能够顺利进场和开工，现场施工组织工作能够合理开展，加快了工程建设进度，缩短了工期，在核电厂建设中具有承前启后的重要意义。

第三十六章

"四通一平"设计的内容

"四通一平"设计工作内容，主要包括进厂道路设计、施工用电、用水、通信以及采暖地区的施工用汽设计、场地平整等设计工作。

第一节 施工进场道路

核电厂道路主要分为两类：厂外道路和厂内道路。因其使用功能不同，又划分为施工进场道路、进厂道路、应急道路、大件运输道路、模块运输道路等。施工进场道路建设的目的是为满足场地平整期间施工机械、物资及人员进出工程现场的要求，为后续的场地平整施工创造条件。

一、施工进场道路的一般设计原则

（1）须遵循厂址总体规划的原则，落实具体路线，根据国家公路工程现行规范、标准要求，结合项目建设管理模式，做好进场道路的施工设计。

（2）进场道路通常可考虑与永久性的进厂公路或应急公路合用。为了减少对厂区进厂公路的干扰，也可考虑修建专用的施工进场道路。

（3）进场道路应尽量做到统一规划、永临结合，可结合施工期间道路的破坏，考虑施工期间使用简易路面，移交前浇筑正式路面以达到永久道路标准。

（4）施工区至施工生活区及较远的水源地、管线等专用的施工现场，也应有可供施工通行的道路。

二、施工进场道路的一般设计要求

（1）满足施工期间安全、质量等要求。

（2）采用三级或四级公路标准。三级公路的设计速度为30km/h或40km/h，采用双车道，车道宽度为3.25m或3.50m，路基宽度一般为7.5m或8.5m。四级公路的设计速度为20km/h，宜采用双车道，交通量小的路段可采用单车道，双车道路基宽度一般为6.5m，单车道路基宽度一般为4.5m，采用4.5m宽路基时，应设置错车道。设置错车道路段的路基宽度应不小于6.5m。

（3）路面当需要作为大件运输通道时，应满足大件运输车辆的要求。

（4）路面采用混凝土硬化处理，保证道路排水通畅。路面结构一般面层为220mm厚水泥混凝土路面，基层为300mm厚5％水泥稳定级配碎石。

（5）对于部分滨海、内陆滨河厂址且现状交通条件较差，地形复杂，陆域交通难以通车满足现场施工需求，可考虑建设临时设施码头，通过水路连接道路进场。但需取得海事部门关于核电项目设置临时设施码头和使用岸线水域初步意见以及航道部门关于核电项目设置临时设施码头的批复文件。

第二节　施　工　用　水

施工用水设计，是为满足核电厂整个建设期的用水需求，按照总体规划的原则，对由水源地通过输水管道向施工现场及施工生活营地供水的全部过程所进行的单项工程设计，通常划分为三个设计阶段：可行性研究、初步设计、施工图设计。

施工用水设计范围从水源地至施工现场内的施工供水站，包括取水泵房、输水管线、贮水设施等。一般包括施工生产用水、施工生活用水和施工消防用水；设计内容主要有估算施工用水量并提出水质要求、提出供水方案（必要时可进行多方案比较），经评审后继续深化设计，直至完成施工图设计。

上述设计工作完成后，后续还需对施工现场内部给水管网进行设计，这部分工作通常直接进行施工图设计。另外，为满足场地平整施工的用水需求，也需进行用水设计，由于这部分设计比较简单，且需要随着施工过程而随时进行调整，通常由施工单位自行设计。

一、施工用水设计的一般设计原则

（1）近期建设与远期发展相协调的原则。

（2）因地制宜和节约建设成本的原则。

（3）遵循保护生态环境，防止污染和其他危害的原则。

（4）管线规划应沿主道路规划布置，优先考虑规划在道路两侧绿化带及人行道下。

（5）管线的布置方案应避开核电厂总平面设计中的永久设施、生产及施工临建设施；管线规划应参考最新的厂区布置图，施工临时给排水管道布置应尽量避免设在永久设施、生产及施工临建设施和地下各类永久性管网位置上。

（6）给水管网布置成环路，以保证某一点水管破损时，不影响整个施工区的供水安全。

（7）供水管线的建设首先结合设计的永久管线系统，做到永临结合。力求减少工程的重复建设，以降低造价。

（8）必须始终贯彻"节约用水"的原则，严格控制每一个用水环节，杜绝跑、冒、滴、漏等浪费现象，能够重复利用的都要重复利用，从而最大限度地减少用水总量。

（9）给水管线应与供电管线、通信管线、供热管线、污水管线、雨水管线等用于施工的临时管线进行平面与竖向综合，除雨水管线可布置在施工道路以下外，其他管线均应尽量布置在施工道路两侧。

二、施工用水需求

（一）施工用水量

两台百万千瓦核电机组的施工生产用水、施工生活用水的总量约为 $9878m^3/d$。施工消防用水量不计入总用水量，因为施工消防用水非持续用水，仅事故工况使用。

1. 施工生产用水

施工生产用水主要用于以下几个方面：

（1）石料加工场的降尘以及石料、机具的冲洗等。

（2）混凝土的生产、骨料冲洗、浇筑、养护、机具冲洗等。

（3）各种采用砖石砌筑设施的施工等。如采用盾构掘进施工用水量较大，约 2000m³/d。

（4）施工过程中的其他生产用水。

上述用水中部分可重复使用，如石料、机具的冲洗等，冲洗后的水可集中收集，经过二级沉淀后复用，这部分用水量仅需计算补充水量。

两台百万千瓦级核电机组及其配套设施在施工高峰期，最大日生产用水量约 7000m³/d。

2．施工生活用水

施工生活用水用于满足施工人员生活需求。如果施工生活营地靠近附近城镇，施工生活用水也可由当地市政供给。

两台百万千瓦级核电机组及其配套设施在施工高峰期，施工人员可达 12 600 人左右，考虑办公和生活用水的人数为 9000 人，仅考虑办公用水的人数为 3600 人，最大日生活取水量约 1980m³/d。

3．其他用水量

考虑到核电厂区还有道路、绿化浇洒用水量需求，参考《室外给水设计规范》（GB 50013）相关规定，管网漏损量及未预见水量均按施工用水及生活用水量合计的 10％，则管网损量及未预见水量总计为 898mm³/d。

4．施工消防用水

施工消防用水主要用于施工期间火灾的扑救。这部分用水量需根据施工过程中可能存在的火灾危险性而定，具体数量由施工单位提出，并经业主单位和工程总承包单位审查。通常在施工现场的适宜位置设置消防水池，其有效容积应满足火灾扑救的需要，并随时补充。

消防水池的储水量计入施工消防用水中，补充水量不计入。

（二）施工用水水质

1．施工生产用水水质

根据施工生产用水的用途，其水质应满足《混凝土用水标准》（JGJ 63—2006）等相关标准的要求。

2．施工生活用水水质

施工人员的生活用水水质，应满足《生活饮用水卫生标准》（GB 5749—2022）等相关标准的要求。

3．施工消防用水水质

消防水质没有规范明确规定，仅规定消防水源，详见《消防给水及消火栓系统技术规范》（GB 50974—2014）中第 4 章的规定。

三、施工供水方案及设计

施工供水方案的制定，首先应确定施工供水的水源地，再进行取水口、输水管道、提升泵站、施工供水站等设施的方案设计或可行性研究，经评审后开展下一阶段的设计。

施工供水应优先采用与生产运行供水"永临结合"的方式，即施工供水的全部设施均按永久设施设计，除在核电厂建设期间用于施工供水之外，还作为淡水厂及其配套设施的一部分，在核电厂建设完成后（淡水厂的其他设施将与之同时建成），用于核电厂生产运行供水。

如果因特殊原因不能采用"永临结合"的方式，则施工供水的全部设施均按临时设施设计，本期工程建成后可留待后续工程建设时使用。

(一) 水源地的选择

如采用"永临结合"方式，应根据核电厂可行性研究阶段的相关专题研究报告（包括《××核电厂可行性研究阶段工程水文分析计算专题报告》等文件）及评审意见，确定水源地。该水源地既是核电厂建设期间施工供水的水源地，也是核电厂建成后为生产运行供水的水源地。

如不采用"永临结合"方式，则应在厂址附近选择水量、水质等均满足施工要求的水源地，该水源地仅为核电厂各期工程施工供水。

(二) 供水方案

1. 取水口的位置

如采用"永临结合"方式，应根据相关专题研究报告中的推荐意见，在水源地的适当位置设置取水口。如不采用"永临结合"方式，则应根据水源地的具体条件，研究、确定取水口的位置。

2. 施工供水站的位置

如采用"永临结合"方式，施工供水站作为淡水厂的一部分，宜位于淡水厂内；如不采用"永临结合"方式，施工供水站宜设置在施工现场内的施工力能区，与施工变电站、施工通信交换站、施工供热站等设施集中布置。

3. 取水设施的设计

取水设施包括取水头部、取水泵房、输水管线、提升泵房、施工供水站等设施。在方案设计或可行性研究阶段，应根据取水设施的生产工艺流程，结合拟建区域的各方面条件，提出各设施的全部重要技术参数，形成完整的技术方案，必要时可进行多方案比较，经评审并确定技术方案以及各项技术参数后，再开展下一步设计工作，直至完成施工图设计。

4. 施工现场给水管线设计

原水由水源地通过输水管线、提升泵房等设施，输送至施工供水站，经净化处理分别达到施工生产用水、施工生活用水和施工消防用水的水质标准后，再通过给水管线输送至施工现场各用水点。

第三节　施　工　用　电

"四通一平"工作中，按照施工顺序、施工进度，电气设计要综合考虑场地平整的施工用电和满足核电厂整个建设期间施工用电、施工营地用电以及施工临建区用电的需求，多数情况下为分步实施。

施工用电规划目标是满足施工生产、办公、生活用电的需求；供电规划应在符合国家相关规范及安全文明环境的前提下，努力降低经济成本。

根据核电厂用地面积大、施工工期长，主体工程核岛和常规岛布置比较紧凑，而BOP区域分散、分项多等特点，供用电规划原则上以10kV/380V箱式变电站环网供电为核心，低压侧采用380/220V（TN/S）三相五线制供电系统，使其规划容量合适，电源点分布合理，供电回路数量满足要求，供电安全可靠，供电网络建设同现场施工进度相匹配。

在工程前期（FCD前）和环网布置过程中，施工道路尚未建设完成，10kV环网正在建设中，海工、场平、核岛负挖、混凝土生产链等施工及生产办公临建可通过临时箱式变压器布置或低压配电箱来满足阶段性用电需求。

对施工电源的电网连接点至核电厂施工区的配电设施，通常情况下，业主单位（或总包单位）提出施工用电要求，委托当地电力部门进行专项的施工电源设计，确定电源点及接线方式、输电回路数、电压等级、输电路径及接入施工区的位置。

对施工区内的外部电源接入点的配电设施至各分区内的配电设施的电气设计，则由施工单位或受委托方单独设计。

电气设计的依据主要为相关法规标准以及业主和施工单位所提出的用电需求。

一、施工用电 10kV 配电网的一般设计原则

（1）配电网应依据高压配电变电站的位置、负荷密度和运行管理的需要，分成若干个相对独立的分区配电网。分区配电网应有大致明确的供电范围，一般不交错重叠，供电距离不超过300m，分区配电网的供电范围随新增加的箱式变压器及负荷的增长进行调整。

（2）施工区域用电负荷密度大，供电可靠性要求较高，应视为二级或一级负荷，应至少单独形成一个配电分区，以避免分区外的故障影响分区内的配电。

（3）配电网络应具有双电源、双回路和双路径的特性，网络运行灵活、调度方便。

（4）变电站10kV出线开关因故停用时，应能通过10kV配电网转移负荷，对用户施工用电不造成较大影响。

（5）变电站之间的10kV环网应有足够的联络容量，正常时开环运行，异常时能转移负荷。

（6）配电网应有较强的适应性，主干线导线截面宜按规划一次选定，在不能满足负荷发展需要时，可增加新的10kV供电馈线。

二、施工用电需求

1. 场地平整阶段用电

场平阶段施工用电负荷需要考虑场平开挖回填施工设施用电、设备检修用电以及施工人员的生活用电等。除此之外还应考虑为主体施工服务的砂石料厂、搅拌站、力能区（施工变电站、供热站）、临时施工道路、办公临建等施工用电。

两台百万级核电机组场平阶段施工用电负荷总计约1000kV·A。

2. 主体施工期间用电

主体施工期间用电负荷包括厂区主体工程施工生产区、施工临建区、各 BOP 子项施工区、模块拼装场地组装区以及施工营地用电等。

(1) 施工生产区主要包括：核岛施工生产区、常规岛施工生产区、搅拌站和砂石厂生产区等；

(2) 施工临建区主要包括：核岛安装施工临建区、核岛土建施工临建区、常规岛安装施工临建区、常规岛土建施工临建区；

(3) BOP 子项施工区主要包括：循环水泵房区、水处理区、厂前区、开关站区、放射性废物处理设施区、仓储检修区等施工区域；

(4) 模块拼装场地组装区包括：CA 模块组装区、CV 模块组装区、SC 拼装区等；

(5) 施工营地用电指施工和管理人员办公、生活区域的用电。

主体施工期间用电总负荷需根据同时施工的机组数量确定，2 台机组同时施工，用电负荷总计约 25 000kV·A；同一厂址一般最大同时施工机组数量可按 4 台考虑，此时最大用电总负荷可达 40 000kV·A。

三、施工供电方案及设计内容

(一) 场平阶段施工供电

考虑到场平阶段施工供电与将来电厂主体施工阶段的永临结合，箱式变压器电压等级建议采用 10kV±2×2.5%/0.4kV，中压侧推荐选用环网柜型。一般布置一台 1000kVA 箱式变压器，以供应场地平整、主体施工前部分临建施工的负荷供电，此箱式变压器的布置位置可综合考虑后续施工需要，永临结合继续为主体施工时某一区域提供电源，电源可考虑厂址附近变电站或区域网 10kV 线路，同时也建议配备一定数量不同容量的柴油发电机作为现场备用电源。

(二) 主体施工阶段施工供电

主体施工阶段施工用电规划设计包括：厂区内施工供电线路规划和设计、厂区 10kV 施工开关站及 110kV 施工变电站 10kV 馈出线电缆选型及敷设设计、厂区 10kV 施工开关站的站址规划、施工用箱式变电所位置规划、施工用箱式变电所本体设计。

(1) 10kV 临时用电工程。10kV 临时用电工程主要包括：厂区 10kV 施工开关站本体、地方电网至厂区 10kV 施工开关站之间的进线设计、厂区 10kV 施工开关站出线柜至箱式变电所的 10kV 出线电缆选型及敷设设计、厂区 10kV 施工开关站及厂区 110kV 施工变电站的站址规划、施工用箱式变电所位置规划、施工用箱式变电所本体设计。

(2) 110kV 施工用电工程。110kV 施工用电工程主要包括：厂区 110kV 施工变电站本体、地方电网至厂区 110kV 施工变电站之间的进线设计、厂区 10kV 出线电缆相关电缆选型、厂区 110kV 施工变电站出线柜至箱式变电所的 10kV 出线电缆选型及敷设设计、厂区 110kV 施工变电站的站址规划、施工用箱式变电所位置规划、施工用箱式变电所本体设计。

（3）全厂施工用箱式变电所的接线与布置设计。

第四节 施 工 通 信

在"四通一平"阶段，通信设计主要是为了满足核电厂场地平整施工和主体工程施工期间，临建区与施工营地等场所对内对外的通信需求及业主特定的功能要求。

施工现场通信系统具有临时性、需求急、工期要求短、面临随时迁移的特点，为此，前期规划要重点建设好中心机房和施工区接驳点，科学分布，合理布局，容量足够。随着工程项目进入安装调试高峰阶段，各系统（有线电话、移动电话、广播告警、视频监控、计算机网络、对讲机）网络应延伸至施工区域及各主体厂房内。为实现各系统延伸到施工区和主体厂房内的目的，在通过需求调研的基础上，一般采用有线和无线相结合、临时与永久相衔接的设计思路进行临时通信系统规划。

电脑网络通过敷设小芯数光缆形成星型传输通道，电话主干通道敷设大对数通信电缆，在各办公用房楼内设立通信机房，用户汇集中心点的道路旁边安装电话交接箱，再引出小对数电缆分布到各个用户。

针对厂区的施工活动频繁、交叉作业多的特点，各专业要加强协调和合作，供电、供水和通信等的预埋管道时要全盘考虑，为日后的扩容提早规划建设，也为各关联专业提供最大的便利，充分利用管道资源，尽量避免重复破路、穿墙打洞的施工活动，减少不必要的施工费用。

通信设计的主要依据为相关设计法规标准、核电厂场地平整方案及主体施工的实际需求，一般也是委托当地通信运营商做专项设计。

一、场地平整阶段通信设计

场平阶段通信设计，可考虑在临时施工营地设置室外电话交接箱，根据"四通一平"阶段的通信需求及当地通信运营商所提供的方案，配置一套电话通信网络，基本可以满足场平施工期间对于电话通信的要求。考虑到经济性及实用性，电缆可采用直埋的敷设方式，通信电缆的敷设方式可由业主及承包方根据现场实际线路情况协商决定。如业主有特殊需求，修改迭代设计方案以满足功能要求。

场平阶段也可直接采用移动电话或对讲机等方式，作为场地平整阶段的通信方式。

二、主体施工阶段通信设计

主体施工阶段通信设计主要包括运营商机房至厂区接口之间的部分和厂内的主要通信通路设计两部分内容。

运营商机房至厂区接口之间的部分由运营商负责。从运营商机房引至核电厂通信核心机房的大对数电话电缆及光缆，可单独线路敷设或与运行期间通信路线统筹考虑沿厂外道路设置电缆沟敷设通信线路。

厂区内施工通信的预埋管采用永临结合的设计原则。每个施工区域内部的具体通信设备（如电话缆线、电话分线箱、电话插座、电话分机等）需根据具体需求确定。

根据近年实施项目实际情况来看，"四通一平"阶段工程建设区域可考虑利用电信运营商电话及移动网络信号已充分覆盖的便利条件，搭建局域网无线通信信号，直接采用移动电话或对讲机等方式，可满足区域承包商办公、生产、生活营地通信需求，方便实现网上信息沟通、电子文件交换、电子办公，以及施工文件图纸的传递、复印、分发等。

此外，随着 5G 通信及数字化、智能化领域的快速发展，新一代无线局域网和智慧工地等通信领域的前沿成果也已开始作为新的通信设计内容在核电工程建设中被赋予新的使命，目前国内部分核电厂址建设中已开始部署和应用。

第五节　场　地　平　整

场地平整设计是"四通一平"阶段中的重要内容，是依据在可行性研究阶段审查批准的厂区总平面布置和竖向设计，结合厂区自然地形条件，选择合适的平整方式，根据厂区初平标高确定的挖方区、填方区、填方保留区，计算厂区挖、填方量（包括基槽余土）和可以用作建筑材料的石方量，进行土石方平衡计算，并选择经济合理的土石方调运方式，落实土方周转场、弃土（渣）场或当地其他工程可能的用土量、设计边坡支护设施及场地排水。

核电厂的场地平整一般可以分为两个阶段，第一个阶段是 FCD 前的初步平整，也称为初平。由于土石方工程量大、工期紧张，一般由多个施工单位分包施工；第二个阶段是主体工程完工后，根据最终的竖向设计方案，进行挡土墙、护坡及建（构）筑物与道路之间场地的平整，达到设计标高以及设计排水坡度，也称为细平。本节重点介绍的场地平整指第一个阶段 FCD 前的初步平整的规划设计工作。

一、场地平整设计的一般原则和要求

（1）场地平整设计应根据推荐的总体规划、厂区总平面布置和竖向设计合理确定厂址的场地平整范围。

（2）场地平整设计中涉及核安全的因素须充分重视，需要落实核电厂厂区地质条件满足规划容量机组布置的基岩面积、设计基准洪水等。

（3）场地平整设计要充分研究"岩土工程勘察报告"，详细研究厂区岩土性质，开挖的石方量是否可以作为核电厂建设所需的"骨料""建筑基础用料""海工堤芯石用料"等，并计算土石方量和落实周转场地。同时要落实填方区的施工方案对土方量的影响。

（4）当厂址区余方量较多不能平衡或若平衡不经济时，宜与厂址所在地相关部门结合，根据工程进度确定是否可以和当地公路、铁路、港口码头、开发区等建设结合，落实余土量的消纳或弃土（渣）场地。

（5）场地平整设计尽量减少场平费用。

（6）合理划分标段，为场地平整分包施工提供依据。

二、场地平整设计内容

场地平整的设计，按阶段通常可划分为可行性研究、初步设计、施工图和竣工图设计阶段。设计内容主要包括场地平整规划、平整施工组织设计以及场地平整费用概（估）算。场地平整设计包括厂外护坡、挡土墙及截洪（水）沟及围墙外排水沟，详见第五篇竖向设计中相关内容。

（一）场地平整范围和标高

场地平整应在征地范围内进行，地形平坦时，平整边界一般为厂区围墙中心线外2.0m。若平整边界为填方时，应到坡脚。若平整边界为挖方时，应到坡顶。场地的平整范围应综合考虑本期与远期、主厂区和施工区的关系。

场地平整标高一般比竖向设计所确定的场地标高低 $0.3\sim0.5$m。为满足场地排水要求，平整表面坡度可取最小坡度不宜小于 0.5%，困难情况下不应小于 0.3% 最大度不宜大于 6%。

（二）场地平整规划及排水

核电厂的场地平整规划主要根据工程分期实施的先后关系和地形特征，以设计平整标高等高线为基准，确定开挖区域、回填区域、土方动态平衡区域，以及开挖、回填技术要求。

按照施工顺序，提出最初开挖和回填方案设想，以及建筑垃圾处置方案和环境影响分析。

场地平整设计人员，要充分研究"岩土工程勘察报告"，与地质和土建专业详细研究厂区岩土性质，开挖的石方量是否可以作为核电厂建设所需的"骨料""建筑基础用料""海工堤芯石用料"等，并计算出量和落实周转场地。同时要与土建专业落实填方区的施工方案对土方量的影响。

在竖向设计时，对台阶式布置或高差较大的填方保留区区域一般设置临时的或永临结合的支护设施，主要有挡土墙、护坡等。核电厂的物项根据其对核安全的重要性划分为三类：Ⅰ类物项直接与核安全相关；Ⅱ类物项间接与核安全有关；Ⅲ类物项与核安全无关。核安全的重要性决定了与核安全有关的物项有极高的安全要求，核电工程边坡的安全等级分为核安全级和一般安全级两个等级，坡脚与主厂房之间的距离不大于 50m 或不大于 1.4 倍坡高的边坡为核安全级，其他边坡为一般安全级，核安全级边坡与Ⅰ、Ⅱ类物项结构安全有关，必须进行岩土工程勘察、稳定验算和安全级评价。在台阶式布置或高差较大的填方保留区区域，一般设置临时的或永临结合的支护设施，主要有挡土墙、护坡等。核安全级边坡与Ⅰ、Ⅱ类物项结构安全有关，必须进行岩土工程勘察、稳定验算和安全级评价。

当厂区外围考虑设置保护与核安全相关区域的排洪沟时，排洪沟的流量按照 1000 年一遇设计，并按照可能最大降雨（PMP）产生的洪水进行校核。保护与核安全无关区域的排洪沟，其降雨产生的洪水不会威胁主厂区，排洪沟按百年一遇流量设计。

场地地表水可采用明沟、暗沟、截水沟、泄水槽、渠道系统或混合的排水系统，明沟排水宜用于地面坡度不小于 1% 的地段。当场地高位的边界与分水岭之间的距离超过 $150\sim200$m 时，一般宜设截水沟。截水沟和排水渠的最小宽度不应小于 0.6m。

暗沟排水系统可由一个或数个汇水干管或集水干渠组成，汇水干管的走向应首先沿谷道确定。当地势平坦时，汇水管最好沿径流区中部敷设。

当场地地下水较高时，场地部分地段需进行疏干处理。场地需疏干的标准（地下水位至地表面的最距离）应根据地下技术设施和地下室的有无及深度取值，但不小于 2m，而距建构筑物基础底面的距离不得小于 0.3m。

场地疏干的方法主要采取地下盲沟系统方式：选择盲沟系统应考虑水文地质条件、所设计的建构筑物的特点，以及场地上总平面布置方案。盲沟系统可分为规整式、顶端式、堤岸式、环式、层式和并行式。

（三）场地平整施工组织设计

施工单位在组织场地平整施工前，应按地形图、土石方平衡施工图及工程地质气象等技术资料结合施工单位的具体条件编制施工组织设计。场地平整施工组织设计应根据工程征地方案及审定的"四通一平"规划设计，根据主体项目进度要求合理制定场平计划；制定施工总部署及现场平面布置，提出主要施工工序、方法和步骤以及施工（冬季、雨季）措施，制定施工力能方案、施工进度方案和施工安全措施和工程协调方案。

（四）场地平整费用概算

根据场地平整方案估算施工费用。

场地平整及土石方工程内容详见第五篇第二十一章。

第三十七章
"四通一平"设计与实施项目

"四通一平"设计与实施中场地平整方式的选择、地表土剥离与存放、地形图的准确性，以及设计边界、永临结合、动态土石方平衡等问题是以往核电工程项目中的经验反馈和良好实践总结，值得学习借鉴。

一、平整方式的选择

场地平整方式可分为一次性平整和分步平整两类：一次性平整是指按照规划容量对厂区范围（包括施工区）一次性进行平整；分步平整是指按照工程分期建设顺序，逐步平整，或在整个厂区或其某个区域内，只对与建（构）筑物有关的场地以及必要的施工场地进行平整，其余地段保持原有自然地面，以减少场地平整工程量。当采用分步平整时，应考虑后期工程土石方工程施工爆破对前期工程的影响。

场地平整方式应依据竖向布置形式，结合厂址条件以及项目分期实施间隔灵活确定。一般情况下，一次性平整适用于场地的自然地形比较平坦、地面坡向比较单一、大面积围填海的厂址和海岛厂址、后期场地会影响前期工程施工运行的厂址。分步平整适用于厂区地形较复杂、项目近远期间隔时间较长的厂址。

二、"四通一平"设计边界

"四通"各分项工程的设计边界应包括：施工道路工程的起终点引接位置，道路路面宽度等；施工电源所处地方变电所、厂区内临时户外箱式变电所、施工临时办公等需要用电区域的具体位置；施工用水包括取水头部、取水泵房、输水管线、提升泵房、施工供水站位置等；施工期通信管线的起终点位置等。

场地平整用地的边界范围需根据核电厂建设总体规划来具体实施确定，包括确定一次性开挖或分期开挖的将厂区进行场地平整的边界范围，该范围边界需与多个相关部门进行讨论并邀请专家评审后最终确定。

以上要素均为设计阶段最前期需要明确的重要输入条件，设计管理者应在设计组织和策划阶段重点关注该内容，并加强组织协调以最终确定设计边界。

三、"四通"设计中应尽量采用永临结合方式

为节约工程投资、避免重复建设，在"四通"设计中，应尽量采用永临结合的方式，尤其在施工道路和施工供水方面，更容易实现。

核电厂投入运行后，对外交通运输至少需要两条不同方向道路：主要进厂道路和次要进厂道路（也称进厂道路和应急道路），施工道路作为施工临时设施，应尽量利用这两条道路，在工程建设期间作为施工道路，工程建成后作为核电厂对外交通运输的永久性道路。由于工程建设期间有大量重载运输，可能会对路面造成一定程度的破坏，可在工程建

设后期、所有重载运输完成后，在原有路面上再铺设一层新的面层。

施工供水应优先采用与生产运行供水"永临结合"的方式，即施工供水的全部设施均属于永久设施，除在核电厂建设期间用于施工供水之外，还作为淡水厂及其配套设施的一部分，在核电厂建设完成后（淡水厂的其他设施将与之同时建成），用于核电厂生产运行供水。

四、地表土剥离与存放

场地平整施工正式开始前，需要先进行清除地表植被及建（构）筑物（简称"清表"）、地表土剥离等前期准备工作。其中地表土剥离的目的是充分利用厂址现有的、具有肥力的地表土，用于核电厂建设后期的绿化，避免为此外购肥土，既节省资金，又避免破坏拟供肥土来源地的原始地表状态。

地表土剥离应选择植被生长茂盛（意味着土壤肥力强）、便于剥离施工和运输的地段，剥离深度一般为 0.50 ～ 1.00m，剥离总量按照规划的绿地面积乘以 1.00m 厚的肥土回填深度计算，并适当留有余量。

剥离的地表土应选择在厂址内的边角地带集中堆放，不得妨碍核电厂的各物项施工，避免二次倒运。核电厂的首期工程（按两台机组计）建设从场地平整开始，至工程基本建成、开始进行绿化，大约需要六七年，因此地表土的堆放必须做好相应的防护措施，避免因风吹、雨淋带来环境污染和水土流失。

五、填海区域

国内已经投入运行和正在建设的滨海核电厂址均有一定程度围填海工程，在填海之前，宜首先结合厂区防洪（波）堤在海中做防护工程，避免大风浪时海浪冲走土石方，保护海洋环境。北方地区的海域地质条件较好，填海时一般不需要做海域地基处理；南方地区的海域大部分存在较厚的淤泥、软土等不良地质情况，在填海前一般采用挖除或爆破挤淤的方式将下部的淤泥清除，然后进行回填施工。此类区域在回填之后一般会出现较大幅度的沉降，在土方平衡时要对岩土勘测报告进行详细的研究，并主动与相关专业沟通，掌握该专业对地基处理的范围及采取的地基处理方案和地基换填量。

六、土石方动态平衡

全厂土石方平衡中，除应包括场地平整的土石方量外，还应包括厂区外边坡、海工工程、道路、建（构）筑物和设备基础、管线沟槽和截（排）水沟等工程的土（石）方量，以及表土的清除量、回填量和可用作建筑骨料等建筑材料用量等，所以场地平整过程中需要合理地确定土石方的暂存周转场地。

"四通一平"阶段应该根据确定的竖向设计，通过土石方计算确定挖填方案，对挖、填区域和填方保留区进行分区，挖、填量尽量就地平衡。分区平衡时应考虑土石方的迁移方式，力求土石方的迁移在经济运距内。

根据许多核电工程施工现场反馈的情况，场地平整设计中计算平衡的土石方填、挖量，在实际施工中往往会有上百万立方米甚至更多的余方量，这有设计和施工两方面原因。

填方设计中通常采用最终松散系数进行计算，意味着在场地平整施工完成时，填方地段就处于非常密实的状态，但实际上很难达到这样的理想状态，设计采用的最终松散系数与实际施工的松散系数差异很大。

因此在填方设计中，应分别采用最初松散系数和最终松散系数进行填方量计算。采用最初松散系数计算的结果，表示场地平整施工完成时所消纳的土石方量，但在未来的若干年中，填方区域场地会由于自然及人工因素不断产生沉降，需要随时补填，补填的总量即是采用两种松散系数分别计算的填方量的差值。这部分补填量应作为土石方平衡计算中的一项（可命名为"沉降补填量"）单独列出，并选择在厂址内的边角地带集中堆放、做好防护措施。

七、通过清表复测以保证地形图的准确性

地形图是进行土石方工程量计算的基础资料，其准确性对计算结果影响很大，但在实际工作中，地形图的准确性往往会有不同程度的欠缺，而且很难察觉。

通过岩土工程勘查资料，可以在一定程度上检验出地形图的准确性。规划建设四台或六台核电机组的工程，在厂区范围内至少需要布置几十个（甚至更多）地质勘探钻孔。由于每个钻孔都能在地形图上准确定位，且需要测量孔口标高，因此可将孔口标高与地形图中相应位置的标高相对比，相差小于 1.0m 时可认为地形图是较为准确的。如果相差大于 1.0m 时的数量较多，可认为地形图的准确性较差。

另外对照地形图和岩土工程勘查资料中的基岩面等高线图，如果在同一点后者的标高高于前者，则说明这两份文件中至少有一份的准确性存在问题。

根据以往的经验，在地形比较复杂、高大乔木密集的地段，由于测量条件较差，测量结果往往会有较大的误差。因此可以在场地平整开始时，先清除地表植物后再进行一次测量，按每项工程占地约一二百公顷计算，测量费用为数十万元，且由于清表后测量条件改善，测量费用还可再争取优惠；最终按照新测的地形图重新计算土石方量，以此作为计算施工费用的依据。

第三十八章

"四通一平"工程实例

　　某核电厂址北、南、西（均按建筑坐标系统描述）三面临海，东面与陆地接壤，属半岛型厂址，见图38-1。厂址区域地形狭长，为贫瘠的丘陵地及滩涂，地面标高10～56m，滩涂地面标高0～-3.9m。

　　厂区规划建设六台M310机组及其配套辅助设施，分三期工程建设，每期建设两台机组，实际建设中第三期工程（5、6号机组）改为华龙一号机组，见图38-2。

　　六台机组并列布置在厂址北部的挖方区域，各辅助生产设施布置在主厂房区的周围；厂址南部区域主要布置施工场地，以及少量辅助生产设施；厂址东部区域主要布置厂前区等设施；厂址西部区域布置大件码头；进、排水明渠分别位于厂址的南、北两侧；电力出线向厂址以东方向送出；主要进厂道路和次要进厂道路分别由厂址东北角和东南角向东接至地方公路。

　　根据厂址总体规划及地形地貌条件，工程建设用地由山体开挖、低洼地及海域回填形成。其中厂址南部区域用地主要为填海造地，见图38-3；厂址北、南、西三面临海设置护岸，东北侧设置挖方和填方边坡；场地平整标高与厂坪设计标高相同，为11.00m（1985国家高程系统），全厂场地平整工作在一期工程中按照规划容量一次完成，用地面积总计约173.50hm²，场地平整挖方量为1040万m³（实方），填挖方量基本平衡。

　　厂址以外的施工道路、施工供水、施工供电、施工通信接入厂址，线路规划如下：

　　（1）在工程建设阶段，主要进厂道路和次要进厂道路均作为施工道路使用。

　　（2）在厂址东部规划一座永临结合的淡水厂，以满足工程建设期间及生产运行期间的用水需求。水源为厂址附近的河流及水库，通过输水管道输送至淡水厂。

　　（3）施工供电由厂址附近的变电站，通过110kV架空线接入至位于厂址东部的新建110kV施工变电站。

　　（4）施工通信由厂址附近的通信公司，通过架空线接入至位于施工变电站内的施工通信交换箱。

　　（5）厂址用地北部为核电厂区、南部为施工场地。施工场地内部通过厂址内的施工道路、施工供水（包括生产给水、生活给水、雨水排水等）、施工供电、施工通信线路布置，将施工场地划分为核岛土建、核岛安装、常规岛土建、常规岛安装、BOP施工、混凝土搅拌站、施工仓库区等各个地块，并为各个地块留有接口，见图38-4。

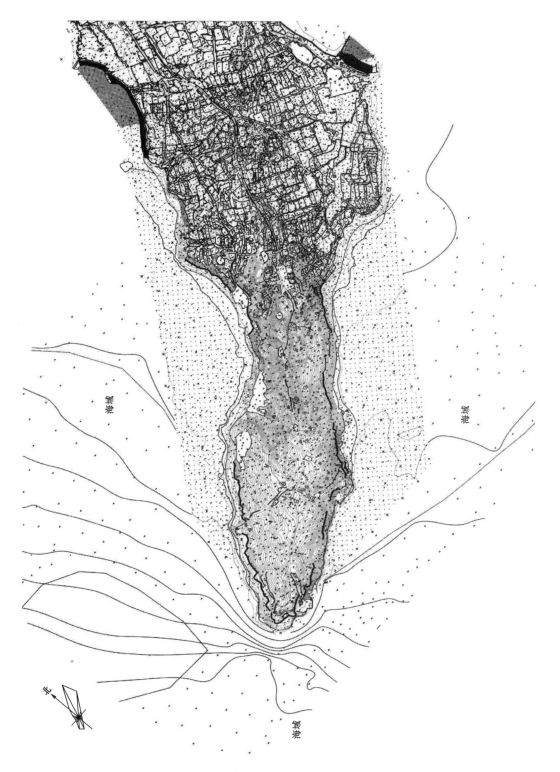

图 38-1　厂址原始地形地貌图

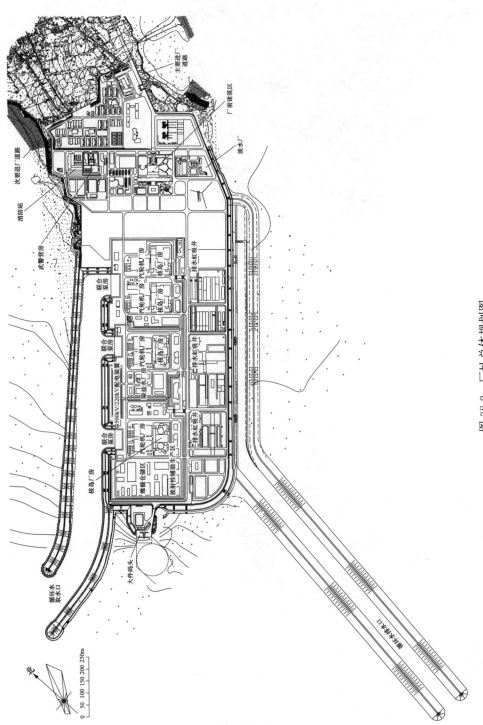

图 38-2　厂址总体规划图

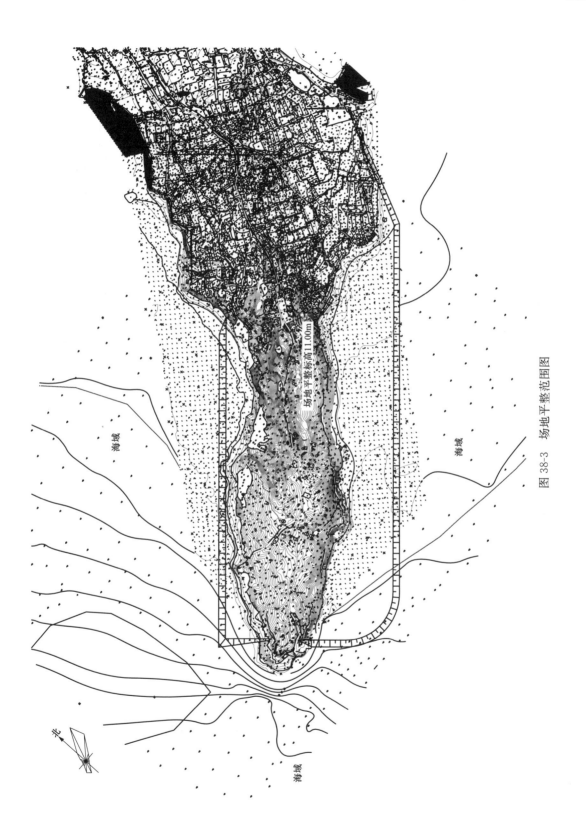

图 38-3 场地平整范围图

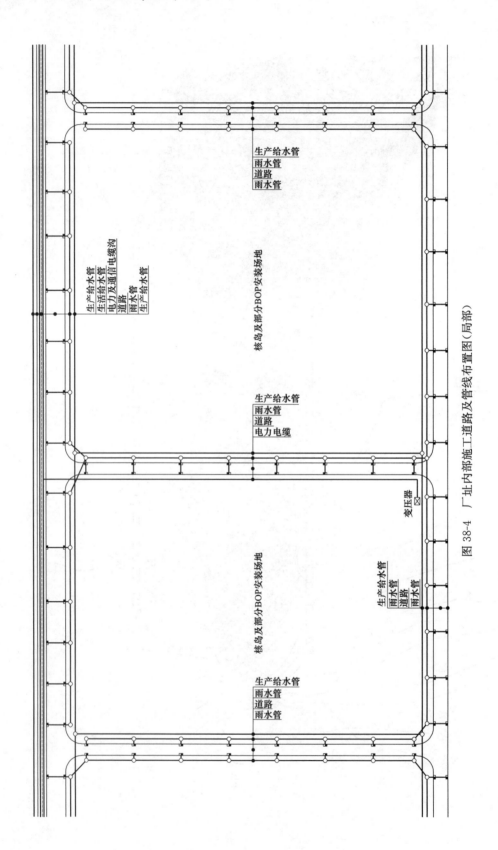

生产给水管
雨水管
道路
雨水管

生产给水管
生活给水管
电力及通信电缆沟
道路
雨水管
生产给水管

核岛及部分BOP安装场地

生产给水管
雨水管
道路
电力电缆

核岛及部分BOP安装场地

变压器

生产给水管
雨水管
道路
雨水管

生产给水管
雨水管
道路
雨水管

图 38-4 厂址内部施工道路及管线布置图（局部）

Part 9
第九篇 厂区绿化设计

　　核电厂厂区绿化设计是根据核电厂的地理区位、生产特点、规划容量、场地条件和周围环境等因素，运用多样化的环境艺术设计理念，通过科学的环境艺术设计和创意加工等手段，对厂区整体环境进行规划，让环境为厂区建筑群体空间增添色彩，使厂区建筑群体形成一个和谐宜人、舒适美观的环境空间，并有助于改善工作环境、保护员工的身心健康，具有明显的社会经济意义。

第三十九章

厂区环境设计和绿化的意义及作用

厂区环境由厂区建（构）筑物、道路、广场、绿化、建筑小品等要素构成。厂区环境设计是根据电厂所在的地理区位及场地条件，结合所在区域的城市风貌及厂区周围环境等因素，通过设计构思和创意加工等手段，对厂区整体环境进行规划，使电厂更好地与周边环境相协调、相融合。

核电厂厂区绿化设计的意义和作用为：

一、净化空气

绿色植物是天然的"制氧器"和"过滤器"。植物通过光合作用可以吸收二氧化碳，同时释放出氧气，净化空气。植物的生长和人类的活动保持着生态平衡的关系。同时，植物特别是树木，对灰尘有明显的阻挡、过滤和吸附的作用，还可吸收空气中的有害物质，如二氧化硫、氟化氢、氯气等。有些植物还可以分泌大量的杀菌素，有效地杀死空气中的有害菌。核电厂自身不产生烟灰、粉尘等有害物质，但绿色植物可以起到改善环境空气质量的作用。

二、调解环境气候

高大的植物具有良好的遮阴效果，植物叶片的蒸腾作用也可以增加空气中的湿度，并通过吸热降低空气温度，有效地改善和调节周围环境的小气候。一般来说，炎热的夏季，在浓密的树荫之下，温度可降低 $3\sim5℃$。冬季树木（特别是常绿乔木）的遮挡，可以使风速大大地降低，区域温度下降不致太多；春、秋季则由于植物的作用，日温的变化得到缓和。

三、区域划分

核电厂是生产工艺复杂的工业企业。除了核岛、常规岛以外，还有电气、供排水、水处理和海工设施等辅助生产建（构）筑物，以及三废区、（热）检修车间、仓库、生产管理及武警消防等附属建筑。根据生产工艺的特点，将这些不同的建（构）筑物划分为不同的区域，构成了核电厂的功能分区。核电厂中不同的功能分区，根据不同要求通常采用围栏及道路来进行划分。道路既分隔了不同功能的各个区域，又起到联络的作用。如果在核电厂中允许进行绿化布置的区域，结合道路布置进行合理的绿化设计，即用绿色屏障来进行不同区域的空间分隔，既能达到分区明确的目的，又能使整个空间连续完整。同时，在进行绿化布置时，选择适当的树种又可使绿化在不同的分区起到不同作用，如隔声降噪、美化环境等，以适应不同分区在功能上的不同要求。

四、隔声降噪

植物是有效的"绿色隔音屏障"，是减弱噪声的重要措施之一。

核电厂主厂房内的汽轮机等设备运转时发出较大的噪声，这些噪声往往在 100dB 以上，对生产运行人员的健康极为不利。为降低噪声污染，除了对声源采取隔声措施以减少向周围环境扩散外，绿化林带对防治噪声也有一定的作用。根据相关实验，40m 宽的林带可以降低噪声 10~15dB，30m 宽林带可降低 6~8dB。因此，在核电厂厂区内允许进行绿化布置的区域，在道路两旁布置合理的绿化林带，可以有效地降低噪声对相关区域办公人员的影响。

五、水土保持

绿地对水土保持有显著的作用。当自然降雨时，有 15%~40% 的水量被树林树冠截留或蒸发，有 5%~10% 的水量被地表蒸发。树木和草坪的根系发达且盘根错节，在土壤中交织成坚固的保护网，可以有效地固定土壤，减少雨水在地表的流失，减弱雨水对地表土的冲刷，起到涵蓄水源、保护边坡、防止水土流失的作用。

六、美化厂区环境

植物中许多都具有较高的观赏价值，特别是园林景观植物。核电厂经过合理的绿化布置后，园林景观植物可以为厂区增添丰富的景色，整个厂区的面貌会比绿化前会有明显改观，具有良好的美化环境的作用。为员工营造出一个环境优美、和谐舒适的工作环境。

第四十章
电厂环境的特点与环境的组织

第一节 环境空间的组织

一、核电站厂区环境特点

　　核电厂厂区建（构）筑物分布范围广、主厂房体量高大、数量多、工艺联系紧密，一般以建筑群形式形成大片连续空间，且考虑到厂区地下管线多，安保措施要求高，用地范围大，一般进入核电厂区内，人们视线所及的范围是一组组建筑或构筑物，如核岛、常规岛主厂房建筑群、冷却塔、高压线塔、烟囱等，厂区呈现出整体较空旷，局部很集中的特点。通常，按照生产功能要求组成的建筑群体，表现为简单、粗犷的几何形体，只有经过合理组织与塑造加工，也就是在一定的技术经济条件下，把全部功能要求（生产、管理、生活及其与之相适应的视觉观感效果）表现在有机的组群空间之中—以功能统一空间，使核电厂建筑群体赋予一定艺术质量，建筑群体空间的观感效果才更具视觉艺术性。如图40-1所示为北方某核电厂整体效果图，充分反映出核电厂厂区的整体景观和空间特点。

图 40-1　北方某核电厂整体效果图

二、环境空间的构成与环境的组织

　　厂区景观环境是进行厂区总平面规划布置时必须考虑的一个因素。对相同建设条件的核电厂而言，在生产功能要求完全相同的情况下，采用不同的工艺布置方案、不同的公共设施与交通运输组织、加上不同的建筑群体构思，可以产生大不相同的环境艺术效果。

（一）群体空间设计技法

1. 群体空间布置

核电厂建筑群体空间布置，就是结合生产流程和总图运输的考虑，恰当规定所属空间的要求和用途，确定相应空间位置与相对关系，运用一般美学法则和建筑构图规律，研究建筑群体的平面、竖向空间组合，使核电厂群体空间既满足生产使用功能，又能满足一定的视觉观感要求，使核电厂群体达到预期的建筑艺术效果。

核电厂建筑群体空间是以生产使用功能为目的，根据生产的需要，群体空间可以为封闭空间或开敞空间。封闭空间多用于要求独立、安静的环境，而开敞空间给人较为完整的群体形象。不同的空间组合方式及其不同的建筑构思，能赋予不同的空间艺术效果，具有不同的空间艺术表现力。

例如，沿规则直线排列的建（构）筑物具有整齐的空间效果，但有时为了避免空间的单调狭长感，局部建（构）筑物可不受限制，而采取错落有致的布置方式，可使空间局部产生层次变化（见图40-2）。在其空缺的用地上点缀以绿化、建筑小品等，使空间既保持连续又富于变化。而按照一定几何形状组织的群体空间，容易产生有约束力的独立群体空间（如向心、放射、转折、并联、周边、内含、外接等内在相关因素）。对于有方向且具有视线延续性的建筑群体，其群体空间布置应考虑视线的引导和终结处理。

图 40-2　直线排列布置空间示意图

对于山丘坡地的建筑群体，注意地形、地貌及其气候条件关系是十分重要的，建筑空间组织方式不一定要追求厂区主轴线的直线贯通、片面强调气魄与庄重效果，而应着重交通运输组织和人流活动方向与规律，根据竖向布置组织建筑空间布局，借助轴线转折的处理手法，依山就势、灵活布局，可获得十分丰富而有变化的群体空间效果。

2. 群体空间处理

（1）空间的延伸与借景。

实体和空间是互相渗透、互相侵入的，核电厂建筑群体空间景观效果，是人们经过连续视点观察而产生的连续空间印象。根据生产功能和视觉要求，在有规律的空间里，不但要着重解决其平面空间组合，而且必须考虑空间的连续性。空间效果的扩大方式，主要可通过空间的延伸、借景等处理方法来实现。

1）外部空间向内部空间延伸。核电厂建筑外部空间和内部空间之间的关系，既有所分隔，而又有所连贯，空间互为补充。这种室内外空间的相互渗透、延伸的布置处理，可有效组织视线，发挥空间的引申、引导作用，从而改变空间的压抑、沉闷、紧迫的气氛，使群体空间延续、舒展，互相连贯。

2）内部空间向外部空间延伸。建筑群体内部空间必须与其外部空间相互衔接，相互补充，其内外空间的塑造有着相互转换的可逆性。例如，在外墙上面设置大的对外门洞，改实墙体为空透隔断、做成开敞或架空支柱等减弱室内空间闭锁性的设计手法，使室内空间向室外延伸，既能扩大内部空间效果，又使内外空间贯通（见图 40-3）。

图 40-3　内外部空间的延伸实例

3）借景。就是通过视点和视线的巧妙组织，把空间之外的景物纳入群体空间构图。通过借景手法，可以扩大视野范围，丰富空间层次。比如厂前区办公楼依山临水而建，楼内办公人员能够透过窗户，穿越厂区围墙，将湖光山色尽收眼底，有置身大自然怀抱的感觉。

（2）空间层次组织。

在实际厂区环境空间中，人们所看到的建筑群体空间，是由各个建筑物、构筑物、道路场地、树木、建筑小品等组成的，是具有透视消失感和层次的景面。透视消失感使空间景物呈现出近大远小、近高远低，近的清楚、远的模糊以及色彩梯度上的近浓远淡等透视变化，这是空间景物产生层次观感效果的规律所在。在考虑厂区建筑空间构图时，通常是通过几个主要观察点来组织景面层次，确定其主要建（构）筑物及作为背景的自然环境或其他建筑物的空间层次关系（如体量、色彩、材料质感等），并使之符合透视消失规律。空间层次组织一般可采用高、低建筑物的变化布局，自然地形的起伏变化、建筑体量及其平面组合的灵活处理，建筑材料与精心配置等设计手段来实现。此外，尚可运用空间的收扩变化、景物安排及照明、绿化、建筑小品的组织等方法来加强群体空间的层次感，使每层空间在大小、形状、明暗、气氛上都有所连贯呼应，相互陪衬与对比，按照总的设计意图形成完整的、多层次的建筑群体空间景象。

（3）空间过渡与引导。

空间的过渡是通过渐变与突变的构思来组织的。渐变就是通过临界空间界面的环境组织，墙面与地面的延伸，构筑物（栈桥、管廊等）的交织、色彩与材料质感的呼应等相联系的方式，自然地变换空间，让人们在不知不觉的过程中感受空间的变化，空间的连贯性很强。突变就是采用景面收束与空间展开、空间尺度大小对比等变化处理来改变空间的视觉观感效果，以获得对比强烈的空间变换。空间引导是通过视线的引导和交通运输组织等方式来完成的。视线引导是借助空间景物安排及指导性构思意图而具体化。例如，利用后一空间高大建（构）筑物的显露作为前一空间的对景、背景或借景，作为视线和行进的引导目标；采用墙面或绿篱之类的转角处理，使前方不能看通，迫使或引导改变行进方向；利用墙面、道路、管廊（架）、栈桥、绿化等的延伸和走向，强调出空间的指导性，常常都能起到曲尽其妙的空间构图效果。

（二）色彩的应用

色彩的运用不仅是为了建筑艺术处理上的需要，而且也是为了生产管理上的需要。现代工业中，建筑物采用不同颜色的围护结构来区别不同的生产工序，工程管线也涂以不同颜色来区别输送的不同介质。色彩的运用也可以起到警戒和安全的作用，交通工具和道口等采用醒目的黄色，可以引起行人的注意。如图 40-4 所示采用黄色标线对需要警示的位置进行标识，采用红色人行道引导行人行走人行道，采用白色标志标线对道路交通进行规范。

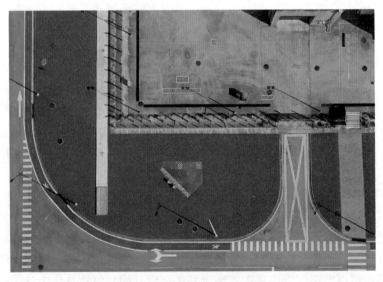

图 40-4　地面引导标志实例

建筑色彩有冷、暖之别，红、橙、黄色，能给人以热烈、温暖的感觉；蓝、白色能给人寒冷、凉寂的感觉。一般说来淡色使人感到远、虚、轻，深色使人感到近、实、重，色彩有动、静之异，互补色对比性强，使人感到跃动，同类色柔和协调，使人感到宁静，建筑色彩要给人以美和和谐的感觉，一般应该是单纯而不单调，丰富而不杂乱，鲜艳而不污浊，所以处理建筑物色彩时，应该从群体建筑色彩的协调出发，应多考虑对人的身心健康有益，对厂容环境有益。

第二节　环境空间的重点处理

当核电厂厂区建（构）筑物体型空间大致确定之后，建筑群体空间的一些部位还应根据总体要求，对一些与群体空间构图关系密切的、影响总体效果的部位和空间，作适当的重点处理。但这种处理也必须服从生产功能与群体空间构图要求，使重点空间形象的材料、质感、色彩、线条、设备装修等处理真正起到画龙点睛、提高群体空间艺术质量的作用。

一、厂区主要出入口的处理

厂区出入口分主入口、次入口、应急疏散出入口、人行出入口以及货运出入口等，其具体设置功能由工业企业的规模、性质而定。出入口是整个厂区的交通枢纽，同时也担负着安保、办证、接待等作用，是核电厂企业文化的体现。

（1）核电厂出入口是厂区的门户，在建筑物的造型、选材、色彩等方面，应符合企业文化的要求，同时力求简洁大方、经济美观，有企业的特色和标识性。

（2）流线宜人车分流设计，当有特别安全警备要求时，应设置人行、车辆检查通道；同时在出入口处设置人员集散场地及车辆回转空间。

（3）主要出入口规模应根据厂区规模、性质而定，主次出入口分开设置，同时满足消防、大件运输、厂区安保等要求。

厂区出入口形式分为广场式（出入口建筑和大门退入厂区，留出广场空间，见图40-5）、雨棚式（采用架空雨棚连接出入口两侧的门卫建筑，道路从雨棚下方穿过，见图40-6）、门柱式（在出入口两侧布置门卫和门柱，并以大门和围墙连接门卫和门柱）等形式。

图 40-5　广场式厂区出入口实例

图 40-6　雨棚式厂区出入口实例

二、厂前区建筑空间构图

厂前区建筑设计应满足使用功能要求，注意节约用地，同时要满足人们的审美要求，对厂前建筑空间采取艺术处理对美化厂容、厂貌具有十分重要的意义，是体现企业精神面貌和展现企业文化的重要空间。

不同规模、场地条件和使用要求的核电厂，其厂前区建筑群体空间的布置也不尽相同。其布置处理手法受生产工艺制约较少，可以灵活变化，常常采用以下构图方式。

（1）以厂前区景观广场为中心的建筑群体空间构图。厂前区的办公楼等建筑围绕景观广场布置，可构成庭院式、开敞式、半开敞式和自由组合式的群体空间。

（2）采用对称与不对称的构图手法。对称构图的群体空间有强烈的均衡感，立面庄重严谨，轴线关系十分明确；不对称布置使群体空间产生变化，立面构图新颖、活泼，轴线关系减弱，空间富于构思，可适用于各种类型的厂前建筑规划。

（3）自由式空间组合布置。考虑场地地形条件、朝向及与厂外干道关系等，将厂前区建筑灵活布置，自由地组合群体空间，协调厂区内外关系，获得良好的空间构图效果。

（4）厂前建筑群与厂房建筑的对比处理。充分利用厂前区建筑与主厂房建筑在比例、尺度、结构、材料和色彩等方面的对比关系，可使厂前建筑群体空间产生预期的艺术效果。例如：主厂房的造型简单，厂前主要建筑设计多层，在建筑立面上形成对比，利用高大厂房与厂前建筑的相互衬托，取得良好艺术效果。

（5）充分利用厂区地形与绿化，因地制宜布置。厂前区通常布置在核电厂的固定端，但对于受场地及厂区周边地形等环境限制的核电厂，厂前建筑不一定放在厂区固定端，有的布置在厂区一角或一端，有的可放在较高的山坡上或靠近海边，或者可按其生产使用功能分散布置，依山傍水而建，它与厂区的关系可随地段情况而定。充分利用地形、水池、山、石、树木等自然条件，灵活布置厂前区建筑群体，并组织绿化与建筑小品与之配合，同样可以获得良好的建筑艺术效果。

三、厂区主干道的空间处理

厂区主干道是人流、车流通行的要道，也是核电厂绿化、美化的重点。考虑厂区主干道的空间效果，首先应根据核电厂规模、工艺管线影响、交通场地条件等因素确定通道密度，同时还应兼顾视觉要求。通常干道宽度与两旁建筑高度相协调是给人以舒畅感的一个重要因素。此外，也与干道长度和两旁建筑物所具有的形式有关。从视觉要求来说，通道宽度过小时，空间过分收束，两建筑物之间形成干扰（通风、采光、日照及视线等），产生狭窄郁闷、视线不够开阔明朗；通道宽度过大，使人产生远离感与空旷感，表现为空间不紧凑；通道弯转起伏，凹凸变化太多，则空间视线容易引起凌乱感，与核电厂生产气氛不甚相宜。

因此，在进行主干道建筑空间处理时，既要满足使用功能要求，使人看清建筑物而不感到空旷，同时又要使人的视点与建筑物之间保持适当距离，避免产生局促和拥挤的胁迫感觉。

厂区主干道宽度一般为7m，在可能的条件下，对干道及其周围空间进行适当的构图处理，可以改善干道的环境视觉效果，提高干道的空间质量。

四、场地的空间美化

核电厂保护区范围内一般采用碎石铺地，厂区环境比较单调，可考虑采用硬质景观形式美化空间环境，改变视觉观感，如采用彩色铺地、枯山水等景观要素。

第四十一章
核电厂环境与绿化

第一节 一 般 规 定

（1）核电厂绿化布置应根据核电厂的规划容量、生产特点、厂内各区的功能和性质、总平面布置、竖向布置、室外管线综合布置和当地自然条件、厂区周围环境、绿化状况，因地制宜地统筹规划，分期实施。

（2）核电厂保护区主要包括主厂房区、三废区和循泵房区等始终受到警卫或电子装置严格监控的区域。与火电厂等其他厂区相比，在核电厂主厂房区、三废区等区域可能存在放射性物项的存放和转运，同时由于核电厂安保要求，在保护区及有监控要求的区域不应具有可藏匿或可遮挡视线的植物等，所以在核电厂的主厂房区、三废区以及其他可能存在放射性物料的转运、装卸的区域，为了防止大量的枯枝残叶可能造成潜在的放射性废物，给生产管理带来困难，上述区域不应进行绿化。

（3）核电厂绿地率宜控制在 5%～10%。

（4）扩建和改建发电厂宜保留原有的绿地和树木。

（5）核电厂的进厂主干道、厂区主要出入口、生产管理区等宜进行重点绿化。

（6）绿化布置的平面规划与空间组织，应与发电厂建筑群体和环境协调，合理确定各类树木的比例与配置方式。

（7）绿化布置应在不增加建设用地前提下，充分利用生产区、生产管理区的场地和厂外主道路两侧进行绿化。

（8）发电厂绿化布置应符合下列要求：

1）降低噪声污染，净化空气，保护环境，改善卫生条件；

2）调节气温、湿度和日晒，抵御风沙，改善小区气候；

3）加固坡地堤岸、稳定土壤、防止水土流失；

4）划分人流、车流和场地界限；

5）美化厂容、创造良好的工作、生活环境；

6）不应妨碍生产操作、设备检修、交通运输、管线敷设和维修，不应影响消防作业和建筑物的采光、通风；

7）特殊地质条件地区，绿化浇灌不应影响建（构）筑物的基础稳定。

第二节 设 计 要 求

（1）厂区主要出入口附近的绿化应按照实用、经济、美观的原则，以植物造景为主，可适当点缀少量建筑小品。

（2）厂前建筑区和员工活动较多的室外场所应为核电厂的重点绿化地段；其他对环境洁净要求高或噪声大的车间附近宜适当绿化。

（3）厂区需要进行环境监测的地段，可在适当地点栽培监测环境污染指示性植物。

（4）屋外配电装置内的空地宜进行绿化，并充分利用自然条件培植天然草坪。

（5）化学水处理室周围、酸碱罐区盛行风向下风侧宜进行绿化。

（6）冷却塔区周围的空地在不影响冷却效果和不污染水质的前提下宜进行绿化。

（7）在道路交叉口的绿化布置应满足视距要求。

（8）核电厂的取、排水建（构）筑物的岸边宜进行绿化。

（9）有条件垂直绿化的建筑物、挡土墙、护坡宜进行垂直绿化。

（10）厂区有监控要求的围栏内外 6m 范围内不应种植乔木和灌木等，保护区实体屏障隔离带内不得绿化。

（11）非保护区道路两侧、围墙内侧、管架、栈桥下宜进行绿化，并应满足运行、检修及行车安全要求。

（12）树木与建（构）筑物及地下管线的间距，应按表 41-1 确定。

表 41-1　　　　　　　　　　树木与建筑物、构筑物和地下管线的间距表　　　　　　　　（m）

序号	建（构）筑物和地下管线名称	最小间距	
		至乔木中心	至灌木丛中心
1	建筑物外墙：有窗	3.0～5.0	2.0
2	建筑物外墙：无窗	2.5	1.5
3	挡土墙顶内和墙角外	2.0	0.5
4	围墙（高 2m 及以上）	2.0	1.0
5	道路路面边缘	1.0	0.5
6	排水明沟边缘	1.0	0.5
7	人行道边缘	0.5	0.5
8	给水管、排水管	1.0～1.5	不限
9	热力管	2.0	2.0
10	氢气管、乙炔管	2.0	1.5
11	氧气管、压缩空气管	1.5	1.0
12	电缆	2.0	0.5
13	冷却塔	进风口高度的 1.5 倍	不限
14	天桥、栈桥的柱及电杆中心	2.0～3.0	不限

注　1. 树木至建筑物外墙（有窗）的距离，当树冠直径小于或等于 5.0m 时采用 3.0m，大于 5.0m 时采用 5.0m。
　　2. 乔木、灌木至有监控要求的围栏的间距要求应按相关规定执行。

（13）送电线路通过林区，应砍伐出通道。通道净宽度不应小于线路宽度加林区主要树种高度的 2 倍。通道附近超过主要树种高度的个别树木应砍伐。

在下列情况下，如不妨碍架线施工和运行检修，可不砍伐出通道。

1）树木自然生长高度不超过 2m。

2）导线与树木（考虑自然生长高度）之间的垂直距离，不小于表 41-2 所列数值。

送电线路通过公园、绿化区或防护林带，导线与树木之间的净空距离，在最大计算风偏情况下，不小于表 41-2。

表 41-2	导线与树木之间的垂直、净空最小间距			（m）
标称电压（kV）	110	220	330	500
垂直距离	4.0	4.5	5.5	7.0
净空距离	3.5	4.0	5.0	7.0

（14）送电线路通过果树、经济作物林或城市灌木林不应砍伐出通道。导线与果树、经济作物、城市绿化灌木以及街道行道树之间的垂直距离，不小于表 41-3 所列数值。

表 41-3	导线与果树、经济作物、城市绿化灌木及街道树之间的最小垂直距离			（m）
标称电压（kV）	110	220	330	500
垂直距离	3.0	3.5	4.5	7.0

第三节　树种选择与种植间距

一、绿化树种的选择

（1）核电厂绿化树种的选择，应根据树木所处环境和自然条件确定，并应符合下列要求：

1）应符合安全、防火和卫生要求；

2）绿化应选用常绿树、乡土树木和花草为主；

3）具有较强的适应周围环境及净化空气的能力；

4）易于繁殖、移植和管理；

5）观赏树的形态、枝叶应具有较好的观赏价值。

（2）厂区主要出入口等重点绿化地段可选用部分观赏植物，并作空间艺术处理。

（3）屋外配电装置内绿化应以覆盖地被植物为主，也可种植少量灌木或花卉。

（4）空气压缩机室、试验室等对空气清洁度要求较高的建筑附近不应种植散布花絮、绒毛等污染空气的树木。

（5）化学实验室、酸碱罐区附近应种植抗酸碱性强的树木。

（6）冷却塔附近可铺草皮，在不影响冷却塔冷却效率的前提下，可种植喜潮湿、耐潮湿的树种。

（7）非放射性仓库周围宜种植树干直、分叉点高、病虫害少的乔木和灌木。化学试剂库周围宜种植生长高度不超过 0.15m、含水分多的常绿草皮。

（8）常用绿化树种见表 41-4。

表 41-4　　　　　　　　　　常见的绿化树种

序号	树种	主要适宜地区	适应条件	环境保护功能
1	槐树	华北、西北、东北、华北	喜干冷气候，在碱性土、中性土及酸性土上均能生长，要求土壤深厚、排水良好	抗污染，吸收有害气体
2	构树	黄河流域以南地区	喜光，适应性强，耐干冷和湿润气候，又耐干旱瘠薄和水湿	防污染，吸收有害气体，防尘，遮阴
3	梧桐	长江流域各省、华北、华南、西南	喜光，宜湿润的黏土，喜碱性土壤，较不耐水湿	抗污染，吸收有害气体，防尘，遮阴
4	毛白杨	华北平原	喜湿润，土壤深厚	抗污染，吸收有害气体，防尘
5	加拿大白杨	华北平原、华中平原	喜温润，耐瘠薄，耐涝，稍耐碱	吸收有害气体，防风
6	钻天杨	西北、华北	喜湿润，不耐湿热气候	吸收有害气体，防风
7	旱柳	东北、华北、华中、西北	耐寒，耐干旱，耐水湿，适应各种性质土壤	吸收有害气体，固沙
8	垂柳	长江流域、华北、云南省	耐水湿，喜湿润土地或碱性土壤	吸收有害气体
9	榆树	华北、华中、长江以南	耐干冷气候，喜碱性土壤，耐瘠薄干旱，耐轻度盐碱，但不耐水湿	抗污染
10	榉树	长江流域	喜温暖气候和湿润肥沃的土壤，在碱性土壤上生长较好，不怕水湿	抗污染
11	朴树	淮河流域以南	宜排水良好的肥沃、湿润、深厚土壤	抗污染
12	泡桐	华北、西南、东北、河南省、山东省	喜碱性、湿润、肥沃的沙质土壤，耐旱，不耐水湿	抗污染，吸收有害气体，防尘，遮阴
13	银杏	华北、华中、华东、四川省、云南省	耐寒，在酸性土、碱性土、中性土上均能生长，不耐水湿	吸收有害气体，杀菌，防火
14	臭椿	华中，长江以南、华北、四川省	耐寒，喜碱性土壤，很耐干旱、瘠薄，怕水湿，耐盐碱	抗污染，吸收有害气体，杀菌
15	合欢	华北、华中、长江以南、四川省	耐干燥气候，耐沙质土壤	较抗污染，吸收有害气体
16	楸树	华北、华中、长江以南、四川省	耐寒、喜碱性、肥沃土壤，耐旱	抗污染，防尘
17	悬铃木	华中、长江以南，四川省、华北南部	耐寒性中等，喜湿润、肥沃的沙质壤土	吸收有害气体，防尘，遮阴，隔声

序号	树种	主要适宜地区	适应条件	环境保护功能
18	刺槐	华中，长江以南，西北，华东南部	耐寒，中性或碱性土壤上都能生长，耐干旱、瘠薄、盐碱、怕水湿	抗污染，吸收有害气体，固沙
19	油松	东北、黄河以北	耐寒，在酸性和中性土壤都能生长，耐干旱、瘠薄	抗污染，吸尘，隔声，杀菌
20	桧柏	华北、华东、四川省	喜光，幼时耐阴，喜湿凉和温暖气候以及湿润土壤	抗污染，吸尘，隔声，杀菌
21	龙柏	长江流域	喜光，幼时耐阴，喜湿凉和温暖气候以及湿润土壤	抗污染，吸尘，隔声
22	雪松	华东、华中	稍耐阴，喜温和、凉润气候，要求土层深厚及拌水良好的轻黏土壤，不耐水湿，不抗烟气	隔声
23	樟树	华南、西南、华中、江西省	稍耐阴，喜温暖、湿润气候，喜酸性、湿润、肥沃、排水良好的土壤，不耐干旱、瘠薄	抗污染，吸收有害气体，杀菌，遮阴
24	广玉兰	长江流域以南各省	较耐寒，喜温暖、湿润气候和肥沃土壤	抗污染，吸收有害气体，遮阴
25	大叶黄杨	长江流域各省	较耐寒，喜温暖、湿润气候和肥沃土壤	抗污染，吸收有害气体
26	女贞	华东、华中、华南、西南	喜温暖气候，稍耐阴，适生于肥沃、湿润，不耐干燥瘠薄	抗污染，吸收有害气体
27	海桐	江苏省广东、福建、浙江	喜温暖气候，较耐阴，喜肥沃、湿润土壤但耐干旱瘠薄沙地	隔声抗污染，吸收有害气体
28	珊瑚树	华东、华南、西南	较耐阴，喜湿润、肥沃土壤，不耐干旱瘠薄	隔声抗污染，吸收有害气体
29	夹竹桃	长江以南	喜温暖湿润气候，不耐寒	杀菌抗污染，吸收有害气体
30	棕榈	秦岭、长江流域以南	喜温暖气候及肥沃、湿润排水良好的碱性、中性或微酸性土壤	抗污染
31	榕树	华南、福建省、台湾地区	喜暖热、多雨气候、酸性土壤	抗污染，吸收有害气体，遮阴
32	台湾相思	华南、台湾地区	不耐寒，喜中性土壤。耐干旱、瘠薄	抗污染
33	桉树	华南、西南	不耐寒，喜湿润、多雨气候和酸性、疏松湿润的土壤	抗污染，吸收有害气体，遮阴
34	银桦	华南、江西、福建、云南、台湾等省	喜温暖、湿润气候和酸性土壤	较抗污染，吸收有害气体

序号	树种	主要适宜地区	适应条件	环境保护功能
35	凤凰木	华南、台湾地区、云南省	喜温暖气候和肥沃土壤，不抗烟气	遮阴、隔声，防尘
36	石栗	华南、福建、江西、湖南等省的南部	喜光、喜肥沃、深厚土壤，宜平地生长	较抗污染，遮阴

（9）我国各地主要绿化树种对有害气体（以 SO_2 为主）的抗性见表 41-5。

表 41-5　我国各地主要绿化树种对有害气体（以 SO_2 主）的抗性

序号	地区	抗性强	抗性中等	抗性弱
1	上海地区	珊瑚树、大叶黄杨女贞、广玉兰、夹竹桃、八角金盘、樟树、小叶女贞、棕榈、臭椿、朴树、丝棉木、榆树、合欢、郎榆、无花果、乌桕、构树、槐树、刺槐、白蜡、木芙蓉、石榴、凤尾兰	侧柏、黑松、罗汉松、垂柳、梧桐、悬铃木、楝树、枫杨、白杨、桑树、榉树、紫白兰、木槿、月季、紫薇、枣树、柿树	雪松、桂花、厚壳、鸡爪槭、三角枫、重阳木、雪柳、紫荆、暗梅、桃树、梅树
2	江苏地区	夹竹桃、蚊母、枳壳、枳橙、女贞、小叶女贞、大叶黄杨、珊瑚树、广玉兰、青岗栎、棕榈、大叶冬青、石楠、石栎、绵槠、飞蛾槭、油橄榄、构树、无花果、海桐凤尾兰	罗汉松、龙柏、铅笔柏、杉木、桂花、樟树、瓜子黄杨、构骨、梧桐、泡桐、臭椿、丝棉木、楝树、槐树、刺槐、合欢、朴树、樟树、麻栎、板栗、黄连木、白玉兰、木槿、三角枫、榆树、君迁子	雪松、马尾松、黑松、湿地松、加拿大白杨、健杨、垂柳、枫杨、挪威槭、擦树、糙叶树、粗糠、杜仲、红枫、薄壳、山核桃、葡萄、水杉
3	杭州地区	大叶黄杨、山茶、罗汉松、棕榈、金桔、桅子、珊瑚树、女贞、湖颓子、夹竹桃、瓜子黄杨、樟树、海桐、构树、臭椿	龙柏、千头柏、乌桕、楝树、水蜡、垂柳、樟树、加拿大白杨、泡桐、子患、桑树、蔷薇、月季	雪松、桧树、侧柏、榉树、合欢、重阳木、蜡梅、紫薇、紫荆、海棠、梅树、樱花
4	华中地区（武汉）	枳壳、樟树、女贞、棕榈、夹竹桃、大叶黄杨、构树、海桐	楝树、桑树、侧柏、臭椿、槐树、刺槐	马尾松、池柏、水杉、桃树、海树、枫杨
5	广东地区	尖对叶榕、印度榕、高山榕、木麻黄、台湾相思、构树、黄槿、油茶、蒲桃	石栗、黄葛榕、竹类、夹竹桃、樟树、阴香、黄槐	马尾松、白千层、白兰、刺桐、凤凰木、荔枝、龙眼、橄榄、杨桃、木瓜
6	四川地区（华蓥山、天池、硫磺附近）	尖叶灰木、全缘叶灰木、铃木四川铃木、羊春条、白常山、冬青山茶、小叶山茶、茶树、竹叶椒、胡颓子、映山红、野桐、瑞香、槲栎、朴树、光叶栎	勾樟、黄樟、三条筋、全苞石栎、绵槠、楠木、润楠、光叶海桐、十大功劳、杨桐、小蜡、大叶芙蓉	淡竹、刺黑竹、漆树、油桐、李树

续表

序号	地区	抗性强	抗性中等	抗性弱
7	云南地区 （昆明）	女贞、垂柳、刺槐、迎春、夹竹桃、棕榈、臭椿、木槿	银桦、赤桉、兰桉、大叶桉、滇柏、龙柏、滇杨	杉木、白兰花、柠檬桉、雪松、悬铃木
8	西安地区	大叶黄杨、女贞、构树、棕榈、夹竹桃、刺槐、合欢、石榴、柽柳	白蜡、悬铃木、苦楝、槐树、黄连木、胡颓子、毛白杨	油松、华山松、杜仲、棠梨、苹果、花椒
9	兰州地区	大叶黄杨、臭椿、槐树、白蜡、栾树、桂香柳、柽柳	桧柏、钻天杨、榆树、泡桐、梨树、桃树	侧柏、樟树、青杨、龙爪柳、杏树、苹果
10	东北地区	银壳、银白杨、桧柏、臭椿、三皂角、皂角、槐树、紫椴、毛赤杨、刺槐、榆树、桑树、美国白蜡、柽柳、桂香柳、华北卫矛、紫穗槐	侧柏、黄蘖、柞树、五角枫、泡桐、枫杨、板栗、丁香、茶条槭、樟子松	油松、钻天杨、核桃、红松、辽东冷杉、白丁香、山丁子、绣线菊、榆叶梅、青杆
11	华北地区 （北京市）	华山松、桧柏、侧柏、加拿大白杨、刺槐、槐树、榆树、臭椿、构树、紫穗槐、紫藤	白皮松、毛白杨、核桃、桑树、丝棉木、西附海棠、榆叶梅	油松、云杉、山杏、紫薇、河北杨、钻天杨、水杉

二、相应树种的种植间距

树木栽植间距见表 41-6。

表 41-6   树木栽植间距   （m）

名称	种植间距	
	株距	行距
乔木：大	8.0	6.0
中	5.0	3.0
小	3.0	3.0
灌木：大	1.0～3.0	≤3.0
中	0.75～1.5	≤1.5
小	0.3～0.8	≤0.8
乔木与灌木	＞0.5	

第四节 绿 化 布 置

核电厂厂区的绿化是总体规划中的一部分，必须服从城镇或周边旅游区绿化的总体布局，它的优劣会在一定程度上影响城绿化总体规划的质量。

一、绿化布置中点、线、面的结合

核电厂厂区的绿化布置，存在着点、线、面的关系。核电厂主要入口处重点绿化区域和循环水给、排水管道上的大片绿化构成了厂区的"绿化面",干道两边的高大乔木,是厂区绿化中的"线",办公楼周围绿篱中的独株观赏性植物、品种繁多的花卉以及姿态雄奇的百年大树,都是厂区绿化中的"点"。一般来说,"面"是起衬托作用,"线"是起连贯作用,而"点"则起点缀作用,三者必须互相联系、互相延续、互相叠加、互相映衬,既做到面中有点,突出重点,又做到线上有面,连贯不断,使厂区的绿化有机地结合在一起,浑然一体。

二、绿化配置方式的合理选用

绿化的配置方式主要应考虑降低有害气体和噪声向周围地区扩散。应根据其危害性大小,当地的风向、风速、地形等具体情况以及防护要求来配置。一般配置方式有不透风、透风及半透风三种:

(1) 不透风绿化带。由枝叶稠密的乔木和大量的灌木混交种植而成,它可以显著地降低风速,使空气中的灰尘不被风力带走,而是逐渐下沉落地,有害气体由于风速突然减低而沿着地面流动,逐渐被植物吸收。另一方面由于树木特别稠密,气流一旦越过,就产生涡流,接着又立即恢复原来的速度,故这种配置方式的防风效果不及透风及半透风的绿化带,但吸收噪声和滞缓粉尘或有害气体的效果是比较好。

(2) 透风绿化带由枝叶较稀疏的树木组成,其特点与不透风绿化带正好相反。

(3) 半透风绿化带。在透风绿化带两旁增植灌木。透风式或半透风式的绿化带,由于枝叶稀疏,不会产生涡流,但是风通过树木时,枝干的阻力会减小风速,因而防风的效果要比不透风绿化带好。

鉴于上述三种绿化带的不同特点,在核电厂绿化带的配置中常常采用混合布置,即采取组合的方式,一般将透风绿化带设置在厂区的上风侧,不透风绿化带设置在厂区下风侧,从而发挥最大的防护效率。此外为了增强防护的效果,乔、灌木最好交叉种植,以减少各行间的空隙。

三、植物品种的选择

选择植物品种要考虑到多种因素,结合绿化经验及实际效果,应注意如下问题:

(1) 根据各种植物对环境的适应性,生长速度,抗有害气体,烟雾和粉尘的性能,耐火防爆的特点以及长成以后的高度,树冠的大小形状和观赏特点等因素选择树种。例如,对有害气体的抗性,要数大叶黄杨和女贞最好;隔音效果则以雪松为佳,但该树对 SO_2 的抗性稍差;泡桐生长速度快,但不是常绿树,冬季落叶;法桐、柳杉杀菌能力强,防火性能好;枫树树高叶密,防尘较好,而且秋季成片红叶又具有较强的观赏性;此外,榕树、广玉兰、龙柏、龙爪槐、海棠等观赏植物也各具特色。

(2) 按照树木四季生长情况,合理配置常绿树与落叶树,针叶树与阔叶树,使绿化在不同季节里都能成为绿色屏障而发挥其应有的作用。例如,经常作为厂区主干道两旁的绿化物的悬铃木(即法桐),是一种高大的落叶乔木,高度可达 30m 左右,枝条舒展,树冠宽阔,有较好的遮阴作用。该树适应性较强,叶上绒毛较多,能抗一般粉尘,具有防暑降温、护路等作用,虽然冬季落叶,但矛盾不突出。又如,大叶黄杨是一种抗有害气体较强的常绿灌木,一般作为绿篱或丛植于花坛及草坪的角隅与边缘,也可修剪成各种形状来点缀草坪。

此外，还要采取速生树和慢长树相搭配栽植的办法，种速生树可迅速成荫成材，但树的寿命短，需分批更新；更新时，用慢生树逐渐代替速生树，以全面达到绿化的效果。

（3）采取乔木与灌木结合，树木与花果、草坪兼顾的办法。灌木一般生长速度快，易见收效。低矮稠密的灌木常常与高大的乔木相互搭配，组成抗污染和防风的绿化带。例如女贞抗污染能力强，而且有一定的隔声能力，常可作为行道树、绿篱或配置在防尘、隔声绿带的小乔木层中。

此外，如果绿化配置得当，还能收到一定的经济效益。因此，在核电厂的绿化布置中适当种植一些果树和建设用材，有很好的效果。

四、绿化造型艺术的运用

修剪是对树木进行艺术处理的一种重要手段，目的是使植物按人们预想的姿态定向生长，例如龙爪槐的形成，就是人的意志的体现。

根据艺术处理的要求，将植物修剪成各种不同的形状，如伞形、球形、锥形、菌形等。在绿化布置的不同区段，选择不同的形状加以组合，使整个绿化布置丰富多彩。例如，在北京地区用侧柏、黄杨修剪成各种形状的单株和各种断面的绿篱，使绿化的造型更加丰富优美。又如扫帚苗本身是球形的灌木，可以修剪成各种形状，点缀在大片的绿地上，其色彩随着季节有很大变化，夏季呈翠绿色，秋天则由红变黄，使大片草坪增色不少。

五、重点区段的绿化布置

核电厂绿化布置的区段主要是厂前区主要出入口及厂内非保护区主要道路，现分述如下：

1. 核电厂厂前区主要出入口区域绿化

主要出入口处，一般宜将树木井然有序地沿马路成行布置，形成林荫大道，将行人引向厂区。入口大门的两侧一般宜布置单株的观赏植物，并配以门柱、花格、门灯等建筑小品，在传达室旁边布置条形花坛，以突出入口。炎热地区的出入口处，一般用大树冠乔木等来遮阴。办公楼前一般宜布置草坪、花坛及观赏性单株植物；有条件时还可以设置一些花卉盆景，使其成为核电厂主要出入口区域的中心绿化区。食堂附近可适当布置小片的草坪和花圃，四周用黄杨绿篱进行隔离，使其成为饭后休息散步的良好场所。车库及停车场周围宜布置较高大的阔叶树，以减少日光对车辆的照射。

2. 厂内非保护区主要道路的绿化布置

道路绿化在整个厂区绿化中占很大比重，是构成厂区面貌的重要因素之一，而且又与管线布置关系极为密切，因此必须很好地处理，使其实用、经济美观，富有表现力。

厂区道路的绿化应注意下列几点：

（1）防止道路扬起的尘土飞向两侧的车间。

（2）不影响道路照明及各种管线的敷设，不使高而密的树冠与照明、管线交错，以免互相影响，发生危险。

（3）在不影响附近建筑物天然采光的情况下，尽量覆盖或遮蔽建筑物的墙面及人行道。

（4）在道路交叉口附近不应布置妨碍司机视线的高大树木。

（5）应选择抗污染能力强、生长迅速、成活率高的品种。

（6）树木应根据厂区的空间艺术处理修剪成需要的形式，以满足美观要求。

（7）绿化带的矮篱、花墙和花带的长度，一般不宜超过100m，并在其间留出空隙，以便穿越。

厂区道路绿化的布置方式一般有如下几种：中间车行道，两边人行道，车行道与人行道以绿地间隔；一边车行道，另一边人行道，或一条车行道兼人行道。

人行道两旁的绿化，通常为高大稠密的乔木；使之形成行列式的林荫，以减少阳光的直射。在狭长的道路上，为了避免由于种植同一种树木而形成单调感，以及为了打破狭长的封闭感，通常采用各种不同的树木间隔种植，每隔30m左右适当留出空地，铺设草坪和花坛。

在行车路交叉口处，一般在14～20m距离以内应栽植不高于1m的树木，以免遮挡视线影响行车安全。

厂区主干道与次要道路的绿化应有区别，前者的树种应好一些，品种也应丰富一些，后者在树种选择上宜少一些和简单一些。

第五节　绿化用地面积与绿地率

一、厂区绿化用地计算面积

厂区绿化用地计算面积（m²）＝乔木、灌木绿化用地计算面积（m²）＋花卉、草坪绿化用地计算面积（m²）＋花坛绿化用地计算面积（m²）

$$(41-1)$$

（1）乔木、灌木绿化用地计算面积按表41-7计算。

（2）花卉、草坪绿化用地及乔木、灌木、花卉、草坪混植的绿化用地计算面积，按绿地周边界线所包围的面积计算。

（3）花坛绿化用地计算面积按花坛用地面积计算。

表41-7　　　　　　　　　　乔木、灌木绿化用地计算面积表

乔木、灌木绿化用地计算面积	植物类别用地计算面积（m²）
单株乔木	2.25
单行乔木	$1.50L$
多行乔木	$(B+1.50)L$
单株大灌木	1.00
单株小灌木	0.25
单行绿篱	$0.50L$
双行绿篱	$(B+0.50)L$

注　L指绿化带长度，m；B指总行距，m。

二、厂区绿地率

厂区绿地率计算公式如下：

$$厂区绿地率 = \frac{厂区绿化用地计算面积}{厂区用地面积} \times 100\% \qquad (41\text{-}2)$$

第四十二章
厂区绿化工程实例

一、工程实例一

某核电厂位于北方沿海地区，厂区绿化布置分为三个典型区域：

（1）以厂前区为主要范围的重点绿化区域，本区域为厂区景观绿化重点区域，也是人员上下班和外部人员来访的重要区域，具体详见图 42-1（未填充部分）和图 42-2 厂前区重点绿化区布置；

（2）以主厂房区、三废区和循泵房区等保护区以内为主要范围的禁止绿化区域，本区域内室外地面主要以碎石铺地为主，辅以硬质广场和雕塑等景观小品，整体环境呈硬质化特点，具体见图 42-1 中方格网填充区域；

（3）以控制区和仓储检修区、开关站区、水处理设施区和气象站等区域为主要范围的适度绿化区，本区域内以绿地和低矮灌木为主，同时要考虑各个区块植物对生产的影响，具体见图 42-1 中斜线填充区域。

二、工程实例二

浙江秦山第二核电厂建设四台 CNP600 机组及其配套辅助设施，厂区（控制区）占地面积约 57.00ha，详见图 42-3。

根据国家有关规定，核设施保护区内不得进行绿化，该工程保护区位于控制区南部，另在厂区西北部（控制区范围内）有部分放射性辅助生产厂房，该区域也未进行绿化，因此厂区内可绿化范围为厂区北部（除西北部）的控制区，面积约 21.08ha，厂区实际绿化面积约 8.64ha，全厂绿地率为 15.16％，可绿化范围内绿地率为 40.99％。

厂区绿化选用适应厂址所在地生长环境、并对各种粉尘、气体有吸附作用的植物。在可绿化范围内的道路两侧种植行道树，各绿化地块边缘种植绿篱，地块内铺设草坪，并间种各种乔木、灌木和花卉等。

厂前建筑区是绿化、美化的重点区域，除进行常规绿化外，还应根据各工程的具体情况，适当种植各种观赏植物，形成良好的厂区环境。

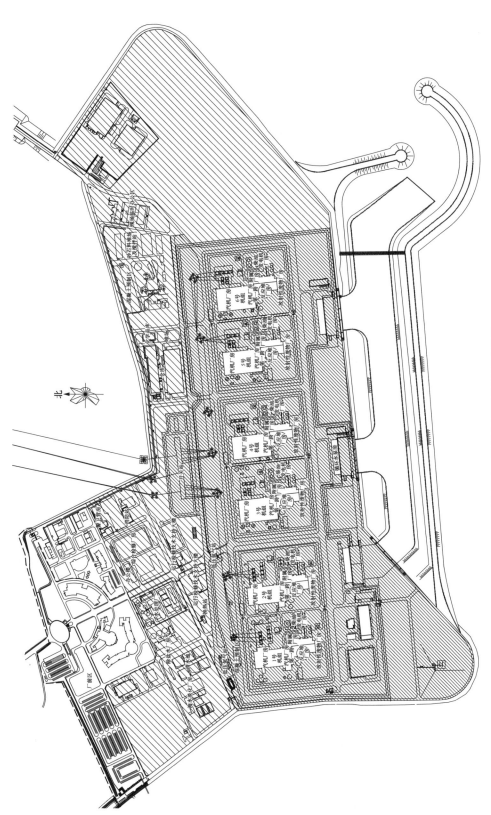

图 42-1 某核电厂绿化范围示意图

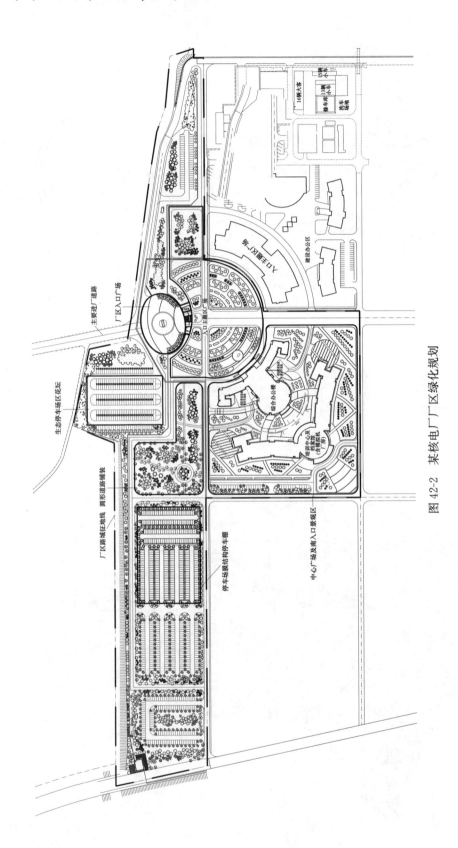

图 42-2 某核电厂厂区绿化规划

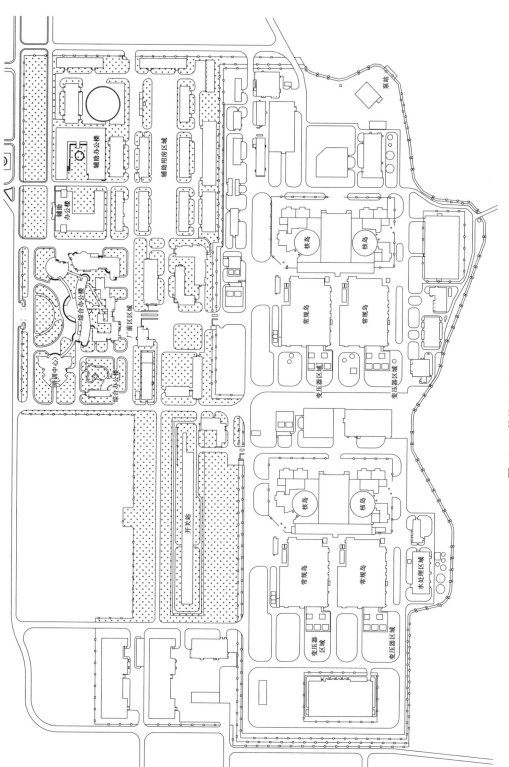

图 42-3　某核电厂厂区绿化规划